"十二五"高等院校规划教材

TMS320C55x DSP 应用系统设计

（第3版）

赵洪亮　卜凡亮　黄鹤松　张仁彦　编著

北京航空航天大学出版社

内 容 简 介

本书以 TI 公司的 TMS320C55x 系列芯片为对象,系统地介绍了 DSP 芯片的基础知识和 DSP 应用系统的开发设计方法。全书共分 10 章,主要内容是:C55x 的硬件结构和指令系统;采用汇编语言、C/C++语言进行 C55x 软件开发的基础知识和方法,包括 CCS5.4 在内的软件开发工具的使用方法;典型应用程序设计,包括数据定标与溢出处理,多字整数、小数的加法、减法、乘法和除法,FIR、IIR 滤波器,FFT,DSPLIB 库的使用等;常用 C55x 片上外设和 CSL 库的使用;C55x 应用系统的硬件扩展方法;典型应用系统设计实例。

本书选材新、内容丰富、通俗易懂、实用性强,可作为电气信息类专业及其他相近专业的高年级本科生和研究生学习 DSP 课程的教材或参考书,也可供从事 DSP 应用系统开发的科技工作者或工程技术人员参考。

图书在版编目(CIP)数据

TMS320C55x DSP 应用系统设计 / 赵洪亮等编著. --3 版. --北京:北京航空航天大学出版社,2014.3
ISBN 978-7-5124-1474-7

Ⅰ.①T… Ⅱ.①赵… Ⅲ.①数字信号—信息处理系统—系统设计 Ⅳ.①TN911.72

中国版本图书馆 CIP 数据核字(2014)第 026740 号

版权所有,侵权必究。

TMS320C55x DSP 应用系统设计(第 3 版)

赵洪亮 卜凡亮 黄鹤松 张仁彦 编著
责任编辑 张 楠 王 松

*

北京航空航天大学出版社出版发行

北京市海淀区学院路 37 号(邮编 100191) http://www.buaapress.com.cn
发行部电话:(010)82317024 传真:(010)82328026
读者信箱:emsbook@gmail.com 邮购电话:(010)82316936
涿州市新华印刷有限公司印装 各地书店经销

*

开本:710×1 000 1/16 印张:26.25 字数:559 千字
2014 年 3 月第 3 版 2018 年 7 月第 3 次印刷 印数:10 001-12 000 册
ISBN 978-7-5124-1474-7 定价:49.00 元

若本书有倒页、脱页、缺页等印装质量问题,请与本社发行部联系调换。联系电话:(010)82317024

第 3 版前言

数字化已成为现代信息技术的重要标志,是电子产品高品质的象征。数字信号处理具有灵活、精确、重复性好等优良特性,这些都是模拟信号处理方法所无法比拟的,它在电子信息、通信、计算机、仪器设备、自动控制、医学、消费类电子和军事等领域起着越来越重要的作用。DSP 芯片将越来越多地渗透到各种电子产品当中,成为各种电子产品尤其是通信、音视频、娱乐类产品的技术核心。因此,DSP 技术已成为高校学生和科技人员必须掌握的一门重要技术。

现在世界上主要的 DSP 芯片厂家包括 TI、ADI、Freescale 及 AT&T 等公司,其中 TI 公司的 DSP 产品种类最多,应用面最广,对行业影响最大。TI 公司的 DSP 产品型号众多,其 TMS320C5000(简称 C5000)、TMS320C2000、TMS320C6000 等系列产品是当前和未来一段时期内 TI 公司的主流 DSP 产品。其中 C5000 系列为 16 位定点 DSP,由于其具有高性能、低功耗、体积小、价格低等显著优点,因此被广泛地应用在 IP 电话机、IP 电话网关、数字式助听器、便携式声音/数据/视频产品、调制解调器、手机/移动电话基站、语音服务器、数字收音机、小型办公室/家庭语音和数据系统中。

C5000 系列 DSP 芯片目前已有三代产品,即 C5x、C54x 和 C55x。C55x 是 C5000 系列的新一代产品,与 C54x 的源代码兼容。与 C54x 相比,C55x 处理速度明显提高,功耗也明显降低。如 300 MHz 的 C55x 与 120 MHz 的 C54x 相比,C55x 的处理速度比 C54x 提高了 5 倍,而功耗只有 C54x 的 1/6。

本书以 C55x 为描述对象,参考最新的 TI 公司系列资料以及其他有关教材和著作,结合作者多年来开发应用 DSP 系统的体会和心得,在近年来为本科生开设"DSP 应用系统设计"课程而编写的讲义基础上,进行充实、提高和改编而成。

全书共分 10 章,其内容如下:

第3版前言

第1章是绪论。介绍了DSP的基本概念，DSP芯片的发展、特点、分类及DSP产品概况。

第2章是TMS320C55x的硬件结构。介绍了C55x芯片的总体结构、引脚功能、CPU结构及相关寄存器、存储空间和I/O空间、中断和复位操作。

第3章：集成开发环境（CCS5.4）。以CCS5.4为基础，对DSP的集成开发环境（Code Composer Studio）进行了介绍。通过两种典型工程（汇编语言工程和C语言工程），介绍了CCS5.4的基本操作方法，主要包括工程的建立、构建和调试等。

第4章：TMS320C55x的指令系统。介绍了C55x的寻址方式，包括绝对寻址方式、直接寻址方式、间接寻址方式；C55x的指令系统包括算术运算指令、位操作指令、扩展辅助寄存器操作指令、逻辑运算指令、移动指令和程序控制指令。

第5章：TMS320C55x汇编语言编程。介绍了C55x软件开发的一般流程，COFF目标文件格式、汇编伪指令、汇编语言程序的编写，C55x汇编器和链接器的使用。

第6章：C/C++语言程序设计。介绍了C55x C/C++语言概况；C55x C/C++语言编程的基础知识，包括C55x C/C++语言的基本语法、编译工具和代码优化方法；C55x C语言与汇编语言的混合编程方法。

第7章：应用程序设计。介绍了数据的定标与溢出的处理方法；常用多字算术运算程序的设计，包括多字整数、小数的加法、减法、乘法和除法等；FIR、IIR滤波器和FFT的程序设计；DSPLIB函数库的基本使用方法。

第8章：C55x的片上外设。介绍了部分常用C55x片上外设，包括时钟发生器、通用定时器、通用I/O口（GPIO）、外部存储器接口（EMIF）、多通道缓冲串口McBSP、模数转换器（ADC）、看门狗定时器、I2C模块等。介绍了CSL库函数的基本使用方法。

第9章是C55x的硬件扩展。介绍了DSP应用系统硬件的一般设计过程；DSP硬件系统的基本设计，包括JTAG接口电路、电源电路、复位电路和时钟电路的设计；外扩程序存储器、数据存储器、ADC、DAC的方法。

第10章是C55x应用系统设计实例。介绍了一个基于TMS320VC5509A的通用数字信号处理板，包括硬件设计和一组调试程序。在此基础上，给出了2个典型DSP应用系统的设计方案：自适应系统辨识，数字有源抗噪声耳罩。

本书可作为电气信息类专业及其他相关专业的高年级本科生和研究生的DSP课程教材或参考书，也可作为从事DSP应用系统开发的科技工作者或工程技术人员参考用书。

第3版前言

本书由赵洪亮、卜凡亮、张仁彦、黄鹤松、崔然、李岩合作编写。其中赵洪亮编写了第1章、第4章、第7章、第9章、第10章,卜凡亮编写了第2章、第4章,黄鹤松编写了第3章,张仁彦编写了第8章,崔然、李岩编写了第6章。全书由赵洪亮统稿和定稿。

另外,李晓刚、刘建新、郑卫华、尹唱唱、夏广红、姬强、李佳参加了本书第4、5、6、7章中部分例题的编写。研究生庞玉帛、孙国华、冯国金、岳莎莎、田祥娥、郑庆东、甄冬、杜晓辉、王亮参与了部分程序的调试和插图绘制工作。

本书由俞一彪教授主审。俞教授付出了大量的时间和精力,认真阅读了全书,并提出了很多修改意见。在本书编写的过程中,还得到了曹茂永教授的大力支持和帮助。在此,谨向他们表示衷心的谢意。

本书在北京航空航天大学出版社的大力支持下得以出版,在此表示由衷的感谢。

为了赶上技术进步的步伐,尽量贴近实际,本书选择了较新的DSP芯片C55x为对象进行讲述。但由于作者水平有限,加之编写时间仓促,若书中有错误和不妥之处,敬请广大读者批评指正。

作 者
2014年1月

说　明:

本书作者已开发了功能较为完善的配套TMS320C55x实验教学系统。该系统由VC5509A主板、模拟信号输入板、模拟信号输出板、键盘显示、电机控制、功放与扬声器、电源、仿真器(100仿真器或510仿真器可选)、虚拟信号分析仪(可以产生2路任意波形信号,对2路信号进行显示、记录、频谱分析、时频分析)等部分组成。

有需要该实验系统的读者可与作者直接联系,赵洪亮邮箱为:zhl6401@126.com。

本书配有教学课件及源程序,有需要的教师,请联系 emsbook@gmail.com 索取。

目 录

第1章 绪 论 ·· 1
1.1 DSP的基本概念 ··· 1
1.2 DSP芯片简介 ·· 2
1.2.1 DSP芯片的发展历史、现状和趋势 ·············· 2
1.2.2 DSP芯片的特点 ···································· 5
1.2.3 DSP芯片的分类 ···································· 5
1.2.4 DSP芯片的应用领域 ······························ 6
1.2.5 选择DSP芯片考虑的因素 ························ 6
1.3 DSP芯片产品简介 ······································ 7
1.3.1 TI公司的DSP芯片概况 ·························· 7
1.3.2 其他公司的DSP芯片概况 ······················· 8
1.3.3 TMS320C5000概况 ································ 9
思考题与习题 ·· 10

第2章 TMS320C55x的硬件结构 ························ 12
2.1 TMS320C55x的总体结构 ······························ 12
2.1.1 C55x CPU内部总线结构 ························· 12
2.1.2 C55x的CPU组成 ································· 12
2.1.3 C55x存储器配置 ·································· 14
2.1.4 C55x外设配置 ····································· 14
2.2 C55x的封装和引脚功能 ······························· 15
2.2.1 引脚属性 ·· 15
2.2.2 引脚信号定义与描述 ····························· 16
2.3 C55x的CPU结构 ·· 20

目 录

2.3.1 存储器接口单元(M 单元)……………………………… 20
2.3.2 指令缓冲单元(I 单元)…………………………………… 21
2.3.3 程序流单元(P 单元)……………………………………… 22
2.3.4 地址数据流单元(A 单元)………………………………… 22
2.3.5 数据计算单元(D 单元)…………………………………… 23
2.3.6 地址总线与数据总线……………………………………… 25
2.3.7 指令流水线………………………………………………… 26
2.4 CPU 寄存器……………………………………………………… 28
2.4.1 概　况……………………………………………………… 28
2.4.2 累加器(AC0~AC3)……………………………………… 33
2.4.3 变换寄存器(TRN0、TRN1)……………………………… 34
2.4.4 T 寄存器(T0~T3)………………………………………… 34
2.4.5 用作数据地址空间和 I/O 空间的寄存器………………… 34
2.4.6 程序流寄存器(PC、RETA、CFCT)……………………… 40
2.4.7 中断管理寄存器…………………………………………… 41
2.4.8 循环控制寄存器…………………………………………… 44
2.4.9 状态寄存器 ST0_55……………………………………… 45
2.4.10 状态寄存器 ST1_55……………………………………… 48
2.4.11 状态寄存器 ST2_55……………………………………… 52
2.4.12 状态寄存器 ST3_55……………………………………… 54
2.5 存储空间和 I/O 空间…………………………………………… 57
2.5.1 存储器映射………………………………………………… 57
2.5.2 程序空间…………………………………………………… 59
2.5.3 数据空间…………………………………………………… 60
2.5.4 I/O 空间…………………………………………………… 61
2.6 堆栈操作………………………………………………………… 62
2.6.1 数据堆栈和系统堆栈……………………………………… 62
2.6.2 堆栈配置…………………………………………………… 63
2.6.3 快返回与慢返回…………………………………………… 63
2.7 中断和复位操作………………………………………………… 64
2.7.1 中断概述…………………………………………………… 64
2.7.2 中断向量与优先级………………………………………… 65
2.7.3 可屏蔽中断………………………………………………… 67
2.7.4 不可屏蔽中断……………………………………………… 70
2.7.5 硬件复位…………………………………………………… 71
2.7.6 软件复位…………………………………………………… 74

思考题与习题 …………………………………………………………………… 75

第 3 章 集成开发环境(CCS5.4) …………………………………………… 76

3.1 CCS 概述 …………………………………………………………………… 76
3.1.1 集成开发环境 CCS 概述 ……………………………………………… 76
3.1.2 CCS5.4 软件的安装 …………………………………………………… 77

3.2 汇编语言工程的建立和调试 ……………………………………………… 78
3.2.1 进入 CCS 主界面 ……………………………………………………… 78
3.2.2 汇编语言工程的创建 …………………………………………………… 79
3.2.3 汇编源文件和命令文件的创建 ……………………………………… 81
3.2.4 工程的构建(Build) …………………………………………………… 84
3.2.5 构建操作的参数设置 ………………………………………………… 84
3.2.6 汇编工程的调试 ……………………………………………………… 86
3.2.7 寄存器的观察和修改 ………………………………………………… 89
3.2.8 存储器的观察和修改 ………………………………………………… 89

3.3 C 语言工程的建立和调试 ………………………………………………… 90
3.3.1 进入 CCS 主界面 ……………………………………………………… 90
3.3.2 C 语言工程的创建 …………………………………………………… 90
3.3.3 C 源文件和命令文件的创建、添加和编辑 ………………………… 91
3.3.4 C 语言工程的构建 …………………………………………………… 93
3.3.5 C 语言工程的调试 …………………………………………………… 94
3.3.6 寄存器、存储器的观察和修改 ……………………………………… 95
3.3.7 表达式窗口和变量窗口的使用 ……………………………………… 95
3.3.8 反汇编窗口的使用 …………………………………………………… 96
3.3.9 图形显示工具 ………………………………………………………… 96

思考题与习题 …………………………………………………………………… 98

第 4 章 TMS320C55x 的指令系统 ………………………………………… 99

4.1 寻址方式 …………………………………………………………………… 99
4.1.1 绝对寻址方式 ………………………………………………………… 99
4.1.2 直接寻址方式 ………………………………………………………… 101
4.1.3 间接寻址方式 ………………………………………………………… 104
4.1.4 数据存储器的寻址 …………………………………………………… 112
4.1.5 存储器映射寄存器(MMR)的寻址 …………………………………… 114
4.1.6 寄存器位的寻址 ……………………………………………………… 114
4.1.7 I/O 空间的寻址 ……………………………………………………… 115

目 录

  4.1.8 循环寻址 ………………………………………………………… 115
 4.2 TMS320C55x 的指令系统 ………………………………………………… 117
  4.2.1 算术运算指令 …………………………………………………… 120
  4.2.2 位操作指令 ……………………………………………………… 147
  4.2.3 扩展辅助寄存器操作指令 ……………………………………… 150
  4.2.4 逻辑运算指令 …………………………………………………… 151
  4.2.5 移动指令 ………………………………………………………… 154
  4.2.6 程序控制指令 …………………………………………………… 164
 思考题与习题 …………………………………………………………………… 167

第 5 章 TMS320C55x 汇编语言编程 ……………………………………………… 169

 5.1 TMS320C55x 软件开发流程 ……………………………………………… 169
  5.1.1 软件开发流程 …………………………………………………… 169
  5.1.2 软件开发工具 …………………………………………………… 169
 5.2 TMS320C55x 目标文件格式 ……………………………………………… 171
  5.2.1 COFF 文件的基本单元——段 ………………………………… 171
  5.2.2 汇编器对段的处理 ……………………………………………… 172
  5.2.3 链接器对段的处理 ……………………………………………… 176
  5.2.4 链接器对程序的重新定位 ……………………………………… 177
  5.2.5 COFF 文件中的符号 …………………………………………… 178
 5.3 TMS320C55x 汇编器 ……………………………………………………… 179
  5.3.1 汇编器概述 ……………………………………………………… 179
  5.3.2 汇编程序的运行 ………………………………………………… 179
  5.3.3 C55x 汇编器的特点 ……………………………………………… 181
 5.4 TMS320C55x 汇编伪指令 ………………………………………………… 183
  5.4.1 汇编伪指令 ……………………………………………………… 183
  5.4.2 宏指令 …………………………………………………………… 185
 5.5 TMS320C55x 汇编语言源文件的书写格式 ……………………………… 190
  5.5.1 汇编语言源文件格式 …………………………………………… 190
  5.5.2 汇编语言中的常数与字符串 …………………………………… 192
  5.5.3 汇编源程序中的符号 …………………………………………… 192
  5.5.4 汇编源程序中的表达式 ………………………………………… 195
  5.5.5 内建数学函数 …………………………………………………… 196
 5.6 TMS320C55x 链接器 ……………………………………………………… 197
  5.6.1 概　述 …………………………………………………………… 197
  5.6.2 链接器的运行 …………………………………………………… 198

5.6.3　链接器命令文件的编写与使用 ……………………………… 200
　　5.6.4　MEMORY 指令 ……………………………………………… 200
　　5.6.5　SECTIONS 指令 …………………………………………… 201
5.7　一个完整的 TMS320C55x 汇编程序 ……………………………… 202
思考题与习题 ……………………………………………………………… 204

第 6 章　C/C++语言程序设计 …………………………………………… 205

6.1　C55x C/C++语言概述 ………………………………………………… 205
　　6.1.1　C/C++语言概况 ……………………………………………… 205
　　6.1.2　C55x C/C++语言概况 ……………………………………… 205
6.2　C55x C/C++语言编程基础 …………………………………………… 206
　　6.2.1　数据类型 ……………………………………………………… 206
　　6.2.2　关键字 ………………………………………………………… 207
　　6.2.3　寄存器变量和参数 …………………………………………… 208
　　6.2.4　asm 指令 ……………………………………………………… 208
　　6.2.5　Pragma 指令 ………………………………………………… 209
　　6.2.6　标准 ANSIC 语言模式的改变(-pk、-pr 和-ps 选项) ……… 210
　　6.2.7　存储器模式 …………………………………………………… 210
　　6.2.8　存储器分配 …………………………………………………… 211
　　6.2.9　中断处理 ……………………………………………………… 213
　　6.2.10　运行时间支持算法及转换程序 …………………………… 214
　　6.2.11　系统初始化 ………………………………………………… 214
6.3　C55x C/C++编译器的使用 …………………………………………… 218
　　6.3.1　编译器外壳程序 cl55 简介 ………………………………… 218
　　6.3.2　cl55 程序的选项 ……………………………………………… 219
　　6.3.3　编译器和 CCS ………………………………………………… 220
6.4　C55x 的 C 代码优化 …………………………………………………… 220
　　6.4.1　编译器的优化选项 …………………………………………… 221
　　6.4.2　嵌入函数(Inline Function) ………………………………… 222
　　6.4.3　优化 C 代码的主要方法 …………………………………… 223
6.5　C55x C 和汇编语言混合编程 ………………………………………… 229
　　6.5.1　C 和汇编语言混合编程概述 ………………………………… 229
　　6.5.2　寄存器规则 …………………………………………………… 229
　　6.5.3　函数结构和调用规则 ………………………………………… 232
　　6.5.4　C 和汇编语言的接口 ………………………………………… 235
思考题与习题 ……………………………………………………………… 238

目录

第7章 应用程序设计 239
7.1 定标与溢出处理 239
7.1.1 数的定标 239
7.1.2 溢出的处理方法 241
7.1.3 常用信号处理算法中的定标方法 242
7.2 基础算术运算 243
7.2.1 加减运算 243
7.2.2 乘法运算 244
7.2.3 除法运算 245
7.2.4 小数乘法 249
7.3 FIR 滤波器 250
7.3.1 FIR 滤波器的基本结构 250
7.3.2 FIR 滤波器的 C 语言编程实现 251
7.3.3 FIR 滤波器的汇编语言编程实现 252
7.4 IIR 滤波器 255
7.4.1 二阶 IIR 滤波器的结构 255
7.4.2 高阶 IIR 滤波器的结构 257
7.4.3 IIR 滤波器的 C 语言实现 258
7.4.4 IIR 滤波器的汇编语言实现 259
7.5 快速傅里叶变换 FFT 261
7.5.1 FFT 算法原理 261
7.5.2 库利-图基算法 262
7.5.3 FFT 算法的实现 264
7.6 DSPLIB 的使用 268
7.6.1 DSPLIB 简介 268
7.6.2 CCS 下 DSPLIB 的安装 268
7.6.3 DSPLIB 的数据类型 268
7.6.4 DSPLIB 的参量 269
7.6.5 DSPLIB 的函数简介 269
7.6.6 DSPLIB 函数的调用 272
思考题与习题 274

第8章 C55x 的片上外设 276
8.1 时钟发生器 276
8.1.1 时钟发生器概况 276

8.1.2　时钟工作模式 ………………………………………………… 276
　　8.1.3　CLKOUT 输出 ………………………………………………… 277
　　8.1.4　使用方法 ……………………………………………………… 277
8.2　通用定时器 …………………………………………………………… 279
　　8.2.1　通用定时器概况 ……………………………………………… 279
　　8.2.2　工作原理 ……………………………………………………… 279
　　8.2.3　定时器使用要点 ……………………………………………… 282
　　8.2.4　通用定时器应用实例 ………………………………………… 283
8.3　通用 I/O 口（GPIO） ………………………………………………… 285
8.4　外部存储器接口（EMIF） …………………………………………… 286
　　8.4.1　EMIF 概况 ……………………………………………………… 287
　　8.4.2　EMIF 请求的优先级 …………………………………………… 289
　　8.4.3　对存储器的考虑 ……………………………………………… 289
　　8.4.4　程序和数据访问 ……………………………………………… 290
　　8.4.5　EMIF 中的控制寄存器 ………………………………………… 294
8.5　多通道缓冲串口 McBSP ……………………………………………… 300
　　8.5.1　McBSP 概述 …………………………………………………… 300
　　8.5.2　McBSP 组成框图 ……………………………………………… 300
　　8.5.3　采样率发生器 ………………………………………………… 301
　　8.5.4　多通道模式选择 ……………………………………………… 303
　　8.5.5　异常处理 ……………………………………………………… 304
　　8.5.6　McBSP 寄存器 ………………………………………………… 305
8.6　模/数转换器（ADC） ………………………………………………… 312
　　8.6.1　ADC 的结构和时序 …………………………………………… 312
　　8.6.2　ADC 的寄存器 ………………………………………………… 313
　　8.6.3　实　例 ………………………………………………………… 315
8.7　看门狗定时器（Watchdog） ………………………………………… 315
　　8.7.1　看门狗定时器概述 …………………………………………… 315
　　8.7.2　看门狗定时器的配置 ………………………………………… 317
　　8.7.3　看门狗定时器的寄存器 ……………………………………… 318
8.8　I^{2}C 模块 ……………………………………………………………… 320
　　8.8.1　I^{2}C 模块简介 ………………………………………………… 320
　　8.8.2　I^{2}C 模块工作原理 …………………………………………… 320
　　8.8.3　I^{2}C 寄存器 …………………………………………………… 324
8.9　片上支持库（CSL） …………………………………………………… 324
　　8.9.1　CSL 概况 ……………………………………………………… 325

目 录

   8.9.2 CSL 的安装和使用 …………………………………………………… 327
   8.9.3 PLL 模型简介 …………………………………………………………… 327
   8.9.4 定时器模型简介 ………………………………………………………… 329
   8.9.5 IRQ 模型简介 …………………………………………………………… 331
   8.9.6 综合实例 ………………………………………………………………… 335
 思考题与习题 ……………………………………………………………………………… 342

第 9 章 C55x 的硬件扩展 …………………………………………………………… 343

 9.1 硬件设计概述 ………………………………………………………………………… 343
   9.1.1 C55x DSP 系统的组成 ………………………………………………… 343
   9.1.2 DSP 硬件系统设计流程 ………………………………………………… 344
 9.2 DSP 系统的基本电路设计 …………………………………………………………… 345
   9.2.1 JTAG 接口 ……………………………………………………………… 345
   9.2.2 电源电路 ………………………………………………………………… 346
   9.2.3 复位电路 ………………………………………………………………… 349
   9.2.4 时钟电路 ………………………………………………………………… 350
 9.3 外部程序存储器的扩展 ……………………………………………………………… 350
   9.3.1 EMIF 和异步存储器的连接 …………………………………………… 350
   9.3.2 闪存 S29AL008D 简介 ………………………………………………… 351
   9.3.3 VC5509A 与 S29AL008D 的接口 ……………………………………… 355
 9.4 外部数据存储器的扩展 ……………………………………………………………… 356
   9.4.1 同步动态随机存取存储器(SDRAM) ………………………………… 356
   9.4.2 C55x EMIF 的 SDRAM 接口信号 ……………………………………… 358
   9.4.3 C55x EMIF 与 SDRAM 的接口 ………………………………………… 359
 9.5 C55x 与 A/D 和 D/A 转换器的接口 ………………………………………………… 362
   9.5.1 TLV320AIC23B 简介 …………………………………………………… 363
   9.5.2 AIC23B 的控制寄存器 ………………………………………………… 366
   9.5.3 AIC23B 与 C55x 的控制接口 ………………………………………… 370
   9.5.4 AIC23B 与 C55x 的数据接口 ………………………………………… 372
   9.5.5 AIC23B 的模拟接口 …………………………………………………… 373
 思考题与习题 ……………………………………………………………………………… 374

第 10 章 C55x 应用系统设计实例 …………………………………………………… 375

 10.1 典型 DSP 板的硬件设计 …………………………………………………………… 375
   10.1.1 概　述 ………………………………………………………………… 375
   10.1.2 基本电路模块 ………………………………………………………… 376

  10.1.3 FLASH 电路模块 ································· 377
  10.1.4 SDRAM 电路模块 ································ 377
  10.1.5 数/模转换电路 ··································· 378
  10.1.6 SD 卡接口电路 ··································· 378
  10.1.7 USB 接口电路 ···································· 380
  10.1.8 自启动电路模块 ·································· 381
 10.2 CPLD 电路模块设计 ···································· 382
  10.2.1 概　述 ·· 382
  10.2.2 复位逻辑 ·· 383
  10.2.3 控制寄存器的地址生成 ···························· 383
  10.2.4 用户寄存器 ······································ 384
  10.2.5 FLASH 高位地址寄存器 ··························· 384
  10.2.6 控制寄存器数据的输出 ···························· 385
 10.3 DSP 板测试程序 ······································· 385
  10.3.1 LED 灯和拨码开关测试程序 ······················· 385
  10.3.2 GPIO 测试程序 ·································· 386
  10.3.3 SDRAM 测试程序 ································ 387
  10.3.4 FLASH 测试程序 ································· 388
  10.3.5 AIC23B 测试程序 ································ 388
 10.4 综合设计实例 1：自适应系统辨识 ························ 390
  10.4.1 基于 LMS 算法的自适应滤波器 ···················· 390
  10.4.2 自适应系统辨识算法 ······························ 390
  10.4.3 辨识系统硬件设计 ································ 391
  10.4.4 辨识系统软件设计 ································ 392
 10.5 综合设计实例 2：数字式有源抗噪声耳罩 ················· 395
  10.5.1 概　述 ·· 395
  10.5.2 系统工作原理和控制算法 ·························· 396
  10.5.3 硬件设计 ·· 398
  10.5.4 软件设计 ·· 400

参考文献 ·· 404

第1章 绪 论

内容提要：本章主要对数字信号处理器（DSP）进行简要介绍。首先介绍了 DSP 的基本概念；接着介绍了 DSP 芯片，并对 DSP 芯片的发展、特点和分类作了论述；最后对 DSP 产品作了简要介绍。

1.1 DSP 的基本概念

数字化已成为现代信息技术的重要标志，是电子产品高品质的象征。数字相机、数字电视、数字收音机、数字电话、数字学习机、数字游戏机已逐渐进入人们日常工作和生活中。在我国数字电话已拥有数亿用户，MP3 成为上亿青年学生的宠儿，数字电视也开始进入千家万户，这些产品均采用了数字信号处理技术对信号进行处理。

图 1-1 给出了一个典型的数字信号处理系统，它由抗混叠滤波器、A/D 转换器、微处理器、D/A 转换器和平滑滤波器等部分组成。首先，由抗混叠滤波器和 A/D 转换器把来自现实世界的模拟信号 $x(t)$ 转化成数字信号 $x(n)$，再由微处理器对 $x(n)$ 进行数字化处理，得到数字化的输出信号 $y(n)$，最后将 $y(n)$ 经 D/A 转换器和平滑滤波器转化成模拟信号 $y(t)$ 送回现实世界。这里，抗混叠滤波器、A/D 转换器和 D/A 转换器、平滑滤波器是微处理器与现实模拟世界的桥梁。微处理器是数字信号处理系统的核心部件。

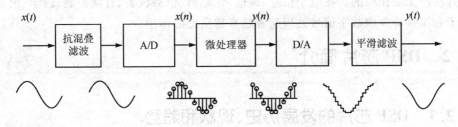

图 1-1 典型数字信号处理系统框图

微处理器可以对信号进行各种各样的处理，式(1-1)给出了一个典型的数字信号处理算法：

$$y(n) = \sum_{i=0}^{L-1} h_i x(n-i) \qquad (1-1)$$

这是一个阶数为 L 的 FIR 滤波器,其中 $h_i(i=0,1,\cdots,L-1)$ 为滤波器系数。当 h_i 取不同的值时,该 FIR 滤波器就可以完成不同的信号处理任务。完成一个样值的处理,需要进行 L 次乘法和 $L-1$ 次加法。

在数字信号处理系统中微处理器可有多种选择。例如:

(1) 通用微型计算机(PC 机)。优点是软件编程容易,便于实现,缺点是速度慢、成本高、体积大,难以进行实时信号处理和嵌入式应用,通常用来进行算法仿真。如果在通用计算机上加入专用加速处理器,就可以弥补速度慢的缺点。

(2) 微控制器或单片机。优点是成本低廉、功耗低,缺点是速度慢。主要用于数据处理量不大的系统监控,也能完成一些简单的信号处理任务。近年来出现的新一代微控制器(如 MSP430、Cortex M0/M3/M4 等),其处理速度比老旧的单片机(如 MCS-51、MCS-96)有了显著提高。但与 DSP 处理器相比,其处理速度还是有明显差距。

(3) 专用集成电路 ASIC(Application Specific Integrated Circuit)。信号处理算法由硬件电路实现,无须编程。优点是速度高、大规模生产时成本低,缺点是开发成本高、通用性差。随着 ASIC 的广泛应用和技术进步,已经可以把 DSP 的功能集成到 ASIC 中。这种方法目前正在迅速发展中,是 DSP 技术的重要发展方向。

(4) DSP 处理器。DSP 处理器是针对数字信号处理的要求而设计的一类特殊的计算机芯片,具有灵活、高速、便于嵌入式应用等优点,是数字信号处理系统中采用的主流芯片。

英文中 DSP 既可以代表数字信号处理(Digital Signal Processing),也可以代表数字信号处理器(Digital Signal Processor)。前者是指数字信号处理的理论和算法,后者是指实现数字信号处理算法的微处理器芯片。

数字信号处理具有灵活、精确和重复性好等诸多优良特性,这些都是模拟信号处理方法所无法比拟的。在电子信息、通信、计算机、仪器设备、自动控制、医学、消费类电子和军事等领域数字信号处理起着越来越重要的作用。

1.2 DSP 芯片简介

1.2.1 DSP 芯片的发展历史、现状和趋势

1. DSP 芯片的发展历史

DSP 芯片诞生于 20 世纪 70 年代末。近 30 年来,DSP 芯片得到了迅猛发展,标志性产品简述如下:

1978 年,AMI 公司生产出第一个 DSP 芯片 S2811。1979 年,美国 Intel 公司推

出了商用可编程器件DSP芯片Intel2920。S2811和Intel2920是DSP芯片的一个重要里程碑,但它们没有单周期硬件乘法器,使芯片的运算速度、数据处理能力和运算精度受到了很大的限制,单指令周期为200~500 ns,应用领域仅局限于军事和航空航天部门。

1980年,日本NEC公司推出μPD7720,这是第一个具有乘法器的商用DSP芯片。1982年,TI公司成功地推出了其第一代DSP芯片TMS32010及其系列产品TMS32011、TMS320C10/C14/C15/C16/C17。日本Hitachi公司第一个采用CMOS工艺生产出浮点DSP芯片。1983年,日本Fujitsu公司推出的MB8764,指令周期为120 ns,具有双内部总线,使数据吞吐量发生了一个飞跃。1984年,AT&T公司推出了DSP32,它是较早具备较高性能的浮点DSP芯片。

20世纪80年代后期和90年代初期,DSP在硬件结构上更适合数字信号处理的要求,能进行硬件乘法和单指令滤波处理,其单指令周期为80~100 ns。TI公司的TMS320C20和TMS320C30,采用了CMOS制造工艺,其存储容量和运算速度成倍提高,为语音处理和图像处理技术的发展奠定了基础。伴随着运算速度的进一步提高,其应用范围也逐步扩大到通信和计算机领域。这个时期的DSP主要有:TI公司的TMS320C20、30、40和50系列,Freescale公司的DSP5600和9600系列,AT&T公司的DSP32等。

20世纪末,各DSP制造商不仅使信号处理能力更加完善,而且使系统开发更加方便、程序编辑调试更加灵活,功耗也进一步降低,成本不断下降。尤其是将各种通用外设集成到芯片上,从而大大提高了数字信号的处理能力。这一时期的DSP运算速度可达到单指令周期10 ns左右,并可在Windows环境下直接用C语言编程,使用方便灵活。DSP芯片不仅在通信、计算机领域得到了广泛的应用,而且也逐渐渗透到人们的日常消费领域中。

2. DSP芯片的发展现状

(1) 制造工艺。现在的DSP芯片已大量采用数十nm(有的已达28 nm)的CMOS工艺,普遍采用贴片封装,很多已采用BGA封装。芯片引脚从原来几十个增加到数百个,需要设计的外围电路越来越少,成本、体积和功耗不断下降。

(2) 运算速度。DSP的主频普遍达到100 MHz,有的已高于1 GHz。指令周期普遍缩短到10 ns以下,其相应的速度提高到100 MIPS以上。如TI公司的8核DSP芯片TMS320C6678,主频达1.25 GHz,处理速度达320 GMAC。

(3) 存储器容量。目前,DSP芯片的片内程序和数据存储器普遍达到几十K字,有的已超过10M字。

(4) 内部结构。目前,DSP芯片内部均采用多总线、多处理单元和多级流水线结构,加上完善的接口功能,使DSP的系统功能、数据处理能力和与外部设备的通信功能都有了很大的提高。

(5) 高度集成化。集滤波、A/D、D/A、ROM、RAM和DSP内核于一体的模拟混合式 DSP 芯片已有较大的发展和应用。TI 公司在 2005 年 12 月发布的达芬奇系统把音视频部件集成在了 DSP 片内,2011 年推出的 TMS320C6678 则集成了 8 个具有定点和浮点处理能力的高端 DSP 内核 C66。

(6) 运算精度和动态范围。DSP 的字长从 8 位已增加到 64 位,累加器的长度也增加到 40 位,从而提高了运算精度。同时,采用超长字指令字(VLIW)结构和高性能的浮点运算,扩大了数据处理的动态范围。

(7) 开发工具。具有较完善的软件和硬件开发工具,如:软件仿真器 Simulator、在线仿真器 Emulator、C 编译器和集成开发环境等,给开发应用带来很大方便。

CCS 是 TI 公司针对本公司的 DSP 和微控制器产品开发的集成开发环境。它集成了代码的编辑、编译、链接和调试等诸多功能,不但支持 C/C++和汇编的混合编程,还支持实时操作系统。

3. DSP 技术的发展趋势

DSP 产品将向着高性能、低功耗、加强融合和拓展多种应用的趋势发展,DSP 芯片将越来越多地渗透到各种电子产品当中,成为各种电子产品尤其是通信、音视频和娱乐类电子产品的技术核心。DSP 技术的发展趋势如下:

(1) DSP 的内核结构将进一步改善。多通道结构和单指令多重数据(SIMD)、特大指令字组(VLIM)将在新的高性能处理器中占主导地位。

(2) DSP 和微控制器的融合。微控制器是一种执行智能定向控制任务的通用微处理器,它能很好地执行智能控制任务,但是对数字信号的处理功能很差。DSP 芯片具有高速的数字信号处理能力,在许多应用中均需要同时具有智能控制和数字信号处理两种功能。将 DSP 芯片和微处理器结合起来,可简化设计,加速产品的开发,减小 PCB 体积,降低功耗和整个系统的成本。

(3) DSP 和高档 CPU 的融合。大多数高档 MCU,如 Pentium 和 PowerPC 都采用了基于 SIMD(Single Instruction Multiple Data,SIMD)指令组的超标量体系结构,速度很快。在 DSP 中融入高档 CPU 的分支预示和动态缓冲技术,具有结构规范、利于编程和不用进行指令排队的特点,使 DSP 性能大幅度提高。

(4) DSP 和 FPGA 的融合。FPGA 是现场可编程门阵列器件。它和 DSP 集成在一块芯片上,可实现宽带信号处理,大大提高信号的处理速度。

(5) 实时操作系统 RTOS 与 DSP 的结合。随着 DSP 处理能力的增强,DSP 系统越来越复杂,使得软件的规模越来越大,往往需要运行多个任务,因此各任务间的通信、同步等问题就变得非常突出。随着 DSP 性能和功能的日益增强,对 DSP 应用提供 RTOS 的支持已成为必然的结果。

(6) DSP 的并行处理结构。为了提高 DSP 芯片的运算速度,各 DSP 厂商纷纷在 DSP 芯片中引入并行处理机制。这样,可以在同一时刻将不同的 DSP 与不同的存储器连通,大大提高数据传输的速率。

(7) 功耗越来越低。随着超大规模集成电路技术和先进的电源管理设计技术的发展，DSP 芯片内核的电源电压将会越来越低。

1.2.2 DSP 芯片的特点

DSP 芯片的主要任务是面向实时数字信号处理，强调处理的高速性，为此在结构、指令系统和指令流程上，都与普通微处理器有所不同，并做了很大的改进。目前，主流 DSP 芯片通常具有如下特点：

（1）采用哈佛结构。DSP 芯片普遍采用数据总线和程序总线分离的哈佛结构或改进的哈佛结构，可以同时访问指令和数据，比传统处理器的冯·诺伊曼结构有更快的指令执行速度。

（2）采用多总线结构。DSP 芯片都采用多总线结构，可同时进行取指令和多个数据存取操作，并由辅助寄存器自动增减地址进行寻址，使 CPU 在一个机器周期内可多次对程序空间和数据空间进行访问，大大提高了 DSP 的运行速度。

（3）采用流水线结构。利用这种流水线结构，使得取指、译码、取数、执行和存数等操作可以重叠进行，一般来说多数指令均可在一个机器周期内完成。

（4）配有专用的硬件乘法-累加器。DSP 芯片配有专用的硬件乘法-累加器，可在一个周期内完成一次乘法和一次累加操作，由于乘法-累加运算是数字信号处理中用得最多的运算，因此保证了 DSP 芯片具有强大的实时高速数字信号处理能力。

（5）具有特殊的寻址方式和指令。为了满足信号处理的需要，在 DSP 的指令系统中，设计了特殊的寻址方式和指令。如：循环寻址方式可以使信号处理中常用的卷积、相关、FIR 滤波等算法容易地实现，位反转寻址方式使 FFT 算法的效率大大提高，FIRS 和 LMS 指令是专门用于完成系数对称的 FIR 滤波器和 LMS 算法。

（6）支持并行指令操作。某些指令如装载和存储、存储和加/减、存储和乘法、装载和乘法等可以并行执行，这样可以充分利用流水线特性，提高代码的执行效率。

（7）硬件配置强，具有较强的接口功能。片内除了具有串行口、定时器、主机接口（HPI）、DMA 控制器和软件可编程等待状态发生器等电路外，还配有中断处理器、PLL、片内存储器和测试接口等单元电路，有的还有 USB 接口、模/数转换（ADC）、看门狗定时器（Watchdog）、实时时钟（RTC）和多媒体卡控制器（MMC）等电路，可以方便地构成一个功能完善的嵌入式 DSP 应用系统。

（8）支持多处理器结构。为了满足多处理器系统的设计，许多 DSP 芯片都采用了支持多处理器的结构，使处理器之间可直接对通，应用灵活、使用方便。

1.2.3 DSP 芯片的分类

根据分类标准的不同，DSP 芯片可划分为以下几种类型。

（1）按照数据格式的不同，DSP 芯片可以划分为定点 DSP 芯片和浮点 DSP 芯片。例如，TI 公司的 TMS320C1x/C2x/C54x/C55x/C62x 系列、ADI 公司的 Blackfin 系列为定点 DSP 芯片，TI 公司的 TMS320C3x/C4x /C67x、ADI 公司的

第1章 绪 论

SHARC、TigerSHARC 系列等为浮点 DSP 芯片。TI 公司新推出的 TMS320C66x 则是定点/浮点复合 DSP 芯片。

（2）按照字长大小的不同，DSP 芯片可以划分为 16 位、24 位、32 位。例如，TI 公司的 TMS320C1x/C2x/C54x/C55x、ADI 公司的 Blackfin 系列为 16 位 DSP 芯片，TI 公司的 TMS320C3x/C4x/C6x、ADI 公司的 SHARC、TigerSHARC 等为 32 位 DSP 芯片，飞思卡尔公司的 MSC 系列为 24 位 DSP 芯片。

（3）按照不同生产厂家的产品系列划分，有 TI 公司的 TMS320 系列，ADI 公司的 Blackfin、SHARC、TigerSHARC 系列，飞思卡尔公司的 MSC 系列等。

1.2.4 DSP 芯片的应用领域

目前 DSP 的应用主要包括如下几个方面。

（1）信号处理。如数字滤波、自适应滤波、快速傅里叶变换、希尔伯特变换、小波变换、相关运算、谱分析、卷积、模式匹配、加窗和波形产生等。

（2）通信。如调制解调器、自适应均衡、数据加密、数据压缩、回波抵消、多路复用、传真、扩频通信、纠错编码、可视电话、个人通信系统、移动通信、个人数字助手（PDA）和 X.25 分组交换开关等。

（3）语音。如语音编码、语音合成、语音识别、语音增强、说话人辨认、说话人确认、语音邮件、语音存储、扬声器检验和文本转语音等。

（4）军事。如保密通信、雷达处理、声纳处理、图像处理、射频调制解调、导航和导弹制导等。

（5）图形与图像。如二维和三维图形处理、图像压缩与传输、图像增强、动画与数字地图、机器人视觉、模式识别和工作站等。

（6）仪器仪表。如频谱分析、函数发生、锁相环、地震处理、数字滤波、模式匹配和暂态分析等。

（7）自动控制。如引擎控制、声控、机器人控制、磁盘控制器、激光打印机控制和电动机控制等。

（8）医疗。如助听器、超声设备、诊断工具、病人监护、胎儿监控和修复手术等。

（9）家用电器。如高保真音响、音乐合成、音调控制、玩具与游戏、数字电话与电视、电动工具和固态应答机等。

（10）汽车。如自适应驾驶控制、防滑制动器、发动机控制、导航及全球定位、振动分析和防撞雷达等。

1.2.5 选择 DSP 芯片考虑的因素

1. DSP 芯片的运算速度

MAC 时间：一次乘法和一次加法的时间。大部分 DSP 芯片可在一个指令周期内完成一次乘法和一次加法的操作。

FFT 执行时间：运行一个 N 点 FFT 程序所需的时间。由于 FFT 运算在数字信号处理中很有代表性，因此 FFT 运算时间常作为衡量 DSP 芯片运算能力的一个指标。

MIPS/GIPS：每秒执行百万/10 亿条指令。

MOPS/GOPS：每秒执行百万/10 亿次操作。

MFLOPS/GFLOPS：每秒执行百万/10 亿次浮点操作。

2. DSP 芯片的价格

DSP 芯片的种类很多，价格、性能和功耗等差别很大，通常性能好的芯片其价格也较高，因此要根据自己所开发产品的具体情况来选择合适的 DSP 芯片。比如开发民用产品时，采用商用级芯片即可，不必选工业或军用级芯片，那样会使产品价格增加数倍甚至数十倍。

3. DSP 芯片的硬件资源

不同的 DSP 芯片所提供的硬件资源不同，如片内 RAM 和 ROM 的数量，外部可扩展的程序和数据空间，总线接口和 I/O 接口等。

4. DSP 芯片的运算精度

一般的定点 DSP 芯片字长为 16 位，少数为 24 位。浮点芯片的字长一般为 32 位，累加器为 40 位。

5. DSP 芯片的开发工具

在 DSP 系统的开发过程中，如果没有开发工具的支持，要想开发一个复杂的 DSP 系统几乎是不可能的。功能强大的开发工具，可使开发时间大大缩短。

6. DSP 芯片的功耗

便携式的 DSP 设备、手持设备、野外应用的 DSP 设备等对功耗有特殊的要求，选择 DSP 芯片和其他元器件时应采用低功耗器件。

7. 其他因素

除了上述因素外，还要考虑到封装形式、质量标准、供货情况和生命周期等。

1.3 DSP 芯片产品简介

1.3.1 TI 公司的 DSP 芯片概况

TI 公司在原来的产品 TMS320C1x、TMS320C25、TMS320C3x/4x、TMS320C55x、TMS320C8x 的基础上发展了 3 种新的 DSP 系列，它们是：TMS320C2000、TMS320C5000 和 TMS320C6000 系列，现已成为当前和未来相当长时期内 TI 公司 DSP 的主流产品。

第1章 绪 论

(1) TMS320C2000 系列，称为 DSP 控制器。它集成了 Flash 存储器、高速 A/D 转换器、可靠的 CAN 模块及数字马达控制的外围模块，适用于三相电动机、变频器等高速实时的工控产品等需要数字化控制的领域。

(2) TMS320C5000 系列。16 位超低功耗定点 DSP，主要用于通信领域，如 IP 电话机和 IP 电话网关、数字式助听器、便携式声音/数据/视频产品、调制解调器、手机和移动电话基站、语音服务器、数字无线电、小型办公室和家庭办公的语音和数据系统。

(3) TMS320C6000 系列。采用新的超长指令字结构设计的芯片，C64x 可达到 8 800 MIPS 以上，即每秒执行 90 亿条指令。C6713 每秒可以完成 18 亿条浮点运算。C6678 每秒可完成 320GMAC 和 1600 亿条浮点运算。其主要应用领域为数字通信和音视频技术。

1.3.2 其他公司的 DSP 芯片概况

1. ADI(Analog Devices, Inc.)公司的 DSP 芯片

该公司生产的 DSP 芯片代表系列有：ADSP Blackfin 系列，ADSP TigerSHARC 系列，ADSP SHARC 系列，SigmaDSP 系列。ADI 提供了 Visual DSP++2.0/3.0/4.0/4.5/5.0 编程环境，可以支持软件人员进行开发调试。

Blackfin 系列 DSP 芯片面向消费电子领域，为 16/32 位定点处理器，时钟频率 400~750 MHz，峰值处理能力达 1 500 MMAC。它不只是单纯的 DSP，还具有 MCU 的功能，这样在一个产品中便具备了 DSP 的运算优势和单片机的控制优势。

TigerSHARC 系列 DSP 芯片面向高端领域，有强大的浮点/定点处理能力，有大量的片上内存和 IO 带宽，最佳性能下浮点运算速度超过 1 GFLOPS。

SHARC 系列 DSP 芯片支持高性能 32 位和 40 位扩展浮点运算以及 32 位定点运算。SHARC 2148x 和 SHARC 2147x 处理器具备专用的硬件加速器和独立的计算单元以及 DMA 存储映射，实现了后台执行 FFT/FIT/IIR 信号处理工作的能力，可减轻内核处理负担。

SigmaDSP 是单芯片音频 DSP 芯片，可通过图形化开发工具配置，是专为全自动音频播放器、数字电视、多媒体 PC 以及家庭影院设备等这类要求高音量、且价格敏感、有开发时间限制的产品设计的。

2. 飞思卡尔(Freescale)公司的 DSP 芯片

飞思卡尔 DSP 产品包括采用 StarCore 技术的 MSC 系列和采用 Symphony 技术的 DSP56x 系列。

飞思卡尔多核 StarCore DSP 器件(MSC8156/MSC8156E/MSC8154/MSC8154E/MSC8 256/MSC8254/MSC8252/MSC8152/MSC8144/MSC8122/MSC8126)具有强大功能，可以单一器件取代大耗电量的 DSP 阵列，支持话音压缩、代码转换和互连功能。

例如，MSC8156E 是一个基于飞思卡尔 SC3850 StarCore 技术的 6 核 DSP 处理器。采用 45 nm 工艺制造，可工作在 1 GHz 频率，单核处理速度可达 8 000 MMACS，单芯片的处理速度可达 4 8000 MMACS。

Symphony 系列音频处理器集成先进的音频外围设备，满足音频电子设备人员的需求；同时，可用以支持 Dolby、THX 和 DTS 等最新一代解码器。

1.3.3　TMS320C5000 概况

TMS320C5000 是 16 位整数 DSP 处理器，目前已有三代产品，即 TMS320C5x、TMS320C 54x 和 TMS320C55x。同代产品使用相似的 CPU 结构，但拥有不同的片上存储器和外围电路，以满足各种不同用途的要求。C5000 把存储器、外围电路与 CPU 集成在一个芯片上，构成了一个单片计算机系统，大大地降低了整个 DSP 应用系统的成本和体积，提高了可靠性。

1. TMS320C54x 概况

C54xDSP 芯片采用改进的 Harvard 结构，有 1 组程序读总线，1 组程序地址总线，2 组数据读总线，1 组数据写总线，3 组数据地址总线，包括 CPU、片上存储器和外围电路等 3 部分功能模块。

CPU 包括 1 个 40 位的算术逻辑单元（ALU），一个 40 位的筒形移位寄存器（barrel shifter），2 个独立的 40 位累加器，1 个乘加器（MAC）单元（由 1 个 17 位×17 位的乘法器和 1 个专用 40 位加法器组成），1 个用于 Viterbi 计算的比较、选择和存储（CSSU）单元，1 个指数编码器（用于计算 40 位累加器中数值的指数），2 个地址发生器单元（含有 8 个辅助寄存器和 2 个辅助寄存器算术单元）。

C54x 拥有 192K 字的存储空间，包括 64K 字的程序存储空间，64K 字的数据存储空间和 64K 字的 I/O 接口空间，一些芯片（如 C548、C549、C5402、C5410、C5420）还有扩展的程序存储空间。不同的芯片拥有不同数量的片上存储器，如 C5402 含有 4K 字片内 ROM 和 16K 字片内 DARAM，C5420 含有 32K 字片内 DARAM 和 168K 字片内 SARAM。

C54x 的片上外围电路有：软件可编程等待状态发生器，可编程分区转换逻辑电路，带有内部振荡器或外部时钟源的片内锁相环（PLL）发生器，全双工操作的串行口，带有 4 位预定标器的 16 位可编程定时器，主机并行接口（HPI），外部总线控制等。

典型的指令周期为 25 ns、12.5 ns、10 ns，对应的速度分别达到 40 MIPS、80 MIPS、100 MIPS。

2. TMS320C55x 概况

C55xDSP 芯片是 C5000 系列的新一代产品，与 C54x 的源代码兼容。与 C54x 相比，C55x 处理速度明显提高，功耗明显降低。如 300 MHz 的 C55x 与 120 MHz 的

C54x相比,C55x的处理速度比C54x提高了5倍,功耗只有C54x的1/6。

与C54x相比,C55x在结构上复杂得多,采用了近似"双CPU结构"。C55x具有2个MAC单元、4个40位累加器,能够在单周期内作2个17位×17位的乘法运算。C55x具有12组独立总线,即1组程序读总线,1组程序地址总线,3组数据读总线,2组数据写总线,5组数据地址总线,其指令单元每次可从存储器中读取32位程序代码(C54x只能读取16位)。C55x含有指令高速缓冲器(Cache),以减少对外部存储器的访问,改善了数据吞吐率并降低了功耗。C55x采用了1~6字节的可变字节宽度指令(C54x的指令长度为固定的16位),从而提高了代码的密度。C55x与C54x的具体区别如表1-1所列。

表1-1 C55x与C54x的比较

类别	C54x	C55x	类别	C54x	C55x
MAC	1	2	数据字长/位	16	16
累加器	2	4	辅助寄存器ALU	2(每个16位)	3(每个24位)
读总线	2	3	ALU	1(40位)	1(40位),1(16位)
写总线	1	2	辅助寄存器	8	8
程序提取	1	1	数据寄存器	0	4
地址总线	4	6	存储器空间	分块的程序/数据	统一的空间
程序字长/位	16	8/16/24/32/40/48			

目前C55x系列芯片主要有C5501/2(主频300 MHz、McBSP、HPI接口),C5503/6/7/9A(主频200 MHz、McBSP、HPI、USB1.1接口),C5510(主频200 MHz、McBSP、HPI接口,片上存储器320 KB),C5504/05/14/15(主频120/150 MHz、USB2.0、LCD接口,FFT硬件加速器),C5532/33/34/35(主频50/100 MHz、USB2.0、LCD接口,FFT协处理器,功耗更低)。

本书以C5509A为例进行讲述,其他芯片的详细资料请登陆www.ti.com.cn自行查阅。

思考题与习题

1.1 数字信号处理与模拟信号处理相比有哪些优点?

1.2 简述DSP系统的组成。

1.3 DSP芯片与普通单片机相比有什么特点?

1.4 一个200阶的FIR滤波器,要分别利用TMS320C55x和8051单片机完成对信号的实时处理。试估算一下,采样频率最高可各取为多少?设滤波器系数和信号数据均为16位整数。

第1章 绪 论

1.5　DSP 芯片有哪些主要特点？
1.6　什么是定点 DSP 芯片？什么是浮点 DSP 芯片？它们各有什么优缺点？
1.7　在进行 DSP 系统设计时，如何选择 DSP 芯片？
1.8　TI 公司的 DSP 芯片主要有哪几大类？
1.9　TMS320C5000 系列 DSP 芯片有什么特点？
1.10　简述 C55x 和 C54x 芯片的主要特点。

第 2 章

TMS320C55x 的硬件结构

内容提要：本章主要介绍了 TMS320C55x 芯片的硬件结构，内容为 C55x 芯片的总体结构、引脚功能、CPU 结构及相关寄存器、存储空间和 I/O 空间、中断和复位操作。

2.1 TMS320C55x 的总体结构

C55x 主要由 3 个部分组成：CPU、存储空间和片内外设。不同的芯片体系结构相同，它们具有相同的 CPU 内核，但片上存储器和外围电路配置有所不同。要了解具体 DSP 芯片的片上存储器、外围电路配置以及封装和引脚时，可查看相应的芯片手册。图 2-1 给出了 TMS320VC5509A 的框图。

2.1.1 C55x CPU 内部总线结构

C55x CPU 含有 12 组内部独立总线，即
- 程序地址总线(PAB)：1 组，24 位；
- 程序数据总线(PB)：1 组，32 位；
- 数据读地址总线(BAB、CAB、DAB)：3 组，24 位；
- 数据读总线(BB、CB、DB)：3 组，16 位；
- 数据写地址总线(EAB、FAB)：2 组，24 位；
- 数据写总线(EB、FB)：2 组，16 位。

2.1.2 C55x 的 CPU 组成

C55x 的 CPU 包含 5 个功能单元：指令缓冲单元(I 单元)、程序流单元(P 单元)、地址-数据流单元(A 单元)、数据运算单元(D 单元)和存储器接口单元(M 单元)。

I 单元包括 32×16 位指令缓冲队列和指令译码器。此单元主要接收程序代码并负责放入指令缓冲队列，由指令译码器来解释指令，然后再把指令流传给其他的工作单元(P 单元、A 单元、D 单元)来执行这些指令。

P 单元包括程序地址发生器和程序控制逻辑。此单元产生所有程序空间地址，并送到 PAB 总线。

A 单元包括数据地址产生电路(DAGEN)、附加的 16 位 ALU 和 1 组寄存器。此单元产生读/写数据空间地址,并送到 BAB、CAB、DAB 总线。

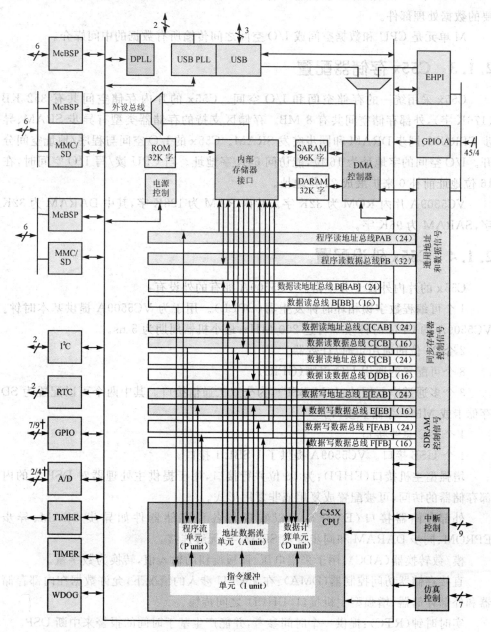

图 2-1 TMS320VC5509A 框图

第 2 章　TMS320C55x 的硬件结构

D 单元包括 1 个 40 位的筒形移位寄存器(barrel shifter)、2 个乘加单元(MAC)、1 个 40 位的 ALU 以及若干寄存器。D 单元是 CPU 中最主要的部分,是主要的数据处理部件。

M 单元是 CPU 和数据空间或 I/O 空间之间传输所有数据的中间媒介。

2.1.3　C55x 存储器配置

C55x 采用统一的存储空间和 I/O 空间。C55x 的片内存储空间共有 352 KB(176K 字),外部存储空间共有 8 MB。存储区支持的存储器类型有异步 SRAM、异步 EPROM、同步 DRAM 和同步突发 SRAM。C55x 的 I/O 空间与程序/地址空间分开。I/O 空间的字地址为 16 位,能访问 64K 字地址。当 CPU 读/写 I/O 空间时,在 16 位地址前补 0 来扩展成 24 位地址。

VC5509A 片内 ROM 为 32K 字。片内 RAM 为 128K 字,其中 DARAM 为 32K 字,SARAM 为 96K 字。

2.1.4　C55x 外设配置

C55x 的片内外设十分丰富。VC5509A 拥有的外设有:

1 个可编程数字锁相环时钟发生器(DPLL)。用于为 VC5509A 提供基本时钟。VC5509A 的 CPU 时钟频率可达 200 MHz,最小机器周期为 5 ns。

2 个 20 位的通用定时/计数器。

8 个可配置的通用 I/O 引脚(GPIO)。

3 个多通道串行缓冲口(McBSP),为全双工通信接口。其中两个可以配置为 SD 存储卡或 MMC 存储卡接口。

1 个 I2C 总线接口。

1 个 USB 接口。VC5509A 提供了 USB1.1 接口。

增强型主机接口(EHPI):为 16 位并行接口,用于提供主处理器对 DSP 上的内部存储器的访问,可被配置成复用或非复用形式。

外部存储器接口(EMIF):可以实现与各种存储器件如异步 SRAM、异步 EPROM、同步 DARAM 和同步突发 SRAM 的无缝连接。

模/数转换器(ADC):用于采集电压、面板旋钮的输入值,转换为数字量。

直接存储器访问控制器(DMA):在无 CPU 涉入的情况下,允许数据在内部存储器和外部存储器、增强型主机接口(EHPI)之间传输。

实时时钟(RTC):提供一个时间参考,并能产生基于时间的报警来中断 DSP。

看门狗定时器(Watchdog Timer):可以在软件陷入循环又没有受控退出的情况下,防止系统死锁。

2.2 C55x 的封装和引脚功能

C55x 系列不同芯片的封装有所不同,为了满足不同用途的需求,同一个芯片也往往有多种封装。图 2-2 给出了 VC5509A 的两种不同封装,以下以 144 脚 PGE 封装为例,介绍其引脚功能。

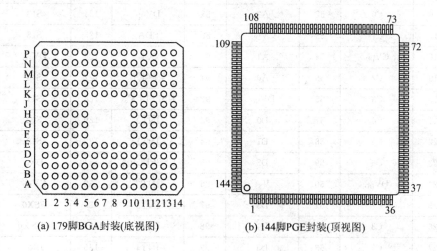

(a) 179脚BGA封装(底视图)　　　(b) 144脚PGE封装(顶视图)

图 2-2　TMS320VC5509A 的封装

2.2.1 引脚属性

信号与引脚的对应关系见表 2-1。

表 2-1　VC5509A PGE 信号引脚对应图

引脚号	名称	引脚号	名称	引脚号	名称	引脚号	名称
1	V_{SS}	37	V_{SS}	73	V_{SS}	109	RDV_{DD}
2	PU	38	A13	74	D12	110	RCV_{DD}
3	DP	39	A12	75	D13	111	RTCINX2
4	DN	40	A11	76	D14	112	RTCINX1
5	$USBV_{DD}$	41	CV_{DD}	77	D15	113	V_{SS}
6	GPIO7	42	A10	78	CV_{DD}	114	V_{SS}
7	V_{SS}	43	A9	79	EMU0	115	V_{SS}
8	DV_{DD}	44	A8	80	EMU1/$\overline{OFF}$	116	S23
9	GPIO2	45	V_{SS}	81	TDO	117	S25
10	GPIO1	46	A7	82	TDI	118	CV_{DD}
11	V_{SS}	47	A6	83	CV_{DD}	119	S24

续表 2-1

引脚号	名称	引脚号	名称	引脚号	名称	引脚号	名称
12	GPIO0	48	A5	84	$\overline{TRST}$	120	S21
13	X2/CLKIN	49	DV_{DD}	85	TCK	121	S22
14	X1	50	A4	86	TMS	122	V_{SS}
15	CLKOUT	51	A3	87	CV_{DD}	123	S20
16	C0	52	A2	88	DV_{DD}	124	S13
17	C1	53	CV_{DD}	89	SDA	125	S15
18	CV_{DD}	54	A1	90	SCL	126	DV_{DD}
19	C2	55	A0	91	$\overline{RESET}$	127	S14
20	C3	56	DV_{DD}	92	$USBPLLV_{SS}$	128	S11
21	C4	57	D0	93	$\overline{INT0}$	129	S12
22	C5	58	D1	94	$\overline{INT1}$	130	S10
23	C6	59	D2	95	$USBPLLV_{DD}$	131	DX0
24	DV_{DD}	60	V_{SS}	96	$\overline{INT2}$	132	CV_{DD}
25	C7	61	D3	97	$\overline{INT3}$	133	FSX0
26	C8	62	D4	98	DV_{DD}	134	CLKX0
27	C9	63	D5	99	$\overline{INT4}$	135	DR0
28	C11	64	V_{SS}	100	V_{SS}	136	FSR0
29	CV_{DD}	65	D6	101	XF	137	CLKR0
30	CV_{DD}	66	D7	102	V_{SS}	138	V_{SS}
31	C14	67	D8	103	ADV_{SS}	139	DV_{DD}
32	C12	68	CV_{DD}	104	ADV_{DD}	140	TIN/TOUT0
33	V_{SS}	69	D9	105	AIN0	141	GPIO6
34	C10	70	D10	106	AIN1	142	GPIO4
35	C13	71	D11	107	AV_{DD}	143	GPIO3
36	V_{SS}	72	DV_{DD}	108	AV_{SS}	144	V_{SS}

2.2.2 引脚信号定义与描述

本节只给出 VC5509A PGE 引脚的定义和简要描述,详细描述请参考文献 "SPRS205J,TMS320VC5509A Fixed－Point Digital Signal Processor Data Manual"。

1. 并行总线引脚

A[13：0]：C55x 内核的并行地址总线 A13～A0 的外部引脚。这些引脚有 3 种功能:HPI 地址线(HPI.HA[13：0])、EMIF 地址总线(EMIF.A[13：0])、通用输

入输出(GPIO. A[13:0])。

D[15:0]：C55x 内核的并行双向数据总线 D15～D0。这些引脚有两种功能：EMIF 数据总线(EMIF. D[15:0])或者 HPI 数据总线(HPI. HD[15:0])。

C0：EMIF 异步存储器读选通(EMIF. $\overline{ARE}$)或通用输入输出口 8 (GPIO. 8)。

C1：EMIF 异步输出使能(EMIF. $\overline{AOE}$)或 HPI 中断输出(HPI. $\overline{HINT}$)。

C2：EMIF 异步存储器写选通 (EMIF. $\overline{AWE}$)或 HPI 读/写(HPI. HR/$\overline{W}$)。

C3：EMIF 数据输入准备就绪(EMIF. ARDY)或 HPI 输出准备就绪(HPI. HRDY)。

C4：存储空间 CE0 的 EMIF 片选信号(EMIF. $\overline{CE0}$)或通用输入输出口 9 (GPIO. 9)。

C5：存储空间 CE1 的 EMIF 片选信号(EMIF. $\overline{CE1}$)或通用输入输出口 10 (GPIO. 10)。

C6：存储空间 CE2 的 EMIF 片选信号(EMIF. $\overline{CE2}$)或 HPI 访问控制信号 0 (HPI. HCNTL0)。

C7：存储空间 CE3 的 EMIF 片选信号(EMIF. $\overline{CE3}$)、通用输入输出口 11 (GPIO. 11)或 HPI 访问控制信号 1 (HPI. HCNTL1)。

C8：EMIF 字节使能控制 0 (EMIF. $\overline{BE0}$)或 HPI 字节辨识(HPI. $\overline{HBE0}$)。

C9：EMIF 字节使能控制 1 (EMIF. $\overline{BE1}$)或 HPI 字节辨识(HPI. $\overline{HBE1}$)。

C10：EMIF SDRAM 行选通信号(EMIF. $\overline{SDRAS}$)、HPI 地址选通信号(HPI. $\overline{HAS}$)或通用输入输出口 12(GPIO. 12)。

C11：EMIF SDRAM 列选通信号(EMIF. $\overline{SDCAS}$)或 HPI 片选输入信号(HPI. $\overline{HCS}$)。

C12：EMIF SDRAM 写使能信号(EMIF. $\overline{SDWE}$)或 HPI 数据选通信号 1 (HPI. $\overline{HDS1}$)。

C13：SDRAM A10 地址线 (EMIF. SDA10)或通用输入输出口 13 (GPIO. 13)。

C14：SDRAM 存储器时钟信号(EMIF. CLKMEM)或 HPI 数据选通信号 2 (HPI. $\overline{HDS2}$)。

2. 初始化、中断和复位引脚

$\overline{INT}$[4:0]：外部中断请求信号。$\overline{INT}$[4:0]为可屏蔽中断，并且可由中断使能寄存器(IER)和中断方式位屏蔽。$\overline{INT}$[4:0]可以通过中断标志寄存器(IFR)进行查询和复位。

$\overline{RESET}$：复位信号，低电平有效。$\overline{RESET}$使数字信号处理器(DSP)终止程序执行并且使程序计数器指向 FF8000h 处。当 $\overline{RESET}$ 引脚电平为高时，从程序存储器 FF8000h 地址处开始执行。$\overline{RESET}$ 影响寄存器和状态位。此引脚需要外接上拉电阻。

3. 位输入/输出信号

GPIO[7:6,4:0]：可以配置为输入口或输出口，当配置为输出引脚时可以单独设置或者复位。在复位时这些引脚被配置为输入引脚。复位完成后，装载引导器（bootloader）根据 GPIO[3:0]引脚电平决定自举方式。

XF：输出信号。指令 BSET XF 可以使 XF 输出电平为高，指令 BCLR XF 可以使 XF 输出电平为低。或者加载 ST1. XF 位可以控制 XF 输出电平。XF 用于配置其他处理器的复用状态或者作为通用输出引脚。

4. 振荡器/时钟信号

CLKOUT：DSP 时钟输出引脚。CLKOUT 周期为 CPU 的机器周期。当$\overline{OFF}$为低电平时，CLKOUT 呈高阻状态。

X2/CLKIN：时钟振荡器输入引脚。若使用内部时钟，则该引脚外接晶体电路；若使用外部时钟，则该引脚接外部时钟输入。系统时钟/振荡器输入，如果没有使用外部时钟，X2/CLKIN 作为时钟输入。

X1：由内部系统振荡器到晶体的输出引脚。若不使用内部振荡器时，X1 引脚悬空。当$\overline{OFF}$为低，X1 不会处于高阻状态。

TIN/TOUT0：定时器 T0 输入/输出。当作为定时器 T0 的输出时，计数器减少到 0，TIN/TOUT0 信号输出一个脉冲或者状态发生改变。当作为输入时，TIN/TOUT0 为内部定时器模块提供时钟。复位时，此引脚配置为输入引脚。

注意：只有定时器 0 信号可以输出。定时器 T1 信号不能提供输出。

5. 实时时钟

RTCINX1：实时时钟振荡器输入。
RTCINX2：实时时钟振荡器输出。

6. I²C 总线

SDA：I²C（双向）数据信号。复位时，此引脚处于高阻状态。
SCL：I²C（双向）时钟信号。复位时，此引脚处于高阻状态。

7. McBSP 接口

VC5509A 共有 3 个 McBSP 接口，其中 McBSP1 与 McBSP2 为多功能口。
CLKR0：McBSP0 接收时钟信号。CLKR0 作为串行接收器的串行移位时钟。
DR0：McBSP0 数据接收信号。
FSR0：McBSP0 接收帧同步信号。FSR0 脉冲初始化 DR0 的数据接收。
CLKX0：McBSP0 发送时钟信号。CLKX0 作为串行发送器的串行发送时钟。
DX0：McBSP0 数据发送信号。
FSX0：McBSP0 发送帧同步信号。FSX0 脉冲初始化 DX0 的数据发送。

S10：McBSP1 接收时钟信号或者 MMC/SD1 的命令/响应信号。复位时，此引脚被配置为 McBSP1.CLKR。

S11：McBSP1 数据接收信号或者 SD1 的数据信号 1。复位时，此引脚被配置为 McBSP1.DR。

S12：McBSP1 接收帧同步信号或者 SD1 的数据信号 2。复位时，此引脚被配置为 McBSP1.FSR。

S13：McBSP1 数据发送信号或者 MMC/SD1 串行时钟信号。复位时，此引脚被配置为 McBSP1.DX。

S14：McBSP1 发送时钟信号或 MMC/SD1 数据信号 0。复位时，此引脚被配置为 McBSP1.CLKX。

S15：McBSP1 发送帧同步信号或者 SD1 数据信号 3。复位时，此引脚被配置为 McBSP1.FSX。

S20：McBSP2 接收时钟信号或者 MMC/SD2 的命令/响应信号。复位时，此引脚被配置为 McBSP2.CLKR。

S21：McBSP2 数据接收信号或者 SD2 数据信号 1。复位时，此引脚被配置为 McBSP2.DR。

S22：McBSP2 接收帧同步信号或者 SD2 数据信号 2。复位时，此引脚被配置为 McBSP2.FSR。

S23：McBSP2 数据发送或者 MMC/SD2 串行时钟信号。复位时，此引脚被配置为 McBSP2.DX。

S24：McBSP2 发送时钟信号或者 MMC/SD2 数据信号 0。复位时，此引脚被配置为 McBSP2.CLKX。

S25：McBSP2 发送帧同步信号或者 SD2 数据信号 3。复位时，此引脚被配置为 McBSP2.FSX。

8. USB 接口

DP：差分数据接收/发送（正向）。复位时，此引脚配置为输入端。

DN：差分数据接收/发送（负向）。复位时，此引脚配置为输入端。

PU：上拉输出。该引脚用于上拉 USB 模块需要的检测电阻。通过一个软件控制开关（USBCTL 寄存器的 CONN 位），此引脚在 VC5509 内部与 USBVDD 连接。

9. A/D 接口

VC5509A PGE 共有 2 个 10 位 A/D 接口，VC5509A BGA 有 4 个 10 位 A/D 接口。

AIN0：模拟输入通道 0。

AIN1：模拟输入通道 1。

10. 测试/仿真引脚

TCK：IEEE 标准 1149.1 测试时钟输入引脚。

TDI：IEEE 标准 1149.1 测试数据输入信号。
TDO：IEEE 标准 1149.1 测试数据输出信号。
TMS：IEEE 标准 1149.1 测试方式选择信号。
$\overline{TRST}$：IEEE 标准 1149.1 测试复位信号。
EMU0：仿真器中断 0 引脚。
EMU1/$\overline{OFF}$：仿真器中断 1 引脚/关闭所有输出引脚。当 $\overline{TRST}$ 为高电平时，该引脚作为仿真系统的中断信号，并由 IEEE 标准 1149.1 扫描系统定义其是输入还是输出。当 $\overline{TRST}$ 为低电平时，该引脚被设置 $\overline{OFF}$ 特性，并将所有的输出设置为高阻状态。

注意：$\overline{OFF}$ 专用于测试和仿真(不是复用引脚)。

11. 电源引脚

CV_{DD}：数字电源，+1.6 V，为 CPU 内核提供电源。
DV_{DD}：数字电源，+3.3 V，为 I/O 引脚提供电源。
$USBV_{DD}$：数字电源，+3.3 V，为 USB 模块的 I/O 引脚(DP，DN 和 PU)提供电源。
$USBPLLV_{DD}$：数字电源，+1.6 V，为 USB PLL 提供电源。
RDV_{DD}：数字电源，+3.3 V，为 RTC 模块的 I/O 引脚提供电源。
RCV_{DD}：数字电源，+1.6 V，为 RTC 模块提供电源。
V_{SS}：数字地。
AV_{DD}：模拟电源，为 10 位 A/D 模块提供电源。
AV_{SS}：模拟地，10 位 A/D 内核部分接地引脚。
ADV_{SS}：模拟数字地，10 位 A/D 模块的数字部分接地引脚。
$USBPLLV_{SS}$：数字地，用于 USB PLL。

2.3　C55x 的 CPU 结构

C55x 的 CPU 结构见图 2-3，其主要组成部分有：存储器接口单元(M 单元)、指令缓冲单元(I 单元)、程序流单元(P 单元)、地址数据流单元(A 单元)、数据计算单元(D 单元)和内部地址总线与数据总线。

2.3.1　存储器接口单元(M 单元)

M 单元是一个内部数据流、指令流接口，管理所有来自 CPU、数据空间或 I/O 空间的数据和指令，负责 CPU 和数据空间以及或 CPU 和 I/O 空间的数据传输。

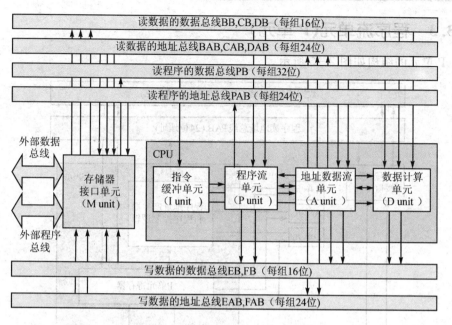

图 2-3 C55x 的 CPU 结构框图

2.3.2 指令缓冲单元（I 单元）

I 单元的结构如图 2-4 所示。每个机器周期，PB 将从程序空间传送 32 位的程序代码至 I 单元的指令缓冲队列，该队列最大可以存放 64 个字节的待译码指令，可以存放循环块指令以及具有对于分支、调用和返回的随机存取能力。当 CPU 准备译码时，6 个字节的代码从队列发送到 I 单元的指令译码器，指令译码器能够识别指令边界从而可以译码 8、16、24、32、40 和 48 位的指令，决定 2 条指令是否并行执行，并将译码结果和立即数送至 P 单元、A 单元和 D 单元。

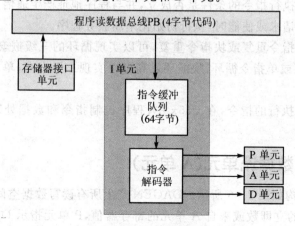

图 2-4 I 单元结构框图

2.3.3 程序流单元(P单元)

P单元的结构如图2-5所示。

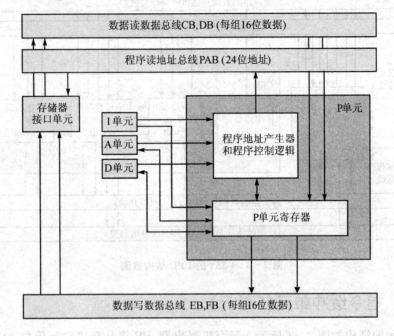

图2-5 P单元结构框图

P单元产生所有的程序空间地址,同时它也控制指令流顺序。其中:程序地址产生器负责产生24位的地址,它可以产生顺序地址,也可以以I单元的立即数或D单元的寄存器值作为地址。程序控制逻辑接收来自I单元的立即数,并测试来自A单元或D单元的结果从而执行如下动作:

① 测试条件执行指令的条件是否成立,并与程序地址产生通信。

② 当中断被请求或使能时,执行初始化中断服务程序。

③ 控制单一指令重复或块指令重复,可以实现循环的三级嵌套,可以在块循环中嵌套块循环和/或单指令循环,块循环最高可以实现二级嵌套,单指令循环可以成为第三级嵌套。

④ 管理并行执行的指令,在C55x中,程序控制指令和数据处理指令可以并行执行。

2.3.4 地址数据流单元(A单元)

A单元的结构如图2-6所示。DAGEN产生所有读写数据空间的地址,它可以接收来自I单元的立即数或来自A单元的寄存器值,P单元指示DAGEN对于间接寻址方式时是使用线性寻址还是循环寻址。

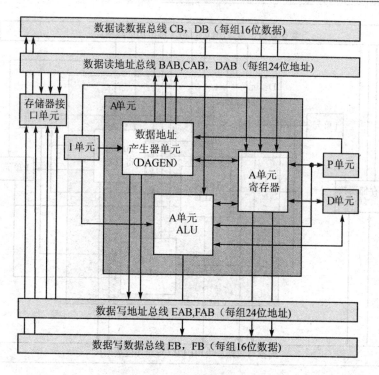

图 2-6　A 单元结构框图

ALU 可以接收来自 I 单元的立即数或与存储器、I/O 空间、A 单元寄存器、D 单元寄存器和 P 单元寄存器进行双向通信。完成如下动作：

① 完成加法、减法、比较、布尔逻辑、符号移位、逻辑移位和绝对值计算。
② 测试、设置、清空、求补 A 单元寄存器位或存储器位域。
③ 改变或转移寄存器值。
④ 循环移位寄存器值。
⑤ 从移位器向一个 A 单元寄存器送特定值。

2.3.5　数据计算单元（D 单元）

D 单元的结构如图 2-7 所示。

1. 移位器

D 单元的移位器接收来自 I 单元的立即数，与存储器、I/O 空间、D 单元寄存器、P 单元寄存器、A 单元寄存器进行双向通信，把移位结果送至 D 单元的 ALU 或 A 单元的 ALU，并完成下列动作：

① 实现 40 位累加器值，最大左移 31 位或最大右移 32 位，移位计数值可以是指令中的立即数，或是来自暂存器 T0~T3。

第 2 章 TMS320C55x 的硬件结构

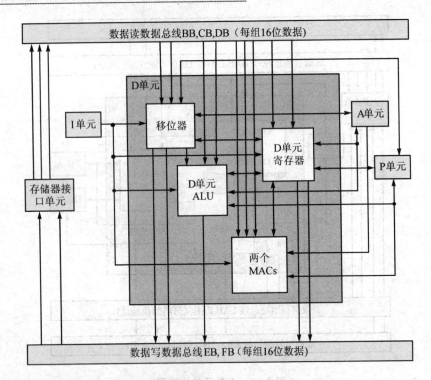

图 2-7 D 单元结构框图

② 实现 16 位寄存器、存储器或 I/O 空间数据,最大左移 31 位或最大右移 32 位,移位计数值可以是指令中的立即数,或是来自暂存器 T0～T3。

③ 实现 16 位立即数最大左移 15 位,移位计数值是指令中的常数。

④ 归一化累加器数值。

⑤ 提取或扩张位域,执行位计数。

⑥ 对寄存器值进行循环移位。

⑦ 在累加器的值存入数据空间之前,对他们进行取整/饱和处理。

2. D 单元 ALU

D 单元的 40 位 ALU 可以从 IU 接收立即数,或与存储器、I/O 空间、D 单元寄存器、P 单元寄存器、A 单元寄存器进行双向通信,还可接收移位器的结果。此外,还完成下列操作:

① 加法、减法、比较、取整、饱和、布尔逻辑以及绝对值运算。

② 在执行一条双 16 位算术指令时,同时进行两个算术操作。

③ 测试、设置、清除以及求 D 单元寄存器的补码。

④ 对寄存器的值进行移动。

3. 两个 MAC

两个 MAC 支持乘法和加/减法。在单个机器周期内,每个 MAC 可以进行一次

17×17位小数或整数乘法运算和一次带有可选的32或40位饱和处理的40位加/减法运算。MAC的结果送累加器。

MAC接收来自I单元的立即数,或来自存储器、I/O空间、A单元寄存器的数据,和D单元寄存器、P单元寄存器进行双向通信。MAC的操作会影响P单元状态寄存器的某些位。

2.3.6 地址总线与数据总线

C55x的CPU由1组32位程序总线(PB)、5组16位数据总线(BB、CB、DB、EB、FB)和6组24位地址总线(PAB、BAB、CAB、DAB、EAB、FAB)支持。这种总线并行机构使得CPU在一个机器周期内,能够读1次32位程序代码、读3次16位数据、写2次16位地址。表2-2列出了各种总线的功能,表2-3列出了各种访问类型的总线使用情况。

表 2-2 地址总线和数据总线的功能

总线	宽度/位	功能
PAB	24	读程序的地址总线,每次从程序空间读时,传输24位地址
PB	32	读程序的数据总线,从程序存储器传送4字节(32位)的程序代码给CPU
CAB、DAB	每组24	这两组读数据的地址总线,都传输24位地址。DAB在数据空间或I/O空间每读一次时传送一个地址,CAB在两次读操作里送第二个地址
CB、DB	每组16	这两组读数据的数据总线,都传输16位的数值给CPU。DB从数据空间或I/O空间读数据。CB在读长类型数据或读两次数据时送第二个值
BAB	24	这组读数据的地址总线,在读系数时传输24位地址。许多用间接寻址模式来读系数的指令,都要使用BAB总线来查询系数值
BB	16	这组读数据的数据总线,从内存传送一个16位数据值到CPU。BB不和外存连接。BB传送的数据,由BAB完成寻址某些专门的指令,在一个周期里用间接寻址方式,使用BB、CB和DB来提供3个16位的操作数。经由BB获取的操作数,必须存放在一组存储器里,区别于CB和DB可以访问的存储器组
EAB、FAB	每组24	这两组写数据的地址总线,每组传输24位地址。EAB在向数据空间或I/O空间写时传送地址。FAB在双数据写时,传送第二个地址
EB、FB	每组16	这两组写数据的数据总线,每组都从CPU读16位数据。EB把数据送到数据空间或I/O空间。FB在写长类型数据或双数据写时传送第二个值

第2章 TMS320C55x的硬件结构

表 2-3 各种访问类型下总线的使用

访问类型	地址总线	数据总线	说　明
指令缓冲装入	PAB	PB	从程序空间读32位
读单数据	DAB	DB	从数据空间读16位
读单MMR	DAB	DB	从存储器映射寄存器读16位
读单I/O	DAB	DB	从I/O空间读16位
写单数据	EAB	EB	写16位到数据空间
写单MMR	EAB	EB	写16位到存储器映射寄存器
写单I/O	EAB	EB	写16位到I/O空间
读长数据	DAB	CB,DB	从数据空间读32位
写长数据	EAB	EB,FB	写32位到数据空间
读双数据	CAB,DAB	CB,DB	从数据空间同时读两个16位。读第一个操作数用DAB和DB,读第二个操作数用CAB和CB 注意:CPU可以只用D类总线从存储器映射寄存器读数据
写双数据	EAB,FAB	EB,FB	同时写两个16位到数据空间。写第一个操作数用FAB和FB,写第二个操作数用EAB和EB 注意:CPU可以只用E类总线把数据写入存储器映射寄存器
读单数据‖ 写单数据	DAB,EAB	DB,EB	以下两个操作并行执行: 读单数据,从数据空间读16位(用DAB和DB) 写单数据,写16位到数据空间(用EAB和EB)
读长数据‖ 写长数据	DAB,EAB	CB,DB, EB,FB	以下两个操作并行执行: 读长数据,从数据空间读32位(用DAB,CB,DB) 写长数据,写32位到数据空间(用EAB,FB,EB)
读单数据‖ 读系数	DAB,BAB	DB,BB	以下两个操作并行执行: 读单数据,从数据空间读16位(用DAB和DB) 读系数,通过间接寻址模式从内存读16位系数(用BAB和BB)
读双数据‖ 读系数	CAB,DAB BAB	CB, DB,BB	以下两个操作并行执行: 读双数据,从数据空间同时读两个16位。读第一个操作数用DAB和DB,读第二个操作数用CAB和CB 读系数,通过间接寻址模式从内存读16位系数(用BAB和BB) 注意:CPU可以只用D类总线从存储器映射寄存器读数据

2.3.7 指令流水线

C55x的指令流水线分为两个阶段。

第 2 章 TMS320C55x 的硬件结构

第一阶段称为取指阶段,如图 2-8 所示和表 2-4 所列,从存储器取来 32 位指令包,将其存入指令缓冲队列(IBQ)中,并送 48 位指令包给第二流水阶段。

```
         时间 →
| 预取指1 | 预取指2 | 取指 | 预解码 |
| (PF1)  | (PF2)  | (F)  | (PD)  |
```

图 2-8 指令流水线(取指阶段)

表 2-4 取指阶段流水线的意义

流水阶段	描 述
PF1	向存储器提交要提取程序的地址
PF2	等待存储器的响应
F	从存储器提取一个指令包,放入 IBQ
PD	对 IBQ 里的指令作预解码(确认指令的开始和结束:确认并行指令)

第二阶段称为执行阶段,如图 2-9 所示和表 2-5 所列,对指令进行译码,并完成数据访问和计算。

```
              时间 →
| 解码 | 寻址 | 访问1 | 访问2 | 读 | 执行 | 写 | 写  |
| (D)  | (AD) | (AC1) | (AC2) | (R) | (X)  | (W) | (W) |
```

注意: 只用于存储器写操作

图 2-9 指令流水线(执行阶段)

表 2-5 执行阶段流水线的意义

流水阶段	描 述
D	➢ 从指令缓冲队里读 6 字节 ➢ 解码一个指令对或一条单指令 ➢ 将指令调度给适当的 CPU 功能单元 ➢ 读与地址产生有关的 STx_55 位:ST1_55(CPL),ST2_55(ARnLC),ST2_55(AR MS),ST2_55(CDPLC)
AD	➢ 读/修改与地址产生有关的寄存器,例如: ➢ 读/修改 *ARx+(T0)里的 ARx 与 T0 ➢ 如果 AR2LC=1,则读/修改 BK03 ➢ 在压栈和出栈时,读/修改 SP ➢ 如果是在 32 位堆栈模式,在压栈和出栈时,读/修改 SSP

续表 2-5

流水阶段	描述
AD	使用 A 单元的 ALU 作操作,例如: ➢ 使用 AADD 指令做算术运算 ➢ 使用 SWAP 指令,交换 A 单元的寄存器 ➢ 写常数到 A 单元的寄存器(BKxx、BSAxx、BRCxx、CSR 等) 当 ARx 不为零,做条件分支,ARx 减 1 ➢ (例外)计算 XCC 指令的条件(在代数式句法里,AD 单元的执行属性)
AC1	对于存储器读,将地址送到适当的 CPU 地址总线
AC2	给存储器一个周期的时间,来响应读请求
R	➢ 从存储器和 MMR 寻址的寄存器读数据 ➢ 当执行在 A 单元预取指的 D 单元指令时,读 A 单元的寄存器,在 R 阶段读,而不是在 X 阶段读 ➢ 计算条件指令的条件。大多数条件,但不是所有的条件,在 R 阶段计算。在本表里,例外的情况已经专门加以标注
X	➢ 读/修改不是由 MMR 寻址的寄存器 ➢ 读/修改单个寄存器里的位 ➢ 设置条件 ➢ (例外)计算 XCCPART 指令的条件(在代数式句法里,D 单元的执行属性),除非该指令是条件写存储器(在这种情况下,在 R 阶段计算条件) ➢ (例外)计算 RPTCC 指令的条件
W	➢ 写数据到 MMR 寻址的寄存器或 I/O 空间(外设寄存器) ➢ 写数据到存储器。从 CPU 的角度看,该写操作在本流水阶段结束
W+	写数据到存储器。从存储器的角度看,该写操作在本流水阶段结束

2.4 CPU 寄存器

2.4.1 概况

表 2-6 按照英文字母顺序列出了 C55x 的寄存器,表 2-7 列出了它们的映射地址及描述。

注意:

① ST0_55、ST1_55 和 ST3_55 都有两个访问地址,对于其中一个地址,所有的 C55x 位均可访问,在另外一个地址(称为保护地址),某些保护位不能被修改。保护

地址是为了提供对 C54x 代码的支持,以便写入 ST0、ST1 以及 PMST(C54x 对应 ST3_55)。

② T3、RSA0L、REA0L 和 SP 有两个访问地址,当使用 DP 直接寻址方式访问存储器映射寄存器时,将访问两个地址中更高的地址,即 T3=23H(不是 0EH)、RSA0L=3DH(不是 1BH)、REA0L=3FH(不是 1CH)、SP=4DH(不是 18H)。

③ 任何装入 BRC1 的指令将相同的值装入 BRS1。

表 2-6 寄存器总表

缩 写	名 称	大小/位
AC0~AC3	累加器 0~3	40
AR0~AR7	辅助寄存器 0~7	16
BK03,BK47,BKC	循环缓冲区大小寄存器	16
BRC0,BRC1	块循环计数器 0 和 1	16
BRS1	BRS1 保存寄存器	16
BSA01,BSA23,BSA45,BSA67,BSAC	循环缓冲区起始地址寄存器	16
CDP	系数数据指针(XCDP 的低位部分)	16
CDPH	XCDP 的高位部分	7
CFCT	控制流关系寄存器	8
CSR	计算单循环寄存器	16
DBIER0,DBIER1	调试中断使能寄存器 0 和 1	16
DP	数据页寄存器(XDP 的低位部分)	16
DPH	XDP 的高位部分	7
IER0,IER1	中断使能寄存器 0 和 1	16
IFR0,IFR1	中断标志寄存器 0 和 1	16
IVPD,IVPH	中断向量指针	16
PC	程序计数器	24
PDP	外设数据页寄存器	9
REA0,REA1	块循环结束地址寄存器 0 和 1	24
RETA	返回地址寄存器	24
RPTC	单循环计数器	16
RSA0,RSA1	块循环起始地址寄存器 0 和 1	24
SP	数据堆栈指针	16
SPH	XSP 和 XSSP 的高位	7
SSP	系统堆栈指针	16
ST0_55~ST3_55	状态寄存器 0~3	16

续表 2-6

缩 写	名 称	大小/位
T0~T3	暂时寄存器	16
TRN0~TRN1	变换寄存器 0 和 1	16
XAR0~XAR7	扩展辅助寄存器 0~7	23
XCDP	扩展系数数据指针	23
XDP	扩展数据页寄存器	23
XSP	扩展数据堆栈指针	23
XSSP	扩展系统堆栈指针	23

表 2-7 存储器映射寄存器

地 址	寄存器	名 称	位范围
00 0000h	IER0	中断使能寄存器 0	15~2
00 0001h	IFR0	中断标志寄存器 0	15~2
00 0002h(C55x 代码适用)	ST0_55	状态寄存器 0	15~0
注意:地址 00 0002h 只适用访问 ST0_55 的 C55x 代码。写入 ST0 的 C54x 代码必须用 00 0006h 访问 ST0_55			
00 0003h(C55x 代码适用)	ST1_55	状态寄存器 1	15~0
注意:地址 00 0003h 只适用访问 ST1_55 的 C55x 代码。写入 ST1 的 C54x 代码必须用 00 0007h 访问 ST1_55			
00 0004h(C55x 代码适用)	ST3_55	状态寄存器 3	15~0
注意:地址 00 0004h 只适用访问 ST3_55 的 C55x 代码。写入处理器模式状态寄存器(PSMST)的 C54x 代码必须用 00 001Dh 访问 ST3_55			
00 0005h	—	保留(不使用)	—
00 0006h(C54x 代码适用)	ST0(ST0_55)	状态寄存器 0	15~0
注意:地址 00 0006h 是 ST0_55 的保护地址。只适用访问 ST0 的 C54x 代码,C55x 代码必须用 00 0002h 访问 ST0_55			
00 0007h(C54x 代码适用)	ST1(ST1_55)	状态寄存器 1	15~0
注意:地址 00 0007h 是 ST1_55 的保护地址。只适用访问 ST1 的 C54x 代码,C55x 代码必须用地址 00 0003h 访问 ST1_55			
00 0008h	AC0L	累加器 0	15~0
00 0009h	AC0H		31~16
00 000Ah	AC0G		39~32
00 000Bh	AC1L	累加器 1	15~0
00 000Ch	AC1H		31~16
00 000Dh	AC1G		39~32
00 000Eh	T3	暂时寄存器 3	15~0

续表 2-7

地址	寄存器	名称	位范围
00 000Fh	TRN0	变换寄存器 0	15~0
00 0010h	AR0	辅助寄存器 0	15~0
00 0011h	AR1	辅助寄存器 1	15~0
00 0012h	AR2	辅助寄存器 2	15~0
00 0013h	AR3	辅助寄存器 3	15~0
00 0014h	AR4	辅助寄存器 4	15~0
00 0015h	AR5	辅助寄存器 5	15~0
00 0016h	AR6	辅助寄存器 6	15~0
00 0017h	AR7	辅助寄存器 7	15~0
00 0018h	SP	数据堆栈指针	15~0
00 0019h	BK03	AR0~AR3 的循环缓冲区大小寄存器	15~0

注意:在 C54x 兼容模式下(C54CM=1),BK03 用作所有辅助寄存器的循环缓冲区大小寄存器。C54CM 是状态寄存器 1(ST1_55)里的一个位

地址	寄存器	名称	位范围
00 001Ah	BRC0	块循环计数器 0	15~0
00 001Bh	RSA0L	块循环起始地址寄存器的低位部分	15~0
00 001Ch	REA0L	块循环结束地址寄存器的低位部分	15~0
00 001Dh(C54x 代码适用)	PMST(ST3_55)	状态寄存器 3	15~0

注意:该地址是 ST3_55 的保护地址,C54x 代码可用它访问 PMST。C55x 代码必须使用地址 00 0004h 访问 ST3_55

地址	寄存器	名称	位范围
00 001Eh	XPC	C54x 代码兼容模式下,扩展程序计数器	7~0
00 001Fh	—	保留(不使用)	—
00 0020h	T0	暂时寄存器 0	15~0
00 0021h	T1	暂时寄存器 1	15~0
00 0022h	T2	暂时寄存器 2	15~0
00 0023h	T3	暂时寄存器 3	15~0
00 0024h	AC2L		15~0
00 0025h	AC2H	累加器 2	31~16
00 0026h	AC2G		39~32
00 0027h	CDP	系数数据指针	15~0

续表 2-7

地　址	寄存器	名　　称	位范围
00 0028h	AC3L	累加器 3	15～0
00 0029h	AC3H		31～16
00 002Ah	AC3G		39～32
00 002Bh	DPH	扩展数据页寄存器的高位部分	6～0
00 002Ch	—	保留(不使用)	—
00 002Dh	—		—
00 002Eh	DP	数据页寄存器	15～0
00 002Fh	PDP	外设数据页寄存器	8～0
00 0030h	BK47	AR4～AR7 的循环缓冲区大小寄存器	15～0
00 0031h	BKC	CDP 的循环缓冲区大小寄存器	15～0
00 0032h	BSA01	AR0 和 AR1 的循环缓冲区起始地址寄存器	15～0
00 0033h	BSA23	AR2 和 AR3 的循环缓冲区起始地址寄存器	15～0
00 0034h	BSA45	AR4 和 AR5 的循环缓冲区起始地址寄存器	15～0
00 0035h	BSA67	AR6 和 AR7 的循环缓冲区起始地址寄存器	15～0
00 0036h	BSAC	CDP 的循环缓冲区起始地址寄存器	15～0
00 0037h	—	保留给 BIOS。一个 16 位寄存器,保存 BIOS 操作所需要的数据表指针起始地址	—
00 0038h	TRN1	变换寄存器 1	15～0
00 0039h	BRC1	块循环计数器 1	15～0
00 003Ah	BRS1	BRC1 保存寄存器	15～0
00 003Bh	CSR	计算单循环寄存器	15～0
00 003Ch	RSA0H	块循环起始地址寄存器 0	23～16
00 003Dh	RSA0L		15～0
00 003Eh	REA0H	块循环结束地址寄存器 0	23～16
00 003Fh	REA0L		15～0
00 0040h	RSA1H	块循环起始地址寄存器 1	23～16
00 0041h	RSA1L		15～0

续表 2-7

地 址	寄存器	名 称	位范围
00 0042h	REA1H	块循环结束地址寄存器 1	23~16
00 0043h	REA1L		15~0
00 0044h	RPTC	单循环计数器	15~0
00 0045h	IER1	中断使能寄存器 1	10~0
00 0046h	IFR1	中断标志寄存器 1	10~0
00 0047h	DBIER0	调试中断使能寄存器 0	15~2
00 0048h	DBIER1	调试中断使能寄存器 1	10~0
00 0049h	IVPD	DSP 向量的中断向量指针	15~0
00 004Ah	IVPH	主机向量的中断向量指针	15~0
00 004Bh	ST2_55	状态寄存器 2	15~0
00 004Ch	SSP	系统堆栈指针	15~0
00 004Dh	SP	数据堆栈指针	15~0
00 004Eh	SPH	扩展堆栈指针的高位部分	6~0
00 004Fh	CDPH	扩展系数数据指针的高位部分	6~0
00 0050h~00 005Fh	—	保留(不使用)	—

2.4.2 累加器(AC0~AC3)

C55x 的 CPU 包括 4 个 40 位的累加器:AC0~AC3,如图 2-10 所示。这 4 个累加器是等价的,任何一条使用一个累加器的指令,都可以通过编程来使用 4 个累加器中的任何一个。每个累加器分为低字(ACxL)、高字(ACxH)和 8 个保护位(ACxG)。用户可以使用访问存储器映射寄存器的寻址方式,分别访问这 3 部分。

在 C54x 兼容模式(C54CM=1)下,累加器 AC0、AC1 分别对应于 C54x 里的累加器 A、B。

	39~32	31~16	15~0
AC0	AC0G	AC0H	AC0L
AC1	AC1G	AC1H	AC1L
AC2	AC2G	AC2H	AC2L
AC3	AC3G	AC3H	AC3L

图 2-10 累加器

2.4.3 变换寄存器(TRN0、TRN1)

这两个寄存器(见图2-11)用在比较-选择-极值指令里。

① 比较两个累加器的高段字和低段字后,执行选择两个16位极值的指令,以更新TRN0和TRN1。比较累加器的高段字后更新TRN0,比较累加器的低段字后更新TRN1。

② 在比较完两个累加器的全部40位后,执行选择一个40位极值的指令,以更新被选中的变换寄存器(TRN0或TRN1)。

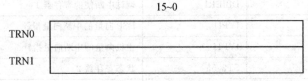

图2-11 变换寄存器

2.4.4 T寄存器(T0~T3)

CPU包括4个16位通用T寄存器:T0~T3,如图2-12所示。它们的用途是:
① 存放乘法、乘加以及乘减运算里的一个乘数。
② 存放D单元里加法、减法和装入运算的移位数。
③ 用交换指令交换辅助寄存器(AR0~AR7)和T寄存器中的内容时,跟踪多个指针值。
④ 在D单元ALU里做双16位运算时,存放Viterbi蝶形的变换尺度。

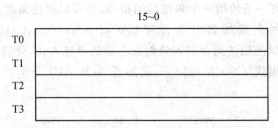

图2-12 T寄存器

2.4.5 用作数据地址空间和I/O空间的寄存器

表2-8列出了用作数据地址空间和I/O空间的寄存器。

表2-8 用作数据地址空间和I/O空间的寄存器

寄存器	功 能
XAR0~XAR7 和 AR0~AR7	指向数据空间中的一个数据,用间接寻址模式访问

续表 2-8

寄存器	功 能
XCDP 和 CDP	指向数据空间中的一个数据,用间接寻址模式访问
BSA01、BSA23、BSA45、BSA67、BSAC	指定一个循环缓冲区起始地址,加给一个指针
BK03、BK47、BKC	指定循环缓冲区大小
XDP 和 DP	指定用 DP 直接寻址方式访问的起始地址
PDP	确定访问 I/O 空间的外设数据页
XSP 和 SP	指向数据堆栈的一个数据
XSSP 和 SSP	指向系统堆栈的一个数据

1. 辅助寄存器(XAR0～XAR7/AR0～AR7)

CPU 包括 8 个扩展的辅助寄存器:XAR0～XAR7,如图 2-13 所示。每个辅助寄存器的高 7 位(如 AR0H)用于指定要访问数据空间的数据页,低字(如 AR0)的用途是:

① 7 位数据页内的 16 位偏移量(形成一个 23 位地址)。

② 存放位地址。

③ 通用寄存器或计数器。

	22~16	15~0
XAR0	AR0H	AR0
XAR1	AR1H	AR1
XAR2	AR2H	AR2
XAR3	AR3H	AR3
XAR4	AR4H	AR4
XAR5	AR5H	AR5
XAR6	AR6H	AR6
XAR7	AR7H	AR7

图 2-13 辅助寄存器(XAR0～XAR7/AR0～AR7)

表 2-9 列出了辅助寄存器 XAR0～XAR7 的含义及访问属性。XAR0～XAR7 或 AR0～AR7 用于 AR 间接寻址模式,以及双 AR 间接寻址模式。在 A 单元的 ALU 里,可以对 AR0～AR7 做基本的算术、逻辑和移位运算。这些运算可以与在数据地址产生单元(DAGEN)的辅助寄存器上修改地址的操作并行执行。

表 2-9 辅助寄存器的访问属性

寄存器	名称	可访问性
XARn	扩展辅助寄存器 n	只能用专用指令访问,XARn 没有映射到存储器
ARn	辅助寄存器 n	可用专用指令访问,也可以作为存储器映射寄存器
ARnH	扩展辅助寄存器 n 的高字段	不能单独访问,必须通过访问 XARn 来访问 ARnH

2. 系数数据指针(XCDP/CDP)

CPU 在存储器中映射了一个系数数据指针(CDP)和一个相关的扩展寄存器(CDPH),如图 2-14 所示。

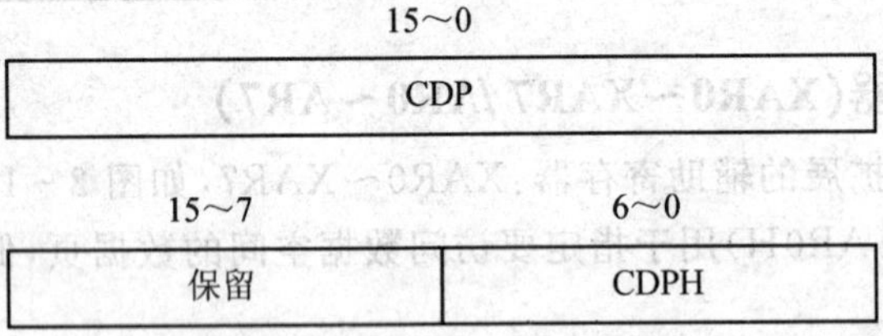

```
        15~0
    ┌─────────────┐
    │     CDP     │
    └─────────────┘
   15~7        6~0
    ┌──────┬──────┐
    │ 保留 │ CDPH │
    └──────┴──────┘
```

图 2-14 CDP 和 CDPH

CPU 可以连接这个寄存器形成一个扩展系数数据指针(XCDP),如图 2-15 所示。高 7 位(CDPH)用于指定要访问数据空间的数据页,低字(CDP)用来作为 16 位偏移量与 7 位数据页形成一个 23 位地址。

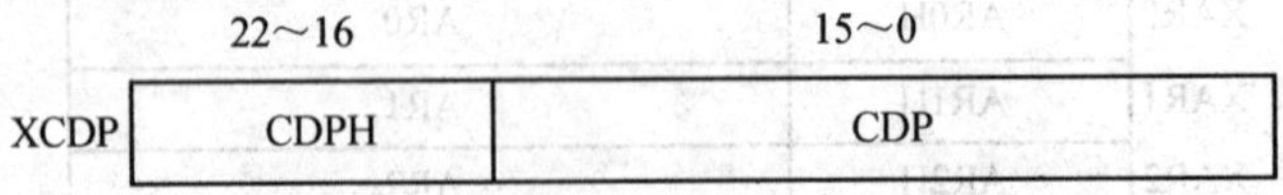

```
         22~16          15~0
        ┌──────┬─────────────────┐
  XCDP  │ CDPH │       CDP       │
        └──────┴─────────────────┘
```

图 2-15 XCDP

表 2-10 给出了 XCDP 的访问属性。XCDP 或 CDP 用在 CDP 间接寻址方式和系数间接寻址方式中,CDP 可用于任何指令中访问一个单数据空间值,在双 MAC 指令中,它还可以独立地提供第三个操作数。

表 2-10 XCDP 的访问属性

寄存器	名称	可访问性
XCDP	扩展的系数指针	只能用专用指令访问,不是映射到存储器的寄存器
CDP	系数指针	可用专用指令访问,也可作存储器映射寄存器访问
CDPH	XCDP 的高段部分	可用专用指令访问,也可作存储器映射寄存器访问

3. 循环缓冲区首地址寄存器(BSA01、BSA23、BSA45、BSA67、BSAC)

CPU 有 5 个 16 位的循环缓冲区首地址寄存器,通过它们可以自由地定义循环的首地址，如图 2-16 所示。

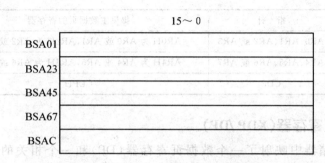

图 2-16　循环缓冲区首地址寄存器

每个循环缓冲区首地址寄存器与一个或两个特殊的指针相关联，如表 2-11 所列。当 ST2_55 寄存器中配置了这些指针时，缓冲区首地址需要加上指针值。

表 2-11　循环缓冲区首地址寄存器的关联指针

寄存器	指　针	提供主数据页的寄存器
BSA01	AR0 或 AR1	AR0H
BSA23	AR2 或 AR3	AR2H
BSA45	AR4 或 AR5	AR4H
BSA67	AR6 或 AR7	AR6H
BSAC	CDP	CDPH

4. 循环缓冲区大小寄存器(BK03、BK47、BKC)

3 个 16 位的循环缓冲区大小寄存器指定循环缓冲区大小(最大为 65 535)，如图 2-17 所示。每个循环缓冲区大小寄存器与一个或 4 个特殊的指针相关联，如表 2-12 所列。

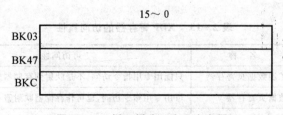

图 2-17　循环缓冲区大小寄存器

在 C54x 兼容模式下（C54CM＝1），BK03 用于所有的辅助寄存器，不使用 BK47。

表 2-12　循环缓冲区大小寄存器的关联指针

寄存器	指　针	提供主数据页的寄存器
BK03	AR0、AR1、AR2 或 AR3	AR0H 为 AR0 或 AR1，AR2H 为 AR2 或 AR3
BK47	AR4、AR5、AR6 或 AR7	AR4H 为 AR4 或 AR5，AR6H 为 AR6 或 AR7
BKC	CDP	CDPH

5. 数据页寄存器(XDP/DP)

CPU 在存储器中映射了一个数据页寄存器(DP)和一个相关的扩展寄存器(DPH)，如图 2-18 所示。

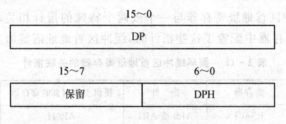

图 2-18　DP 和 DPH

CPU 连接这两个寄存器形成一个扩展数据页寄存器(XDP)，如图 2-19 所示。DPH 指定要访问数据空间的 7 位数据页，低字(DP)用来代表一个 16 位偏移地址。

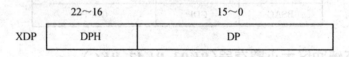

图 2-19　XDP

表 2-13 给出了 XDP 的访问属性。在基于 DP 的直接寻址方式中，XDP 指定 23 位地址；在 k16 绝对寻址方式中，DPH 与一个 16 位的立即数连接形成 23 位地址。

表 2-13　XDP 寄存器的访问属性

寄存器	名　称	可访问性
XDP	扩展数据页寄存器	只能用专用指令访问，不是映射到存储器的寄存器
DP	数据页寄存器	可用专用指令访问，也可作存储器映射寄存器访问
DPH	XDP 的高段部分	可用专用指令访问，也可作存储器映射寄存器访问

6. 外设数据页指针(PDP)

对于 PDP 直接寻址方式，9 位的外设数据页指针(PDP)选择 64K 字 I/O 空间中的一个 128 字页面。16 位的 PDP 如图 2-20 所示。

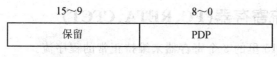

图 2 - 20　PDP

7. 堆栈指针(XSP/SP、XSSP/SSP)

CPU 有一个数据堆栈指针(SP)、一个系统堆栈指针(SSP)和一个相关的扩展寄存器(SPH),如图 2 - 21 所示。

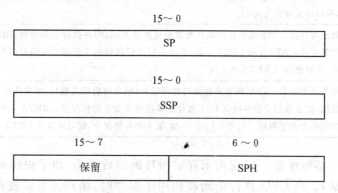

图 2 - 21　SP、SSP 和 SPH

当访问数据堆栈时,CPU 连接 SPH 和 SP 形成一个扩展的堆栈指针(XSP),指向最后压入数据堆栈的数据,SPH 代表 7 位数据页,SP 指向页中某个具体地址。类似地,当访问系统堆栈时,CPU 连接 SPH 和 SSP 形成一个扩展的堆栈指针(XSSP),指向最后压入系统堆栈的数据。XSP 和 XSSP 如图 2 - 22 所示。

	22~16	15~0
XSP	SPH	SP
XSSP	SPH	SSP

图 2 - 22　XSP 和 XSSP

表 2 - 14 给出了堆栈指针的访问属性。

表 2 - 14　堆栈指针的访问属性

寄存器	名　　称	访问属性
XSP	扩展数据堆栈指针	只能用专用指令访问,不是映射到存储器的寄存器
SP	数据堆栈指针	可用专用指令访问,是存储器映射寄存器
XSSP	扩展系统堆栈指针	只能用专用指令访问,不是映射到存储器的寄存器
SSP	系统堆栈指针	可用专用指令访问,是存储器映射寄存器
SPH	XSP 和 XSSP 的高段部分	可用专用指令访问,是存储器映射寄存器注意:写 XSP 或 XSSP 都会影响 SPH 的值

2.4.6 程序流寄存器(PC、RETA、CFCT)

CPU 用表 2-15 里的 3 个寄存器来维持正常的程序流。

表 2-15 程序流寄存器

寄存器	描述
PC	24 位的程序计数器。存放 I 单元里解码的 1~6 字节代码的地址。当 CPU 执行中断或调用子程序时,当前的 PC 值(返回地址)存起来,然后把新的地址装入 PC。当 CPU 从中断服务或子程序返回时,返回地址重新装入 PC
RETA	返回地址寄存器。如果所选择的堆栈配置使用快速返回,则在执行子程序时,RETA 就作为返回地址的暂存器。RETA 和 CFCT 一起,高效执行多层嵌套的子程序。可用专门的 32 位装入和存储指令,成对地读写 RETA 和 CFCT
CFCT	控制流关系寄存器。CPU 保存有激活的循环记录(循环的前后关系)。如果选择的堆栈配置使用快速返回,则在执行子程序时,CFCT 就作为 8 位循环关系的暂存器。RETA 和 CFCT 一起,高效执行多层嵌套的子程序。可用专门的 32 位装入和存储指令,成对地读写 RETA 和 CFCT

CPU 由内部位按照一定规则来存放循环的前后关系,即子程序里循环的状态(激活和未激活)。当 CPU 执行中断或调用子程序时,循环关系位就存放在 CFCT 里;当 CPU 从中断或调用子程序返回时,循环关系位就从 CFCT 恢复。CFCT 各位的含义如表 2-16 所列。

表 2-16 CFCT 各位的含义

位	描述		
7	该位表示一个单循环是否激活:0——未激活,1——激活		
6	该位表示一个条件单循环是否激活:0——未激活,1——激活		
5~4	保留		
3~0	这 4 个位表示可能的两层块循环(外层 0 和内层 1)的状态。根据用户所选择的块循环指令的类型,一个已被激活的循环,可以是内部的(所有循环执行的代码,都在指令缓冲队列里),也可以是外部的(其代码要循环地提取,通过指令缓冲队列,送给 CPU)		
	块循环代码	0 层循环	1 层循环
	0	未激活	未激活
	2	激活,外部	未激活
	3	激活,内部	未激活
	7	激活,外部	激活,外部
	8	激活,外部	激活,内部
	9	激活,内部	激活,内部
	其他:保留	—	—

2.4.7 中断管理寄存器

中断管理寄存器如表 2-17 所列。

表 2-17 中断管理寄存器

寄存器	功 能
IVPD	指向 DSP 中断向量(IV0～IV15 以及 IV24～IV31)
IVPH	指向主机中断向量(IV16～IV23)
IFR0、IFR1	可屏蔽中断标志
IER0、IER1	使能或禁止可屏蔽中断
DBIER0、DBIER1	配置选择可屏蔽中断为时间重要中断

1. 中断向量指针(IVPD、IVPH)

2 个 16 位的中断向量指针(IVPD、IVPH)指向程序空间的中断向量表。DSP 中断向量指针(IVPD)指向 256 字节大小的程序空间中的中断向量表(IV0～IV15 和 IV24～IV31),这些中断向量供 DSP 专用。主机中断向量指针(IVPH)指向 256 字节大小的程序空间中的中断向量表(IV16～IV23),这些中断向量供 DSP 和主机共享使用。

如果 IVPD 和 IVPH 的值相同,所有中断向量可能占有相同的 256 字节大小的程序空间。DSP 硬件复位时 IVPD 和 IVPH 都被装入到 FFFFH 地址处,IVPD 和 IVPH 均不受软复位的影响。IVPD 和 IVPH 如图 2-23 所示。

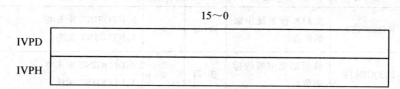

图 2-23 IVPD 和 IVPH

在修改 IVP 之前应确保:
① INTM＝1,即所有可屏蔽中断不能响应。
② 每个硬件不可屏蔽中断对于原来的 IVPD 和修改后的 IVPD 都有一个中断向量和中断服务程序。

表 2-18 给出了各个中断向量的地址,由 16 位的中断向量指针加上一个 5 位的中断编号后左移 3 位组成一个 24 位的中断地址。

表 2-18 中断向量地址

向量	中断	向量地址		
		位 23~8	位 7~3	位 2~0
IV0	复位	IVPD	00000	000
IV1	不可屏蔽硬件中断 $\overline{NMI}$	IVPD	00001	000
IV2~IV15	可屏蔽中断	IVPD	00010~01111	000
IV16~IV23	可屏蔽中断	IVPH	10000~10111	000
IV24	总线错误中断(可屏蔽)BERRINT	IVPD	11000	000
IV25	数据记录中断(可屏蔽)DLOGINT	IVPD	11001	000
IV26	实时操作系统中断(可屏蔽)RTOSINT	IVPD	11010	000
IV27~IV31	通用软件中断 INT27~INT31	IVPD	11011~11111	000

2. 中断标志寄存器(IFR0、IFR1)

中断标志寄存器(IFR0、IFR1)如图 2-24 所示,各位的含义见表 2-19 和表 2-20。

16 位的中断标志寄存器 IFR0 和 IFR1 包括所有可屏蔽中断的标志位,当一个可屏蔽中断向 CPU 提出申请时,IFR 中相应的标志位置 1,等待 CPU 应答中断。可以通过读 IFR 标志已发送申请的中断,或写 1 到 IFR 相应的位撤销中断申请,即写入 1 清相应位为 0。中断被响应后将相应位清零,器件复位将所有位清零。

表 2-19 中断标志寄存器 IFR1

位	名称	描述	访问性	复位值	解释
10	RTOSINTF	实时操作系统中断的标志位	读/写	0	0:RTOSINT 非未决 1:RTOSINT 未决
9	DLOGINTF	数据记录中断的标志位	读/写	0	0:DLOGINT 非未决 1:DLOGINT 未决
8	BERRINTF	总线错误中断的标志位	读/写	0	0:BERRINT 非未决 1:BERRINT 未决
0~7	IF16~IF23	中断标志位	读/写	0	0:与中断向量 x 关联的中断非未决 1:与中断向量 x 关联的中断未决

表 2-20 中断标志寄存器 IFR0

位	名称	描述	访问性	复位值	解释
2~15	IF2~IF15	中断标志位	读/写	0	0:与中断向量 x 关联的中断非未决 1:与中断向量 x 关联的中断未决

第 2 章 TMS320C55x 的硬件结构

IFR1

15~11	10	9	8
保留	RTOSINTF	DLOGINTF	BERRINTF
	R/W1C-0	R/W1C-0	R/W1C-0

7	6	5	4	3	2	1	0
IF23	IF22	IF21	IF20	IF19	IF18	IF17	IF16
R/W1C-0	R/W1C-0	R/W1C-0	R/W1C-0	R/W1C-0	R/W1C-0	R/W1C-0	R/W1C-0

IFR0

15	14	13	12	11	10	9	8
IF15	IF14	IF13	IF12	IF11	IF10	IF9	IF8
R/W1C-0	R/W1C-0	R/W1C-0	R/W1C-0	R/W1C-0	R/W1C-0	R/W1C-0	R/W1C-0

7	6	5	4	3	2	1~0
IF7	IF6	IF5	IF4	IF3	IF2	保留
R/W1C-0	R/W1C-0	R/W1C-0	R/W1C-0	R/W1C-0	R/W1C-0	

图 2-24 IFR0、IFR1

3. 中断使能寄存器(IER0、IER1)

中断使能寄存器(IER0、IER1)如图 2-25 所示，各位的含义见表 2-21 和表 2-22。

表 2-21 中断使能寄存器 IFR1

位	名称	描述	访问性	复位值	解释
10	RTOSINTE	实时操作系统中断的使能位	读/写	不受复位影响	0：禁止 RTOSINT 1：使能 RTOSINT
9	DLOGINTE	数据记录中断的使能位	读/写	不受复位影响	0：禁止 DLOGINT 1：使能 DLOGINT
8	BERRINTE	总线错误中断的使能位	读/写	不受复位影响	0：禁止 BERRINT 1：使能 BERRINT
0~7	IE16~IE23	中断使能位 16~23	读/写	不受复位影响	0：禁止与中断向量 x 关联的中断 1：使能与中断向量 x 关联的中断

表 2-22 中断使能寄存器 IFR0

位	名称	描述	访问性	复位值	解释
2~15	IE2~IE15	中断使能位	读/写	不受复位值影响	0:禁止与中断向量 x 关联的中断 1:使能与中断向量 x 关联的中断

IER1

15~11	10	9	8
保留	RTOSINTE	DLOGINTE	BERRINTE
	R/W-NA	R/W-NA	R/W-NA

7	6	5	4	3	2	1	0
IE23	IE22	IE21	IE20	IE19	IE18	IE17	IF16
R/W-NA	R/W-NA	R/W-NA	R/W-NA	R/W-NA	R/W-NA	R/W-NA	R/W-NA

IER0

15	14	13	12	11	10	9	8
IE15	IE14	IE13	IE12	IE11	IE10	IE9	IE8
R/W-NA	R/W-NA	R/W-NA	R/W-NA	R/W-NA	R/W-NA	R/W-NA	R/W-NA

7	6	5	4	3	2	1~0
IE7	IE6	IE5	IE4	IE3	IE2	保留
R/W-NA	R/W-NA	R/W-NA	R/W-NA	R/W-NA	R/W-NA	

图 2-25 IER0、IER1

通过设置中断使能寄存器 IER0、IER1 的位为 1 打开相应的可屏蔽中断,通过对其中的位清零关闭相应的可屏蔽。上电复位时,将所有 IER 位清零。IER0、IER1 不受软件复位指令和 DSP 热复位的影响,在全局可屏蔽中断使能(INTM=1)之前应初始化它们。

4. 调试中断使能寄存器(DBIER0、DBIER1)

仅当 CPU 工作在实时仿真模式调试暂停时,这 2 个 16 位的调试中断使能寄存器才会使用。如果 CPU 工作在实时方式下,DBIER0、DBIER1 将被忽略。

2.4.8 循环控制寄存器

1. 单指令循环控制寄存器(RPTC、CSR)

单指令循环控制寄存器(RPTC、CSR)如图 2-26 所示。

单循环指令可以重复执行一个单周期指令或并行执行 2 个单周期指令,重复次数 N 被装在 RPTC 中,指令将被重复执行 N+1 次。在一些无条件单指令循环操作中,可以使用 CSR 设置重复次数。

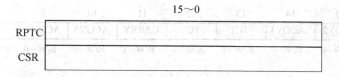

图 2-26 单指令循环控制寄存器 RPTC 和 CSR

2. 块循环寄存器(BRC0、BRC1、BRS1、RSA0、RSA1、REA0、REA1)

块循环指令可以实现 2 级嵌套,一个块循环(1 级)嵌套在另一个块循环(0 级)内部。当 C54CM=0,即工作在 C55x 方式下,才实现 2 级嵌套。当无循环嵌套时,CPU 使用 0 级寄存器,当出现循环嵌套时,CPU 对于 1 级嵌套使用 1 级寄存器。当 C54CM=1,即工作在 C54x 方式下,只能使用 0 级寄存器,通过借助块重复标志寄存器(BRAF)完成嵌套。块循环寄存器如表 2-23 所列。

表 2-23 块循环寄存器

0 层寄存器		1 层寄存器(C54CM=1 时不使用)	
寄存器	描 述	寄存器	描 述
BRC0	16 位块循环计数器 0,存放一块循环代码第一次执行后重复的次数	BRC1	16 位块循环计数器 1,存放一块循环代码第一次执行后重复的次数
RSA0	24 位块循环起始地址寄存器 0。存放一块循环代码的第一条指令的地址	RSA1	24 位块循环起始地址寄存器 1。存放一块循环代码的第一条指令的地址
REA0	24 位块循环结束地址寄存器 0。存放一块循环代码的最后一条指令的地址	REA1	24 位块循环结束地址寄存器 1。存放一块循环代码的最后一条指令的地址
		BRS1	BRC1 保存寄存器。只要 BRC1 装入数值,BRS1 就装入同样的数值。BRS1 不会在 1 层循环过程中修改。每触发一次 1 层循环,BRC1 都要重新将 BRS1 初始化。该特性使得在 0 层循环之外便可初始化 BRC1,减少了每次循环的时间

2.4.9 状态寄存器 ST0_55

C55x 含有 4 个 16 位的状态寄存器(ST0_55~ST3_55)(见图 2-27),其控制位影响 C55x DSP 的工作,状态位反映了 C55x DSP 当前工作状态或运行结果。

ST0_55、ST1_55 和 ST3_55 都有 2 个访问地址。所有位都可以由第一个地址访问,而另一个地址(保护地址)里,即图 2-27 中的阴影部分不能修改。保护地址的作用是为了把 C54x 的代码写入 ST0、ST1 和 PMST。

注意:ST3_55 的第 11~8 位总是写作 1100b(Ch)。

1. 累加器溢出标志(ACOV0~ACOV3)

当累加器 AC0~AC3 有数据溢出时,相应的 ACOV0~ACOV3 被置 1,直到发

第 2 章 TMS320C55x 的硬件结构

15	14	13	12	11	10	9	8~0
ACOV2	ACOV3	TC1	TC2	CARRY	ACOV0	ACOV1	DP
R/W−0	R/W−0	R/W−1	R/W−1	R/W−1	R/W−0	R/W−0	R/W−000000000

ST0_55

15	14	13	12	11	10	9	8
BRAF	CPL	XF	HM	INTM	M40	SATD	SXMD
R/W−0	R/W−0	R/W−1	R/W−0	R/W−1	R/W−0	R/W−0	R/W−1

ST1_55

7	6	5	4~0
C16	FRCT	C54CM	ASM
R/W−0	R/W−0	R/W−1	R/W−00000

15	14~13	12	11	10	9	8
ARMS	保留	DBGM	EALLOW	RDM	保留	CDPLC
R/W−0		R/W−1	R/W−0	R/W−0		R/W-0

ST2_55

7	6	5	4	3	2	1	0
AR7LC	AR6LC	AR5LC	AR4LC	AR3LC	AR2LC	AR1LC	AR0LC
R/W−0	R/W−0	R/W−0	R/W−0	R/W−0	R/W−0	R/W−0	R/W−0

15	14	13	12	11~8
CAFRZ	CAEN	CACLR	HINT	保留（写1100b）
R/W−0	R/W−0	R/W−0	R/W−1	

ST3_55

7	6	5	4~3	2	1	0
CBERR	MPNMC	SATA	保留	CLKOFF	SMUL	SST
R/W−0	R/W−pin	R/W−0		R/W−0	R/W−0	R/W−0

R/W 可进行读写访问

—X X是DSP复位后的值，如果X是pin，X是pin上复位后的电平

BIT 向状态寄存器保护地址的写操作无效，在读操作时这个位总是0

图 2-27 状态寄存器

生以下任一事件：

① 复位。

② CPU 执行条件跳转、调用、返回，或执行一条测试 ACOVx 状态的指令。

③ 被指令清零。

溢出方式受 M40 位的影响，当 M40＝0 时，溢出检测在第 31 位，与 C54x 兼容。当

M40=1 时,溢出检测在第 39 位。

2. 进位位(CARRY)

CARRY 位使用的要点：

① 进位/借位的检测取决于 M40 位。当 M40=0 时,由第 31 位检测进位/借位；当 M40=1 时,由第 39 位检测进位/借位。

② 当 D 单元 ALU 做加法运算时,若产生进位,则置位 CARRY；如果不产生进位,则将 CARRY 清零。但有一个例外,当使用以下语句(将 Smem 移动 16 位),有进位时置位 CARRY,无进位时不清零。

```
ADD   Smem<<#16,[ACx,]ACy
```

③ 当 D 单元 ALU 做减法运算时,若产生借位,将 CARRY 清零；如果不产生借位,则置位 CARRY。但有一个例外,当使用以下语句(将 Smem 移动 16 位),有借位时 CARRY 清零,无借位时 CARRY 不变。

```
SUB   Smem << #16,[ACx,]ACy
```

④ CARRY 位可以被逻辑移位指令修改。对带符号移位指令和循环移位指令,可以选择 CARRY 位是否需要修改。

⑤ 目的寄存器是累加器时,用以下指令修改 CARRY 位,以指示计算结果。

```
MIN   [src,]dst
MAX   [src,]dst
ABS   [src,]dst
NEG   [src,]dst
```

⑥ 可以通过下面两条指令对 CARRY 清零和置位：

```
BCLR  CARRY              ;清零
BSET  CARRY              ;置位
```

3. DP 位域

DP 位域占据 ST0_55 的第 8~0 位,提供与 C54x 兼容的数据页指针。C55x 有一个独立的数据页指针 DP,DP(15~7)的任何变化都会反映在 ST0_55 的 DP 位域上。基于 DP 的直接寻址方式,C55x 使用完整的数据页指针 DP(15~0),因此不需要使用 ST0_55 的 DP 位域。

如果想装入 ST0_55,但不想改变 DP 位域的值,可以用 OR 或 AND 指令。

4. 测试/控制位(TC1、TC2)

测试/控制位用于保存一些特殊指令的测试结果,使用要点如下：

① 所有能影响一个测试/控制位的指令,都可以选择影响 TC1 或 TC2。

② TCx 或关于 TCx 的布尔表达式,都可以在任何条件指令里用作触发器。

③ 可以通过下面指令对 TCx 置位和清零：

```
BCLR    TC1             ;TC1 清零
BSET    TC1             ;TC1 置位
BCLR    TC2             ;TC2 清零
BSET    TC2             ;TC2 置位
```

2.4.10 状态寄存器 ST1_55

1. ASM 位域

如果 C54CM=0，C55x 忽略 ASM，C55x 移位指令在暂存寄存器(T0~T3)里指定累加器的移位值，或者直接在指令里用常数指定移位值。

如果 C54CM=1，C55x 以兼容方式运行 C54x 代码，ASM 用于给出某些 C54x 移位指令的移位值，移位范围是 −16~15。

2. BRAF 位

如果 C54CM=0，C55x 不使用 BRAF。

如果 C54CM=1，C55x 以兼容方式运行 C54x 代码，BRAF 用于指定或控制一个块循环操作的状态。在由调用、中断或返回所引起的代码切换过程中，都要保存和恢复 BRAF 的值。读 BRAF，判断是否有块循环操作处于激活状态。要停止一个处于激活状态的块循环操作，则要清零 BRAF。当执行远程跳转（FB）或远程调用（FCALL）指令时，BRAF 自动清零。

3. C16 位

如果 C54CM=0，C55x 忽略 C16。指令本身决定是用单 32 位操作还是双 16 位操作。

如果 C54CM=1，C55x 以兼容方式运行 C54x 代码，C16 会影响某些指令的执行。当 C16=0 时，关闭双 16 位模式，在 D 单元 ALU 执行一条指令是单 32 位操作（双精度运算）形式；当 C16=1 时，打开双 16 位模式，在 D 单元 ALU 执行一条指令是 2 个并行的 16 位操作（双 16 位运算）形式。

可用以下指令清零和置位 C16：

```
BCLR    C16             ;清零 C16
BSET    C16             ;置位 C16
```

4. C54CM 位

如果 C54CM=0，C55x CPU 不支持 C54x 代码。

如果 C54CM=1，C55x 的 CPU 支持 C54x 编写的代码。在使用 C54x 代码时就必须置位该模式，所有 C55x CPU 的资源都可以使用。因此，在移植代码时，可以利用 C55x 增加的特性优化代码。

第 2 章 TMS320C55x 的硬件结构

可用以下指令和伪指令来改变模式：

```
BCLR     C54CM              ;清零 C54CM(运行时)
.C54CM_off                  ;告知汇编器 C54CM = 0
BSET     C54CM              ;置位 C54CM(运行时)
.C54CM_on                   ;告知汇编器 C54CM = 1
```

5. CPL 位

如果 CPL=0，选择 DP 直接寻址模式。该模式对数据空间直接访问，并与数据页寄存器(DP)相关。

如果 CPL=1，选择 SP 直接寻址模式。该模式对数据空间直接访问，并与数据堆栈指针(SP)相关。

注意：对 I/O 空间的直接寻址，总是与外设数据页寄存器(PDP)相关。

可用以下指令和伪指令来改变寻址模式：

```
BCLR     CPL                ;清零 CPL(运行时)
.CPL_off                    ;告知汇编器 CPL = 0
BSET     CPL                ;置位 CPL(运行时)
.CPL_on                     ;告知汇编器 CPL = 1
```

6. FRCT 位

如果 FRCT=0，C55x 打开小数模式，乘法运算的结果左移一位进行小数点调整。2 个带符号的 Q_{15} 制数相乘，得到一个 Q_{31} 制数时，就要进行小数点调整。

如果 FRCT=1，C55x 关闭小数模式，乘法运算的结果不移位。

可用下面的指令清零和置位 FRCT：

```
BCLR     FRCT               ;清零 FRCT
BSET     FRCT               ;置位 FRCT
```

7. HM 位

当 DSP 得到 HOLD 信号时，会将外部接口总线置于高阻态。根据 HM 的值，DSP 也可以停止内部程序执行。

如果 HM=0，C55x 继续执行内部程序存储器的指令。

如果 HM=1，C55x 停止执行内部程序存储器的指令。

可用下面的指令清零和置位 HM：

```
BCLR     HM                 ;清零 HM
BSET     HM                 ;置位 HM
```

8. INTM 位

INTM 位能够全局使能或禁止可屏蔽中断，但是它对不可屏蔽中断无效。

如果 INTM＝0，C55x 使能所有可屏蔽中断。

如果 INTM＝1，C55x 禁止所有可屏蔽中断。

使用 INTM 位需要注意的要点：

① 在使用 INTM 位时，要使用状态位清零和置位指令来修改 INTM 位。其他能影响 INTM 位的，只有软件中断指令和软件置位指令，当程序跳到中断服务子程序之前，置位 INTM。

```
BCLR    INTM                    ;清零 INTM
BSET    INTM                    ;置位 INTM
```

② CPU 响应中断请求时，自动保存 INTM 位。特别注意，CPU 把 ST1_55 保存到数据堆栈时，INTM 位也被保存起来。

③ 执行中断服务子程序（ISR）之前，CPU 自动置位 INTM 位，禁止所有的可屏蔽中断。ISR 可以通过清零 INTM 位，来重新开放可屏蔽中断。

④ 中断返回指令，从数据堆栈恢复 INTM 位的值。

⑤ 在调试器实时仿真模式下，CPU 暂停时，忽略 INTM 位，CPU 只处理临界时间中断。

9. M40 位

如果 M40＝0，D 单元的计算模式选择 32 位模式。在该模式下：

① 第 31 位是符号位。

② 计算过程中的进位取决于第 31 位。

③ 由第 31 位判断是否溢出。

④ 饱和过程，饱和值是 00 7FFF FFFFh（正溢出）或 FF 8000 0000h（负溢出）。

⑤ 累加器和 0 的比较，用第 31～0 位来进行。

⑥ 可对整个 32 位进行移位和循环操作。

⑦ 累加器左移或循环移位时，从第 31 位移出。

⑧ 累加器右移或循环移位时，移入的位插入到第 31 位上。

⑨ 对于累加器带符号位的移位，如果 SXMD＝0，则累加器的保护位值要设为 0；如果 SXMD＝1，累加器的保护位要设为第 31 位的值。对于累加器的任何循环移位或逻辑移位，都要清零目的累加器的保护位。

注意：在 C54x 兼容模式下（C54CM＝1），有一些不同，累加器的第 39 位不再是符号位，累加器和 0 作比较时，用 39～0 位来比较。

如果 M40＝1，D 单元的计算模式选择 40 位的带符号移位模式。在该模式下：

① 第 39 位是符号位。

② 计算过程中的进位取决于第 39 位。

③ 由第 39 位判断是否溢出。

④ 饱和过程，饱和值是 7F FFFF FFFFh（正溢出）或 80 0000 0000h（负溢出）。

⑤ 累加器和 0 的比较,用第 39～0 位来进行。
⑥ 可对整个 40 位进行移位和循环操作。
⑦ 累加器左移或循环移位时,从第 39 位移出。
⑧ 累加器右移或循环移位时,移入的位插入到第 39 位上。

可用下面的指令清零和置位 M40 位:

```
BCLR    M40             ;清零 M40
BSET    M40             ;置位 M40
```

10. SATD 位

如果 SATD=0,关闭 D 单元的饱和模式,不执行饱和模式。

如果 SATD=1,打开 D 单元的饱和模式。如果 D 单元内的运算产生溢出,则结果值饱和。饱和值取决于 M40 位:M40=0,CPU 的饱和值为 00 7FFF FFFFh(正溢出)或 FF 8000 0000h(负溢出);M40=1,CPU 的饱和值为 7F FFFF FFFFh(正溢出)或 80 0000 0000h(负溢出)。

要与 C54x 代码兼容,就必须保证 M40=0。

可用下面的指令清零和置位 SATD 位:

```
BCLR    SATD            ;清零 SATD
BSET    SATD            ;置位 SATD
```

11. SXMD 位

如果 SXMD=0,关闭 D 单元的符号扩展模式。

① 对于 40 位的运算,16 位或更小的操作数都要补 0,扩展至 40 位。
② 对于条件减法指令,任何 16 位的除数都可以得到理想的结果。
③ 当 D 单元的 ALU 被局部配置为双 16 位模式时,D 单元 ALU 的高 16 位补零扩展至 24 位。累加器值右移时,高段和低段的 16 位补零扩展。
④ 累加器带符号移位时,如果是一个 32 位操作(M40=0),累加器的保护位(第 39～32 位)填零。
⑤ 累加器带符号右移时,移位值补零扩展。

如果 SXMD=1 时,打开符号扩展模式。

① 对于 40 位的运算,16 位或更小的操作数,都要符号扩展至 40 位。
② 对于条件减法指令,16 位的除数必须是正数,其最高位(MSB)必须是 0。
③ 当 D 单元的 ALU 局部配置为双 16 位模式时,D 单元 ALU 的高 16 位值带符号扩展至 24 位。累加器右移时,高段和低段的 16 位都要带符号扩展。
④ 累加器带符号移位时,其值带符号扩展,如果是一个 32 位操作(M40=0),则将第 31 位的值复制到累加器的保护位(第 39～32 位)。
⑤ 累加器带符号右移时,除非有限定符 uns()表明它是无符号的,否则移位值都

要被带符号扩展。对于无符号运算(布尔逻辑运算、循环移位和逻辑移位运算),不管 SXMD 的值是什么,输入的操作数都要被补零扩展至 40 位。对于乘加单元 MAC 里的运算,不管 SXMD 值是多少,输入的操作数都要带符号扩展至 17 位。如果指令里的操作数是在限定符 uns()里,则不管 SXMD 值是多少,都视为无符号的。

用下面的指令清零和置位 SXMD:

```
BCLR    SXMD              ;清零 SXMD
BSET    SXMD              ;置位 SXMD
```

12. XF 位

XF 是通用的输出位,能用软件处理且可输出至 DSP 引脚。

用下面的指令清零和置位 XF:

```
BCLR    XF                ;清零 XF
BSET    XF                ;置位 XF
```

2.4.11 状态寄存器 ST2_55

1. AR0LC~AR7LC 位域

CPU 有 8 个辅助寄存器 AR0~AR7。每个辅助寄存器 ARn(n=0、1、2、3、4、5、6、7)在 ST2_55 中都有自己的线性或循环配置位。

每个 ARnLC 位决定了 ARn 用作线性寻址还是循环寻址。

ARnLC=0:线性寻址。

ARnLC=1:循环寻址。

例如,如果 AR3LC=0,AR3 就用作线性寻址;AR3LC=1,AR3 就用作循环寻址。

用状态位清零/置位指令来清零/置位 ARnLC。例如,下面的指令分别清零和置位 AR3LC,要修改其他的 ARnLC 位,只需要将 3 改为其他相应值即可。

```
BCLR    AR3LC             ;清零 AR3LC
BSET    AR3LC             ;置位 AR3LC
```

2. ARMS 位

如果 ARMS=0,辅助寄存器(AR)间接寻址的 CPU 模式采用 DSP 模式操作数,该操作数能有效执行 DSP 专用程序。这些操作数里,有的在指针加/减时使用反向操作数。短偏移操作数不可用。

如果 ARMS=1,辅助寄存器(AR)间接寻址的 CPU 模式采用控制模式操作数,该操作数能为控制系统的应用优化代码的大小。短偏移操作数 *ARn(short(#k3))可用。其他偏移需要在指令里进行 2 字节扩展,而这些有扩展的指令不能和其他指令并行执行。

用下面的指令和伪指令来改变模式:

```
BCLR    ARMS            ;清零 ARMS(运行时)
.ARMS_off               ;告知编译器 ARMS = 0
BSET    ARMS            ;置位 ARMS(运行时)
.ARMS_on                ;编译器 ARMS = 1
```

3. CDPLC 位

CDPLC 位决定了系数数据指针(CDP)是用线性寻址(CDPLC=0),还是用循环寻址(CDPLC=1)。

用下面的指令清零和置位 CDPLC:

```
BCLR    CDPLC           ;清零 CDPLC
BSET    CDPLC           ;置位 CDPLC
```

4. DBGM 位

DBGM 位用于调试程序中有严格时间要求的部分。

如果 DBGM=0,使能该位。

如果 DBGM=1,禁止该位。

仿真器不能访问存储器和寄存器。软件断点仍然可以使 CPU 暂停,但不会影响硬件断点或暂停请求。

以下是关于 DBGM 的使用要点:

① 为了保护流水,只能由状态位清零/置位指令修改 DBGM(见下面的例子),其他指令都不会影响 DBGM 位。

```
BCLR    DBGM            ;清零 DBGM
BSET    DBGM            ;置位 DBGM
```

② 当 CPU 响应一个中断请求时,会自动保护 DBGM 位的状态。确切地说,当 CPU 把 ST2_55 保存到数据堆栈时,DGBM 位就被保存起来。

③ 执行一个中断服务子程序(ISR)前,CPU 自动置位 DBGM,禁止调试。ISR 可以通过清零 DBGM 位,重新使能调试。

5. EALLOW 位

EALLOW 使能(EALLOW=1)或禁止(EALLOW=0)对非 CPU 仿真寄存器的写访问。以下是关于 EALLOW 位的要点:

① 当 CPU 响应一个中断请求时,自动保存 EALLOW 位的状态。确切地说,当 CPU 把 ST2_55 保存到数据堆栈时,也就是保存了 EALLOW 位。

② 执行一个中断服务子程序(ISR)前,CPU 自动清零 EALLOW 位,禁止访问仿真寄存器。ISR 通过置位 EALLOW 位,可以重新开放对寄存器的访问。

③ 中断返回指令,从数据堆栈恢复 EALLOW 位。

6. RDM 位

在 D 单元执行的一些指令里,CPU 将 rnd() 括号里的操作数取整。取整操作的类型取决于 RDM 的值。

如果 RDM=0,取整至无穷大。CPU 给 40 位的操作数加上 8000h(即 2^{15}),然后 CPU 清零第 15~0 位,产生一个 24 位或 16 位的取整结果。如果结果是 24 位的整数,只有第 39~16 位是有意义的。如果结果是 16 位的整数,只有第 31~16 位是有意义的。

如果 RDM=1,取整至最接近的整数。取整结果取决于 40 位操作数的第 15~0 位,见下面的 if 语句:

```
If(0 = <(位 15 - 0)<8000h)
    CPU 清零第 15~0 位
    If(8000h<(位 15 - 0)<10000h)
        CPU 给该操作数加上 8000h,再清零第 15~0 位
    If ((位 15 - 0) = = 8000h)
        If (位 31 - 16)是奇数
            CPU 给该操作数加上 8000h,再清零第 15~0 位
```

用下面的指令清零和置位 RDM:

BCLR	RDM	;清零 RDM
BSET	RDM	;置位 RDM

2.4.12 状态寄存器 ST3_55

1. CACLR 位

使用 CACLR 来检查是否已完成程序 Cache 清零。

如果 CACLR=0,已经完成。清零过程完成时,Cache 硬件清零 CACLR 位。

如果 CACLR=1,未完成。所有的 Cache 块无效。清零 Cache 所需的时间周期数取决于存储器的结构。

当 Cache 清零后,指令缓冲器单元里的预取指令队列的内容会自动清零。

如果要在流水里保护写 CACLR 位,就必须用清零/置位状态位的指令来执行写操作(参见下面的例子)。

BCLR	CACLR	;清零 CACLR
BSET	CACLR	;置位 CACLR

2. CAEN 位

CAEN 使能或禁止程序 Cache。

如果 CAEN=0,禁止。Cache 控制器不接收任何程序要求。所有的程序要求都

由片内存储器或片外存储器(根据解码的地址而定)来处理。

如果 CAEN=1,使能。依据解码的地址,可以从 Cache、片内存储器或片外存储器提取程序代码。

有两点要特别注意：

① 当清零 CAEN 位禁止 Cache 时,I 单元的指令缓冲队列的内容会自动清零。

② 如果要在流水里保护写 CAEN 位,就必须用状态位清零/置位的指令来执行写 CAEN 位,参见以下的例子：

```
BCLR    CAEN            ;清零 CAEN
BSET    CAEN            ;置位 CAEN
```

3. CAFRZ 位

CAFRZ 能锁定程序 Cache,这样没有访问该 Cache 时,它的内容不会更改,但被访问时仍然可用。Cache 内容一直保持不变,直到 CAFRZ 位清零。

如果 CAFRZ=0,Cache 工作在默认操作模式。

如果 CAFRZ=1,Cache 被冻结(其内容被锁定)。

在流水中保护写 CAFRZ 位,就必须用以下指令来写：

```
BCLR    CAFRZ           ;清零 CAFRZ
BSET    CAFRZ           ;置位 CAFRZ
```

4. CBERR 位

检测到一个内部总线错误时,置位 CBERR。该错误使 CPU 在中断标志寄存器1(IFR1)里置位总线错误中断标志 BERRINTF。以下两点要特别注意：

① 对 CBERR 位写 1 无效。该位只在发生内部总线错误时才为 1。

② 总线错误的中断服务子程序,返回控制中断程序的代码以前,必须清零 CBERR。

```
BCLR    CBERR           ;清零 CBERR
BSET    CBERR           ;置位 CBERR
```

CBERR 位归纳总结如下：

① CBERR=0   CPU 总线错误标志位已经由程序或复位清零。

② CBERR=1   检测到一个内部总线错误。

5. CLKOFF 位

当 CLKOFF=1,CLKOUT 引脚的输出被禁止,且保持高电平。用下面的指令清零和置位 CLKOFF：

```
BCLR    CLKOFF          ;清零 CLKOFF
BSET    CLKOFF          ;置位 CLKOFF
```

6. HINT 位

用 HINT 位通过主机接口,发送一个中断请求给主机处理器。先清零,然后再给 HINT 置位,产生一个低电平有效的中断脉冲,见下例:

```
BCLR    HINT                ;清零 HINT
BSET    HINT                ;置位 HINT
```

7. MPNMC 位

MPNMC 位使能或禁止片上 ROM。

如果 MPNMC=0,微计算机模式。使能片上 ROM,可以在程序空间寻址。

如果 MPNMC=1,微处理器模式。禁止片上 ROM,不映射在程序空间里。

注意的要点:

MPNMC 位的改变,反映复位过程中 MP/$\overline{\text{MC}}$ 引脚的逻辑电平(高电平为 1,低电平为 0)。

① 仅在复位时才对 MP/$\overline{\text{MC}}$ 引脚采样。

② 软件中断指令不影响 MPNMC。

③ 如果要在流水中保护写 MPNMC 位,用状态清零/置位指令来写,见下例:

```
BCLR    MPNMC               ;清零 MPNMC
BSET    MPNMC               ;置位 MPNMC
```

④ TMS320VC5509A 无此引脚。

8. SATA 位

SATA 位决定 A 单元 ALU 的溢出结果是否饱和。

如果 SATA=0,关闭。不执行饱和。

如果 SATA=1,打开。如果 A 单元的 ALU 里的计算产生溢出,则结果饱和至 7FFFh(正向饱和)或 8000h(负向饱和)。

用下面的指令清零和置位 SATA:

```
BCLR    SATA                ;清零 SATA
BSET    SATA                ;置位 SATA
```

9. SMUL 位

SMUL 位打开或关闭乘法的饱和模式。

如果 SMUL=0,关闭。

如果 SMUL=1,打开。在 SMUL=1、FRCT=1 且 SATD=1 的情况下,18000h 与 18000h 相乘的结果饱和至 7FFF FFFFh(不受 M40 位的影响)。这样,两个负数的乘积就是一个正数。

对于乘加/减指令,在乘法之后、加法/减法以前,执行饱和运算。

用下面的指令清零和置位 SMUL：

BCLR　　SMUL　　　　　　　；清零 SMUL
BSET　　SMUL　　　　　　　；置位 SMUL

10. SST 位

如果 C54CM=0,CPU 忽略 SST。仅用指令判断是否产生饱和。

如果 C54CM=1,在 C54x 兼容模式下,SST 打开或关闭饱和-存储模式。SST 将影响一些累加器-存储指令的执行。SST=1 时,在存储之前,40 位的累加器值要饱和为一个 32 位的值。如果累加器值要移位,则 CPU 执行移位后饱和。

SST=0,关闭。

SST=1,打开。对于受 SST 位影响的指令,CPU 在存储一个移位后或未移位的累积器值以前,对其进行饱和运算；是否饱和取决于符号扩展模式位(SXMD)。

SXMD=0,一个 40 位的数看作无符号数。如果该数值大于 00 7FFF FFFFh,则 CPU 对其进行饱和运算,结果为 7FFF FFFFh。

SXMD=1,一个 40 位的数看作有符号数。如果该数值小于 00 8000 0000h,则 CPU 产生一个 32 位的结果 8000 0000h。如果该数大于 00 7FFF FFFFh,则 CPU 产生的结果为 7FFF FFFFh。

用下面的指令清零和置位 SST：

BCLR　　SST　　　　　　　；清零 SST
BSET　　SST　　　　　　　；置位 SST

2.5　存储空间和 I/O 空间

2.5.1　存储器映射

C55x 的存储(数据/程序)空间采用统一编址的访问方法,如图 2-28 所示。当 CPU 读取程序代码时,使用 24 位的地址访问相关的字节；而 CPU 读/写数据时,使用 23 位的地址访问相关的 16 位字。这两种情况下,地址总线上均为 24 位值,只是数据寻址时,地址总线上的最低位强制填充 0。

全部 16M 字节或 8M 字的存储空间被分成 128 个主页面(0~127),每个主页面为 64K 字。主页面 0 的前 192 个字节(00 0000h~00 00BFh)或 96 个字(00 0000h~00 005Fh)被存储器映射寄存器(MMR)所占用。

表 2-24 给出了 VC5509A PGE 的存储器空间组织情况。VC5509A 拥有 160K 字的片内存储器资源,其中有 128K 字 RAM 和 32K 字 ROM,128K 字 RAM 中 DARAM 为 32K 字,SARAM 为 96K 字。外部扩展存储空间由 CE[3:0]分为 4 个部分,每部分都可以支持同步或异步存储器类型。

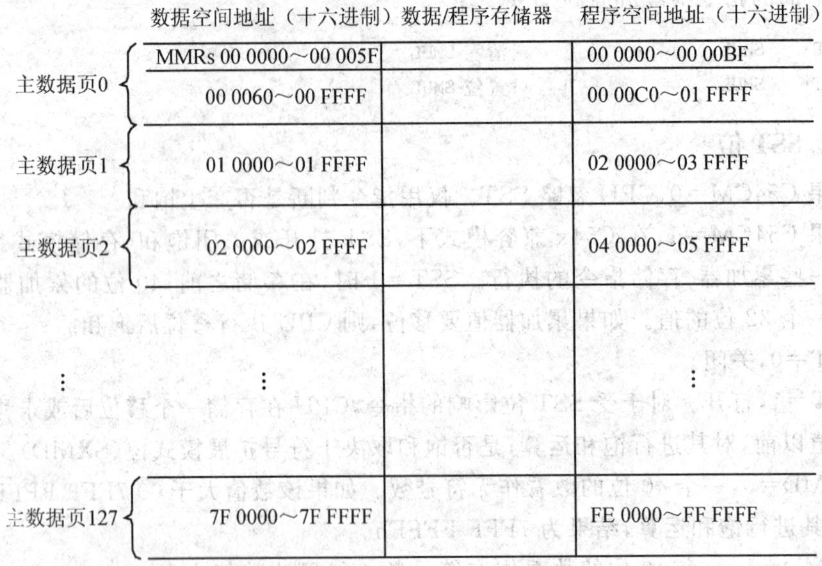

第2章 TMS320C55x 的硬件结构

	数据空间地址（十六进制）	数据/程序存储器	程序空间地址（十六进制）
主数据页0 {	MMRs 00 0000~00 005F		00 0000~00 00BF
	00 0060~00 FFFF		00 00C0~01 FFFF
主数据页1 {	01 0000~01 FFFF		02 0000~03 FFFF
主数据页2 {	02 0000~02 FFFF		04 0000~05 FFFF
⋮	⋮		⋮
主数据页127 {	7F 0000~7F FFFF		FE 0000~FF FFFF

图 2-28 C55x 存储器映射

表 2-24 TMS320VC5509A PGE 存储器映射

块大小/字节	首字节地址	存储器资源		首字节地址
192	00 0000h	存储器映射寄存器(MMR)(保留)		00 0000h
32K-192	00 00C0h	DARAM /HPI 访问		
32K	00 8000h	DARAM		00 4000h
192K	01 0000h	SARAM		00 8000h
	04 0000h	外部扩展存储空间(CE0)		00 2000h
	40 0000h	外部扩展存储空间(CE1)		20 0000h
	80 0000h	外部扩展存储空间(CE2)		40 0000h
	C0 0000h	外部扩展存储空间(CE3)		60 0000h
32K	FF 0000h	ROM，当 MPNMC=0 时有效	外部扩展存储空间(CE3)，当 MPNMC=1 时有效	
16K	FF 8000h	ROM，当 MPNMC=0 时有效	外部扩展存储空间(CE3)，当 MPNMC=1 时有效	
16K	FF C000h FF FFFFh	外部扩展存储空间(CE3)，当 MPNMC=1 时有效		

DARAM 为双存取 RAM，分为 8 个 8K 字节或 4K 字的块（见表 2-25），每个 8K 字节的块每周期可以访问两次（两次读或一次读、一次写）。DARAM 可被内部

程序总线、数据总线或 DMA 访问。前 4 块 DARAM 可以被 HPI 访问。

表 2-25　TMS320VC5509A 的 DARAM 块

字节地址范围	存储器块	说明	字节地址范围	存储器块	说明
000000h~001FFFh	DARAM0	可 HPI 寻址	008000h~009FFFh	DARAM4	
002000h~003FFFh	DARAM1	可 HPI 寻址	00A000h~00BFFFh	DARAM5	
004000h~005FFFh	DARAM2	可 HPI 寻址	00C000h~00DFFFh	DARAM6	
006000h~007FFFh	DARAM3	可 HPI 寻址	00E000h~00FFFFh	DARAM7	

SARAM 为单存取 RAM(见表 2-26)，分为 24 个 8K 字节或 4K 字的块，每个 8K 字节的块每周期只能访问一次(一次读或一次写)。DARAM 可被内部程序总线、数据总线或 DMA 访问。

ROM 共有 2 个 32K 字节或 16K 字的块，每个块每次访问占用 2 个时钟周期。

VC5509A 有 78 个存储器映射寄存器(MMR)，占用存储器空间的 0h~4Fh，详见文献"SP RS205J, TMS320VC5509A Fixed-Point Digital Signal Processor Data Manual"。

表 2-26　TMS320VC5509A 的 SARAM 块

字节地址范围	存储器块	字节地址范围	存储器块
010000h~011FFFh	SARAM0	028000h~029FFFh	SARAM12
012000h~013FFFh	SARAM1	02A000h~02BFFFh	SARAM13
014000h~015FFFh	SARAM2	02C000h~02DFFFh	SARAM14
016000h~017FFFh	SARAM3	02E000h~02FFFFh	SARAM15
018000h~019FFFh	SARAM4	030000h~031FFFh	SARAM16
01A000h~01BFFFh	SARAM5	032000h~033FFFh	SARAM17
01C000h~01DFFFh	SARAM6	034000h~035FFFh	SARAM18
01E000h~01FFFFh	SARAM7	036000h~037FFFh	SARAM19
020000h~021FFFh	SARAM8	038000h~039FFFh	SARAM20
022000h~023FFFh	SARAM9	03A000h~03BFFFh	SARAM21
024000h~025FFFh	SARAM10	03C000h~03DFFFh	SARAM22
026000h~027FFFh	SARAM11	03E000h~03FFFFh	SARAM23

2.5.2　程序空间

1. 字节寻址

CPU 使用 24 位宽的字节寻址从程序存储器读取指令。地址总线是 24 位的，通过程序读数据总线一次可以读取 32 位的指令，指令中每个 8 位占有一个字节地址。

例如,指令字节 0 占用地址 00 0100h,则指令字节 2 占用地址 00 0102h,如图 2-29 所示。

字节地址 00 0100h ~ 00 0103h	字节0	字节1	字节2	字节3

图 2-29 字节地址

2. 程序空间的指令组织

C55x 支持 8、16、24、32、48 位的指令。图 2-30 给出了 5 个不同长度的指令在程序空间中的存储情况。指令的地址是指它的高字节地址。

字节地址	字节0	字节1	字节2	字节3
00 00100h~00 0103h		A(23~16)	A(15~8)	A(7~0)
00 00104h~00 0107h	B(15~8)	B(7~0)	C(31~24)	C(23~16)
00 00108h~00 010Bh	C(15~8)	C(7~0)	D(7~0)	E(23~16)
00 0010Ch~00 010Fh	E(15~8)	E(7~0)		

图 2-30 指令的存储情况

3. 从程序空间取指

CPU 读程序指令每次固定读取 32 位长的指令,且固定以最低的 2 个字节为 00h 的地址为首地址读起,即首地址只能为 xx xxx0h、xx xxx4h、xx xxx8h、xx xxxCh。所以,当 CPU 执行跳转程序时,PC 指向的地址不一定就是跳转到的地址。对于图 2-30 中的情况,假设程序的第一个指令为 C,地址为 00 0106h,PC 包含 00 0106h,但是 PAB 总线上加载的地址为 00 0104h,CPU 将读取从 00 0104h 开始的 4 个字节指令包,并指示 C 首先被执行。

2.5.3 数据空间

1. 字地址

CPU 使用字地址访问数据空间,字地址为 23 位的,寻址 16 位的数据。例如,字 0 占用地址为 00 0100h,则字 1 占用地址为 00 0101h,如图 2-31 所示。

字地址 00 0100 h ~ 00 0101 h	字0	字1

图 2-31 字地址

地址总线为 24 位的,当 CPU 读/写数据空间时,23 位的字地址最低位补一个 0 成为总地址。例如:

字地址: 000 0000 0000 0001 0000 0010

地址总线： 0000   0000   0000   0010   0000   0100

2. 数据类型

C55x 指令集支持以下数据类型：

字节(B)：8 位

字(W)：16 位

长字(LW)：32 位

CPU 有专用指令对字节进行读操作，当写操作时需要做 0 扩展或符号扩展。对于 32 位的长字，访问地址为长字的高字(MSW)地址。如果 MSW 是偶地址，则长字的低字(LSW)地址为下一个地址；如果 MSW 是奇地址，则长字的低字(LSW)地址为前一个地址，如图 2-32 所示。

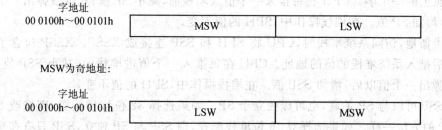

图 2-32 长字地址组织

3. 数据空间的数据组织

图 2-33 给出了一个数据空间的数据组织的例子。

注意：访问一个长字，必须参考它的高字(MSW)，访问 C 需要访问 00 0102h，访问 D 需要访问 00 0105h。字地址也被用于字节地址，00 0107h 既是 F 的地址，也是 G 的地址。专用字节指令会指明访问的是低字节还是高字节。

字地址	字0		字1	
00 0100 h~00 0101 h		A	B	
00 0102 h~00 0103 h	C的MSW(位31~16)		C的LSW(位15~0)	
00 0104 h~00 0105 h	D的LSW(为15~0)		D的MSW(位31~16)	
00 0106 h~00 0107 h	E		F	G

图 2-33 数据空间的数据组织示例

2.5.4 I/O 空间

I/O 空间和程序/数据空间是分开的，只能用来访问 DSP 外设上的寄存器。I/O

空间里的字地址宽度是16位,可以访问64K个地址。

对于I/O空间的读/写是通过数据读总线DAB和数据写总线EAB进行的。读/写时要在16位地址前补0。例如,设一条指令从16位地址0102h处读取一个字,则DAB传输的24位地址为00 0102h。

2.6 堆栈操作

2.6.1 数据堆栈和系统堆栈

C55x支持2个16位堆栈,即数据堆栈和系统堆栈。图2-34和表2-27描述了存放堆栈指针的寄存器。访问数据堆栈时,CPU将SPH和SP连接成XSP。XSP包含了一个最后推入数据堆栈的23位地址,其中SPH中是7位的主数据页,SP指向该页上的一个字。CPU在每推入一个值入堆栈前,减小SP值;从堆栈弹出一个值以后,增加SP值。在堆栈操作中,SPH的值不变。

类似地,访问系统堆栈时,CPU将SPH和SSP连接成XSSP。XSSP包含了一个最后推入系统堆栈的值的地址。CPU在每推入一个值进堆栈前,减小SSP值;从堆栈弹出一个值以后,增加SSP值。在堆栈操作中,SPH的值不变。

SSP可以与SP关联,也可以独立于SP。如果选择32位堆栈配置,则修改SSP与SP的方法一样。如果选择双16位堆栈配置,则SSP与SP独立,SSP只有在自动环境切换时才能被修改。

	22~16	15~0
XSP	SPH	SP
XSSP	SPH	SSP

图2-34 XSP和XSSP

表2-27 堆栈指针寄存器

寄存器	含义	访问属性
XSP	扩展数据堆栈指针	不是MMR(存储器映射寄存器),只能通过专用指令访问
SP	数据堆栈指针	是MMR,可通过专用指令访问
XSSP	扩展系统堆栈指针	不是MMR,只能通过专用指令访问
SSP	系统堆栈指针	是MMR,可通过专用指令访问
SPH	XSP和XSSP的高位域部分	是MMR,可通过专用指令访问 注意:写XSP或XSSP都会影响SPH的值

2.6.2 堆栈配置

C55x 提供了 3 种可能的堆栈配置,如表 2-28 所列。其中一种配置使用快返回过程,另外 2 种使用慢返回过程。

通过给 32 位复位向量的第 29、28 位填入适当值,可以选择一种堆栈配置方式。复位向量的低 24 位就是复位中断服务子程序(ISR)的起始地址。

表 2-28 堆栈配置

堆栈配置	描 述	复位向量值(二进制)
双 16 位的快返回堆栈	数据堆栈和系统堆栈是独立的。当访问数据堆栈时,SP 被修改,SSP 不变,寄存器 RETA 和 CFCT 用来实现快速返回	XX00 XXXX:(24 位 ISR 地址)
双 16 位的慢返回堆栈	数据堆栈和系统堆栈是独立的。当访问数据堆栈时,SP 被修改,SSP 不变,寄存器 RETA 和 CFCT 不使用	XX01 XXXX:(24 位 ISR 地址)
32 位的慢返回堆栈	数据堆栈和系统堆栈作为单一 32 位堆栈。当访问数据堆栈时,SP 和 SSP 同时被修改,寄存器 RETA 和 CFCT 不使用。注意:如果通过 SP 的映射位置修改 SP,SSP 不会改变,这时必须独立修改 SSP 使 2 个指针对齐	XX10 XXXX:(24 位 ISR 地址)

2.6.3 快返回与慢返回

快返回与慢返回过程的区别在于,CPU 怎样保存和恢复 2 个内部存储器(即程序计数器 PC 和一个循环现场寄存器)的值。

PC 装的是 I 单元中 1~6 个字节代码的 24 位地址。CPU 执行一个中断或调用时,先将当前的 PC 值(返回地址)存起来,然后将中断服务子程序或调用程序的起始地址装入 PC。CPU 从子程序返回时,返回地址又传回 PC,从而继续执行被中断的程序。

一个 8 位的循环现场(loop context)寄存器存放激活循环记录。CPU 执行中断或调用时,保存当前的循环现场,然后清零该寄存器,为新的子程序创建循环现场。当 CPU 从子程序返回时,再在该寄存器恢复原来的循环现场。

在慢返回过程里,返回地址和循环现场保存在堆栈中(在存储器里),当 CPU 从子程序返回时,这些数据的恢复速度取决于访问存储器的速度。

在快返回过程中,返回地址和循环现场保存在寄存器里,这些专门的寄存器是返回地址寄存器(RETA)和控制流现场寄存器(CFCT)。用专门的 32 位装入和存储指令可同时读/写 RETA 和 CFCT。

图 2-35(慢返回)和图 2-36(快返回)是从若干层子程序返回地址和循环现场的例子。其中,Routine 0 是最高层子程序,Routine 1 嵌套在 Routine 0 中,Routine 2 嵌套在 Routine 1 中。

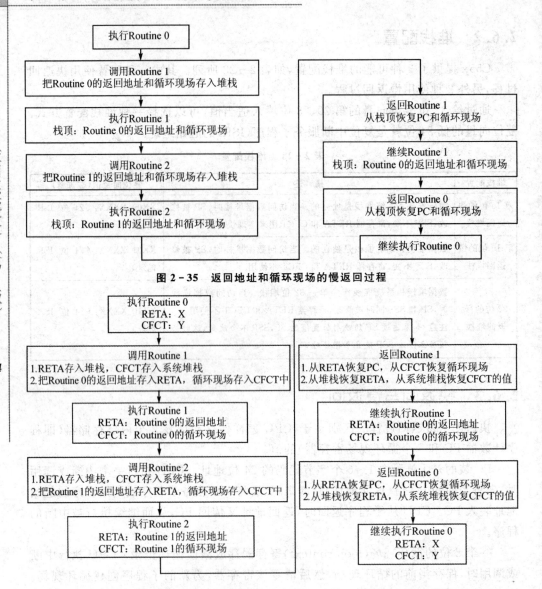

图 2-35 返回地址和循环现场的慢返回过程

图 2-36 快返回过程中 RETA 和 CFCT 的使用

2.7 中断和复位操作

2.7.1 中断概述

中断是由硬件或软件驱动的信号,使 DSP 将当前的程序挂起,执行另一个称为中断服务子程序(ISR)的任务。C55x 支持 32 个 ISR。

有些 ISR 可以由软件或硬件触发,有些只能由软件触发。当 CPU 同时收到多个硬件中断请求时,CPU 会按照预先定义的优先级对它们作出响应和处理。

中断可以分成可屏蔽中断和不可屏蔽中断两类。可屏蔽中断可以通过软件来加以屏蔽,不可屏蔽中断则不能被屏蔽。所有的软件中断都是不可屏蔽中断。

DSP 处理中断的步骤如下:

① 接收中断请求。软件和硬件都要求 DSP 将当前程序挂起。

② 响应中断请求。CPU 必须响应中断。如果是可屏蔽中断,响应必须满足某些条件;如果是不可屏蔽中断,则 CPU 立即响应。

③ 准备进入中断服务子程序。CPU 要执行的主要任务有:
- 完成当前指令的执行,并冲掉流水线上还未解码的指令。
- 自动将某些必要的寄存器的值保存到数据堆栈和系统堆栈。
- 从用户事先设置好的向量地址获取中断向量,该中断向量指向中断服务子程序。

④ 执行中断服务子程序。CPU 执行用户编写的 ISR。ISR 以一条中断返回指令结束,自动恢复步骤③中自动保存的寄存器值。

注意:
- 外部中断只能发生在 CPU 退出复位后的至少 3 个周期后,否则无效。
- 在硬件复位后,不论 INTM 位的设置和寄存器 IER0、IER1 的值如何,所有的中断都被禁止,直到通过软件初始化堆栈后才开放中断。

2.7.2 中断向量与优先级

表 2-29 是按 ISR 序号分类的中断向量。该表是 C55x 中断向量的一般表示式,用户可以参考 C55x 的数据手册,查看各个向量所对应的中断。表 2-30 是 VC5509A 中断向量表。

表 2-29 按 ISR 序号分类的中断向量

ISR 序号	硬件中断优先级	向量名	向量地址	ISR 功能
0	1(最高)	RESETIV(IV0)	IVPD:0h	复位(硬件或软件)
1	2	NMIV(IV1)	IVPD:8h	硬件不可屏蔽中断(NMI)或软件中断 1
2	4	IV2	IVPD:10h	硬件或软件中断
3	6	IV3	IVPD:18h	硬件或软件中断
4	7	IV4	IVPD:20h	硬件或软件中断
5	8	IV5	IVPD:28h	硬件或软件中断
6	10	IV6	IVPD:30h	硬件或软件中断
7	11	IV7	IVPD:38h	硬件或软件中断

续表 2-29

ISR 序号	硬件中断优先级	向量名	向量地址	ISR 功能
8	12	IV8	IVPD：40h	硬件或软件中断
9	14	IV9	IVPD：48h	硬件或软件中断
10	15	IV10	IVPD：50h	硬件或软件中断
11	16	IV11	IVPD：58h	硬件或软件中断
12	18	IV12	IVPD：60h	硬件或软件中断
13	19	IV13	IVPD：68h	硬件或软件中断
14	22	IV14	IVPD：70h	硬件或软件中断
15	23	IV15	IVPD：78h	硬件或软件中断
16	5	IV16	IVPH：80h	硬件或软件中断
17	9	IV17	IVPH：88h	硬件或软件中断
18	13	IV18	IVPH：90h	硬件或软件中断
19	17	IV19	IVPH：98h	硬件或软件中断
20	20	IV20	IVPH：A0h	硬件或软件中断
21	21	IV21	IVPH：A8h	硬件或软件中断
22	24	IV22	IVPH：B0h	硬件或软件中断
23	25	IV23	IVPH：B8h	硬件或软件中断
24	3	BERRIV(IV24)	IVPD：C0h	总线错误中断或软件中断
25	26	DLOGIV(IV25)	IVPD：C8h	Data Log 中断或软件中断
26	27(最低)	RTOSIV(IV26)	IVPD：D0h	实时操作系统中断或软件中断
27	—	SIV27	IVPD：D8h	软件中断
28	—	SIV28	IVPD：E0h	软件中断
29	—	SIV29	IVPD：E8h	软件中断
30	—	SIV30	IVPD：F0h	软件中断
31	—	SIV31	IVPD：F8h	软件中断 31

表 2-30　VC5509A 中断向量表

中断名称	向量名	向量地址(十六进制)	优先级	功能描述
RESET	SINT0	0	0	复位(硬件和软件)
NMI	SINT1	8	1	不可屏蔽中断
BERR	SINT24	C0	2	总线错误中断
INT0	SINT2	10	3	外部中断 0
INT1	SINT16	80	4	外部中断 1

续表 2-30

中断名称	向量名	向量地址(十六进制)	优先级	功能描述
INT2	SINT3	18	5	外部中断 2
TINT0	SINT4	20	6	定时器 0 中断
RINT0	SINT5	28	7	McBSP0 接收中断
XINT0	SINT17	88	8	McBSP0 发送中断
RINT1	SINT6	30	9	McBSP1 接收中断
XINT1/MMCSD1	SINT7	38	10	McBSP1 发送中断,MMC/SD1 中断
USB	SINT8	40	11	USB 中断
DMAC0	SINT18	90	12	DMA 通道 0 中断
DMAC1	SINT9	48	13	DMA 通道 1 中断
DSPINT	SINT10	50	14	主机接口中断
INT3/WDTINT	SINT11	58	15	外部中断 3 或看门狗定时器中断
INT4/RTC	SINT19	98	16	外部中断 4 或 RTC 中断
RINT2	SINT12	60	17	McBSP2 接收中断
XINT2/MMCSD2	SINT13	68	18	McBSP2 发送中断,MMC/SD2 中断
DMAC2	SINT20	A0	19	DMA 通道 2 中断
DMAC3	SINT21	A8	20	DMA 通道 3 中断
DMAC4	SINT14	70	21	DMA 通道 4 中断
DMAC5	SINT15	78	22	DMA 通道 5 中断
TINT1	SINT22	B0	23	定时器 1 中断
IIC	SINT23	B8	24	I^2C 总线中断
DLOG	SINT25	C8	25	DataLog 中断
RTOS	SINT26	D0	26	实时操作系统中断
—	SINT27	D8	27	软件中断 27
—	SINT28	E0	28	软件中断 28
—	SINT29	E8	29	软件中断 29
—	SINT30	F0	30	软件中断 30
—	SINT31	F8	31	软件中断 31

2.7.3 可屏蔽中断

可屏蔽中断能用软件来关闭或开放,如表 2-31 所列。所有的可屏蔽中断都是

第 2 章　TMS320C55x 的硬件结构

硬件中断。无论硬件何时请求一个可屏蔽中断,都可以在一个中断标志寄存器里找到相应的中断标志置位。该标志一旦置位,相应的中断还必须使能,否则不会得到处理。表 2-32 所列的位和寄存器用来开放可屏蔽中断。

表 2-31　可屏蔽中断

中断	描述
中断向量 2~23 的外设中断	这 22 个中断都由 DSP 的引脚或 DSP 的外设触发
BERRINT	总线错误中断。当一个系统总线错误中断传给 CPU,或当 CPU 里发生总线错误时触发
DLOGINT	数据插入中断。当一个数据插入传送结束时,由 DSP 触发。可用其 ISR 来启动下一个数据插入传送
RTOSINT	实时操作系统中断。由硬件断点或观察点触发。可以使用其 ISR 来启动对于仿真条件响应的数据插入传送

表 2-32　用来开放可屏蔽中断的位和寄存器

位/寄存器	描述
INTM	中断模式位。该位全局使能/禁止可屏蔽中断
IER0 和 IER1	中断使能寄存器。每个可屏蔽中断,都在这两个寄存器中的一个里,有一个使能位
DBIER0 和 DBIER1	调试中断使能寄存器。每个可屏蔽中断,都可以用这两个寄存器中的一个里的一个位定义为时间临界

图 2-37 所示的流程是处理可屏蔽中断标准过程的基本模型。表 2-33 描述了图 2-37 中的各个步骤。

表 2-33　可屏蔽中断的标准处理流程中的步骤

步骤	描述
向 CPU 发送中断请求	CPU 接收一个可屏蔽中断请求
设置相应的 IFR 标志	当 CPU 检测到一个有效的可屏蔽中断请求时,它设置并锁定某个中断标志寄存器(IFR0 或 IFR1)的相应的标志位。这个标志位保持锁定,直到该中断得到响应或者由一个软件复位或 CPU 硬件复位,才得以清除
IER 中断使能?	如果中断使能寄存器(IER0 或 IER1)里相应的使能位是 1,CPU 响应中断;否则,CPU 不响应中断
INTM=0?	如果中断模式位(INTM)是 0(也就是,必须全局开放中断),CPU 响应中断;否则,CPU 不响应中断

续表 2-33

步骤	描述
跳转到中断服务程序	CPU 根据中断向量跳转至中断服务程序。跳转时 CPU 做以下事情： ➤ 完成流水里那些已到达解码阶段的指令的执行。其他指令被冲掉； ➤ 清除 IFR0 或 IFR1 里的相应标志，表明中断已得到响应； ➤ 自动保存某些寄存器数据，以便记录被中断的程序的重要模式和状态信息； ➤ 强制设置 INTM＝1(全局中断关闭)，DBUG＝1(关闭调试事件)和 EALLOW＝0(禁止访问非 CPU 仿真寄存器)，为此 ISR 建立新的现场变量
执行中断服务程序	CPU 响应中断，执行用户为此中断编写的中断服务程序(ISR)。跳转到 ISR 的过程中会自动保存某些寄存器数据。在 ISR 末尾的一条中断返回指令自动恢复这些寄存器数据。如果该 ISR 与被中断的程序共用某些寄存器，那么它必须在它的起始处保存那些寄存器的数据，并在返回以前恢复这些数据
程序继续运行	如果没有正确地开放中断请求，CPU 忽略请求，程序不中断，继续运行。如果开放了中断，那么继续执行完中断服务程序以后，程序从被中断的点继续运行

当 CPU 在实时硬件仿真模式下暂停时，只能处理时间临界中断。图 2-38 所示的流程和表 2-34 中的步骤给出了处理时间临界中断的基本模型。

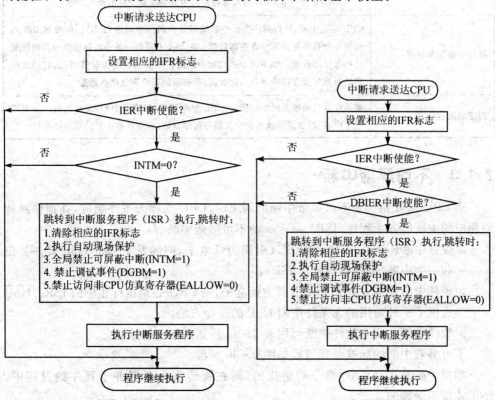

图 2-37 可屏蔽中断的标准处理流程　　图 2-38 时间临界中断的标准处理流程

第 2 章 TMS320C55x 的硬件结构

表 2-34 时间临界中断处理流程中的步骤

步 骤	描 述
向 CPU 发送中断请求	CPU 接收一个可屏蔽中断请求
设置相应的 IFR 标志	当 CPU 检测到一个有效的可屏蔽中断请求时,它设置并锁定某个中断标志寄存器(IFR0 或 IFR1)的相应的标志位。这个标志位保持锁定,直到该中断得到响应或者由一个软件复位或 CPU 硬件复位,才得以清除
IER 中断使能?	如果中断使能寄存器(IER0 或 IER1)里相应的使能位是 1,CPU 响应中断;否则,CPU 不响应中断
DBIER 中断使能?	如果调试中断使能寄存器(DBIER0 或 DBIER1)里相应的使能位是 1,CPU 响应中断;否则,CPU 不响应中断
跳转到中断服务程序	CPU 根据中断向量跳转至中断服务程序。跳转时 CPU 做以下事情: ➢ 完成流水里那些已到达解码阶段的指令的执行。其他指令被冲掉; ➢ 清除 IFR0 或 IFR1 里的相应标志,表明中断已得到响应; ➢ 自动保存某些寄存器数据,以便记录被中断的程序的重要模式和状态信息; ➢ 强制设置 INTM=1(全局中断关闭),DBUG=1(关闭调试事件)和 EALLOW=0(禁止访问非 CPU 仿真寄存器),为此 ISR 建立新的现场变量
执行中断服务程序	CPU 响应中断,执行用户为此中断编写的中断服务程序(ISR)。跳转到 ISR 的过程中会自动保存某些寄存器数据。在 ISR 末尾的一条中断返回指令自动恢复这些寄存器数据。如果该 ISR 与被中断的程序共用某些寄存器,那么它必须在它的起始处保存那些寄存器的数据,并在返回以前恢复这些数据
程序继续运行	如果没有正确地开放中断请求,CPU 忽略请求,程序不中断,继续运行。如果开放了中断,那么继续执行完中断服务程序以后,程序从被中断的点继续运行

2.7.4 不可屏蔽中断

当 CPU 接收到一个不可屏蔽中断的请求时,CPU 立即无条件响应,并很快跳转到相应的中断服务子程序(ISR)。C55x 的不可屏蔽中断有:

➢ 硬件中断 RESET。如果 RESET 引脚为低电平,则触发了一个 DSP 硬件复位和一个中断(迫使执行复位 ISR)。
➢ 硬件中断 $\overline{\text{NMI}}$。如果 $\overline{\text{NMI}}$ 引脚为低电平,则 CPU 必须执行相应的 ISR。$\overline{\text{NMI}}$ 提供了一种通用的无条件中断 DSP 的硬件方法。
➢ 软件中断。所有软件中断可用表 2-35 所列的指令初始化。

不可屏蔽中断的标准处理流程如图 2-39 所示。

如果中断是由 TRAP 指令初始化的,则在跳转到中断服务子程序的过程中,INTM 位不受影响。

表 2-35　初始化软中断的指令

指　令	描　述
INTR #k5	可用这条指令初始化 32 个 ISR 中的任意一个，变量 k5 是一个值从 0~31 的 5 位数。执行 ISR 之前，CPU 自动保存现场(保存重要的寄存器数据)，并设置 INTM 位(全局关闭可屏蔽中断)
TRAP #k5	执行与指令 intr(k5) 同样的功能，但不影响 INTM 值
RESET	执行软件复位操作(硬件复位操作的子集)，迫使 CPU 执行复位 ISR

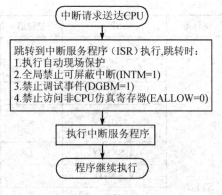

图 2-39　不可屏蔽中断的标准处理流程

2.7.5　硬件复位

硬件复位后，DSP 处于一个已知状态，即所有当前指令全部终止，指令流水清空，CPU 寄存器复位(见表 2-36)。然后 CPU 执行中断服务子程序，读复位中断向量时，CPU 用 32 位复位向量的第 29、28 位来确定堆栈配置模式。

表 2-36　硬件复位对 CPU 寄存器的影响

寄存器	位	复位值	说　明
BSA01	全部	0	清除所有循环缓冲起始地址
BSA23	全部	0	
BSA45	全部	0	
BSA67	全部	0	
BSAC	全部	0	
IFR0	全部	0	清除所有未响应的中断
IFR1	全部	0	
IVPD	全部	FFFFh	从程序地址 FF FF00h 提取复位向量
IVPH	全部	FFFFh	主机向量在与 DSP 向量相同的 256 字节程序页里
ST0_55	0~8:DP	0	选择数据页 0，清除标志
	9:ACOV1	0	
	10:ACOV0	0	
	11:C	1	
	12:TC2	1	
	13:TC1	1	
	14:ACOV3	0	
	15:ACOV2	0	

续表 2-36

寄存器	位	复位值	说明
ST1_55	0~4:ASM	0	受 ASM 影响的指令使用移位计数为 0(即不移位)
	5:C54CM	1	开启 TMS320C54 兼容模式
	6:FRCT	0	乘法操作的结果不移位
	7:C16	0	关闭双 16 位模式。对于受 C16 影响的指令,D 单元的 ALU 进行 32 位操作而不是 2 个并行的 16 位操作
	8:SXMD	1	开启符号扩展模式
	9:SATD	0	CPU 对 D 单元的溢出结果不作饱和运算
	10:M40	0	D 单元选择 32 位(而不是 40 位)计算模式
	11:INTM	1	全局关闭可屏蔽中断
	12:HM	0	当一个激活的 HOLD 信号迫使 DSP 将它的外部接口置于高阻状态时,DSP 仍继续执行取自内存的代码
	13:XF	1	置位外部标志
	14:CPL	0	选择 DP(不是 SP)直接寻址模式。直接访问数据空间与数据页寄存器(DP)关联
	15:BRAF	0	清除此标志
ST2_55	0:AR0LC	0	AR0 用作线性寻址(而不是循环寻址)
	1:AR1LC	0	AR1 用作线性寻址
	2:AR2LC	0	AR2 用作线性寻址
	3:AR3LC	0	AR3 用作线性寻址
	4:AR4LC	0	AR4 用作线性寻址
	5:AR5LC	0	AR5 用作线性寻址
	6:AR6LC	0	AR6 用作线性寻址
	7:AR7LC	0	AR7 用作线性寻址
	8:CDPLC	0	CDP 用作线性寻址
	9:保留	0	
	10:RDM	0	当一条指令指明一个操作数需要取整时,CPU 采用取整向极大方向取整(不是向最近的整数取整)
	11:EALLOW	0	程序不能写非 CPU 仿真寄存器
	12:DBGM	1	关闭调试事件
	13~14:保留	11b	
	15:ARMS	0	当使用 AR 间接寻址模式时,可使用 DSP 模式操作数(不是控制模式)

续表 2-36

寄存器	位	复位值	说明
ST3_55	0:SST	0	在 TMS320C54x 兼容模式下(C54CM=1),某些累加器存储指令的执行受 SST 影响。当 SST=0 时,40 位的累加器值在存储以前并不做饱和运算
	1:SMUL	0	乘法运算的结果不做饱和运算
	2:CLKOFF	0	使能 CLKOUT 输出引脚。反映 CLKOUT 的时钟信号
	3~4:保留	0	
	5:SATA	0	CPU 不会对 A 单元里的溢出结果做饱和运算
	6:MPNMC	引脚	MPNMC 的值反映复位时 MP/$\overline{MC}$ 引脚上的逻辑电平(1——高,0——低),该引脚只在复位时采样
	7:CBEER	0	清除该标志
	11~8:保留	1100b	
	12:HINT	1	此信号用于中断主机处理器,处于高电平
	13:CACLR	0	清除该标志
	14:CAEN	0	程序 Cache 禁止
	15:CAFRZ	0	Cache 不冻结
XAR0	所有(AR0H:AR0)	0	扩展辅助寄存器清零
XAR1	所有(AR1H:AR1)	0	
XAR2	所有(AR2H:AR2)	0	
XAR3	所有(AR3H:AR3)	0	
XAR4	所有(AR4H:AR4)	0	
XAR5	所有(AR5H:AR5)	0	
XAR6	所有(AR6H:AR6)	0	
XAR7	所有(AR7H:AR7)	0	
XDP	所有(DPH:DP)	0	扩展数据页寄存器清零
XSP	所有(SPH:SP)	0	扩展数据堆栈指针清零 注意:SPH 清零只影响扩展系统堆栈指针(XSSP)的高 7 位,低 16 位(SSP)必须用软件初始化

2.7.6 软件复位

软件复位只影响 IFR0、IFR1、ST0_55、ST1_55 和 ST2_55，不影响其他寄存器。软件复位对 CPU 寄存器的影响如表 2-37 所列。

表 2-37 软件复位对 CPU 寄存器的影响

寄存器	复位值	说　明
IFR0	0	清除所有未响应的中断
IFR1	0	
ST0_55	DP=0	选择数据页 0，清除标志
	ACOV1=0	
	ACOV0=0	
	C=1	
	TC2=1	
	TC1=1	
	ACOV3=0	
	ACOV2=0	
ST1_55	ASM=0	受 ASM 影响的指令使用移位计数为 0（即不移位）
	C54CM=1	开启 TMS320C54 兼容模式
	FRCT=0	乘法操作的结果不移位
	C16=0	关闭双 16 位模式。
	SXMD=1	开启符号扩展模式
	SATD=0	CPU 对 D 单元的溢出结果不作饱和运算
	M40=0	D 单元选择 32 位（而不是 40 位）计算模式
	INTM=1	全局关闭可屏蔽中断
	HM=0	当一个激活的 $\overline{\text{HOLD}}$ 信号迫使 DSP 将它的外部接口置于高阻状态时，DSP 仍继续执行取自内存的代码
	XF=1	置位外部标志
	CPL=0	选择 DP 直接寻址模式。直接访问数据空间与数据页寄存器（DP）关联
	BRAF=0	清除此标志

续表 2-37

寄存器	复位值	说明
ST2_55	AR0LC=0	AR0 用作线性寻址（而不是循环寻址）
	AR1LC=0	AR1 用作线性寻址
	AR2LC=0	AR2 用作线性寻址
	AR3LC=0	AR3 用作线性寻址
	AR4LC=0	AR4 用作线性寻址
	AR5LC=0	AR5 用作线性寻址
	AR6LC=0	AR6 用作线性寻址
	AR7LC=0	AR7 用作线性寻址
	CDPLC=0	CDP 用作线性寻址
	RDM=0	当一条指令指明一个操作数需要取整时，CPU 采用取整向极大方向取整
	EALLOW=0	程序不能写非 CPU 仿真寄存器
	DBGM=1	关闭调试事件
	ARMS=0	当使用 AR 间接寻址模式时，可使用 DSP 模式操作数（不是控制模式）

思考题与习题

2.1 C55x 芯片由哪些基本部分组成？

2.2 C55x CPU 包括哪些功能单元？

2.3 TMS320VC5509A 的片上外设有哪些？

2.4 TMS320VC5509A 的供电电源有哪些？CPU 内核电压 CV_{DD} 为什么采用低电压？

2.5 C55x 内部总线有哪些？各自的作用是什么？

2.6 C55x 的指令流水线有哪些操作阶段？每个阶段执行什么任务？

2.7 C55x 的 CPU 包括哪几个累加器？在 C54 兼容模式（C54CM=1）下如何保持与 C54 的兼容？

2.8 C55x 的 CPU 包括哪几个状态寄存器？其中涉及到 C54 兼容模式的位有哪些？

2.9 C55x 的 CPU 在读取程序代码和读/写数据时有什么不同？

2.10 C55x 的堆栈有哪些种类？涉及到的寄存器有哪些？

2.11 C55x 对中断是如何处理的？

第3章

集成开发环境(CCS5.4)

内容提要：本章以 CCS5.4 为基础,对 DSP 的集成开发环境(Code Composer Studio)进行了介绍。内容包括 CCS 的基本特点和安装方法,并通过两种典型工程(汇编语言工程和 C 语言工程),介绍了 CCS5.4 的基本操作方法,主要包括工程的建立、构建和调试等。

3.1 CCS 概述

3.1.1 集成开发环境 CCS 概述

早期的 CCS 是一种针对 TMS320 系列 DSP 的集成开发环境,不支持 MSP430 系列单片机和 ARM 微控制器,而且对于不同的 DSP 系列有不同的 CCS 版本。CCS5 不但支持不同系列的 DSP,而且支持 MSP430 系列单片机和 ARM 微控制器的开发。

CCS5 是基于 Eclipse 开放源软件架构的 TI 嵌入式处理器集成开发环境。Eclipse 软件架构是作为一种建立开发工具的开放架构发展起来的,目前已广泛应用于建立软件开发环境,成为一种被很多嵌入式软件开发商采用的标准架构。CCS5 将 Eclipse 软件架构的优点和 TI 先进的嵌入式调试技术结合在了一起,为嵌入式技术的开发者们提供了一种强大的开发环境。

CCS 的功能十分强大,它集成了代码的编辑、编译、链接和调试等诸多功能,而且支持 C/C++和汇编的混合编程,其主要功能如下:

① 具有集成可视化代码编辑界面,用户可通过其界面直接编写 C、汇编、.cmd 文件等。

② 含有集成代码生成工具,包括汇编器、优化 C 编译器、链接器等,将代码的编辑、编译、链接和调试等诸多功能集成到一个软件环境中。

③ 高性能编辑器支持汇编文件的动态语法加亮显示,使用户很容易阅读代码,发现语法错误。

④ 工程项目管理工具可对用户程序实行项目管理。在生成目标程序和程序库的过程中,建立不同程序的跟踪信息,通过跟踪信息对不同的程序进行分类管理。

⑤ 基本调试工具具有装入执行代码、查看寄存器、存储器、反汇编、变量窗口等

功能,并支持 C 源代码级调试。

⑥ 断点工具,能在调试程序的过程中,完成硬件断点、软件断点和条件断点的设置。

⑦ 数据的图形显示工具,可以将运算结果用图形显示,包括显示时域/频域波形、眼图、星座图、图像等,并能进行自动刷新。

⑧ 分析工具,可用于模拟和监视硬件的功能、评价代码执行的时钟。

⑨ 提供 GEL 工具。利用 GEL 扩展语言,用户可以编写自己的控制面板/菜单,设置 GEL 菜单选项,方便直观地修改变量、配置参数等。

⑩ 支持多 DSP 的调试。

⑪ 支持 RTDX 技术,可在不中断目标系统运行的情况下,实现 DSP 与其他应用程序的数据交换。

⑫ 提供 SYS BIOS 工具,增强对代码的实时分析能力。

CCS5 有两种基本工作模式,即:

① 软件仿真器模式(Simulator):可以脱离 DSP 芯片,在 PC 机上模拟 DSP 的指令集和工作机制,主要用于前期算法实现和调试。

② 硬件仿真器模式(Emulator):可以实时运行在 DSP 芯片上,与硬件开发板相结合在线编程和调试应用程序。

3.1.2 CCS5.4 软件的安装

系统配置要求:

① 操作系统:Windows2000/XP/Win7。

② PC:1 GB 以上 RAM,4 GB 以上的剩余硬盘空间。现有 PC 基本都能满足运行 CCS 的要求。

CCS5.4 软件的 TI 官方下载(需要邮箱登录申请)地址:http://processors.wiki.ti.com/index.php/Download_CCS。

CCS5.4 的安装过程十分简单。双击安装程序 ccs_setup_5.4.0.xxxxx,按照提示操作就行了。

建议:

● 运行安装程序前把杀毒软件和防火墙关闭。

● 选择安装所有部件;

● 将系统安装在 D 盘上。以下假设系统安装目录为 D:\ccs54。

安装完毕,把 CCS5.4 软件许可证文件(如 CCSv5 - China - University - Site_License.lic)拷贝到 ccs54\ccsv5\ccs_base\DebugServer 路径下。

安装成功,桌面上会出现如图 3 - 1 所示的 CCS5.4 图标。

图 3 - 1　CCS5.4 快捷方式图标

第3章　集成开发环境(CCS5.4)

3.2　汇编语言工程的建立和调试

3.2.1　进入 CCS 主界面

双击图标 即可启动 CCS5.4,可得到如图 3-2 所示的 Workspace Launcher 对话框。在 Workspace 栏中,输入工作区(用于存放用户所编写的应用程序)路径,单击 OK 按钮即可进入 CCS5.4 主窗口。首次进入新设置工作区时的 CCS5.4 欢迎界面见图 3-3。

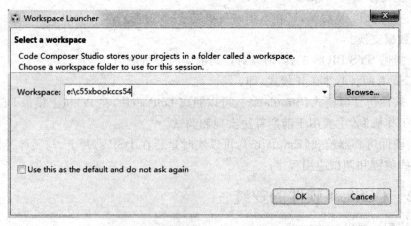

图 3-2　Workspace Launcher 对话框

图 3-3　首次进入新设置工作区时的 CCS5.4 欢迎界面

强烈建议：不要钩选"Use this as the default and do not ask again"。如果钩选此项，再次启动CCS5.4时就不再显示该对话框，而是选择上次设置的工作区直接进入主界面。用户就不能修改工作区了。

在CCS5.4欢迎界面中，直接打开了"TI Resource Explorer"窗口。关闭该窗口可以得到如图3-4所示的"CCS Edit"工作界面。在该界面下可以完成工程与源文件的建立、编辑、存储、打开、编译、汇编、链接等操作。与"CCS Edit"界面对应的是"CCS Debug"界面，当执行程序调试指令系统会自动由"CCS Edit"界面进入"CCS Debug"界面。在"CCS Debug"界面下，可以完成对代码的运行控制，执行单步、多步、全速运行操作，打开寄存器、存储器、变量、表达式等观察窗口，设置、取消断点。

以下结合两个实例，分别介绍一下在CCS5.4下汇编语言程序和C程序的基本调试方法。

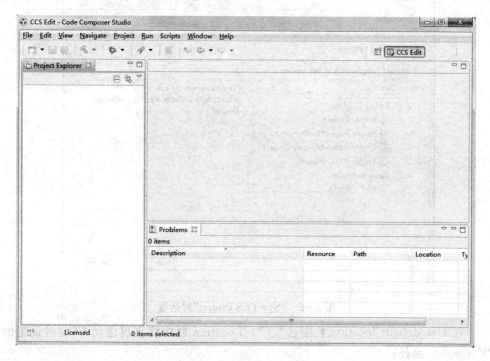

图3-4 "CCS Edit"工作界面

3.2.2 汇编语言工程的创建

选择菜单"File"中"New…"菜单项选择"CCS Project"项，弹出如图3-5所示的"New CCS Project"对话框。

在Project name栏中，输入"Ex3_1.pjt"；

在Output type栏中，选择"Executable"；

第3章 集成开发环境(CCS5.4)

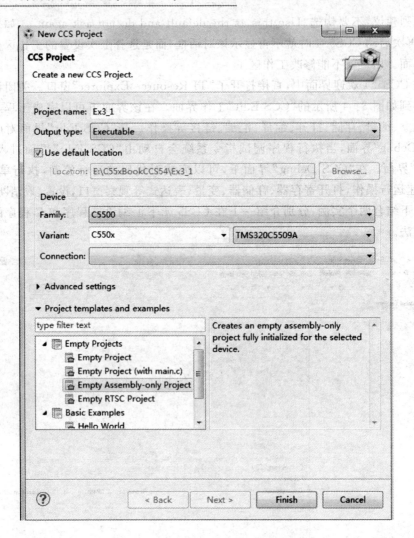

图 3-5 "New CCS Project"对话框

在 Use default location 栏中选"√"。Location 栏中将出现启动 CCS 时设置的 Workspace 路径；

在 Device-Family 下拉选单中，选择"C55xx"；

在 Device-Variant 下拉选单中，选择"TMS320VC5509A"；

对于 Device-Connection 下拉选单中，选择空白；

对于 Advanced settings 的各栏，均选择缺省项；

在 Project templates and examples 中，选择"Empty Assembly-only Project"；

单击"Finish"按钮，完成 Ex3_1 工程的建立。

此时,在 CCS5.4 的"Project Explorer"窗口中,可以看到相关信息(见图 3-6);也可以通过资源管理器察看相关信息(见图 3-7)。目前,只是建立了一个新工程框架,里边的内容是空的。

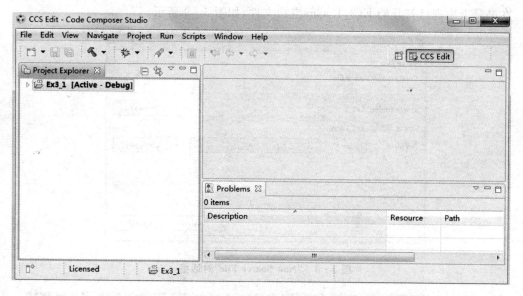

图 3-6 在"Project Exploer"窗口察看当前工作区工程文件

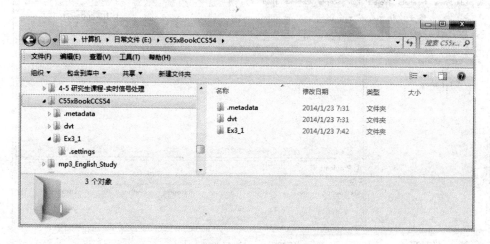

图 3-7 在计算机硬盘上生成的当前工程文件

3.2.3 汇编源文件和命令文件的创建

在汇编语言工程中,汇编源程序文件(扩展名为.asm)和命令文件(扩展名为.cmd)是必须的。下面在工程 Ex3_1 中新建一个名字为 Ex3_1.asm 的汇编源文件和一个名字为 Ex3_1.cmd 的命令文件。步骤如下:

(1) 选择菜单"File"中"New…"菜单项选择"Source File"项,弹出如图 3-8 所示的对话框。输入汇编源程序名称为 Ex3_1.asm。单击"Finish"按钮,完成 Ex3_1.asm 的建立。此时,在 CCS5.4 的"Project Explorer"窗口中可以看到相关信息,同时在屏幕上出现已打开的 Ex3_1.asm 空白文件,如图 3-9 所示。

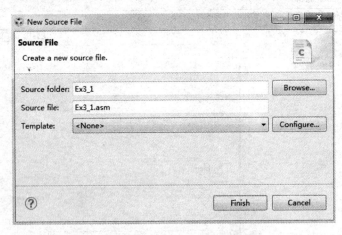

图 3-8 "New Source File"对话框

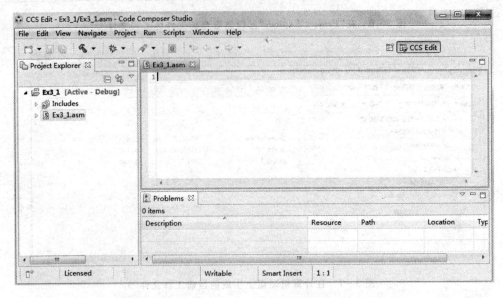

图 3-9 "CCS Edit"工作界面(创建汇编源程序文件)

(2) 将以下源程序代码输入 Ex3_1.asm 空白文件,并存盘,即可完成 Ex3_1.asm 的输入。

```
        .global    x,y,z
        .bss       x,1
```

```
            .bss    y,1
            .bss    z,1
            .text
            .global start
start:
            MOV #2, *(#y)
            MOV #1, *(#x)
L1:
            MOV *(#y), AR1
            ADD *(#x), AR1, AR1
            MOV AR1, *(#z)
            B L1
```

注意:在输入汇编语言源程序时,除了标号以外的程序行必须以一个空格或 Tab 制表字符开始。

(3) 按照以上步骤,建立命令文件 Ex3_1.cmd,并将以下内容输入:

```
-e start
-stack 500
-sysstack 500
MEMORY
{
    DARAM1: o = 0x100, l = 0x7f00
    DARAM2: o = 0x8000, l = 0x8000
}
SECTIONS
{
    .text: {} > DARAM1
    .bss: {} > DARAM2
    .stack {} > DARAM2
}
```

说明:

- 在汇编语言工程中,汇编源文件和命令文件是不可缺少的组成部分。有关基础知识将在本书第 4、5 章中介绍。
- 如果在其他工程中已有相应的源文件和命令文件,可以直接添加到当前工程中。方法如下:将鼠标移至"Project Exploer"窗口中的当前工程文件 Ex3_1 处,单击鼠标右键,在弹出的对话框中选择"Add Files…",按照提示进行操作即可。

第3章 集成开发环境(CCS5.4)

● 不同工程的汇编源文件通常是不同的,但是可以使用相同的命令文件。

3.2.4 工程的构建(Build)

在 CCS 中,对于汇编语言工程来讲,工程构建相当于"汇编+链接"操作。方法如下:在 CCS5.4 的"Project Explorer"窗口中,单击工程 Ex3_1,使其激活(出现"Active Debug"标示)。此时单击工具按钮 ⚒ 即可进行工程 Ex3_1 的构建。构建过程中,会自动打开"Console"和"Problems"窗口,显示汇编、链接进程中的有关信息和出现的问题(图 3-10)。用户可据此发现问题,有针对性地加以解决。

完成构建后,在"Project Explorer"窗口的 Ex3_1-Debug 下,会出现包括 Ex3_1.obj、Ex3_1.out 等在内的相关文件。其中 Ex3_1.out 为可执行程序文件。

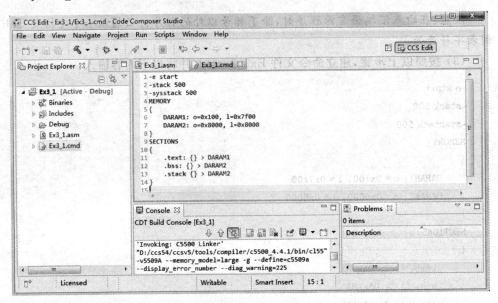

图 3-10 "CCS Edit"工作界面(汇编文件、命令文件已创建)

3.2.5 构建操作的参数设置

构建参数包括汇编器参数和链接器参数(对于 C 程序,还包括编译器参数)。

构建参数可以通过下述方法进行设置:将鼠标移至工程 Ex3_1 上,单击右键,在展开的选单中选择"Properties"即可打开"Properties"窗口(见图 3-11)。从中可以完成对编译器、汇编器、链接器等构建参数的设置。

在"Build-C55x Compiler-Advanced Options"中选择"Assembly Options",可以进一步打开"Assembler Options"窗口(见图 3-12),在其中可以方便地设置相应的汇编器参数。

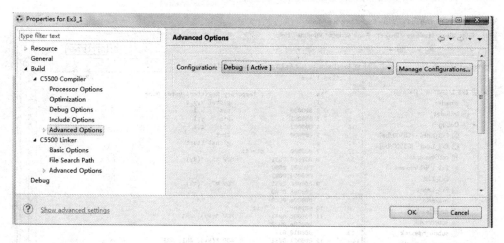

图 3-11 "Properties"窗口

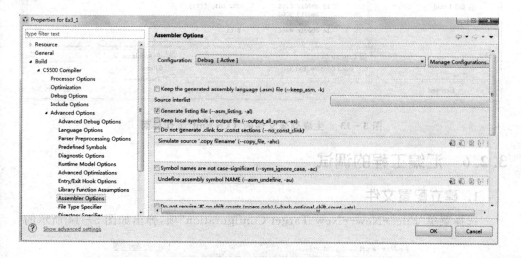

图 3-12 汇编器参数设置

如果想使汇编器产生列表文件(.lst),可在图 3-12 中钩选"Generate listing file"(选择了汇编器参数"-l"),单击"OK"按钮退出。然后,单击工具按钮 ,对工程 Ex3_1 重新构建。可以发现在"Project Explorer"窗口的 Ex3_1-Debug 下,出现了 Ex3_1.lst 文件,见图 3-13。

列表文件十分有用,有关介绍详见本书第 5 章。

第 3 章　集成开发环境(CCS5.4)

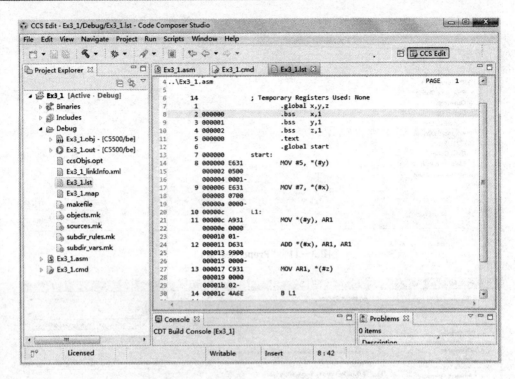

图 3-13　生成列表文件的"CCS Edit"工作界面

3.2.6　汇编工程的调试

1. 建立配置文件

选择菜单"File→New→New Target Configuration"项,弹出如图 3-14 所示的

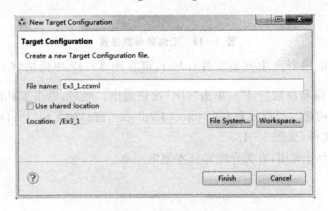

图 3-14　"New Target Configuration"对话框

"New Target Configuration"对话框,填入配置文件名字:Ex3_1.ccxml,单击 Finish 按钮,弹出如图 3-15 所示的配置文件设置对话框。

在"Connection"栏中,选择:Texas Instrument Simulator;

在"Board or Device"栏中,选择:C55xx Rex2.x CPU Cycle Accurate Simulator;

单击"Save"按钮退出,即可完成配置文件的建立。

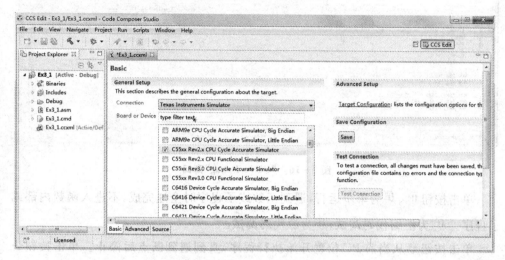

图 3-15 配置文件的设置

2. 进入 Debug 模式

单击图标 ,CCS5.4 进入 Debug 模式,出现如图 3-16 所示的 Debug 窗口。对于汇编语言工程来讲,程序的入口地址为命令文件中-e 选项所指定的全局符号"start"处。

注意:

● 缺省情况下,系统自动完成程序 Ex3_1.Out 的装载。如果想修改 Debug 参数,可打开工程"Properties"窗口,在"Debug"对话框中选择、修改相关 Debug 参数。

● 如果前边未对工程进行构建,则单击图标 可以同时完成工程构建和进入 Debug 的操作。

3. 程序运行控制

单击按钮 、 为单步运行,遇到函数或子程序,则进入函数内部或子程序。 为汇编代码调试, 为源代码调试。

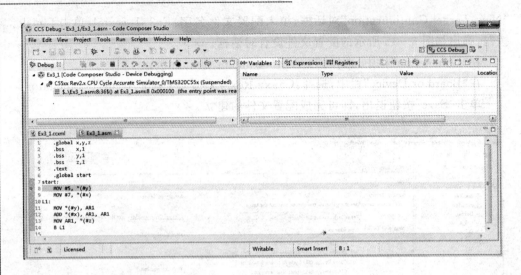

图 3-16 "CCS-Debug"窗口

单击按钮 ⬚、⬚ 为单步运行,遇到函数或子程序时全速完成,不进入函数内部或子程序。⬚ 为汇编代码调试,⬚ 为源代码调试。

单击按钮 ⬚ 从当前 PC 位置开始执行程序,直到遇到断点后停止。单击按钮 ⬚ 暂停当前程序的执行。如果再次单击按钮 ⬚,则继续执行程序。

单击按钮 ⬚ 使程序回到初始位置。

单击按钮 ⬚ 使 CPU 复位。

注意:

程序运行控制还可以通过执行菜单"Run"中的相应命令完成,或者通过相应的热键完成。

4. 断点的设置/取消

断点的作用是暂停程序的运行,以便观察程序的状态,检查或修正变量,查看调用的堆栈、存储器和寄存器的内容等。断点可以设置在编辑窗口中源代码行上,也可以设置在反汇编窗口中的反汇编指令上。

注意: 设置断点时应当避免以下两种情形:
- 将断点设置在属于分支或调用的语句上。
- 将断点设置在块重复操作的倒数第一或第二条语句上。

在 CCS5 中断点的设置/取消十分简单。在未设置断点语句的第一列单击一次,即可在该处设置断点。在已设置断点语句的第一列单击一次,即取消该处断点。

3.2.7 寄存器的观察和修改

执行菜单命令"View-Registers",可以打开寄存器窗口,如图3-17所示。通过寄存器窗口可以查看 C55x CPU 各个寄存器的数值。如果想修改某寄存器的值,可以选中该寄存器的数值部分,然后输入新的数值,单击鼠标左键或键盘回车键即可确认。

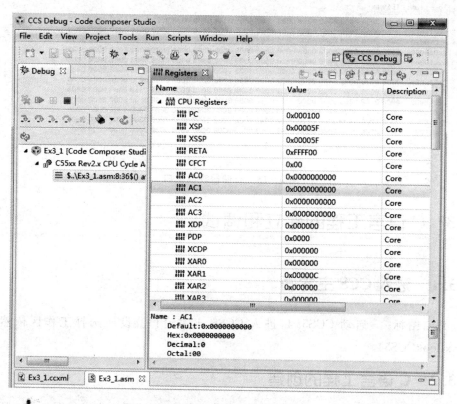

图 3-17 寄存器窗口

3.2.8 存储器的观察和修改

执行菜单命令"View-Memory Browser",可以打开存储器观察窗口,如图3-18所示。通过存储器观察窗口可以查看存储器的数值。如果想修改某存储器单元的值,可以选中相应的存储器单元,然后输入新的数值,单击鼠标左键或键盘回车键即可确认。

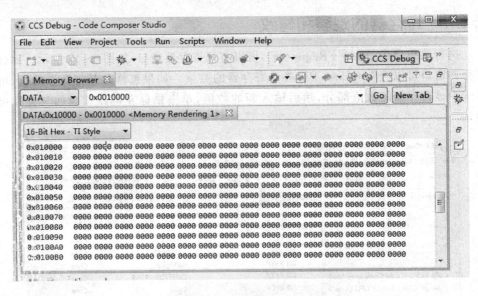

图 3-18 存储器观察窗口

3.3 C 语言工程的建立和调试

3.3.1 进入 CCS 主界面

双击图标 启动 CCS5.4，进入 CCS5.4 主窗口。设所选择工作区依然为 C55xBookCCS54。

3.3.2 C 语言工程的创建

选择菜单"File"中"New…"菜单项选择"CCS Project"项。弹出如图 3-19 所示的"New CCS Project"对话框。

在 Project name 栏中，输入"Ex3_2.pjt"；

在 Output type 栏中，选择"Executable"；

在 Use default location 栏中选"√"。Location 栏中将出现启动 CCS 时设置的 Workspace 路径；

在 Device - Family 下拉选单中，选择"C55xx"；

在 Device - Variant 下拉选单中，选择"TMS320VC5509A"；

对于 Device - Connection 下拉选单中，选择空白；

对于 Advanced settings 的各栏，均选择缺省项；

在 Project templates and examples 中，选择"Empty Project"；

第3章 集成开发环境(CCS5.4)

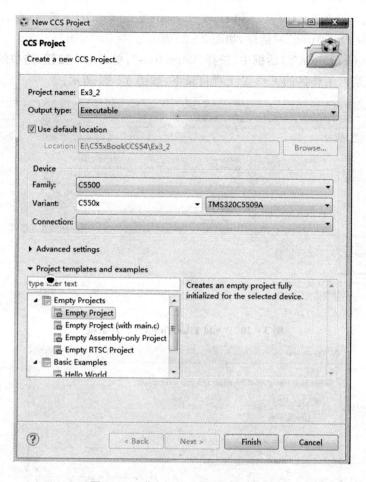

图 3-19 "New CCS Project"对话框

单击"Finish"按钮,完成 Ex3_2 工程的建立。

3.3.3 C 源文件和命令文件的创建、添加和编辑

在 C 语言工程中,C 源程序文件和命令文件是必须的。在工程中加入这些文件有多种方法。依然可以采用如前节所述建立新文件的办法(通过菜单"File"中"New…"项,选择"CCS Project"),更经常采用的方法是:向工程中加入已存在的其他 C 源程序文件和命令文件,然后在此基础上修改。本节讲述这种方法,设在路径 E:\C55xWksCCS54\exp4_2-C-Generator\下已有文件:exp4_2.c 和 exp4_2.cmd。

1. 添加源文件

将鼠标移至"Project Exploer"窗口中的当前工程文件 Ex3_2 处,单击鼠标右键,在弹出的对话框中选择"Add Files…",弹出新的"Add Files To Ex3_2"对话框;

在"Add Files To Ex3_2"对话框中,选择路径 E:\C55xWksCCS54\exp4_2-C-

Generator\下的文件 exp4_2.c 和 exp4_2.cmd(见图 3-20)。然后,单击"打开"按钮,弹出"File Operation"对话框,如图 3-21 所示;

在"File Operation"对话框中,选择"Copy files",单击 OK 按钮,选中的两个文件即被复制到当前工作区的 Ex3_2 工程目录下,如图 3-22 所示。

图 3-20 "Add Files To Ex3_2"对话框

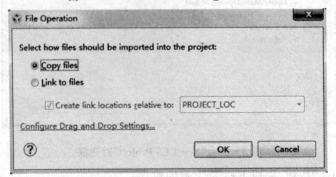

图 3-21 "File Operation"对话框

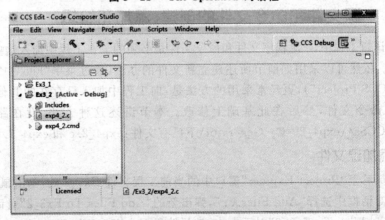

图 3-22 复制到 Ex3_2 工程目录下的两个文件

2. 源文件改名

将鼠标移至 exp4_2.c 或 exp4_2.cmd 文件名处，单击鼠标右键，在弹出的对话框中选择"Rename..."，在新弹出的对话框中将两个文件分别改为 ex3_2.c 或 ex3_2.cmd。

说明：
- 如果不修改文件名，并不影响后边的操作；
- 工程名也可按照此种方法修改。

3. 源文件的打开和编辑

双击 ex3_2.c 或 ex3_2.cmd，即可打开相应的文件，进行查看或编辑，如图 3-23 所示。

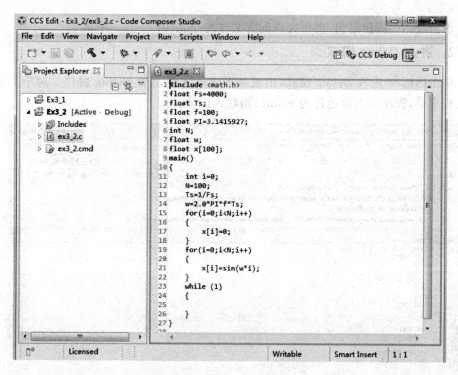

图 3-23 打开和编辑源文件

3.3.4 C 语言工程的构建

在 CCS 中，对于 C 语言工程来讲，工程构建相当于"编译+汇编+链接"操作。在"Project Explorer"窗口中，单击工程 Ex3_2，使其激活（出现"Active Debug"标示）。此时单击工具按钮  即可进行工程 Ex3_2 的构建。构建过程中，会自动打开"Console"和"Problems"窗口，显示汇编、链接进程中的有关信息和出现的问题。

第 3 章 集成开发环境(CCS5.4)

完成构建后,在"Project Explorer"窗口下的 Ex3_2 - Debug 下,会出现包括 Ex3_2.obj、Ex3_2.out 等在内的相关文件。其中 Ex3_2.out 为可执行程序文件。

3.3.5 C 语言工程的调试

1. 建立配置文件

对于 C 语言工程,其配置文件的建立方法与汇编语言工程是完全相同的。

选择菜单"File→New→New Target Configuration"项,弹出"New Target Configuration"对话框,填入配置文件名字:Ex3_2.ccxml,单击 Finish 按钮;

在弹出的配置文件设置对话框中的"Connection"栏中选择:Texas Instrument Simulator,在"Board or Device"栏中选择:C55xx Rex2.x CPU Cycle Accurate Simulator;

单击"Save"按钮退出,即可完成配置文件的建立。

2. 进入 Debug 模式

单击图标 进入 Debug 模式,出现如图 3 - 24 所示的 Debug 窗口。对于 C 语言工程来讲,程序的入口地址为 main()函数入口处。

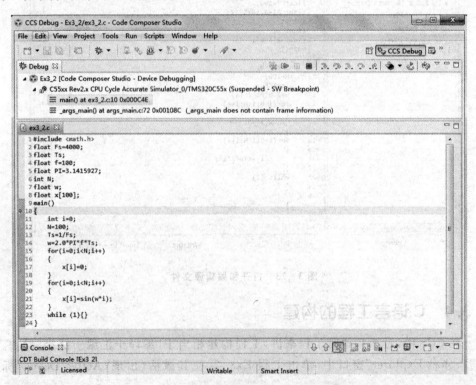

图 3 - 24 "CCS - Debug"窗口

3. 程序运行控制

C 语言工程中单步运行、连续运行、断点的设置与取消等程序运行控制的方法与汇编语言工程基本相同。

3.3.6 寄存器、存储器的观察和修改

通过执行菜单命令"View – Registers"或"View – Memory Browser",可以打开寄存器窗口或存储器观察窗口,查看或修改 C55x CPU 寄存器的数值或存储器单元的数值。

3.3.7 表达式窗口和变量窗口的使用

CCS5.4 提供了表达式(Expressions)窗口,用于实时地观察和修改全局变量和局部变量的值。通过执行菜单命令"View – Expressions"可以打开表达式窗口,如图 3-25 所示。在表达式窗口中,显示局部和全局变量以及指定表达式的名字、大小、类型;可以添加或删除变量。

CCS5.4 还提供了变量(Variables)窗口,用于实时地观察和修改局部变量的值。通过执行菜单命令"View – Variables"可以打开变量窗口,如图 3-26 所示。在变量窗口中,自动显示局部变量的名字、大小、类型。局部变量的值可以被改变,但是名字不能改变。不能添加或删除变量。

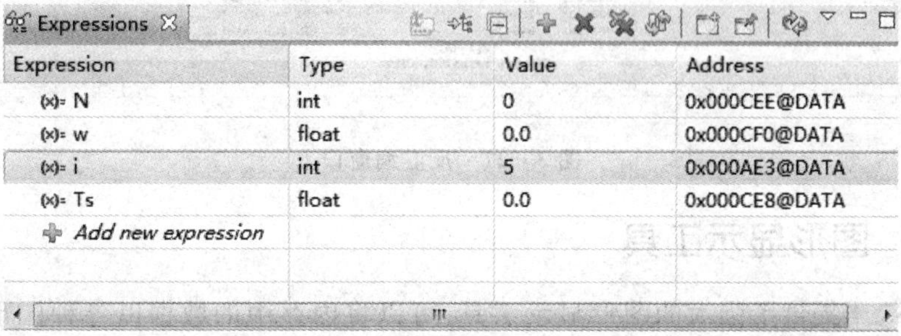

Expression	Type	Value	Address
(x)= N	int	0	0x000CEE@DATA
(x)= w	float	0.0	0x000CF0@DATA
(x)= i	int	5	0x000AE3@DATA
(x)= Ts	float	0.0	0x000CE8@DATA
➕ Add new expression			

图 3-25 表达式(Expressions)窗口

Name	Type	Value	Location
(x)= i	int	5	0x000AE3@DATA

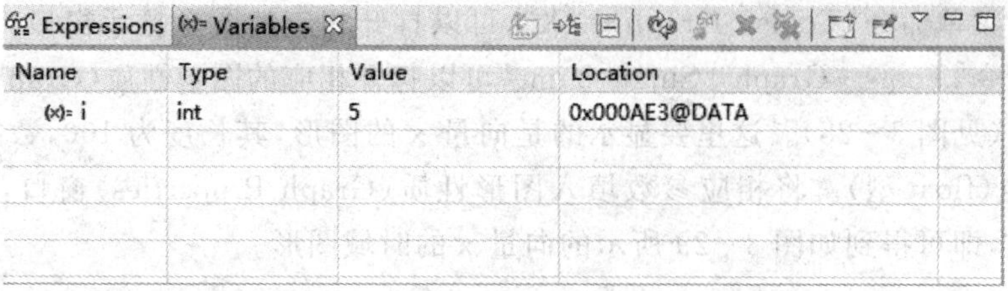

图 3-26 变量(Variables)窗口

3.3.8 反汇编窗口的使用

反汇编窗口主要用来显示反汇编后的指令和调试所需的符号信息，包括反汇编指令、指令所存放的地址和相应的操作码（机器码）。执行菜单命令"View - Disassembly"，可以打开反汇编窗口，如图3-27所示。其中，左边窗口为C源程序，右边的反汇编窗口显示的是对应的反汇编程序。

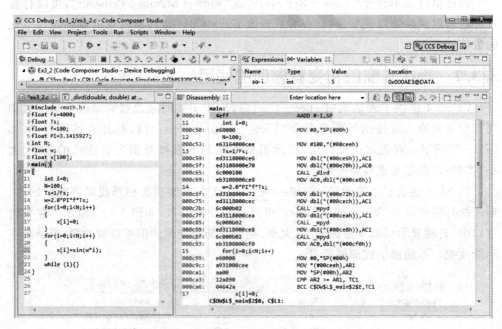

图3-27 反汇编窗口

3.3.9 图形显示工具

CCS5.4提供了强大的图形显示工具，可以将内存中的数据以各种图形的方式显示给用户，帮助用户直观了解数据的意义。图形工具在数字信号处理中非常有用，可以从总体上分析处理前和处理后的数据，以观察程序运行的效果。

执行菜单命令"Tools - Graph - XX"，可以打开相应的图形显示窗口。例如，执行菜单命令"Tools - Graph - Single Time"可以打开相应的图形性质（Graph Properties）窗口（见图3-28）。这里要显示的是向量x的图形，其长度为100，数据类型为32位浮点（float型）。将相应参数填入图形性质（Graph Properties）窗口，单击OK按钮确认，即可得到如图3-29所示的向量x的时域图形。

第 3 章 集成开发环境(CCS5.4)

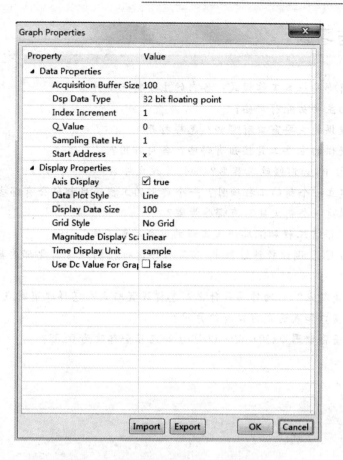

图 3-28 图形性质(Graph Properties)窗口

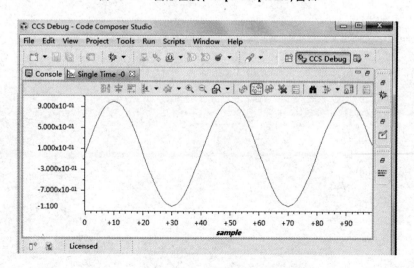

图 3-29 时域图形(Single Time)显示窗口

思考题与习题

3.1　CCS 有哪些基本工作模式？各自的主要特点是什么？
3.2　CCS 的主要功能有哪些？
3.3　CCS 提供的主要窗口有哪些？怎样打开？
3.4　CCS 提供的主要工具按钮有哪些？各自作用？
3.5　在 CCS 中,如何修改工程名？如何修改文件名？
3.6　怎样建立一个新的工程项目？一个典型的工程项目都包含有哪些文件？
3.7　怎样创建一个新文件？有哪些步骤？
3.8　创建 C 语言工程和汇编语言工程的过程有何不同？
3.9　在利用 CCS 调试软件过程中,实现程序运行控制经常需要哪些操作？各有什么不同？
3.10　什么是断点？它的作用是什么？怎样设置断点？怎样取消断点？
3.11　变量窗口和表达式窗口有何异同？
3.12　如何将存储器 0x001000-00100f 的内容全部改为 0x55？

第 4 章

TMS320C55x 的指令系统

内容提要： 本章主要介绍 TMS320C55x 芯片的指令系统。首先介绍了 C55x 的寻址方式，主要包括绝对寻址方式、直接寻址方式和间接寻址方式；接下来介绍了 C55x 的指令系统，主要包括算术运算指令、位操作指令、扩展辅助寄存器操作指令、逻辑运算指令、移动指令和程序控制指令。

4.1 寻址方式

C55x 可以通过以下 3 种类型的寻址方式灵活地访问数据空间、存储器映射寄存器、寄存器位和 I/O 空间。

① 绝对寻址方式，通过在指令中指定一个常数地址完成寻址。
② 直接寻址方式，使用地址偏移量寻址。
③ 间接寻址方式使用指针完成寻址。

每一种寻址方式都具有多种操作数类型。指令中用到的语法元素如表 4-1 所列。

表 4-1 指令中用到的语法元素

语法元素	含 义
Smem	来自数据空间、I/O 空间或存储器映射寄存器的 16 位数据
Lmem	来自数据空间或存储器映射寄存器的 32 位数据
Xmem 和 Ymem	同时来自数据空间的 2 个 16 位数据
Cmem	来自内部数据空间的 16 位数据
Baddr	累加器 AC0～AC3、辅助寄存器 AR0～AR7、暂存器 T0～T3 的位域，对位域的置 1、清零、测试、求补等位运算用到该语法元素

4.1.1 绝对寻址方式

C55x 有 3 种绝对寻址方式，如表 4-2 所列。

第4章 TMS320C55x 的指令系统

表4-2 绝对寻址方式

寻址方式	含 义
k16 绝对寻址方式	该寻址方式使用 7 位的 DPH 和 16 位的无符号立即数组成一个 23 位的数据空间地址,可用于访问存储器空间和存储器映射寄存器
k23 绝对寻址方式	该寻址方式使用 23 位的无符号立即数作为数据空间地址,可用于访问存储器空间和存储器映射寄存器
I/O 绝对寻址方式	该寻址方式使用 16 位无符号立即数作为 I/O 空间地址,可用于寻址 I/O 空间

1. k16 绝对寻址方式

k16 绝对寻址方式使用 *abs16(#k16),如图 4-1 所示。其中 k16 是一个 16 位无符号常数。

DPH	k16	数据空间
000 0000 ⋮ 000 0000	0000 0000 0000 0000 ⋮ 1111 1111 1111 1111	主数据页0: 00 0000h ~00 FFFFh
000 0001 ⋮ 000 0001	0000 0000 0000 0000 ⋮ 1111 1111 1111 1111	主数据页1: 01 0000h ~01 FFFFh
000 0010 ⋮ 000 0010	0000 0000 0000 0000 ⋮ 1111 1111 1111 1111	主数据页2: 02 0000h ~02 FFFFh
⋮	⋮	⋮
111 1111 ⋮ 111 1111	0000 0000 0000 0000 ⋮ 1111 1111 1111 1111	主数据页127: 7F 0000h ~7F FFFFh

图 4-1 k16 绝对寻址方式

当指令使用这种寻址方式时,常数被固定译码为 2 个字节扩充到指令中,该指令不能与其他指令并行执行。

2. k23 绝对寻址方式

k23 绝对寻址方式使用操作数 *(#k23),如图 4-2 所示。这里 k23 是一个无符号的 23 位常数。这个无符号常数 k23 被固定译码为 3 个字节,其中第三个字节的最高位被忽略。采用这种寻址方式的指令可以访问数据空间、I/O 空间或存储器映射寄存器,但不能与其他指令并行执行,也不能用于重复指令中。

3. I/O 绝对寻址方式

I/O 绝对寻址方式使用操作数 port(♯k16)。其中,k16 是一个 16 位无符号立即数,如图 4-3 所示。

注意:在助记符指令集中关键词 port 前没有"*"号,但是在代数指令集中 port 前有"*"号。

k23	数据空间
000 0000 0000 0000 0000 0000 ⋮ 000 0000 1111 1111 1111 1111	主数据页0: 00 0000h ~00 FFFFh
000 0001 0000 0000 0000 0000 ⋮ 000 0001 1111 1111 1111 1111	主数据页1: 01 0000h ~01 FFFFh
000 0010 0000 0000 0000 0000 ⋮ 000 0010 1111 1111 1111 1111	主数据页2: 02 0000h ~02 FFFFh
⋮	⋮
111 1111 0000 0000 0000 0000 ⋮ 111 1111 1111 1111 1111 1111	主数据页127: 7F 0000h ~7F FFFFh

图 4-2 k23 绝对寻址方式

k16	I/O 空间
0000 0000 0000 0000 ⋮ 1111 1111 1111 1111	0000h ~FFFFh

图 4-3 I/O 绝对寻址方式

4.1.2 直接寻址方式

C55x 有 4 种直接寻址方式,如表 4-3 所列。

表 4-3 直接寻址方式

寻址方式	描 述
DP 直接寻址	该方式用 DPH 与 DP 合并的扩展数据页指针寻址存储空间和存储器映射寄存器
SP 直接寻址	该方式用 SPH 与 SP 合并的扩展堆栈指针寻址存储空间中的堆栈
寄存器位直接寻址	该模式用偏移地址指定一个位地址,用于寻址寄存器中的一个或相邻的两个位
PDP 直接寻址	该模式使用 PDP 和一个偏移地址寻址 I/O 空间

DP 直接寻址方式和 SP 直接寻址方式是相互排斥的,这两种方式只能有一种方式存在。通过设置 ST1_55 的 CPL 位选择如表 4-4 所列。寄存器位直接寻址方式和 PDP 直接寻址方式不受 CPL 位的影响。

表 4-4 DP 和 SP 直接寻址模式的选择

CPL	寻址模式的选择
0	DP 直接寻址模式
1	SP 直接寻址模式

1. DP 直接寻址方式

DP 直接寻址方式中,23 位地址的高 7 位由 DPH 寄存器提供,DPH 选择 128 个主数据页中的一页,低 16 位由 DP 和 Doffset 这两个值的和组成。DP 为一个主数据页内 128 个字的局部数据页的首地址,这个首地址可以为主数据页内的任何地址;Doffset 为 7 位的偏移地址,计算 Doffset 的方法会因访问数据空间和存储器映射寄存器而有所不同。CPU 连接 DPH 和 DP 成为一个扩展数据页指针 XDP,如图 4-4 所示。可以使用两条指令独立地装入 DPH 和 DP,也可以使用一条指令装入 XDP。计算偏移地址的方法如表 4-5 所列。

DPH	DP+Doffset	数据空间
000 0000	0000 0000 0000 0000	主数据页0: 00 0000h ~00 FFFFh
⋮	⋮	
000 0000	1111 1111 1111 1111	
000 0001	0000 0000 0000 0000	主数据页1: 01 0000h ~01 FFFFh
⋮	⋮	
000 0001	1111 1111 1111 1111	
000 0010	0000 0000 0000 0000	主数据页2: 02 0000h ~02 FFFFh
⋮	⋮	
000 0010	1111 1111 1111 1111	
⋮	⋮	⋮
111 1111	0000 0000 0000 0000	主数据页127: 7F 0000h ~7F FFFFh
⋮	⋮	
111 1111	1111 1111 1111 1111	

图 4-4 DP 直接寻址方式

表 4-5 计算偏移地址的方法

访问空间	偏移地址(Doffset)的计算	描述
数据空间	Doffset=(Daddr−.dp) & 7Fh	Daddr 是一个 16 位的局部地址,.dp 指 DP 的值,"&"表示与操作
存储器映射寄存器	Doffset=Daddr & 7Fh	Daddr 是一个 16 位的局部地址,"&"表示与操作,需要使用 mmap()指令

2. SP 直接寻址方式

SP 直接寻址方式使用 SPH 作为 23 位地址的高 7 位,低 16 位是 SP 的值和一个在指令中指定的 7 位的偏移地址(offset)的和,高 7 位和低 16 位合并后形成扩展数据堆栈指针(XSP)。此外可以单独给 SPH 和 SP 赋值,也可以使用一条指令给 XSP 赋值。因为 00 0000h~00 005Fh 是保留给存储器映射寄存器用的,所以主数据页 0 中的堆栈只能占用 00 0060h~00 FFFFh 中的空间。SP 直接寻址方式如图 4-5 所示。

SPH	SP+offset	数据空间
000 0000 ⋮ 000 0000	0000 0000 0000 0000 ⋮ 1111 1111 1111 1111	主数据页0: 00 0000h~00 FFFFh
000 0001 ⋮ 000 0001	0000 0000 0000 0000 ⋮ 1111 1111 1111 1111	主数据页1: 01 0000h~01 FFFFh
000 0010 ⋮ 000 0010	0000 0000 0000 0000 ⋮ 1111 1111 1111 1111	主数据页2: 02 0000h~02 FFFFh
⋮	⋮	⋮
111 1111 ⋮ 111 1111	0000 0000 0000 0000 ⋮ 1111 1111 1111 1111	主数据页127: 7F 0000h~7F FFFFh

图 4-5 SP 直接寻址方式

3. 寄存器位直接寻址方式

在寄存器位直接寻址方式中,操作数中的偏移@bitoffset 是相对于寄存器最低位来说的,即如果 bitoffset 为 0,则为访问寄存器的最低位;如果 bitoffset 为 3,则为访问寄存器的第 3 位。寄存器位直接寻址方式如图 4-6 所示。仅有寄存器位的测试/设置/清零/求补等指令支持这种寻址方式,这种方式仅能访问下列寄存器的各位:AC0~AC3,AR0~AR7,T0~T3。

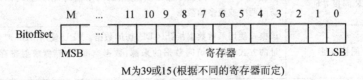

M 为 39 或 15(根据不同的寄存器而定)

图 4-6 寄存器位直接寻址方式

4. PDP 直接寻址方式

PDP 直接寻址方式如图 4-7 所示。9 位的外设数据页寄存器(PDP)选取 512 个外设数据页(0～511)中的一页,每页有 128 个字(0～127),即指令中指定的一个 7 位的偏移(Poffset)。

使用时,必须用 port( )限定词指定要访问的是 I/O 空间,而不是数据存储单元。port( )限定词的括号内是要读或写的操作数。

PDP	Poffset	I/O space(64k)
0000 0000 0 ⋮ 0000 0000 0	000 0000 ⋮ 111 1111	外设数据页0: 0000h ～ 007Fh
0000 0000 1 ⋮ 0000 0000 1	000 0000 ⋮ 111 1111	外设数据页1: 0080h ～ 00FFh
0000 0001 0 ⋮ 0000 0001 0	000 0000 ⋮ 111 1111	外设数据页2: 0100h ～ 017Fh
⋮	⋮	⋮
1111 1111 1 ⋮ 1111 1111 1	000 0000 ⋮ 111 1111	外设数据页511: FF80h～ FFFFh

图 4-7 PDP 直接寻址方式

4.1.3 间接寻址方式

CPU 支持如表 4-6 所列的 4 种类型的间接寻址方式,可以使用这些方式进行线性寻址和循环寻址。

表 4-6 间接寻址方式

寻址方式	描 述
AR 间接寻址	该模式使用 AR0～AR7 中的任一个寄存器访问数据。CPU 使用辅助寄存器产生地址的方式取决于访问数据的来源:数据空间、存储器映射寄存器、I/O 空间或独立的寄存器位
双 AR 间接寻址	该模式与单 AR 间接寻址相似,它借助两个辅助寄存器,可以同时访问两个或更多的数据
CDP 间接寻址	该模式使用系数数据指针(CDP)访问数据。CPU 使用 CDP 产生地址的方式取决于访问数据的来源:数据空间、存储器映射寄存器、I/O 空间或独立的寄存器位
系数间接寻址	该模式与 CDP 间接寻址方式相似,它可以在访问数据空间某区块数据的同时,借助双 AR 间接寻址访问别的区块的两个数据

1. AR 间接寻址方式

这种模式使用辅助寄存器 ARn(n=0～7)指向数据。CPU 使用 ARn 产生地址的方式取决于访问的数据类型,如表 4-7 所列。

表 4-7 AR 间接寻址方式时 AR 的内容

寻址空间	AR 内容
数据空间(存储空间或寄存器)	23 位地址的低 16 位,而高 7 位由 ARnH 提供
寄存器位或双位	位的相对位置
I/O 空间	一个 16 位的 I/O 地址

(1) AR 间接寻址数据空间

图 4-8 显示 AR 间接寻址方式中 CPU 如何产生数据空间地址(数据存储器和存储器映射寄存器都位于数据空间),ARn 提供一个 16 位的低字地址,与其相关的寄存器 ARnH 提供的高 7 位的地址,合并成为一个 23 位的扩展辅助寄存器 XARn。对于访问数据空间,需使用专用指令把地址装入 XARn。其中,ARn 可以单独装入,ARnH 不能单独装入。

ARnH	ARn	数据空间
000 0000	0000 0000 0000 0000	主数据页0: 00 0000h ～00 FFFFh
⋮	⋮	
000 0000	1111 1111 1111 1111	
000 0001	0000 0000 0000 0000	主数据页1: 01 0000h ～01 FFFFh
⋮	⋮	
000 0001	1111 1111 1111 1111	
000 0010	0000 0000 0000 0000	主数据页2: 02 0000h ～02 FFFFh
⋮	⋮	
000 0010	1111 1111 1111 1111	
⋮	⋮	⋮
111 1111	0000 0000 0000 0000	主数据页127: 7F 0000h ～7F FFFFh
⋮	⋮	
111 1111	1111 1111 1111 1111	

图 4-8 AR 间接寻址方式寻址数据空间

(2) AR 间接寻址寄存器位

当 AR 间接寻址方式用于访问一个寄存器位时，16 位的寄存器 ARn 指定位的位置。例如，ARn 为 0，则为访问寄存器的最低位。只有寄存器位测试、设置、清零、求补指令支持 AR 间接寻址寄存器位，这些指令可以访问以下寄存器的位：AC0～AC7、AR0～AR7 和 T0～T3，如图 4-9 所示。

M 为 39 或 15（根据不同的寄存器而定）

图 4-9 AR 间接寻址寄存器位

(3) AR 间接寻址 I/O 空间

访问 I/O 空间使用 16 位的地址，当使用 AR 间接寻址 I/O 空间时，被使用的 ARn 包括完整的 I/O 空间地址，如图 4-10 所示。

ARn	I/O 空间
0000 0000 0000 0000 ⋮ 1111 1111 1111 1111	0000h～FFFFh

图 4-10 AR 间接寻址 I/O 空间

(4) AR 间接操作数

AR 间接寻址方式的寻址操作数类型受 ST2_55 状态寄存器中 ARMS 位的影响，如表 4-8 所列。

表 4-8 DSP 模式和控制模式选择

ARMS	DSP 模式和控制模式选择
0	DSP 模式。该模式用于高效的数字信号处理
1	控制模式。该模式优化代码长度，用于控制系统

AR 间接操作数的修改如表 4-9 和表 4-10 所列，同时还需要注意以下两点。

① 指针修改和地址产生可以是线性的或循环的，这将根据 ST2_55 寄存器的指针配置而定。当使用循环寻址时，16 位的缓冲区起始地址寄存器（BSA01、BSA23、BSA45、BSA67）的内容被加到相应的指针上。

② 指针间的加法和减法以 64K 为模，不改变 XARn 则不能跨主数据页寻址数据。

表 4-9 DSP 模式下的 AR 间接寻址模式

操作数	指针修改方式	访问数据类型
*ARn	ARn 值不变	Smem、Lmem、Baddr
*ARn+	地址产生后,指针的值自增: 对于 16 位/1 位操作数,有 ARn=ARn+1; 对于 32 位/2 位操作数,有 ARn=ARn+2	Smem、Lmem、Baddr
*ARn−	地址产生后,指针的值自减: 对于 16 位/1 位操作数,有 ARn=ARn−1; 对于 32 位/2 位操作数,有 ARn=ARn−2	Smem、Lmem、Baddr
*+ARn	地址产生前,指针的值自增: 对于 16 位/1 位操作数,有 ARn=ARn+1; 对于 32 位/2 位操作数,有 ARn=ARn+2	Smem、Lmem、Baddr
*−ARn	地址产生前,指针的值自减: 对于 16 位/1 位操作数,有 ARn=ARn−1; 对于 32 位/2 位操作数,有 ARn=ARn−2	Smem、Lmem、Baddr
*(ARn+T0/AR0)	地址产生后,指针的值变化: 如果 C54CM=0,有 ARn=ARn+T0; 如果 C54CM=1,有 ARn=ARn+AR0	Smem、Lmem、Baddr
*(ARn−T0/AR0)	地址产生后,指针的值变化: 如果 C54CM=0,有 ARn=ARn−T0; 如果 C54CM=1,有 ARn=ARn−AR0	Smem、Lmem、Baddr
*ARn(T0/AR0)	ARn 作为基地址不变,T0 或 AR0 的值作为偏移地址	Smem、Lmem、Baddr
*(ARn+T0B/AR0B)	地址产生后,指针的值变化: 如果 C54CM=0,有 ARn=ARn+T0; 如果 C54CM=1,有 ARn=ARn+AR0; 上述加法按位倒序进位规律进行相加	Smem、Lmem、Baddr
*(ARn−T0B/AR0B)	地址产生后,指针的值变化: 如果 C54CM=0,有 ARn=ARn−T0; 如果 C54CM=1,有 ARn=ARn−AR0; 上述加法按位倒序借位规律进行相加	Smem、Lmem、Baddr
*(ARn+T1)	地址产生后,指针的值为 ARn=ARn+T1	Smem、Lmem、Baddr
*(ARn−T1)	地址产生后,指针的值为 ARn=ARn−T1	Smem、Lmem、Baddr
*ARn(T1)	ARn 作为基地址不变,T1 的值作为偏移地址	Smem、Lmem、Baddr
*ARn(#K16)	ARn 作为基地址不变,K16 的值作为偏移地址	Smem、Lmem、Baddr
*+ARn(#K16)	地址产生前,指针的值变为 ARn=ARn+K16	Smem、Lmem、Baddr

第4章 TMS320C55x 的指令系统

表 4-10 控制模式下的 AR 间接寻址模式

操作数	指针修改方式	访问数据类型
*ARn	ARn 值不变	Smem、Lmem、Baddr
*ARn+	地址产生后,指针的值自增: 对于 16 位/1 位操作数,有 ARn=ARn+1; 对于 32 位/2 位操作数,有 ARn=ARn+2	Smem、Lmem、Baddr
*ARn−	地址产生后,指针的值自减: 对于 16 位/1 位操作数,有 ARn=ARn−1; 对于 32 位/2 位操作数,有 ARn=ARn−2	Smem、Lmem、Baddr
*(ARn+T0/AR0)	地址产生后,指针的值变化: 如果 C54CM=0,有 ARn=ARn+T0; 如果 C54CM=1,有 ARn=ARn+AR0	Smem、Lmem、Baddr
*(ARn−T0/AR0)	地址产生后,指针的值变化: 如果 C54CM=0,有 ARn=ARn−T0; 如果 C54CM=1,有 ARn=ARn−AR0	Smem、Lmem、Baddr
*ARn(T0/AR0)	ARn 作为基地址不变,T0 或 AR0 的值作为偏移地址	Smem、Lmem、Baddr
*ARn(#K16)	ARn 作为基地址不变,K16 的值作为偏移地址	Smem、Lmem、Baddr
*+ARn(#K16)	地址产生前,指针的值变为 ARn=ARn+K16	Smem、Lmem、Baddr
*ARn(short(#k3))	ARn 作为基地址不变,3 位的无符号立即数作为偏移指针(K3 的值为 1~7)	Smem、Lmem、Baddr

2. 双 AR 间接寻址方式

双 AR 间接寻址方式通过 8 个 ARn 中的 2 个寄存器访问 2 个数据存储器地址。与单 AR 间接寻址相似,CPU 使用一个扩展辅助寄存器访问每个 23 位的地址,可以使用线性寻址和循环寻址。

下面的情况使用双 AR 间接寻址方式:

① 执行一个指令同时访问两个 16 位数据存储器地址,如:

ADD Xmem,Ymem,ACx

② 并行执行两个指令,每个指令都访问一个数据存储器地址,如:

MOV Smem,dst ‖ AND Smem,src,dst

ARMS 位不影响双 AR 间接寻址方式的操作数。双操作数可以使用同一个 ARn,如果其中一个为 *ARn 或 *ARn(T0),则 ARn 不改变;如果 ARn 被不同的辅助寄存器修改,则不能用于一个双操作数指令中。

需要注意以下两点:

① 指针修改和地址产生可以是线性的或循环的,这将根据 ST2_55 寄存器的指

针配置而定。当使用循环寻址时，16 位的缓冲区起始地址寄存器（BSA01、BSA23、BSA45、BSA67）的内容被加到相应的指针上。

② 指针间的加法和减法以 64K 为模，不改变 XARn 则不能跨主数据页寻址数据。双 AR 间接寻址方式如表 4-11 所列。

表 4-11　AR 间接寻址方式操作数

操作数	指针修改方式	访问数据类型
*ARn	ARn 值不变	Smem,Lmem,Xmem,Ymem
*ARn+	地址产生后，ARn 的值自增： 对于 16 位操作数，ARn=ARn+1； 对于针对 32 位操作数，ARn=ARn+2	Smem,Lmem,Xmem,Ymem
*ARn-	地址产生后，ARn 的值自减： 对于 16 位操作数，ARn=ARn-1； 对于 32 位操作数，ARn=ARn-2	Smem,Lmem,Xmem,Ymem
*(ARn+T0/AR0)	地址产生后，T0 或 AR0 中 16 位的有符号数加到 ARn 上： 如果 C54CM=0，则 ARn=ARn+T0； 如果 C54CM=1，则 ARn=ARn+AR0	Smem,Lmem,Xmem,Ymem
*(ARn-T0/AR0)	地址产生后，ARn 减去 T0 或 AR0 中 16 位的有符号数： 如果 C54CM=0，则 ARn=ARn-T0； 如果 C54CM=1，则 ARn=ARn-AR0	Smem,Lmem,Xmem,Ymem
*ARn(T0/AR0)	ARn 用作基地址则不变，T0 或 AR0 中的 16 位有符号常数作为偏移地址 如果 C54CM=0，T0 的值作为偏移地址； 如果 C54CM=1，AR0 的值作为偏移地址	Smem,Lmem,Xmem,Ymem
*(ARn+T1)	地址产生后，AR1 加上 T1 中的 16 位有符号常数： ARn=ARn+T1	Smem,Lmem,Xmem,Ymem
*(ARn-T1)	地址产生后，AR1 减去 T1 中的 16 位有符号常数： ARn=ARn-T1	Smem,Lmem,Xmem,Ymem

3. CDP 间接寻址方式

CDP 间接寻址方式使用系数数据指针（CDP）访问数据，采用 CDP 间接寻址方式可以访问数据空间（存储器或寄存器）、寄存器位和 I/O 空间。CPU 使用 CDP 产生地址的方式依赖于访问类型，如表 4-12 所列。

第4章 TMS320C55x 的指令系统

表 4-12 访问空间与 CDP 的关系

寻址空间	CDP 内容
数据空间(存储空间或寄存器)	23 位地址的低 16 位,高 7 位由扩展系数数据指针的高位域部分 CDPH 给定
寄存器位或双位	某位的位置
I/O 空间	一个 16 位的 I/O 空间地址

(1) CDP 间接寻址数据空间

CDP 间接寻址数据空间如图 4-11 所示,图中说明 CPU 使用 CDPH 提供 7 位的高位域,CDP 提供 16 位的低字,合并为 23 位的扩展系数数据指针(XCDP)。

CDPH	CDP	数据空间
000 0000 ⋮ 000 0000	0000 0000 0000 0000 ⋮ 1111 1111 1111 1111	主数据页0: 00 0000h ~00 FFFFh
000 0001 ⋮ 000 0001	0000 0000 0000 0000 ⋮ 1111 1111 1111 1111	主数据页1: 01 0000h ~01 FFFFh
000 0010 ⋮ 000 0010	0000 0000 0000 0000 ⋮ 1111 1111 1111 1111	主数据页2: 02 0000h ~02 FFFFh
⋮		
111 1111 ⋮ 111 1111	0000 0000 0000 0000 ⋮ 1111 1111 1111 1111	主数据页127: 7F 0000h~7F FFFFh

图 4-11 CDP 间接寻址数据空间

(2) CDP 间接寻址寄存器位

当 CDP 间接寻址模式用于访问寄存器位时,CDP 包含位序号,例如:CDP 为 0,则它指向寄存器的第 0 位,即最低位。只有寄存器位的测试、设置、清零和求补指令支持 CDP 间接寻址寄存器位,这些寄存器仅限于累加器(AC0~AC3)、辅助寄存器(AR0~AR7)和暂存器(T0~T3)。CDP 间接寻址寄存器位,如图 4-12 所示。

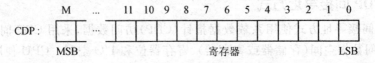

M 为39或15(根据不同的寄存器而定)

图 4-12 CDP 间接寻址寄存器位

(3) CDP 间接寻址 I/O 空间

I/O 空间的访问地址为 16 位,当 CDP 间接寻址方式用于访问 I/O 空间时,16 位的 CDP 包含了完整的 I/O 空间地址。

(4) CDP 间接操作数

CDP 间接操作数如表 4-13 所列。指针修改或地址产生可以是线性的,也可以是循环的,这取决于 ST2_55 中的指针配置。使用循环寻址时,16 位缓冲区起始地址寄存器(BSAC)的内容被加到相应的指针上。CDP 指针的修改以 64K 取模,只有修改 CDPH 才能跨主数据页寻址。

表 4-13 CDP 间接操作数

操作数	指针修改方式	访问类型
* CDP	CDP 值不改变	Smem,Lmem,Xmem,Ymem
* CDP+	地址产生后,CDP 自增: 对于 16 位/1 位操作数,CDP=CDP+1; 对于 32 位/2 位操作数,CDP=CDP+2	Smem,Lmem,Xmem,Ymem
* CDP-	地址产生后,CDP 自减: 对于 16 位/1 位操作数,CDP=CDP-1; 对于 32 位/2 位操作数,CDP=CDP-2	Smem,Lmem,Xmem,Ymem
* CDP(#K16)	CDP 作为基地址不改变,16 位的有符号常数 K16 作为偏移地址	Smem,Lmem,Xmem,Ymem
* +CDP(#K16)	地址产生前,16 位的有符号常数 K16 加到 CDP 上,即 CDP=CDP+K16	Smem,Lmem,Xmem,Ymem

4. 系数间接寻址方式

这种模式访问数据空间使用与 CDP 间接寻址方式相同的地址产生方式,存储空间数据的移动/初始化以及算术指令支持系数间接寻址方式(有限冲击响应滤波器,乘法运算,乘加运算,乘减运算,双乘加运算和双乘减运算)。

使用系数间接寻址方式访问数据的指令主要是那些一个周期内对 3 个存储器操作数进行操作的指令。其中,两个操作数(Xmem 和 Ymem)使用双 AR 间接寻址,第三个操作数(Cmem)使用系数间接寻址方式,Cmem 在 BB 总线上传送。例如:

```
MPY Xmem,Cmem,ACx
::MPY Ymem,Cmem,ACy
```

其中,Cmem 位于与 Xmem 和 Ymem 不同的存储器区块上。上面的指令可以在一个周期内访问 3 个操作数。有些指令不使用 BB 总线传送 Cmem 操作数(如表 4-

14所列),且由于 BB 总线与外部存储器没有接口,如果是 BB 总线传送数据,则操作数必须是片内存储器的。

表 4-14 不使用 BB 总线传送 Cmem 的指令

指令语法	Cmem 访问数据类型	Cmem 访问总线
MOV Cmem,Smem	从 Cmem 中读 16 位	DB
MOV Smem,Cmem	向 Cmem 中写 16 位	EB
MOV Cmem,dbl(Lmem)	从 Cmem 中读 32 位	CB 读高字,DB 读低字
MOV dbl(Lmem),Cmem	向 Cmem 中写 32 位	FB 读高字,EB 读低字

系数间接寻址操作数如表 4-15 所列。指针修改和地址产生可以是线性的或循环的,这取决于 ST2_55 的指针配置,只有当 CDP 循环寻址时,16 位缓冲区起始地址寄存器 BSAC 才被加到指针上。由于 CDP 为 16 位指针,当 CDP 指针数值超过 65 536 时,以 65 536 为模取余。因此,要跨越主数据页寻址时,必须借助 CDPH 才能完成。

表 4-15 系数间接寻址操作数

操作数	指针变化	访问类型
*CDP	CDP 不改变	数据空间
*CDP+	地址产生后,CDP 自增: 对于 16 位操作数,CDP=CDP+1; 对于 32 位操作数,CDP=CDP+2	数据空间
*CDP−	地址产生后,CDP 自减: 对于 16 位操作数,CDP=CDP−1; 对于 32 位操作数,CDP=CDP−2	数据空间
*(CDP+T0/AR0)	地址产生后,16 位的有符号数 T0 或 AR0 加到 CDP 上: 如果 C54CM=0,CDP=CDP+T0; 如果 C54CM=1,CDP=CDP+AR0	数据空间

4.1.4 数据存储器的寻址

上述 3 种寻址方式(绝对、直接、间接)都可以用于对数据存储器的寻址。以下通过几个例题进行说明。

例 4-1,*abs16(♯k16)用于数据存储器寻址,设 DPH=03h。

(1) MOV *abs16(♯2002h),T2

;♯k16=2002h,CPU 从 03 2002h 处读取数据装入 T2

(2) MOV dbl(*abs16(♯2002h)),pair(T2)

;#k16 = 2002h,#k16 + 1 = 2003h
;CPU 从 03 2002h 和 03 2003h 处读取数据,装入 T2 和 T3

例 4 - 2,*(#k23)用于数据存储器寻址。

(1) MOV *(#032002h),T2
;k23 = 03 2002h,CPU 从 03 2002h 处读取数据装入 T2

(2) MOV dbl(*(#032002h)),pair(T2)
;k23 = 03 2002h,k23 + 1 = 03 2003h
;CPU 从 03 2002h 和 03 2003h 处读取数据,装入 T2 和 T3

例 4 - 3,@Daddr 用于数据存储器寻址,设 DPH=03h,DP=0000h。

(1) MOV @0005h,T2
;DPH:(DP + Doffset) = 03:(0000h + 0005h) = 03 0005h
;CPU 从 03 0005h 处读取数据装入 T2

(2) MOV dbl(@0005h),pair(T2)
;DPH:(DP + Doffset) = 03 0005h,DPH:(DP + Doffset - 1) = 03 0004h
;CPU 从 03 0005h 和 03 0004h 处读取数据装入 T2 和 T3

例 4 - 4,*SP(offset)用于数据存储器寻址,设 SPH=0,SP=FF00h。

(1) MOV *SP(5),T2
;SPH:(SP + offset) = 00 FF05h,CPU 从 00 FF05h 处读取数据装入 T2

(2) MOV dbl(*SP(5)),pair(T2)
;SPH:(SP + offset) = 00 FF05h,SPH:(SP + offset - 1) = 00 FF04h
;CPU 从 00 FF05h 和 00 FF04h 处读取数据装入 T2 和 T3

例 4 - 5,*ARn 用于数据存储器寻址,设 ARn 工作在线性寻址状态。

(1) MOV *AR4,T2   ;AR4H:AR4 = XAR4,CPU 从 XAR4 处读取数据装入 T2
(2) MOV dbl(*AR4),pair(T2)
;第一个地址为 XAR4
;如果 XAR4 为偶数,则第二个地址 XAR4 + 1;如果 XAR4 为奇数,则第二个地址为 XAR4 - 1
;CPU 从 XAR4 和 AR4 + 1(或 AR4 - 1)处读取数据装入 T2 和 T3

例 4 - 6,*(ARn+T0)用于数据存储器寻址,设 ARn 工作在线性寻址状态。

(1) MOV *(AR4 + T0),T2
;AR4H:AR4 = XAR4,CPU 从 XAR4 处读取数据装入 T2,然后 AR4 = AR4 + T0

(2) MOV dbl(*(AR4 + T0)),pair(T2)
;第一个地址为 XAR4
;如果 XAR4 为偶数,则第二个地址 XAR4 + 1;如果 XAR4 为奇数,则第二个地址为 XAR4 - 1
;CPU 从 XAR4 和 AR4 + 1(或 AR4 - 1)处读取数据装入 T2 和 T3,然后 AR4 = AR4 + T0

例 4 - 7,*(ARn+T0B)用于基 2FFT 算法的码位倒置,执行该指令前将 N/2(N

为 FFT 的点数)赋予 T0。下列指令将位于 001020h～00102Fh 的数据进行码位倒置后,送入 001030h～00103Fh,设 N=16。

```
        BCLR C54CM
        AMOV #001020h,XAR0
        AMOV #001030h,XAR3
        MOV #0008h,T0        ;N/2
        MOV #15,BRC0
        RPTB L1
        MOV *(AR0+T0B),T2  ;AR0 指向输入序列
        MOV T2,*AR3+       ;AR3 指向输出序列
L1:     nop
        b L1
```

4.1.5 存储器映射寄存器(MMR)的寻址

上述 3 种寻址方式(绝对、直接、间接)都可以用于对 MMR 寻址。通过以下几个例题进行说明。

例 4-8,*abs16(#k16)用于 MMR 寻址,DPH 必须为 00h。

```
MOV *abs16(#AR2),T2
;DPH:k16 = 00 0012h(AR2 的地址为 00 0012h)
;CPU 从 00 0012h 处读取数据装入 T2
```

例 4-9,*(#k23)用于 MMR 寻址。

```
MOV *(#AR2),T2
;k23 = 00 0012h(AR2 的地址为 00 0012h)
;CPU 从 00 0012h 处读取数据装入 T2
```

例 4-10,@Daddr 用于 MMR 寻址,DPH=DP=00h,CPL=0。

```
MOV mmap(@AC0L),AR2
;DPH:(DP + Doffset) = 00:(0000h + 0008h) = 00 0008h
;CPU 从 00 0008h 处读取数据装入 AR
```

例 4-11,*ARn 用于 MMR 寻址,ARn 指向某寄存器。

```
MOV *AR6,T2
```

4.1.6 寄存器位的寻址

直接和间接寻址方式可以用于对寄存器位的寻址,例题如下:
例 4-12,@bitoffset 用于对寄存器位的寻址。

(1) BSET @0,AC3   ;CPU 将 AC3 的位 0 置为 1

(2) BTSTP @30,AC3
;CPU 把 AC3 的位 30 和位 31 分别复制到状态寄存器 ST0_55 的位 TC1 和 TC2

例 4-13，*ARn 用于对寄存器位的寻址，设 AR0=0，AR5=30。

(1) BSET *AR0,AC3   ;CPU 将 AC3 的位 0 置为 1
(2) BTSTP *AR5,AC3
;CPU 把 AC3 的位 30 和位 31 分别复制到状态寄存器 ST0_55 的位 TC1 和 TC2

4.1.7 I/O 空间的寻址

绝对、直接和间接等 3 种寻址方式都可以用于对 I/O 空间的寻址，例题如下：

例 4-14，port(♯k16)用于对 I/O 空间的寻址。

(1) MOV port(♯2),AR2   ;CPU 从 I/O 地址 0002h 读取数据进 AR2
(2) MOV AR2,port(♯0F000h)   ;CPU 把 AR2 的数据输出到 I/O 地址 0F000h

例 4-15，@Poffset 用于对 I/O 空间的寻址，设 PDP=511。

(1) MOV port(@0),T2   ;PDP:Poffset=FF80h,CPU 从 FF80h 读取数据进 T2
(2) MOV T2,port(@127)   ;PDP:Poffset=FFFFh,CPU 把 T2 的数据输出到 I/O 地址 0FFFFh

例 4-16，*ARn 用于对 I/O 空间的寻址，设 AR4=FF80h，AR5=FFFFh。

(1) MOV port(*AR4),T2   ;CPU 从 FF80h 读取数据进 T2
(2) MOV T2,port(*AR5)   ;CPU 把 T2 的数据输出到 I/O 地址 0FFFFh

4.1.8 循环寻址

任何一种间接寻址方式都可以使用循环寻址，当用于指向数据或寄存器位时，每个 ARn(n=0～7)和 CDP 都能独立地配置为线性或循环的寻址，该配置位位于 ST2_55 中，设置该位则实现循环寻址。循环缓冲区的大小在 BK03、BK47 或 BKC 中定义，对于字缓冲区则定义字的个数，对于寄存器位缓冲区则定义位的个数。

对于数据空间的字缓冲区，它必须存放在一个主数据页内部，不能跨主数据页存放。每个地址具有 23 位，高 7 位代表主数据页，由 CDPH 或 ARnH 决定，这里 n 是辅助寄存器的序号，CDPH 可以被独立地装入，ARnH 则不能。例如，装入 AR0H，必须先装入 XAR0，即 AR0H:AR0。在主数据内部，缓冲区的首地址定义在 16 位的缓冲区首地址寄存器中，装入在 ARn 或 CDP 中的值为存储单元的页内地址。

对于位缓冲区，缓冲区起始地址寄存器定义参考位，指针选择相对于参考位的位置位，仅需装入 ARn 或 CDP，不必装入 XARn 或 XCDP。

循环寻址的情况如表 4-16 所列。

第4章 TMS320C55x 的指令系统

表 4-16 循环寻址

指 针	线性/循环 寻址配置位	支持主数据页	缓冲区首地址 寄存器	缓冲区大小 寄存器
AR0	ST2_55(0)=AR0LC	AR0H	BSA01	BK03
AR1	ST2_55(1)=AR1LC	AR1H	BSA01	BK03
AR2	ST2_55(2)=AR2LC	AR2H	BSA23	BK03
AR3	ST2_55(3)=AR3LC	AR3H	BSA23	BK03
AR4	ST2_55(4)=AR4LC	AR4H	BSA45	BK47
AR5	ST2_55(5)=AR5LC	AR5H	BSA45	BK47
AR6	ST2_55(6)=AR6LC	AR6H	BSA67	BK47
AR7	ST2_55(7)=AR7LC	AR7H	BSA67	BK47
CDP	ST2_55(8)=CDPLC	CDPH	BSAC	BKC

1. 配置 AR0～AR7 和 CDP 进行循环寻址

每个 ARn 寄存器和 CDP 寄存器在 ST2_55 中具有相应的线性/循环配置位,如表 4-17 和表 4-18 所列,将 ARnLC(n=0～7)、CDPLC 置为 1 后,即可使用相应的 ARn、CDP 作指针进行循环寻址。

可以使用循环寻址指令限定符指示指针地址被循环改变,在助记符方式下,加入.CR 即可,如:ADD.CR。循环寻址指令限定符不考虑 ST2_55 中的线性/循环位的配置。

表 4-17 AR 寄存器线性/循环寻址配置位

ARnLC(n=0～7)	用 途
0	线性寻址
1	循环寻址

表 4-18 CDP 寄存器线性/循环寻址配置位

CDPLC	用 途
0	线性寻址
1	循环寻址

2. 循环缓冲区的实现

在数据空间建立一个字循环缓冲区的具体操作步骤如下:

① 初始化相应的缓冲区大小寄存器(BK03、BK47 或 BKC),例如,对于 8 个字大小的缓冲区,装入 BK 寄存器为 8。

② 初始化 ST2_55 中相应的配置位,使能选定指针的循环寻址。

③ 初始化相应的扩展寄存器(XARn 或 XCDP),选择一个主数据页。例如:如果 AR3 是一个循环指针,则装入 XAR3;如果 CDP 是循环指针,则装入 XCDP。

④ 初始化对应的缓冲区首地址寄存器(BSA01,BSA23,BSA45,BSA67 或 BSAC)。主数据页 XAR(22～16)或 XCDP(22～16)和 BSA 寄存器合并形成缓冲区的 23 位首地址。

⑤ 装入选定的指针 ARn 或 CDP,大小从 0 至缓冲区长度减 1。例如,如果使用 AR1,且缓冲区长度为 8,则 AR1 装入的值小于或等于 7。

如果使用带有偏移地址的间接寻址操作数,确认偏移地址的绝对值小于等于缓冲区长度减 1。同样,如果循环指针以 T0、T1 或 AR0 中的常数增减,需保证增减的常数小于等于缓冲区长度减 1。通过初始化,得到 23 位的地址,ARnH：(BSAxx＋ARn) 或 CDPH：(BASC＋CDP)。

注意：指针的增加或减小是以 64K 为模变化的,只有改变 ARnH 或 CDPH 的值,才能跨主数据页寻址。

例 4－17,初始化和寻址一个循环缓冲区。

```
MOV    #3,BK03          ;设置循环缓冲区大小为 N＝3
BSET   AR1LC            ;使用 AR1 循环寻址
AMOV   #010000h,XAR1    ;循环缓冲区位于主数据页 01
MOV    #0A20h,BSA01     ;循环缓冲区首地址为 010A20h
MOV    #0000h,AR1       ;初始化 AR1(必须介于 0 与 N－1 之间)

MOV    *AR1+,AC0        ;AC0＝(010A20h),AR1＝0001h
MOV    *AR1+,AC0        ;AC0＝(010A21h),AR1＝0002h
MOV    *AR1+,AC0        ;AC0＝(010A22h),AR1＝0000h
MOV    *AR1+,AC0        ;AC0＝(010A20h),AR1＝0001h
```

4.2 TMS320C55x 的指令系统

TMS320C55x 可以使用两种指令集：助记符指令集和代数指令集。代数指令集中的指令类似于代数表达式,运算关系比较清楚明了；助记符指令集与计算机汇编语言相似,采用助记符来表示指令。不过,在编程时只能使用一种指令集。

助记符指令和代数指令在功能上是一一对应的,只是表示形式不同。本节介绍助记符指令。

表 4－19 和表 4－20 列出了指令系统中经常使用的符号、运算符及其它们的含义。

表 4－19 指令系统中使用的符号及其含义

符　号	含　义
[ ]	可选的项
40	若选择该项,则该指令执行时 M40＝1
ACOVx	累加器溢出状态位：ACOV0～ACOV3
ACx, ACy, ACz, ACw	累加器 AC0～AC3

续表 4-19

符 号	含 义
ARx, ARy	辅助寄存器：AR0～AR7
Baddr	寄存器位地址
BitIn	移进的位：TC2 或 CARRY
BitOut	移出的位：TC2 或 CARRY
BORROW	CARRY 位的补
CARRY	进位位
Cmem	系数间接寻址操作数
cond	条件表述
CSR	单指令重复计数寄存器
Cycles	指令执行的周期数
dst	目的操作数：累加器，或辅助寄存器的低 16 位，或临时寄存器
Dx	x 位长的数据地址
kx	x 位长的无符号常数
Kx	x 位长的带符号常数
lx	x 位长的程序地址（相对于 PC 的无符号偏移量）
Lx	x 位长的程序地址（相对于 PC 的带符号偏移量）
Lmem	32 位数据存储值
E	表示指令是否包含并行使能位
Pipe, Pipeline	流水线执行阶段：D=译码，AD=寻址，R=读，X=执行
Pmad	程序地址值
Px	x 位长程序或数据绝对地址值
RELOP	关系运算符：= =等于，＜小于，＞=大于等于，! =不等于
R or rnd	表示要进行舍入（取整）
RPTC	单循环计数寄存器
SHFT	0～15 的移位值
SHIFTW	−32～31 的移位值
S, Size	指令长度（字节）
Smem	16 位数据存储值
SP	数据堆栈指针
src	源操作数：累加器，或辅助寄存器的低 16 位，或临时寄存器
STx	状态寄存器(ST0～ST3)
TAx, TAy	辅助寄存器(ARx)或临时寄存器(Tx)
TCx, TCy	测试控制标志(TC1, TC2)

续表 4-19

符号	含义
TRNx	转移寄存器(TRN0,TRN1)
Tx,Ty	临时寄存器(T0~T3)
U or uns	操作数为无符号数
XARx	23 位辅助寄存器(XAR0~XAR7)
xdst	累加器(AC0~AC3)或目的扩展寄存器(XSP,XSSP,XDP,XCDP,XARx)
xsrc	累加器(AC0~AC3)或源扩展寄存器(XSP,XSSP,XDP,XCDP,XARx)
Xmem,Ymem	双数据存储器访问(仅用于间接寻址)

表 4-20 指令系统中使用的运算符及其含义

运算符	定义	计算方向
+ - ~	正,负,取反	由右到左
* / %	乘,除,取模	由左到右
+ -	加,减	由左到右
<< >>	带符号左移,右移	由左到右
<<< >>>	逻辑左移,逻辑右移	由左到右
< <=	小于,小于或等于	由左到右
> >=	大于,大于或等于	由左到右
== !=	等于,不等于	由左到右
&	按位与	由左到右
|	按位或	由左到右
^	按位异或	由左到右

C55x 指令集按操作类型可分为 6 种：
➢ 算术运算指令；
➢ 位操作指令；
➢ 扩展辅助寄存器操作指令；
➢ 逻辑运算指令；
➢ 移动指令；
➢ 程序控制指令。

一条指令的属性包括：指令，执行的操作，是否有并行使能位，长度，周期，在流水线上的执行段，以及执行的功能单元等。

4.2.1 算术运算指令

1. 加法指令

(1) 指 令

加法指令如表 4-21 所列。

- 如果目的操作数是累加器 ACx,则在 D 单元的 ALU 中进行运算操作;
- 如果目的操作数是辅助或临时寄存器 TAx,则在 A 单元的 ALU 中进行运算操作;
- 如果目的操作数是存储器(Smem),则在 D 单元的 ALU 中进行运算操作;
- 如果是移位指令(16 位立即数移位除外),在 D 单元移位器中进行运算操作。

表 4-21 加法指令

助记符指令	说 明
ADD [src,]dst	两个寄存器的内容相加:dst = dst + src
ADD k4,dst	4 位无符号立即数加到寄存器:dst = dst + k4
ADD K16,[src,]dst	16 位带符号立即数和源寄存器的内容相加:dst = src + K16
ADD Smem,[src,]dst	操作数 Smem 和源寄存器的内容相加:dst = src + Smem
ADD ACx<<Tx,ACy	累加器 ACx 根据 Tx 中的内容移位后,再和累加器 ACy 相加: ACy = ACy + (ACx << Tx)
ADD ACx<<#SHIFTW,ACy	累加器 ACx 移位后与累加器 ACy 相加: ACy = ACy + (ACx << #SHIFTW)
ADD K16<<#16,[ACx,]ACy	16 位带符号立即数左移 16 位后加到累加器: ACy = ACx + (K16 << #16)
ADD K16<<#SHFT,[ACx,]ACy	16 位带符号立即数移位后加到累加器: ACy = ACx + (K16 << #SHFT)
ADD Smem<<Tx,[ACx,]ACy	操作数 Smem 根据 Tx 中的内容移位后,再和累加器 ACx 相加: ACy = ACx + (Smem << Tx)
ADD Smem<<#16,[ACx,]ACy	操作数 Smem 左移 16 位后,再和累加器 ACx 相加: ACy = ACx + (Smem << #16)
ADD [uns( ) Smem ( )], CARRY, [ACx,]ACy	操作数 Smem 带进位加到累加器: ACy = ACx + Smem + CARRY
ADD [uns( )Smem( )],[ACx,]ACy	操作数 Smem 加到累加器:ACy = ACx + uns(Smem)
ADD [uns( )Smem( )]<<#SHIFTW,[ACx,]ACy	操作数 Smem 移位后加到累加器:ACy = ACx + (Smem << #SHIFTW)
ADD dbl(Lmem),[ACx,]ACy	32 位操作数 Lmem 加到累加器:ACy = ACx + dbl(Lmem)

续表 4-21

助记符指令	说　明
ADD Xmem,Ymem,ACx	两操作数 Xmem,Ymem 均左移 16 位后加到累加器：ACx = (Xmem << #16) + (Ymem << #16)
ADD K16,Smem	操作数 Smem 和 16 位带符号立即数相加：Smem = Smem + K16

(2) 状态位

影响指令执行的状态位：CARRY,C54CM,M40,SATA,SATD,SXMD。

执行指令后会受影响的状态位：ACOVx,ACOVy,CARRY。

例 4-18，加法指令举例。

(1) ADD *AR3+,T0,T1   ;AR3 间接寻址得到的内容与 T0 的内容相加，结果装入 T1，并将 AR3 增 1

寄存器	执行前	寄存器	执行后
AR3	0302	AR3	0303
T0	3300	T0	3300
T1	0	T1	2200
CARRY	0	CARRY	1
数据存储器		数据存储器	
0302	EF00	0302	EF00

(2) ADD *AR1<<T0,AC1,AC0;将由 AR1 寻址得到的内容左移 T0 位与 AC1 相加，结果装入 AC0

寄存器	执行前	寄存器	执行后
AC0	00 0000 0000	AC0	00 2330 0000
AC1	00 2300 0000	AC1	00 2300 0000
T0	000C	T0	000C
AR1	0200	AR1	0200
SXMD	0	SXMD	0
M40	0	M40	0
ACOV0	0	ACOV0	0
CARRY	0	CARRY	1
数据存储器		数据存储器	
0200	0300	0200	0300

2. 减法指令

(1) 指　令

常规减法指令如表 4-22 所列。

第4章 TMS320C55x 的指令系统

表 4-22 减法指令

助记符指令	说　明
SUB [src,]dst	两个寄存器的内容相减： dst = dst − src
SUB k4,dst	寄存器的内容减去4位无符号立即数： dst = dst − k4
SUB K16,[src,]dst	寄存器的内容减去16位带符号立即数： dst = src − K16
SUB Smem,[src,]dst	寄存器的内容减去操作数 Smem： dst = src − Smem
SUB src,Smem,dst	操作数 Smem 减去源寄存器的内容： dst = Smem − src
SUB ACx<<Tx,ACy	累加器 ACx 根据 Tx 中的内容移位后,作为减数和累加器 ACy 相减： ACy = ACy − (ACx << Tx)
SUB ACx<<#SHIFTW,ACy	累加器 ACx 移位后,作为减数和累加器 ACy 相减： ACy = ACy − (ACx << #SHIFTW)
SUB K16<<#16,[ACx,]ACy	16位带符号立即数左移16位后,作为减数和累加器 ACx 相减： ACy = ACx − (K16 << #16)
SUB K16<<#SHFT,[ACx,]ACy	16位带符号立即数移位后,作为减数和累加器 ACx 相减： ACy = ACx − (K16 << #SHFT)
SUB Smem<<Tx,[ACx,]ACy	操作数 Smem 根据 Tx 中的内容移位后,作为减数和累加器 ACx 相减： ACy = ACx − (Smem << Tx)
SUB Smem<<#16,[ACx,]ACy	操作数 Smem 左移16位后,作为减数和累加器 ACx 相减： ACy = ACx − (Smem << #16)
SUB ACx,Smem<<#16,ACy	操作数 Smem 左移16位后,作为被减数和累加器 ACx 相减： ACy = (Smem << #16) − ACx
SUB [uns( )]Smem[ ],BORROW,[ACx,]ACy	从累加器中减去带借位的操作数 Smem： ACy = ACx − Smem − BORROW
SUB [uns( )]Smem[ ],[ACx,]ACy	从累加数中减去操作数 Smem： ACy = ACx − Smem
SUB [uns( )]Smem[ ]<<#SHIFTW,[ACx,]ACy	从累加数中减去移位后的操作数 Smem： ACy = ACx − (Smem << #SHIFTW)
SUB dbl(Lmem),[ACx,]ACy	从累加数中减去32位操作数 Lmem： ACy = ACx − dbl(Lmem)
SUB ACx,dbl(Lmem),ACy	32位操作数 Lmem 减去累加器： ACy = dbl(Lmem) − ACx
SUB Xmem,Ymem,ACx	两操作数 Xmem,Ymem 均左移16位后相减： ACx = (Xmem << #16) − (Ymem << #16)

(2) 状态位

影响指令执行的状态位:CARRY,C54CM,M40,SATA,SATD,SXMD。
执行指令后会受影响的状态位:ACOVx,ACOVy,CARRY。
例 4-19,减法指令举例。

SUB uns(*AR1),BORROW,AC0,AC1　　;将 CARRY 位求反,AC0 减去由 AR1 寻址得到的内容及
　　　　　　　　　　　　　　　　;CARRY 的内容,并将结果装入 AC1

寄存器	执行前	寄存器	执行后
AC0	00 EC00 0000	AC0	00 EC00 0000
AC1	00 0000 0000	AC1	00 EBFF 0FFF
AR1	0302	AR1	0302
CARRY	0	CARRY	1
数据存储器		数据存储器	
0302	F000	0302	F000

3. 条件减法指令

(1) 指　令

SUBC Smem,[ACx,]ACy　　;if ((ACx - (Smem<<#15))>=0)
　　　　　　　　　　　　;ACy = (ACx - (Smem<<#15))<<#1+1
　　　　　　　　　　　　;else
　　　　　　　　　　　　;ACy = ACx<<#1

(2) 状态位

影响指令执行的状态位:SXMD。
执行指令后会受影响的状态位:ACOVy,CARRY。
例 4-20,条件减法指令举例。

SUBC *AR1,AC0,AC1　　;如果(AC0 - (*AR1)<<#15)>=0,则
　　　　　　　　　　　;AC1 = (AC0 - (*AR1)<<#15)<<#1+1
　　　　　　　　　　　;否则 AC1 = AC0<<#1

寄存器	执行前	寄存器	执行后
AC0	23 4300 0000	AC0	23 4300 0000
AC1	00 0000 0000	AC1	46 8400 0001
AR1	0300	AR1	0300
SXMD	0	SXMD	0
ACOV0	0	ACOV0	1
CARRY	0	CARRY	1
数据存储器		数据存储器	
0302	0200	0302	0200

4. 条件加减法指令

(1) 指 令

条件加减法指令如表4-23所列。

表4-23 条件加减法指令

助记符指令	说明
ADDSUBCC Smem, ACx, TCx, ACy	if TCx=1 ACy=ACx+(Smem<<#16) else ACy=ACx-(Smem<<#16)
ADDSUBCC Smem, ACx, TC1, TC2, ACy	if TC2=1 ACy=ACx if TC2=0 and TC1=1 ACy=ACx+(Smem<<#16) if TC2=0 and TC1=0 ACy=ACx-(Smem<<#16)
ADDSUB2CC Smem, ACx, Tx, TC1, TC2, ACy	if TC2=1 and TC1=1 ACy=ACx+(Smem<<#16) if TC2=0 and TC1=1 ACy=ACx+(Smem<<Tx) if TC2=1 and TC1=0 ACy=ACx-(Smem<<#16) if TC2=0 and TC1=0 ACy=ACx-(Smem<<Tx)

(2) 状态位

影响指令执行的状态位：C54CM, M40, SATD, SXMD, TC1, TC2。

执行指令后会受影响的状态位：ACOVy, CARRY。

例4-21,条件加减法指令举例。

```
ADDSUBCC   *AR1,AC0,TC2,AC1   ;如果TC2=1,则AC1=AC0+(*AR1)<<#16
                              ;否则AC1=AC0-(*AR1)<<#16
```

寄存器	执行前	寄存器	执行后
AC0	00 EC00 0000	AC0	00 EC00 0000
AC1	00 0000 0000	AC1	01 1F00 0000
AR1	0200	AR1	0200
TC2	1	TC2	1
SXMD	0	SXMD	0
M40	0	M40	0
ACOV1	0	ACOV1	1
CARRY	0	CARRY	1

数据存储器		数据存储器	
0200	3300	0200	3300

5. 乘法指令

(1) 指 令

乘法指令在 D 单元的 MAC 中完成操作，指令及操作如表 4-24 所列。

表 4-24 乘法指令

助记符指令	说 明
SQR[R] [ACx,]ACy	计算累加器 ACx 高位部分(32-16 位)的平方值，结果舍入后放入累加器 ACy：ACy = ACx * ACx
MPY[R] [ACx,]ACy	计算累加器 ACx 和 ACy 高位部分(32-16 位)的乘积，结果舍入后放入累加器 ACy：ACy = ACy * ACx
MPY[R] Tx,[ACx,]ACy	计算累加器 ACx 高位部分(32-16 位)和 Tx 中内容的乘积，结果舍入后放入累加器 ACy：ACy = ACx * Tx
MPYK[R] K8,[ACx,] ACy	计算累加器 ACx 高位部分(32-16 位)和 8 位带符号立即数的乘积，结果舍入后放入累加器 ACy：ACy = ACx * K8
MPYK[R] K16,[ACx,] ACy	计算累加器 ACx 高位部分(32-16 位)和 16 位带符号立即数的乘积，结果舍入后放入累加器 ACy：ACy = ACx * K16
MPYM[R][T3=]Smem,Cmem,ACx	两个操作数 Smem、Cmem 相乘，结果舍入后放入累加器 ACx：ACx = Smem * Cmem
SQRM[R][T3=]Smem,ACx	操作数 Smem 的平方，结果舍入后放入累加器 ACx：ACx = Smem * Smem
MPYM[R][T3=]Smem,[ACx,]ACy	操作数 Smem 和累加器 ACx 相乘，结果舍入后放入累加器 ACy：ACy = Smem * ACx
MPYMK[R][T3=]Smem,K8,ACx	操作数 Smem 和 8 位带符号立即相乘，结果舍入后放入累加器 ACx：ACx = Smem * K8
MPYM[R][40][T3=][uns(]Xmem[)],[uns(]Ymem[)],ACx	两数据存储器操作数 Xmem、Ymem 相乘，结果舍入后放入累加器 ACx：ACx = Xmem * Ymem
MPYM[R][U][T3=]Smem,Tx,ACx	Tx 的内容和操作数 Smem 相乘，结果舍入后放入累加器 ACx：ACx = Tx * Smem

(2) 状态位

影响指令执行的状态位：FRCT，SMUL，M40，RDM，SATD。

执行指令后受影响的状态位 ACOVx，ACOVy。

例 4-22，乘法指令举例。

```
MPY  AC1,AC0              ;AC0 = AC0 * AC1
```

第4章 TMS320C55x 的指令系统

执行前		执行后	
AC0	02 6000 3400	AC0	02 6000 3400
AC1	00 C000 0000	AC1	00 4800 0000
M40	1	M40	1
FRCT	0	FRCT	0
ACOV1	0	ACOV1	0

6. 乘加指令

(1) 指 令

乘加指令在 D 单元的 MAC 中完成操作,指令及操作如表 4-25 所列。

表 4-25 乘加指令

助记符指令	说 明
SQA[R] [ACx,]ACy	累加器 ACy 和累加器 ACx 的平方相加,结果舍入后放入累加器 ACy:ACy = ACy + (ACx * ACx)
SQDST Xmem, Ymem, ACx, ACy	两个并行操作,乘法和加法: ACy = ACy + (ACx * ACx) :: ACx = (Xmem << #16) - (Ymem << #16)
MAC[R] ACx,Tx,ACy[,ACy]	累加器 ACx 和 Tx 的内容相乘后,再与累加器 ACy 相加,结果舍入后放入累加器 ACy:ACy = ACy + (ACx * Tx)
MAC[R] ACy,Tx,ACx,ACy	累加器 ACy 和 Tx 的内容相乘后,再与累加器 ACx 相加,结果舍入后放入累加器 ACy:ACy = (ACy * Tx) + ACx
MACK[R] Tx,K8,[ACx,]ACy	Tx 的内容和 8 位带符号立即数相乘后,再与累加器 ACx 相加,结果舍入后放入累加器 ACy:ACy = ACx + (Tx * K8)
MACK[R] Tx,K16,[ACx,]ACy	Tx 的内容和 16 位带符号立即数相乘后,再与累加器 ACx 相加,结果舍入后放入累加器 ACy:ACy = ACx + (Tx * K16)
MACM[R][T3=]Smem,Cmem,ACx	双操作数 Smem,Cmem 相乘后加到累加器 ACx 并做舍入: ACx = ACx + (Smem * Cmem)
MACM[R]Z[T3=]Smem,Cmem,ACx	同上一条指令,并且与 delay 指令并行执行: ACx = ACx + (Smem * Cmem) :: delay(Smem)
SQAM[R] [T3=]Smem, [ACx,]ACy	累加器 ACx 和操作数 Smem 的平方相加,结果合入后放入累加器 ACy:ACy = ACx + (Smem * Smem)
MACM[R][T3=]Smem,[ACx,]ACy	操作数 Smem 和累加器 ACx 相乘后,结果加到累加器 ACy 并做舍入:ACy = ACy + (Smem * ACx)

续表 4-25

助记符指令	说 明
MACM[R][T3=]Smem,Tx,[ACx,]ACy	Tx 的内容和操作数 Smem 相乘,再与累加器 ACx 相加,结果舍入后放后累加器 ACy：ACy = ACy + (Smem * ACx)
MACMK [R] [T3 =] Smem, K8, [ACx,]ACy	操作数 Smem 和 8 位带符号立即数相乘,再与累加器 ACx 相加,结果舍入后放入累加器 ACy：ACy = ACx + (Smem * K8)
MACM[R][40][T3=][uns(]Xmem[]), uns(]Ymem[),[ACx,]ACy	两数据存储器操作数 Xmem、Ymem 相乘,再与累加器 ACx 相加,结果舍入后放入累加器 ACy：ACy = ACx + (Xmem * Ymem)
MACM[R][40][T3=][uns(]Xmem[]), [uns(]Ymem[]),ACx>>#16[,ACy]	两数据存储器操作数 Xmem、Ymem 相乘,再与累加器 ACx 右移 16 位后的值相加,结果舍入后放入累加器 ACy：ACy = (ACx >> #16) + (Xmem * Ymem)

(2) 状态位

影响指令执行的状态位：FRCT,SMUL,M40,RDM,SATD。

执行指令后会受影响的状态位：ACOVx, ACOVy。

例 4-23,乘加指令举例。

(1) MACMR　　*AR1,*CDP,AC2　　　　　;AC2 = AC2 + (*AR1)*(*CDP)

执行前

AC2	00 EC00 0000
AR1	0302
CDP	0202
ACOV2	0

数据存储器

| 0302 | FE00 |
| 0202 | 0040 |

执行后

AC2	00 EC3F 8000
AR1	0302
CDP	0202
ACOV2	1

数据存储器

| 0302 | FE00 |
| 0202 | 0040 |

(2) MACMR uns(*AR2+),uns(*AR3+),AC3　　;AC3 = (*AR2)*(*AR3) + AC3
　　　　　　　　　　　　　　　　　　　　　　;AR2 = AR2 + 1,AR3 = AR3 + 1

执行前

AC3	00 2300 EC00
AR2	0302
AR3	0202
ACOV3	0
M40	0

执行后

AC3	00 9221 0000
AR2	0303
AR3	0203
ACOV3	1
M40	0

第4章 TMS320C55x 的指令系统

	SATD	0		SATD	0
	FRCT	0		FRCT	0
数据存储器			数据存储器		
0302		FE00	0302		FE00
0202		7000	0202		7000

7. 乘减指令

(1) 指 令

乘减指令在 D 单元的 MAC 中完成操作,指令及操作如表 4-26 所列。

表 4-26 乘减指令

助记符指令	说 明
SQS[R] [ACx,]ACy	累加器 ACy 减去累加器 ACx 的平方,结果舍入后放入累加器 ACy:ACy = ACy − (ACx * ACx)
MAS[R] Tx,[ACx,]ACy	累加器 ACy 减去累加器 ACx 和 Tx 的内容的乘积,结果舍入后放入累加器 ACy:ACy = ACy − (ACx * Tx)
MASM[R] [T3 =]Smem,Cmem,ACx	累加器 ACx 减去两个操作数 Smem,Cmem 的乘积,结果舍入后放入累加器 ACx:ACx = ACx − (Smem * Cmem)
SQSM[R] [T3=]Smem, [ACx,] ACy	累加器 ACx 减去操作数 Smem 的平方,结果舍入后放入累加器 ACy:ACy = ACx − (Smem * Smem)
MASM[R] [T3 =]Smem, [ACx ,] ACy	累加器 ACy 减去操作数 Smem 和累加器 ACx 的乘积,结果舍入后放入累加器 ACy:ACy = ACy − (Smem * ACx)
MASM[R] [T3 =]Smem,Tx,[ACx,]ACy	累加器 ACx 减去 Tx 的内容和操作数 Smem 的乘积,结果舍入后放入累加器 ACy:ACy = ACx − (Tx * Smem)
MASM[R][40][T3 =][uns(]Xmem[), [uns(]Ymem[)],[ACx,]ACy	累加器 ACx 减去两数据存储器操作数 Xmem,Ymem 的乘积,结果舍入后放入累加器 ACy:ACy = ACx − (Xmem * Ymem)

(2) 状态位

影响指令执行的状态位:FRCT,SMUL,M40,RDM,SATD。

执行指令后会受影响的状态位:ACOVx,ACOVy。

例 4-24,乘减指令举例。

第 4 章 TMS320C55x 的指令系统

```
MASR T1,AC0,AC1         ;AC1 = AC1 - AC0 * T1
```

执行前		执行后	
AC0	00 0000 EC00	AC0	00 0000 EC00
AC1	00 3400 0000	AC1	00 1680 0000
T1	2000	T1	2000
M40	0	M40	0
ACOV1	0	ACOV1	0
FRCT	0	FRCT	0

8. 双乘加/减指令

(1) 指　令

双乘加/减指令利用 D 单元的 2 个 MAC 在一个周期内同时执行 2 个乘法或乘加/减法运算,其指令及操作如表 4－27 所列。

表 4－27　双乘加/减法运算

助记符指令	说　明
MPY[R][40][uns( )Xmem[ ]],uns( )Cmem[ ],ACx ::MPY[R][40][uns( )Ymem[ ]],[uns( )Cmem[ ]],ACy	在一个指令周期内同时完成下列算术运算: 两个操作数 Xmem 和 Cmem、Ymem 和 Cmem 相乘: ACx = Xmem * Cmem;: ACy = Ymem * Cmem
MAC[R][40][uns( )Xmem)],[uns( )Cmem)],ACx ::MPY[R][40][uns( )Ymem[ ]],[uns( )Cmem[ ]],ACy	在一个指令周期内同时完成下列算术运算:累加器 ACx 与两个操作数的乘积相加,结果舍入后放入累加器 ACx;两个操作数相乘,结果舍入后放入累加器 ACy: ACx = ACx + (Xmem * Cmem) :: ACy = Ymem * Cmem
MAS[R][40][uns( )Xmem[ ]],[uns( )Cmem[ ]],ACx ::MPY[R][40][uns( )Ymem[ ]],[uns( )Cmem[ ]],ACy	在一个指令周期内同时完成下列算术运算:累加器 ACx 减去两个操作数的乘积,结果舍入后放入累加器 ACx;两个操作数相乘,结果舍入后放入累加器 ACy: ACx = ACx - (Xmem * Cmem) :: ACy = Ymem * Cmem
AMAR Xmem ::MPY[R][40][uns( )Ymem[ ]],[uns( )Cmem[ ]],ACx	在一个指令周期内同时完成下列算术运算:修改操作数的值;两个操作数的乘法运算: mar(Xmem) :: ACx = Ymem * Cmem
MAC[R][40][uns( )Xmem[ ]],[uns( )Cmem[ ]],ACx ::MAC[R][40][uns( )Ymem[ ]],[uns( )Cmem[ ]],ACy	在一个指令周期内同时完成下列算术运算:累加器和两个操作数的乘积相加: ACx = ACx + (Xmem * Cmem) :: ACy = ACy + (Ymem * Cmem)

第4章 TMS320C55x 的指令系统

续表 4-27

助记符指令	说 明
MAS[R][40][uns( )Xmem[ ]],[uns( )Cmem[ ]],ACx ::MAC[R][40][uns( )Ymem[ ]],[uns( )Cmem[ ]],ACy	在一个指令周期内同时完成下列算术运算:累加器和两个操作数的乘积相减;累加器和两个操作数的乘积相加: ACx = ACx − (Xmem * Cmem) :: ACy = ACy + (Ymem * Cmem)
AMAR Xmem ::MAC[R][40][uns( )Ymem[ ]],[uns( )Cmem[ ]],ACx	在一个指令周期内同时完成下列算术运算:修改操作数的值;累加器和两个操作数的乘积相加: mar(Xmem) :: ACx = ACx + (Ymem * Cmem)
MAS[R][40][uns( )Xmem[ ]],[uns( )Cmem[ ]],ACx ::MAS[R][40][uns( )Ymem[ ]],[uns( )Cmem[ ]]ACy	在一个指令周期内同时下列算术运算:累加器和两个操作数的乘积相减: ACx = ACx − (Xmem * Cmem) :: ACy = ACy − (Ymem * Cmem)
AMAR Xmem ::MAS[R][40][uns( )Ymem[ ]],[uns( )Cmem[ ]],ACx	在一个指令周期内同时完成下列算术运算:修改操作数的值;累加器和两个操作数的乘积相减: mar(Xmem) :: ACx = ACx − (Ymem * Cmem)
MAC[R][40][uns( )Xmem[ ]],[uns( )Cmem[ ]],ACx>>#16 ::MAC[R][40][uns( )Ymem[ ]],[uns( )Cmem[ ]],ACy	在一个指令周期内同时完成下列算术运算:累加器右移16位后和两个操作数的乘积相加;累加器和两个操作数的乘积相加: ACx = (ACx >> #16) + (Xmem * Cmem) :: ACy = ACy + (Ymem * Cmem)
MPY[R][40][uns( )Xmem[ ]],[uns( )Cmem[ ]],ACx ::MAC[R][40][uns( )Ymem[ ]],[uns( )Cmem[ ]],ACy>>#16	在一个指令周期内同时完成下列算术运算:两个操作数相乘;累加器右移16位后和两个操作数的乘积相加: ACx = Xmem * Cmem :: ACy = (ACy >> #16) + (Ymem * Cmem)
MAC[R][40][uns( )Xmem[ ]],[uns( )Cmem[ ]],ACx>>#16 ::MAC[R][40][uns( )Ymem[ ]],[uns( )Cmem[ ]],ACy>>#16	在一个指令周期内同时完成下列算术运算:累加器右移16位后和两个操作数的乘积相加: ACx = (ACx >> #16) + (Xmem * Cmem) :: ACy = (ACy >> #16) + (Ymem * Cmem)
MAS[R][40][uns( )Xmem[ ]],[uns( )Cmem[ ]],ACx ::MAC[R][40][uns( )Ymem[ ]],[uns( )Cmem[ ]],ACy>>#16	在一个指令周期内同时完成下列算术运算:累加器和两个操作数的乘积相减;累加器右移16位后和两个操作数的乘积相加: ACx = ACx − (Xmem * Cmem) :: ACy = (ACy >> #16) + (Ymem * Cmem)

续表 4-27

助记符指令	说 明
AMAR Xmem ::MAC[R][40][uns()Ymem[]],[uns ()Cmem[]],ACx>>#16	在一个指令周期内同时完成下列算术运算；修改操作数的值；累加器右移 16 位后和两个操作数的乘积相加： mar(Xmem) :: ACx = (ACx >> #16) + (Ymem * Cmem)
AMAR Xmem, Ymem, Cmem	在一个指令周期内并行完成 3 次下列算术运算；修改操作数的值

(2) 状态位

影响指令执行的状态位：FRCT,SMUL,M40,RDM,SATD。

执行指令后会受影响的状态位：ACOVx,ACOVy。

例 4-25，乘减指令举例。

```
MASR40 uns(*AR0),uns(*CDP),AC0       ;AC0 = AC0 - uns(*AR0) * uns(*CDP)
::MACR40 uns(AR1),uns(*CDP),AC1      ;AC1 = AC1 - uns(*AR1) * uns(*CDP)
```

	执行前		执行后
AC0	00 6900 0000	AC0	00 486B 0000
AC1	00 0023 0000	AC1	00 95E3 0000
*AR0	3400	*AR0	3400
*AR1	EF00	*AR1	EF00
*CDP	A067	*CDP	A067
ACOV0	0	ACOV0	0
ACOV1	0	ACOV1	0
CARRY	0	CARRY	0
FRCT	0	FRCT	0

9. 双 16 位算术指令

(1) 指 令

双 16 位算术指令利用 D 单元中的 ALU 在一个周期内完成两个并行的算术运算，包括一加一减、一减一加、两个加法或两个减法，其指令及操作如表 4-28 所列。

第4章 TMS320C55x 的指令系统

表 4-28 双 16 位算术指令

助记符指令	说 明
ADDSUB Tx,Smem,ACx	在 ACx 的高 16 位保存操作数 Smem 和 Tx 的内容相加结果;在 ACx 的低 16 位保存操作数 Smem 和 Tx 的内容相减结果: HI(ACx) = Smem + Tx ∷ LO(ACx) = Smem − Tx
ADDSUB Tx,dual(Lmem),ACx	在 ACx 的高 16 位保存 32 位操作数高 16 位和 Tx 的内容相加结果;在 ACx 的低 16 位保存 32 位操作数低 16 位和 Tx 的内容相减结果: HI(ACx) = HI(Lmem) + Tx ∷ LO(ACx) = LO(Lmem) − Tx
SUBADD Tx,Smem,ACx	在 ACx 的高 16 位保存操作数 Smem 和 Tx 的内容相减结果;在 ACx 的低 16 位保存操作数 Smem 和 Tx 的内容相加结果: HI(ACx) = Smem − Tx ∷ LO(ACx) = Smem + Tx
SUBADD Tx,dual(Lmem),ACx	在 ACx 的高 16 位保存 32 位操作数高 16 位和 Tx 的内容相减结果;在 ACx 的低 16 位保存 32 位操作数高 16 位和 Tx 的内容相加结果: HI(ACx) = HI(Lmem) − Tx ∷ LO(ACx) = LO(Lmem) + Tx
ADD dual(Lmem),[ACx,]ACy	在 ACy 的高 16 位保存 32 位操作数和累加器 ACx 高 16 位的相加结果;在 ACy 的低 16 位保存 32 位操作数和累加器 ACx 低 16 位的相加结果: HI(ACy) = HI(Lmem) + HI(ACx) ∷ LO(ACy) = LO(Lmem) + LO(ACx)
ADD dual(Lmem),Tx,ACx	在 ACx 的高 16 位保存 32 位操作数高 16 位和 Tx 的内容相加结果;在 ACx 的低 16 位保存 32 位操作数低 16 位和 Tx 的内容相加结果: HI(ACx) = HI(Lmem) + Tx ∷ LO(ACx) = LO(Lmem) + Tx
SUB dual(Lmem),[ACx,] ACy	在 ACy 的高 16 位保存累加器 ACx 和 32 位操作数高 16 位的相减结果;在 ACy 的低 16 位保存累加器 ACx 和 32 位操作数低 16 位的相减结果: HI(ACy) = HI(ACx) − HI(Lmem) ∷ LO(ACy) = LO(ACx) − LO(Lmem)
SUB ACx,dual(Lmem),ACy	在 ACy 的高 16 位保存累加器 32 位操作数和 ACx 高 16 位的相减结果;在 ACy 的低 16 位保存累加器 32 位操作数和 ACx 低 16 位的相减结果: HI(ACy) = HI(Lmem) − HI(ACx) ∷ LO(ACy) = LO(Lmem) − LO(ACx)
SUB dual(Lmem),Tx,ACx	在 ACx 的高 16 位保存 Tx 的内容和 32 位操作数高 16 位相减结果;在 ACx 的低 16 位保存 Tx 的内容和 32 位操作数低 16 位相减结果: HI(ACx) = Tx − HI(Lmem) ∷ LO(ACx) = Tx − LO(Lmem)

续表4-28

助记符指令	说明
SUB Tx,dual(Lmem),ACx	在 ACx 的高 16 位保存 Tx 的内容和 32 位操作数高 16 位相减结果；在 ACx 的低 16 位保存 Tx 的内容和 32 位操作数低 16 位相减结果： HI(ACx) = HI(Lmem) − Tx ∷ LO(ACx) = LO(Lmem) − Tx

(2) 状态位

影响指令执行的状态位：C54CM,SATD,SXMD。

执行指令后会受影响的状态位：ACOVx,ACOVy,CARRY。

例 4-26，双 16 位算术指令举例。

```
ADDSUB T1,*AR1,AC1      ;AC1(39-16) = (*AR1) + T1
                        ;AC1(15-0) = (*AR1) - T1
```

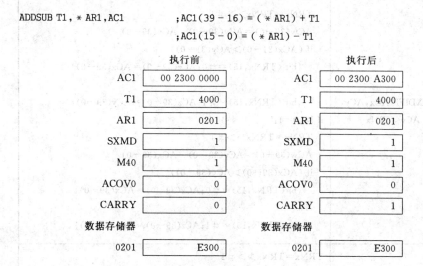

10. 比较和选择极值指令

(1) 指　令

比较和选择极值指令可以在 D 单元的 ALU 中完成两个并行 16 位极值选择操作和一个 40 位极值选择操作，其指令如表 4-29 所列。

表 4-29　比较和选择极值指令

助记符指令	说 明
MAXDIFF ACx, ACy, ACz, ACw	TRNx=TRNx>>#1 ACw(39−16)=ACy(39−16)−ACx(39−16) ACw(15−0)=ACy(15−0)−ACx(15−0)

续表 4-29

助记符指令	说明

MAXDIFF
ACx, ACy, ACz, ACw
	if(ACx(31-16)>ACy(31-16))
	    {bit(TRN0,15) = #0; ACz(39-16) = ACx(39-16)}
	else
	    {bit(TRN0,15) = #1; ACz(39-16) = ACy(39-16)}
	if (ACx(15-0)>ACy(15-0))
	    {bit(TRN1,15) = #0; ACz(15-0) = ACx(15-0)}
	else
	    {bit(TRN1,15) = #1; ACz(15-0) = ACy(15-0)}

DMAXDIFF ACx, ACy,
ACz, ACw, TRNx
	If M40=0
	  TRNx = TRNx>>#1
	  ACw(39-0) = ACy(39-0) - ACx(39-0)
	  if (ACx(31-0)>ACy(31-0))
	    {bit (TRNx,15) = #0; ACz(39-0) = ACx(39-0)}
	  else
	    {bit (TRNx,15) = #1; ACz(39-0) = ACy(39-0)}
	if M40=1:
	  TRNx = TRNx>>#1
	  ACw(39-0) = ACy(39-0) - ACx(39-0)
	  if (ACx(39-0)>ACy(39-0))
	    {bit(TRNx,15) = #0; ACz(39-0) = ACx(39-0)}
	  else
	    {bit(TRNx,15) = #1; ACz(39-0) = ACy(39-0)}

MINDIFF ACx, ACy,
ACz, ACw
	TRNx = TRNx>>#1
	ACw(39-16) = ACy(39-16) - ACx(39-16)
	ACw(15-0) = ACy(15-0) - ACx(15-0)
	if (ACx(31-16)<ACy(31-16))
	    {bit(TRN0,15) = #0; ACz(39-16) = ACx(39-16)}
	else
	    {bit(TRN0,15) = #1; ACz(39-16) = ACy(39-16)}
	if (ACx(15-0)<ACy(15-0))
	    {bit(TRN1,15) = #0; ACz(15-0) = ACx(15-0)}
	else
	    {bit(TRN1,15) = #1; ACz(15-0) = ACy(15-0)}

续表 4-29

助记符指令	说 明

DMINDIFF ACx, ACy, ACz, ACw, TRNx	if M40=0:
	  TRNx=TRNx>>#1
	  ACw(39-0)=ACy(39-0)-ACx(39-0)
	  if (ACx(31-0)<ACy(31-0))
	    {bit (TRNx,15)=#0; ACz(39-0)=ACx(39-0)}
	  else
	    {bit (TRNx,15)=#1; ACz(39-0)=ACy(39-0)}
	if M40=1
	  TRNx=TRNx>>#1
	  ACw(39-0)=ACy(39-0)-ACx(39-0)
	  if(ACx(39-0)<ACy(39-0))
	    {bit(TRNx,15)=#0; ACz(39-0)=ACx(39-0)}
	  else
	    {bit(TRNx,15)=#1; ACz(39-0)=ACy(39-0)}

(2) 状态位

影响指令执行的状态位：C54CM，M40，SATD。

执行指令后会受影响的状态位：ACOVw，CARRY。

例 4-27，比较和选择极值指令举例。

MAXDIFF AC0, AC1, AC2, AC1

	执行前		执行后
AC0	10 2400 2222	AC0	10 2400 2222
AC1	90 0000 0000	AC1	FF 8000 DDDE
AC2	00 0000 0000	AC2	10 2400 2222
SATD	1	SATD	1
TRN0	1000	TRN0	0800
TRN1	0100	TRN1	0080
ACOV1	0	ACOV1	1
CARRY	1	CARRY	0

11. 最大/最小值指令

(1) 指　令

见表 4-30。

表 4-30 最大/最小值指令

助记符指令	说明

MAX [src,]dst	如果目的操作数是累加器：
	if M40 = 0
	  if (src(31 - 0) > dst(31 - 0))
	    { CARRY = 0；dst(39 - 0) = src(39 - 0) }
	  else
	    CARRY = 1
	if M40 = 1,
	  if (src(39 - 0) > dst(39 - 0))
	    { CARRY = 0；dst(39 - 0) = src(39 - 0) }
	  else
	    CARRY = 1
	如果目的操作数是辅助寄存器或临时寄存器：
	if (src(15 - 0) > dst(15 - 0))
	  dst = src

MIN [src,]dst	如果目的操作数是累加器：
	if M40 = 0
	  if (src(31 - 0) < dst(31 - 0))
	    { CARRY = 0；dst(39 - 0) = src(39 - 0) }
	  else
	    CARRY = 1
	if M40 = 1,
	  if (src(39 - 0) < dst(39 - 0))
	    { CARRY = 0；dst(39 - 0) = src(39 - 0) }
	  else
	    CARRY = 1
	如果目的操作数是辅助寄存器或临时寄存器：
	if (src(15 0) < dst(15 0))
	  dst = src

(2) 状态位

影响指令执行的状态位：C54CM, M40, SXMD。

执行指令后会受影响的状态位：CARRY。

例 4-28，最大/最小值指令举例。

(1) MAX AC2,AC1；由于(AC2)<(AC1)，所以 AC1 保持不变且 CARRY 状态位置 1

	执行前		执行后
AC2	00 0000 0000	AC2	00 0000 0000
AC1	00 8500 0000	AC1	00 8500 0000
SXMD	1	SXMD	1
M40	0	M40	0
CARRY	0	CARRY	1

(2) MIN AC1,T1

;由于 T1<AC1(15-0),所以 T1 的内容保持不变且将 CARRY 状态位置 1

	执行前		执行后
AC1	00 8000 0000	AC2	00 8000 0000
T1	8020	AC1	8020
CARRY	0	CARY	1

12. 存储器比较指令

(1) 指　令

`CMP Smem == K16,TCx    ;If Smem == K16 then TCx = 1 else TCx = 0`

(2) 状态位

没有影响指令执行的状态位。

执行指令后会受影响的状态位:TCx。

例 4-29,存储器比较指令举例。

`CMP *AR1+ == #400h,TC1`

	执行前		执行后
AR1	0285	AR1	0286
TC1	0	TC1	1
数据存储器		数据存储器	
0285	0400	0285	0400

13. 寄存器比较指令

(1) 指　令

寄存器比较指令在 D 单元和 A 单元的 ALU 中完成 2 个累加器、辅助寄存器或临时寄存器的比较,若累加器与辅助寄存器或临时寄存器比较,在 A 单元将 ACx(15-0) 与 TAx 进行比较。其指令及操作如表 4-31 所列。

表 4-31 寄存器比较指令

助记符指令	说明
CMP[U] src RELOP dst, TCx	If src RELOP dst then TCx=1 else TCx=0
CMPAND[U] src RELOP dst, TCy, TCx	If src RELOP dst then TCx=1 else TCx=0 TCx=TCx AND TCy
CMPAND[U] src RELOP dst, ! TCy, TCx	If src RELOP dst then TCx=1 else TCx=0 TCx=TCx AND ! TCy
CMPOR[U] src RELOP dst, TCy, TCx	If src RELOP dst then TCx=1 else TCx=0 TCx=TCx OR TCy
CMPOR[U] src RELOP dst, ! TCy, TCx	If src RELOP dst then TCx=1 else TCx=0 TCx=TCx OR ! TCy

(2) 状态位

影响指令执行的状态位：C54CM，M40，TCy。

执行指令后会受影响的状态位：TCx。

例 4-30，寄存器比较指令举例。

CMP AC1 == T1,TC1   ；由于 AC1(15-0) = T1,所以将 TC1 置 1

执行前
AC1   00 0028 0400
T1   0400
TC1   0

执行后
AC1   00 0028 0400
T1   0400
TC1   1

14. 条件移位指令

(1) 指　令

SFTCC ACx,TCx   ；如果 ACx(39-0) = 0,那么 TCx = 1
                      ；如果 ACx(31-0)有两个符号位
                      ；那么 ACx = ACx(31-0)<<♯1 且 TCx = 0
                      ；否则 TCx = 1

(2) 状态位

没有影响指令执行的状态位。

执行指令后会受影响的状态位：TCx。

例 4-31,条件移位指令举例。

SFTCC AC0,TC1

第4章 TMS320C55x 的指令系统

	执行前		执行后
AC0	FF 8765 0055	AC0	FF 8765 0055
TC1	0	TC1	1

15. 带符号移位指令

(1) 指 令

移位指令中的移位值由立即数、SHIFTW 或 Tx 内容确定,如表 4-32 所列。

表 4-32 带符号移位指令

助记符指令	说 明
SFTS dst, #-1	寄存器内容右移 1 位
SFTS dst, #1	寄存器内容左移 1 位
SFTS ACx, Tx[, ACy]	累加器的内容根据 Tx 的内容左移
SFTSC ACx, Tx[, ACy]	累加器的内容根据 Tx 的内容左移,移出位更新进位标识
SFTS ACx, #SHIFTW[, ACy]	累加器的内容左移
SFTSC ACx, #SHIFTW[, ACy]	累加器的内容左移,移出位更新进位标识

(2) 状态位

影响指令执行的状态位:C54CM, M40, SATA, SATD, SXMD。
执行指令后会受到影响的状态位:ACOVx, ACOVy, CARRY。

例 4-32,带符号移位指令举例。

(1) SFTS T2, #1   ;T2 = T2<<#1

	执行前		执行后
T2	EF27	T2	DE4E
SATA	1	SATA	1

(2) SFTSC AC0, #-5, AC1   ;AC1 = AC0>>5,移出的位装入 CARRY

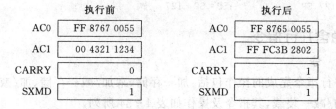

16. 修改辅助寄存器指令

(1) 指 令

修改辅助寄存器指令及操作如表 4-33 所列。

表 4-33 修改辅助寄存器指令

助记符指令	说明
AADD TAx,TAy	两个辅助寄存器或临时寄存器相加：TAy=TAy+TAx
AMOV TAx,TAy	用辅助寄存器或临时寄存器的内容给辅助寄存器或临时寄存器赋值
ASUB TAx,TAy	两个辅助寄存器或临时寄存器相减：TAy=TAy-TAx
AADD K8,TAx	辅助寄存器或临时寄存器和8位带符号立即数相加：TAx=TAx+K8
ASUB K8,TAx	辅助寄存器或临时寄存器和8位带符号立即数相减：TAx=TAx-K8
AMOV P8,TAx	程序地址标号P8定义的地址给辅助寄存器或临时寄存器赋值
AMOV D16,TAx	用16位数据地址给辅助寄存器或临时寄存器赋值
AMAR Smem	修改Smem

(2) 状态位

影响指令执行的状态位：ST2_55。

执行指令后没有受影响的状态位。

例 4-33，修改辅助寄存器指令举例。

```
AMOV #255,AR0         ;AR0 = 255
AMAR *AR3+            ;AR3 = AR3 + 1
```

17. 修改堆栈指针指令

(1) 指 令

```
AADD K8,SP            ;SP = SP + K8
```

(2) 状态位

没有影响指令执行的状态位。

执行指令后没有受影响的状态位。

例 4-34，修改堆栈指针指令举例。

```
AADD #127,SP          ;SP = SP + 127
```

18. 隐含并行指令

(1) 指 令

隐含并行指令完成的操作包括：加—存储、乘加/减—存储、加/减—存储、装载—存储和乘加/减—装载，其指令及操作如表 4-34 所列。

表 4-34 隐含并行指令

助记符指令	说 明
MPYM[R][T3 =]Xmem,Tx,ACy ::MOV HI(ACx<<T2),Ymem	并行执行以下运算:Tx 内容和操作数 Xmem 相乘,结果舍入后放入累加器 ACy;累加器 ACx 左移后高 16 位赋值给 Ymem: ACy = Tx * Xmem :: Ymem = HI(ACx << T2)
MACM[R][T3 =]Xmem,Tx,ACy ::MOV HI(ACx<<T2),Ymem	并行执行以下运算:Tx 内容和操作数 Xmem 相乘,再和累加器 ACy 相加,结果舍入后放入累加器 ACy;累加器 ACx 左移后高 16 位赋值给 Ymem: ACy = ACy + (Tx * Xmem) :: Ymem = HI(ACx << T2)
MASM[R][T3 =]Xmem,Tx,ACy ::MOV HI(ACx<<T2),Ymem	并行执行以下运算:Tx 内容和操作数 Xmem 相乘,再作为被减数和累加器 ACy 相减,结果舍入后放入累加器 ACy;累加器 ACx 左移后高 16 位赋值给 Ymem: ACy = ACy − (Tx * Xmem) :: Ymem = HI(ACx << T2)
ADD Xmem<<#16,ACx,ACy ::MOV HI(ACx<<T2),Ymem	并行执行以下运算:操作数 Xmem 左移 16 位,再和累加器 ACx 相加,结果放入累加器 ACy;累加器 ACy 左移后高 16 位赋值给 Ymem: ACy = ACx + (Xmem << #16) :: Ymem = HI(ACx << T2)
SUB Xmem<<#16,ACx,ACy ::MOV HI(ACx<<T2),Ymem	并行执行以下运算:操作数 Xmem 左移 16 位,再减去累加器 ACx,结果放入累加器 ACy;累加器 ACy 左移后高 16 位赋值给 Ymem: ACy = (Xmem << #16) − ACx :: Ymem = HI(ACx << T2)
MOV Xmem<<#16,ACy ::MOV HI(ACx<<T2),Ymem	并行执行以下运算:操作数 Xmem 左移 16 位,结果放入累加器 ACy;累加器 ACx 左移后高 16 位赋值给 Ymem: ACy = Xmem << #16 :: Ymem = HI(ACx << T2)
MACM[R][T3 =]Xmem,Tx,ACx ::MOV Ymem<<#16,ACy	并行执行以下运算:Tx 内容和操作数相乘,再和累加器 ACx 相加,结果舍入后放入累加器 ACx;操作数左移 16 位后,结果放入累加器 ACy: ACx = ACx + (Tx * Xmem) :: ACy = Ymem << #16
MASM[R][T3 =]Xmem,Tx,ACx ::MOV Ymem<<#16,ACy	并行执行以下运算:Tx 内容和操作数 Xmem 相乘,再作为被减数和累加器 ACx 相减,结果舍入后放入累加器 ACx;操作数 Ymem 左移 16 位后,结果放入累加器 ACy: ACx = ACx − (Tx * Xmem) :: ACy = Ymem << #16

(2) 状态位

影响指令执行的状态位:FRCT,SMUL,C54CM,M40,RDM,SATD,SXMD。

执行指令后会受影响的状态位:ACOVx,ACOVy,CARRY。

例 4-35,隐含并行指令举例。

```
MPYMR *AR0+,T0,AC1          ;AC1 = (*AR0) * T0,
                            ;因为 FRCT = 1,AC1 = rnd(AC1 * 2),
::MOV HI(AC0<<T2),*AR1+     ;AC0 = AC0<<T2,(*AR1) = AC0(31 - 16),
                            ;AR1 = AR1 + 1,AR0 = AR0 + 1
```

	执行前		执行后
AC0	FF 8421 1234	AC0	FF 8421 1234
AC1	00 0000 0000	AC1	00 2000 0000
AR0	0200	AR0	0201
AR1	0300	AR1	0301
T0	4000	T0	4000
T2	0004	T2	0004
FRCT	1	FRCT	1
ACOV1	0	ACOV1	0
CARRY	0	CARRY	0
数据存储器		数据存储器	
0200	4000	0200	4000
0300	1111	0300	4211

19. 绝对距离指令

绝对距离指令以并行方式完成两个操作,一个在 D 单元的 MAC 中,另一个在 D 单元的 ALU 中,下面介绍其指令和操作。

(1) 指　令

```
ABDST Xmem,Ymem,ACx,ACy     ;ACy = ACy + |HI(ACx)|
                            ;ACx = (Xmem<<#16) - (Ymem<<#16)
```

(2) 状态位

影响指令执行的状态位:FRCT,C54CM,M40,SATD,SXMD。
执行指令后会受影响的状态位:ACOVx,ACOVy,CARRY。
例 4-36,绝对距离指令举例。

```
ABDST *AR0+,*AR1,AC0,AC1    ;AC1 = AC1 + |HI(AC0)|
                            ;AC0 = (*AR0) << #16 - (*AR1) << #16
                            ;AR0 = AR0 + 1
```

	执行前		执行后
AC0	00 0000 0000	AC0	00 4500 0000
AC1	00 E800 0000	AC1	00 E800 0000
AR0	0202	AR0	0203

AR1	0302	AR1	0302
ACOV0	0	ACOV0	0
AC0V1	0	AC0V1	0
CARRY	0	CARRY	0
M40	1	M40	1
SXMD	1	SXMD	1
数据存储器		数据存储器	
0202	3400	0202	3400
0302	EF00	0302	EF00

20. 绝对值指令

(1) 指　令

ABS [src,]dst　　　　　　　　　　;dst = |src|

(2) 状态位

影响指令执行的状态位:C54CM,M40,SATA,SATD,SXMD。
执行指令后会受影响的状态位:ACOVx,CARRY。

例 4-37,绝对值指令举例。

ABS AR1,AC1　　　　　　　　　　;AC1 = |AR1|

	执行前		执行后
AC1	00 0000 2000	AC1	00 0000 0000
AR1	0000	AR1	0000
CARRY	0	CARRY	1

21. FIR 滤波指令

FIR 滤波指令在一个周期内完成两个并行的操作,能够完成对称或反对称 FIR 滤波计算。

(1) 指　令

FIRSADD Xmem,Ymem,Cmem,ACx,ACy
;ACy = ACy + (ACx(32 - 16) * Cmem)
;::ACx = (Xmem ≪ #16) + (Ymem ≪ #16)
FIRSSUB Xmem,Ymem,Cmem,ACx.ACy
;ACy = ACy + (ACx(32 - 16) * Cmem)
;::ACx = (Xmem ≪ #16) - (Ymem ≪ #16)

(2) 状态位

影响指令执行的状态位:FRCT,SMUL,C54CM,M40,SATD,SXMD。

执行指令会受影响的状态位:ACOVx,ACVOy,CARRY。

例 4-38,FIR 滤波指令举例。

```
FIRSADD *AR0,*AR1,*CDP,AC0,AC1
;AC1 = AC1 + AC0(32-16) * (*CDP)
;;;AC0 = (*AR0) << #16 + (*AR1) << #16
```

	执行前		执行后
AC0	00 6900 0000	AC0	00 2300 0000
AC1	00 0023 0000	AC1	FF D8ED 3F00
*AR0	3400	*AR0	3400
*AR1	EF00	*AR1	EF00
*CDP	A067	*CDP	A067
ACOV0	0	ACOV0	0
ACOV1	0	ACOV1	0
CARRY	0	CARRY	1
FRCT		FRCT	
SXMD		SXMD	

22. 最小均方(LMS)指令

(1) 指　令

```
LMS Xmem,Ymem,ACx,ACy    ;ACy = ACy + (Xmem * Ymem)
                         ;;;ACx = rnd(ACx + (Xmem<<#16))
```

(2) 状态位

影响指令执行的状态位:FRCT,SMUL,C54CM,M40,RDM,SATD,SXMD。
执行指令后会受影响的状态位:ACOVx,ACOVy,CARRY。

例 4-39,最小均方(LMS)指令举例。

```
LMS *AR0,*AR1,AC0,AC1    ;AC1 = AC1 + (*AR0) * (*AR1)
                         ;;;AC0 = rnd(AC0 + ((*AR0)<<#16))
```

	执行前		执行后
AC0	00 1111 2222	AC0	00 2111 0000
AC1	00 1000 0000	AC1	00 1200 0000
*AR0	1000	*AR0	1000
*AR1	2000	*AR1	2000
ACOV0	0	ACOV0	0
ACOV1	0	ACOV1	0
CARRY	0	CARRY	0

23. 补码指令

(1) 指　令

```
NEG [src,]dst              ;对 dst 或 src(当选择 src 时)求补,结果送 dst
```

(2) 状态位

影响指令执行的状态位：M40,SATA,SATD,SXMD。
执行指令后会受影响的状态位：ACOVx,CARRY。

例 4-40,补码指令举例。

```
NEG AC1,AC0                ;把 AC1 的补码存入 AC0
```

24. 归一化指令

(1) 指　令

```
MANT ACx,ACy               ;ACy = mant(ACx)
::NEXP ACx,Tx              ;Tx = - exp(ACx)
EXP ACx,Tx                 ;Tx = exp(ACx)
```

(2) 状态位

没有影响指令执行的状态位。
执行指令后没有受影响的状态位。

例 4-41,归一化指令举例。

```
MANT AC0,AC1               ;AC1 等于 AC0 的尾数,即将 AC0 右移与 32 位带符号数对齐后的值
::NEXP AC0,T1              ;T1 等于将 AC0 的 MSB 左移与 32 位带符号对齐所移位的次数值。
```

25. 饱和和舍入指令

(1) 指　令

```
SAT[R][ACx,]ACy            ;ACy = saturate(rnd(ACx))
ROUND[ACx,]ACy             ;ACy = rnd(ACx)
```

(2) 状态位

影响指令执行的状态位：C54CM,M40,RDM,SATD。
执行指令后会受影响的状态位：ACOVy。

例 4-42,饱和和舍入指令举例。

```
(1) ROUND AC0,AC1          ;AC1 = AC0 + 8000h,且 16 个最低有效位清零
                           ;因为 SATD = 1,所以 AC1 不进行饱和处理
```

	执行前			执行后	
AC0	EF 0FF0 8023		AC0	EF 0FF0 8023	
AC1	00 0000 0000		AC1	EF 0FF1 0000	
RDM	1		RDM	1	
M40	0		M40	0	
SATD	0		SATD	0	
ACOV1	0		ACOV1	1	

(2) SAT AC0,AC1   ;将 32 位的 AC0 饱和,将饱和后的值 FF 8000 0000 装入 AC1

	执行前			执行后	
AC0	EF 0FE0 8023		AC0	EF 0FE0 8023	
AC1	00 0000 0000		AC1	FF 8000 0000	
ACOV1	0		ACOV1	1	

26. 平方距离指令

(1) 指　令

SQDST Xmem,Ymem,ACx,ACy   ;ACy = ACy + (ACx(32 - 16) * ACx(32 - 16))
                            ;;;ACx = (Xmem<<#16) - (Ymem<<#16)

(2) 状态位

影响指令执行的状态位:FRCT,SMUL,C54CM,M40,SATD,SXMD。
执行指令后会受影响的状态位:ACOVx,ACVOy,CARRY。

例 4 - 43,平方距离指令举例。

SQDST *AR0,*AR1,AC0,AC1   ;AC1 = AC1 + AC0(32 - 16) * AC0(32 - 16)
                            ;;;AC0 = (*AR0)<<16 - (*AR1)<<16

	执行前			执行后	
AC0	FF ABCD 0000		AC0	FF FFAB 0000	
AC1	00 0000 0000		AC1	00 734B 8229	
*AR0	0055		*AR0	0055	
*AR1	00AA		*AR1	00AA	
ACOV0	0		ACOV0	0	
ACOV1	0		ACOV1	0	
CARRY	0		CARRY	0	
FRCT	0		FRCT	0	

4.2.2 位操作指令

C55x 支持的位操作指令可以对操作数进行位比较、置位、扩展和抽取等操作。

1. 位域比较指令

(1) 指　令

```
BAND Smem,k16,TCx        ;If(((Smem)&k16)==0),TCx=0
                         ;else TCx=1
```

(2) 状态位

没有影响指令执行的状态位。

执行指令后会受影响的状态位：TCx。

例 4-44，位域比较指令举例。

```
BAND *AR3,#00A0h,TC2     ;由于(*AR3)&k16==0,所以 TC2=0
```

	执行前		执行后
*AR3	0040	*AR3	0040
TC2	0	TC2	0

2. 位域扩展和抽取指令

(1) 指　令

位域抽取：

```
BFXTR k16,ACx,dst        ;从 LSB 到 MSB 将 k16 中非零位对应的 ACx 中的位抽取出来
                         ;依次放到 dst 的 LSB 中
```

位域扩展：

```
BFXPA k16,ACx,dst        ;将 ACx 的 LSB 放到 k16 中非零位对应的 dst 中的位置上，
                         ;ACx 的 LSB 个数等于 k16 中 1 的个数
```

(2) 状态位

没有影响指令执行的状态位。

执行指令后没有受影响的状态位。

例 4-45，位域抽取指令举例。

```
BFXTR #8024h,AC0,T2      ;从最低位到最高位将(8024h)中非零位对应的 AC0 中的
                         ;位抽取出来,依次放到 T2 的 LSB 中
```

	执行前		执行后
AC0	00 2300 55AA	AC0	00 2300 55AA
T2	0000	T2	0002

例 4-46，位域扩展指令举例。

```
BFXPA  #8024h,AC0,T2    ;将 AC0 的 LSB 放到 #8024h 中非零位对应的 T2 中的
                        ;位置上,AC0 的 LSB 个数等于 #8024h 中 1 的个数。
```

执行前
AC0	00 2300 2B65
T2	0000

执行后
AC0	00 2300 2B65
T2	8004

3. 存储器位操作指令

(1) 指 令

存储器位操作包括测试、清零、置位和取反，其指令及操作如表 4-35 所列。

表 4-35 存储器位操作指令

助记符指令	说 明
BTST src, Smem, TCx	以 src 的 4 个 LSB 为位地址，测试 Smem 的对应位
BNOT src, Smem	以 src 的 4 个 LSB 为位地址，取反 Smem 的对应位
BCLR src, Smem	以 src 的 4 个 LSB 为位地址，清零 Smem 的对应位
BSET src, Smem	以 src 的 4 个 LSB 为位地址，置位 Smem 的对应位
BTSTSET k4, Smem, TCx	以 k4 为位地址，测试并置位 Smem 的对应位
BTSTCLR k4, Smem, TCx	以 k4 为位地址，测试并清零 Smem 的对应位
BTSTNOT k4, Smem, TCx	以 k4 为位地址，测试并取反 Smem 的对应位
BTST k4, Smem, TCx	以 k4 为位地址，测试 Smem 的对应位

(2) 状态位

没有影响指令执行的状态位。

执行指令后会受到影响的状态位：TCx。

例 4-47，存储器位操作指令举例。

```
(1) BTST AC0,*AR0,TC1    ;位地址 AC0(3-0) = 8,测试(*AR0)的位 8,结果存入 TC1
```

执行前
AC0	00 0000 0008
*AR0	00C0
TC1	0

执行后
AC0	00 0000 0008
*AR0	00C0
TC1	1

```
(2) BTSTNOT #12,*AR0,TC1  ;测试(*AR0)的位 12,结果存入 TC1,并将(*AR0)的位 12 取反
```

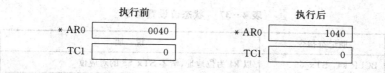

4. 寄存器位操作指令

(1) 指 令

寄存器位操作包括测试、置位、清零和取反操作,其指令及操作如表 4-36 所列。

表 4-36 寄存器位操作指令

助记符指令	说 明
BTST Baddr, src, TCx	以 Baddr 为位地址,测试 src 的对应位,并复制到 TCx 中
BNOT Baddr, src	以 Baddr 为位地址,取反 src 的对应位
BCLR Baddr, src	以 Baddr 为位地址,清零 src 的对应位
BSET Baddr, src	以 Baddr 为位地址,置位 src 的对应位
BTSTP Baddr, src	以 Baddr 和 Baddr+1 为位地址,测试 src 的两个位,分别复制到 TC1 和 TC2 中

(2) 状态位

没有影响指令执行的状态位。

执行指令后会受影响的状态位:TCx。

例 4-48,寄存器位操作指令举例。

(1) BTST #12,T0,TC1　　　　　;测试 T0 的位 12,将结果存入 TC1

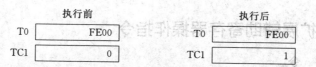

(2) BNOT AR1,T0　　　　　　　;将 T0 中由 AR1(3~0)确定的位取反

5. 状态位设置指令

(1) 指 令

状态位设置指令及操作如表 4-37 所列。

第4章 TMS320C55x 的指令系统

表 4-37 状态位设置指令

助记符指令	说 明
BCLR k4, STx_55	以 k4 为位地址,清零 STx_55 的对应位
BSET k4, STx_55	以 k4 为位地址,置位 STx_55 的对应位
BCLR f-name	按 f-name(状态标志名)寻址,清零 STx_55 的对应位
BSET f-name	按 f-name(状态标志名)寻址,置位 STx_55 的对应位

(2) 状态位

没有影响指令执行的状态位。

执行指令后会受影响的状态位:已经选择的状态位。

例 4-49,状态位设置指令举例。

(1) BCLR #1,ST2_55   ;将 ST2_55 的位 1 清零

执行前   ST2_55 | 0006   执行后   ST2_55 | 0004

(2) BSET #11,ST0_55   ;将 ST0_55 的位 11 置位

执行前   ST0_55 | 0000   执行后   ST0_55 | 0800

(3) BSET CARRY   ;将 ST0_55 的 CARRY(位 11)置位

执行前   ST0_55 | 0000   执行后   ST0_55 | 0800

4.2.3 扩展辅助寄存器操作指令

(1) 指 令

扩展辅助寄存器操作指令及其操作如表 4-38 所列。

表 4-38 扩展辅助寄存器操作指令

助记符指令	说 明
MOV xsrc, xdst	当 xdst 为累加器,xsrc 为 23 位时 xdst(31~23)=0,xdst(22~0)=xsrc 当 xdst 为 23 位时,xsrc 为累加器时 xdst=xsrc(22~0)
AMAR Smem, XAdst	把操作数 Smem 载入寄存器 XAdst
AMOV k23, XAdst	把 23 位无符号立即数载入寄存器 XAdst;XAdst=K23
MOV dbl(Lmem), XAdst	XAdst=Lmem(22~0) 把 32 位操作数的低 23 位载入寄存器 XAdst

续表 4-38

助记符指令	说　明
MOV XAsrc,dbl(Lmem)	Lmem(22～0)=XAsrc,Lmem(31～23)=0 把 23 位寄存器 XAsrc 的内容载入 32 位操作数的低 23 位,其他位清零。
POPBOTH xdst	xdst(15～0)=(SP),xdst(31～16)=(SSP) 当 xdst 为 23 位时,取 SSP 的低 7 位:xdst(22～16)=(SSP)(6～0)
PSHBOTH xsrc	(SP)=xsrc(15～0),(SSP)=xsrc(31～16), 当 xsrc 为 23 位时,(SSP)(6～0)=xsrc(22～16),(SSP)(15～7)=0

(2) 状态位

影响指令执行的状态位:ST2_55。

执行指令后没有受影响的状态位。

例 4-50,扩展辅助寄存器举例。

```
MOV dbl(*AR3),XAR1        ;将(*AR3)低 7 位和(*AR3+1)的 16 位装入 XAR1
```

执行前
- XAR1: 00 0000
- AR3: 0200

数据存储器
- 0200: 3492
- 0201: 0FD3

执行后
- XAR1: 92 0FD3
- AR3: 0200

数据存储器
- 0200: 3492
- 0201: 0FD3

4.2.4 逻辑运算指令

C55x 的逻辑运算指令包括按位与/或/异位/取反、位计数、逻辑移位和循环移位指令。

1. 按位与/或/异或/取反指令

(1) 指　令

按位与/或/异或/取反指令如表 4-39 所列。

表 4-39 按位与/或/异或/取反指令

助记符指令	说　明
NOT [src,]dst	寄存器按位取反
AND/OR/XOR src,dst	两个寄存器按位与/或/异或
AND/OR/XOR k8,src,dst	8 位无符号立即数和寄存器按位与/或/异或
AND/OR/XOR k16,src dst	16 位无符号立即数和寄存器按位与/或/异或

第4章 TMS320C55x 的指令系统

续表 4-39

助记符指令	说 明
AND/OR/XOR Smem, src dst	操作数 Smem 和寄存器按位与/或/异或
AND/OR/XOR ACx<<#SHIFTW [,ACy]	累加器 ACx 移位后和累加器 ACy 按位与//或/异或
AND/OR/XOR k16<<#16,[ACx,]ACy	16 位无符号立即数左移 16 位后和累加器 ACx 按位与/或/异或
AND/OR/XOR k16<<#SHFT,[ACx,]ACy	16 位无符号立即数移位后和累加器 ACx 按位与/或/异或
AND/OR/XOR k16,Smem	16 位无符号立即数和操作数 Smem 按位与/或/异或

(2) 状态位

影响指令执行的状态位:C54CM,M40。

执行指令后没有受影响的状态位。

例 4-51,按位与/或/异或/取反指令举例。

(1) NOT AC0,AC1   ;将 AC0 的内容取反,结果存入 AC1

执行前
AC0 | 7E 2355 4FC0
AC1 | 00 2300 5678

执行后
AC0 | 7E 2355 4FC0
AC1 | 81 DCAA B03F

(2) AND AC0,AC1   ;将 AC1 与 AC0 各位相与,结果存入 AC1

执行前
AC0 | 7E 2355 4FC0
AC1 | 0F E340 5678

执行后
AC0 | 7E 2355 4FC0
AC1 | 0E 2340 4640

(3) OR AC0<<#4,AC1   ;将 AC0 逻辑左移 4 位后与 AC1 相或,结果存入 AC1

执行前
AC0 | 7E 2355 4FC0
AC1 | 0F E340 5678

执行后
AC0 | 7E 2355 4FC0
AC1 | 0F F754 FE78

(4) XOR AC0,AC1   ;将 AC1 与 AC0 各位进行异或运算,结果存入 AC1

执行前
AC0 | 7E 2355 4FC0
AC1 | 0F E340 5678

执行后
AC0 | 7E 2355 4FC0
AC1 | 71 C015 19B8

2. 位计数指令

(1) 指　令

```
BCNT ACx,ACy,TCx,Tx        ;Tx =(ACx & ACy)中 1 的个数
                           ;若 Tx 为奇数,则 TCx = 1,反之 TCx = 0
```

(2) 状态位

没有影响指令执行的状态位。

执行指令后会受影响的状态位:TCx。

例 4-52,位计数指令举例。

```
BCNT AC1,AC2,TC1,T1        ;T1 = (AC1&AC2)中 1 的个数
                           ;因为 1 的个数是奇数,所以 TC1 = 1
```

	执行前		执行后
AC1	7E 2355 4FC0	AC1	7E 2355 4FC0
AC2	0F E340 5678	AC2	0F E340 5678
T1	0000	T1	000B
TC1	0	TC1	1

3. 逻辑移位指令

(1) 指　令

逻辑移位指令如表 4-40 所列。

表 4-40　逻辑移位指令

助记符指令	说　明
SFTL dst,#1	dst=dst<<#1,CARRY=移出的位
SFTL dst,#-1	dst=dst>>#1,CARRY=移出的位
SFTL ACx,Tx[,ACy]	ACy=ACx<<Tx;若 Tx 超出了-32~31 的范围,则 Tx 被饱和为-32 或 31,CARRY=移出的位
SFTL ACx,#SHIFTW[,ACy]	ACy = ACx<<#SHIFTW,#SHIFTW 是 6 位值,CARRY=移出的位

(2) 状态位

影响指令执行的状态位:C54CM,M40。

执行指令后受影响的状态位:CARRY。

例 4-53,逻辑移位指令举例。

(1) SFTL AC1,#1   ;AC1 = AC1<<#1,由于 M40 = 0,CARRY = 位 31,且位(39~32)清零

	执行前			执行后	
AC1	8F E340 5678		AC1	00 C680 ACF0	
CARRY		0	CARRY		1
M40		0	M40		0

(2) SFTL AC0,T0,AC1   ;AC1 = AC0<<-6,由于 M40 = 0,所以位(39~32)清零

	执行前			执行后	
AC0	5F B000 1234		AC0	5F B000 1234	
AC1	00 C680 ACF0		AC1	00 02C0 0048	
T0	FFFA		T0	FFFA	
M40		0	M40		0

4. 循环移位指令

(1) 指 令

ROL BitOut,src,BitIn,dst   ;将 BitIn 移进 src 的 LSB,src 被移出的位存放于 BitOut,
                                ;此时的结果放到 dst 中

ROR BitIn,src,BitOut,dst   ;将 BitIn 移进 src 的 MSB,src 被移出的位存放于 BitOut,
                                ;此时的结果放到 dst 中

注意:BitIn、BitOut 为 TC2 或 CARRY。

(2) 状态位

影响指令执行的状态位:CARRY,M40,TC2。

执行指令后会受影响的状态位:CARRY,TC2。

例 4-54,循环移位指令举例。

ROL CARRY,AC1,TC2,AC1   ;将 TC2 移入 AC1 的 LSB,将 AC1 中位 31 移出放入 CARRY,
                             ;由于 M40 = 0,将 AC0(39~32)清零

	执行前			执行后	
AC1	0F E340 5678		AC1	00 C680 ACF1	
TC2		1	TC2		1
CARRY		1	CARRY		1
M40		0	M40		0

4.2.5 移动指令

C55x 的移动指令分为以下 4 种类型:

➢ 累加器、辅助寄存器或临时寄存器装载、存储、移动和交换指令;

➢ 存储单元间的移动及初始化指令;

- 入栈和出栈指令；
- CPU 寄存器装载、存储和移动指令。

1. 累加器、辅助寄存器或临时寄存器装载、存储、移动和交换指令

(1) 指　令

累加器、寄存器或临时寄存器装载、存储、移动和交换指令及其操作如表 4-41 所列。

表 4-41　累加器、辅助寄存器或临时寄存器装载、存储、移动和交换指令

助记符指令	说　明
MOV k4,dst	加载 4 位无符号立即数到目的寄存器；dst = k4
MOV - k4,dst	4 位无符号立即数取反后加载到目的寄存器：dst = - k4
MOV K16,dst	加载 16 位带符号立即数到目的寄存器：dst = K16
MOV Smem,dst	操作数加载到目的寄存器；dst = Smem
MOV[uns(]high_byte(Smem)[)],dst	16 位操作数的高位字节加载到目的寄存器：dst = high_byte(Smem)
MOV[uns(]low_byte(Smem)[)],dst	16 位操作数的低位字节加载到目的寄存器：dst = low_byte(Smem)
MOV K16<<#16,ACx	ACx = K16 << #16
MOV K16<<#SHFT,ACx	ACx = K16 <<#SHFT
MOV [rnd(]Smem<<Tx[)],ACx	16 位操作数根据 Tx 的内容移位，结果舍入后放入累加器：ACx = Smem << Tx
MOV low_byte(Smem)<<#SHIFTW,ACx	16 位操作数高位字节移位后加载到累加器：ACx = low_byte(Smem)<<#SHIFTW
MOV high_byte(Smem)<<#SHIFTW,ACx	16 位操作数低位字节移位后加载到累加器：ACx = high_byte(Smem)<<#SHIFTW
MOV Smem<<#16,ACx	16 位操作数左移 16 位后加载到累加器：ACx = Smem << #16
MOV [uns(]Smem[)],ACx	16 位操作数加载到累加器：ACx = Smem
MOV [uns(]Smem[)]<<#SHIFTW,ACx	16 位操作数移位后加载到累加器：ACx = Smem<<#SHIFTW
MOV[40]dbl(Lmem),ACx	32 位操作数加载到累加器：ACx = dbl(Lmem)

续表 4-41

助记符指令	说明
MOV Xmem, Ymem, ACx	ACx(15-0)=Xmem,ACx(39-16)=Ymem LO(ACx) = Xmem :: HI(ACx) = Ymem
MOV dbl(Lmem),pair(HI(ACx))	ACx(31-16)=HI(Lmem) AC(x+1)(31-16)=LO(Lmem),x=0 or 2 pair(HI(ACx)) = Lmem
MOV dbl(Lmem),pair(LO(ACx))	ACx(15-0)=HI(Lmem) AC(x+1)(15-0)=LO(Lmem),x=0 or 2 pair(LO(ACx)) = Lmem
MOV dbl(Lmem),pair(TAx)	TAx=HI(Lmem) TA(x+1)=LO(Lmem),x=0 or 2 pair(TAx) = Lmem
MOV src,Smem	Smem=src(15-0)
MOV src,high_byte(Smem)	high_byte(Smem)=src(7-0)
MOV src,low_byte(Smem)	low_byte(Smem)=src(7-0)
MOV HI(ACx),Smem	Smem=ACx(31-16)
MOV [rnd(]HI(ACx)[)],Smem	Smem=[rnd]ACx(31-16)
MOV ACx<<Tx,Smem	Smem=(ACx<<Tx)(15-0)
MOV [rnd(]HI(ACx<<Tx)[)],Smem	Smem=[rnd](ACx<<Tx)(31-16)
MOV ACx<<#SHIFTW,Smem	Smem=(ACx<<#SHIFTW)(15-0)
MOV HI(ACx<<#SHIFTW),Smem	Smem=(ACx<<#SHIFTW)(31-16)
MOV[rnd(]HI(ACx<<#SHIFTW)[)],Smem	Smem=[rnd](ACx<<#SHIFTW)(31-16)
MOV(uns(][rnd(]HI[(saturate)(ACx)])),Smem	Smem=[uns]([rnd](sat(ACx(31-16))))
MOV[uns(][rnd(]HI[(saturate)(ACx<<Tx)[)])],Smem	累加器 ACx 根据 Tx 的内容移位,结果的高 16 位存储到 Smem;Smem = HI(ACx << Tx)
MOV[uns(][rnd(]HI[(saturate)(ACx<<#SHIFTW)])],Smem	累加器 ACx 移位后,结果的高 16 位存储到 Smem;Smem = HI(ACx << #SHIFTW)
MOV ACx,dbl(Lmem)	Lmem=ACx(31-0)
MOV[uns(]saturate(ACx)[)],dbl(Lmem)	Lmem=[uns](sat(ACx(31-0)))
MOV ACx>>#1,dual(Lmem)	累加器 ACx 的高 16 位右移一位后,结果存储到 Lmem 的高 16 位;累加器 ACx 的低 16 位右移一位后,结果存储到 Lmem 的低 16 位;HI(Lmem) = HI(ACx) >> #1 :: LO(Lmem) = LO(ACx) >> #1

续表 4-41

助记符指令	说 明
MOV pair(HI(ACx)),dbl(Lmem)	累加器 ACx 的高 16 位存储到 Lmem 的高 16 位； 累加器 AC(x+1) 的高 16 位存储到 Lmem 的低 16 位： HI(Lmem) = ACx(31-16) LO(Lmem) = AC(x+1)(31-16), x=0 or 2
MOV pair(LO(ACx)),dbl(Lmem)	累加器 ACx 的低 16 位存储到 Lmem 的高 16 位； 累加器 AC(x+1) 的低 16 位存储到 Lmem 的低 16 位： HI(Lmem) = ACx(15-0) LO(Lmem) = AC(x+1)(15-0), x=0 or 2
MOV pair(TAx),dbl(Lmem)	HI(Lmem) = TAx LO(Lmem) = TA(x+1), x=0 or 2
MOV ACx,Xmem,Ymem	累加器 ACx 的低 16 位存储到 Xmem；累加器 ACx 的高 16 位存储到 Ymem： Xmem = LO(ACx) :: Ymem = HI(ACx)
MOV src,dst	源寄存器的内容存储到目的寄存器：dst = src
MOV HI(ACx),TAx	累加器 ACx 的高 16 位移动到 Tax：TAx = HI(ACx)
MOV TAx,HI(ACx)	TAx 的内容移动到累加器 ACx 的高 16 位：HI(ACx) = TAx
SWAP ARx,Tx	ARx<->Tx,操作数为(AR4,T0 或 AR5,T1 或 AR6,T2 或 AR7,T3)
SWAP Tx,Ty	Tx<->Ty,操作数为(T0,T2 或 T1,T3)
SWAP ARx,ARy	ARx<->ARy,操作数为(AR0,AR2 或 AR1,AR3)
SWAP ACx,ACy	ACx<->ACy,操作数为(AC0,AC2 或 AC1,AC3)
SWAPP ARx,Tx	ARx<->Tx,AR(x+1)<->Tx(x+1),操作数为(AR4,T0 或 AR6,T2)
SWAPP T0,T2	T0<->T2,T1<->T3
SWAPP AR0,AR2	AR0<->AR2,AR1<->AR3
SWAPP AC0,AC2	AC0<->AC2,AC1<->AC3
SWAP4 AR4,T0	AR4<->T0,AR5<->T1, AR6<->T2,AR7<->T3

(2) 状态位

影响指令执行的状态位：C54CM,M40,RDM,SATD,SXMD。

执行指令后会受影响的状态位：ACOVx.。

例 4 - 55，累加器、辅助寄存器或临时寄存器装载、存储、移动和交换指令举例。

(1) MOV AC0,*(#0E10h)   ;将 AC0(15-0)存入 E10h 单元

	执行前		执行后
AC0	23 0400 6500	AC0	23 0400 6500
0E10	0000	0E10	6500

(2) MOV AC0,AC1   ;AC1 = AC0,由于 M40 = 0,在 31 位检测到溢出,将 ACOV1 置位

	执行前		执行后
AC0	01 E500 0030	AC0	01 E500 0030
AC1	00 2800 0200	AC1	01 E500 0030
M40	0	M40	0
SATD	0	SATD	0
ACOV1	0	ACOV1	1

(3) MOV #248,AC1   ;AC1 = #248

	执行前		执行后
AC1	00 0200 FC00	AC1	00 0000 00F8

(4) SWAP AR4,T0   ;将 AR4 的内容和 T0 的内容互换

	执行前		执行后
T0	6500	T0	0300
AR4	0300	AR4	6500

2. 存储单元间的移动及初始化指令

(1) 指 令

存储单元间的移动及初始化指令如表 4 - 42 所列。

表 4 - 42 存储单元间的移动及初始化指令

助记符指令	说 明
DELAY Smem	(Smem+1)=(Smem) 将 Smem 的内容复制到下一个地址单元中,原单元的内容保持不变。常用于实现 Z 延迟
MOV Cmem,Smem	将 Cmem 的内容复制到 Smem 指示的数据存储单元
MOV Smem,Cmem	将 Smem 的内容复制到 Cmem 指示的数据存储单元

续表 4-42

助记符指令	说　明
MOV K8,Smem	将立即数加载到 Smem 指示的数据存储单元
MOV K16,Smem	
MOV Cmem,dbl(Lmem)	HI(Lmem)=(Cmem),LO(Lmem)=(Cmem+1)
MOV dbl(Lmem),Cmem	(Cmem)=HI(Lmem),(Cmem+1)=LO(Lmem)
MOV dbl(Xmem),dbl(Ymem)	(Ymem)=(Xmem),(Ymem+1)=(Xmem+1)
MOV Xmem,Ymem	将 Xmem 的内容复制到 Ymem

(2) 状态位

没有影响指令执行的状态位。

执行指令后没有受影响的状态位。

例 4-56,存储单元间的移动及初始化指令举例。

(1) DELAY * AR1 +　　　　　　; *(AR1+1) = *(AR1),AR1 = AR1+1

执行前　　　　　　　　　　　　执行后

	AR1	0200		AR1	0201

数据存储器　　　　　　　　　　数据存储器

	0200	3400		0200	3400
	0201	0D80		0201	3400
	0202	2030		0202	2030

(2) MOV * CDP,*(♯0500h)　　;将(* CDP)存入 0500h 处

执行前　　　　　　　　　　　　执行后

	* CDP	3400		* CDP	3400
	0500	0000		0500	3400

3. 入栈和出栈指令

(1) 指　令

入栈和出栈指令如表 4-43 所列。

表 4-43　入栈和出栈指令

助记符指令	说　明
POP dst1,dst2	dst1=(SP),dst2=(SP+1),SP=SP+2
POP dst	dst=(SP),SP=SP+1 若 dst 为累加器,则 dst(15-0)=(SP),dst(39-16)不变
POP dst,Smem	dst=(SP),(Smem)=(SP+1),SP=SP+2 若 dst 为累加器,则 dst(15-0)=(SP),dst(39-16)不变

续表 4-43

助记符指令	说 明
POP dbl(ACx)	ACx(31-16)=(SP), ACx(15-0)=(SP+1), SP=SP+2
POP Smem	(Smem)=(SP), SP=SP+1
POP dbl(Lmem)	HI(Lmem)=(SP), LO(Lmem)=(SP+1), SP=SP+2
PSH src1,src2	SP=SP-2, (SP)=src1, (SP+1)=src2 若 src1, src2 为累加器，则将 src1(15-0)、src2(15-0)压入堆栈
PSH src	SP=SP-1, (SP)=src 若 src 为累加器，则取 src(15-0)
PSH src, Smem	SP=SP-2, (SP)=src, (SP+1)=Smem 若 src 为累加器，则取 src(15-0)
PSH dbl(ACx)	SP=SP-2, (SP)=ACx(31-16), (SP+1)=ACx(15-0)
PSH Smem	SP=SP-1, (SP)=Smem
PSH dbl(Lmem)	SP=SP-2, (SP)=HI(Lmem), (SP+1)=LO(Lmem)

(2) 状态位

没有影响指令执行的状态位。

执行指令后没有受影响的状态位。

例 4-57，入栈和出栈指令举例。

(1) POP AC0,AC1　　　　　　; AC0(15-0)=(SP), AC1(15-0)=(SP+1)
　　　　　　　　　　　　　　;(39-16)不变, SP=SP+2

	执行前		执行后
AC0	00 4500 0000	AC0	01 4500 4890
AC1	F7 5678 9432	AC1	F7 5678 2300
SP	0300	SP	0302
数据存储器		数据存储器	
0300	4890	0300	4890
0301	2300	0301	2300

(2) PSH AR0,AC1　　　　　　;SP=SP-2, (SP)=AR0, (SP+1)=AC1(15-0)

	执行前		执行后
AR0	0300	AR0	0300
AC1	03 5644 F800	AC1	03 5644 F800
SP	0300	SP	02FE
数据存储器		数据存储器	

02FE	0000		02FE	0300
02FF	0000		02FF	F800
0300	5890		0300	5890

4. CPU 寄存器装载、存储和移动指令

(1) 指 令

CPU 寄存器装载、存储和移动指令如表 4-44 所列。

表 4-44 CPU 寄存器装载、存储和移动指令

助记符指令	说 明
MOV k12,BK03	
MOV k12,BK47	
MOV k12,BKC	
MOV k12,BRC0	
MOV k12,BRC1	
MOV k12,CSR	
MOV k7,DPH	
MOV k9,PDP	
MOV k16,BSA01	装载立即数到指定的 CPU 寄存器单元
MOV k16,BSA23	
MOV k16,BSA45	
MOV k16,BSA67	
MOV k16,BSAC	
MOV k16,CDP	
MOV k16,DP	
MOV k16,SP	
MOV k16,SSP	
MOV Smem,BK03	
MOV Smem,BK47	
MOV Smem,BKC	
MOV Smem,BSA01	把 Smem 指示的数据存储单元的内容装载到指定的 CPU 寄存器单元
MOV Smem,BSA23	
MOV Smem,BSA45	
MOV Smem,BSA67	
MOV Smem,BSAC	

续表 4-44

助记符指令	说 明
MOV Smem, BRC0	把 Smem 指示的数据存储单元的内容装载到指定的 CPU 寄存器单元
MOV Smem, BRC1	
MOV Smem, CDP	
MOV Smem, CSR	
MOV Smem, DP	把 Smem 指示的数据存储单元的内容装载到指定的 CPU 寄存器单元
MOV Smem, DPH	
MOV Smem, PDP	
MOV Smem, SP	
MOV Smem, SSP	
MOV Smem, TRN0	
MOV Smem, TRN1	
MOV dbl(Lmem), RETA	把 Lmem 指示的数据存储单元的内容装载到指定的 CPU 寄存器单元 CFCT=Lmem(31-24), RETA=Lmem(23-0)
MOV BK03, Smem	把指定的 CPU 寄存器单元的内容存储到 Smem 指示的数据存储单元
MOV BK47, Smem	
MOV BKC, Smem	
MOV BSA01, Smem	
MOV BSA23, Smem	
MOV BSA45, Smem	
MOV BSA67, Smem	
MOV BSAC, Smem	
MOV BRC0, Smem	
MOV BRC1, Smem	
MOV CDP, Smem	
MOV CSR, Smem	
MOV DP, Smem	
MOV DPH, Smem	
MOV PDP, Smem	
MOV SP, Smem	
MOV SSP, Smem	
MOV TRN0, Smem	
MOV TRN1, Smem	

续表 4-44

助记符指令	说 明
MOV RETA,dbl(Lmem)	把指定的 CPU 寄存器单元的内容存储到 Lmem 指示的数据存储单元 Lmem(31-24)=CFCT,Lmem(23-0)=RETA
MOV TAx,BRC0	把 TAx 的内容移动到指定的 CPU 寄存器单元
MOV TAx,BRC1	
MOV TAx,CDP	
MOV TAx,CSR	
MOV TAx,SP	
MOV TAx,SSP	
MOV BRC0,TAx	把指定的 CPU 寄存器单元的内容移动到 TAx
MOV BRC1,TAx	
MOV CDP,TAx	
MOV RPTC,TAx	
MOV SP,TAx	
MOV SSP,TAx	

(2) 状态位

没有影响指令执行的状态位。

执行指令后没有受影响的状态位。

例 4-58,CPU 寄存器装载、存储和移动指令举例。

(1) MOV T1,BRC1   ;BRC1 = BRS1 = T1

	执行前		执行后
T1	0034	T1	0034
BRC1	00EA	BRC1	0034
BRS1	00EA	BRS1	0034

(2) MOV SP,*AR1+   ;(*AR1)=(SP),AR1=(AR1+1)

	执行前		执行后
AR1	0200	AR1	0201
SP	0200	SP	0200

数据存储器		数据存储器	
0200	0000	0200	0200

4.2.6 程序控制指令

程序控制指令用于控制程序的流程,包括跳转指令、调用与返回指令、中断与返回指令和重复指令等。

1. 跳转指令

(1) 指　令

跳转指令包括条件跳转和无条件跳转两种,其指令及操作如表 4-45 所列。

表 4-45　跳转指令

助记符指令	说　明
B ACx	跳转由累加器 ACx(23～0)指定的地址,即 PC=ACx(23～0)
B L7	跳转到标号 L7,L7 为 7 位长的相对 PC 的带符号偏移
B L16	跳转到标号 L16,L16 为 16 位长的相对 PC 的带符号偏移
B P24	跳转到由标号 P24 指定的地址,P24 为绝对程序地址
BCC l4, cond	条件为真时,跳转到标号 l4 处,l4 为 4 位长的相对 PC 的无符号偏移
BCC L8, cond	条件为真时,跳转到标号 L8 处,L8 为 8 位长的相对 PC 的带符号偏移
BCC L16, cond	条件为真时,跳转到标号 L16 处,L16 为 16 位长的相对 PC 的带符号偏移
BCC P24, cond	条件为真时,跳转到标号 P24 处,P24 为 24 位长的绝对程序地址
BCC L16, ARn_mod!=#0	当指定的辅助寄存器不等于 0 时,跳转到标号 L16 处,L16 为 16 位长的相对 PC 的带符号偏移
BCC[U] L8, src RELOP K8	当 src 与 K8 的关系满足指定的关系时,跳转到标号 L8 处,L8 为 8 位长的相对 PC 的带符号偏移

(2) 状态位

影响指令执行的状态位:ACOVx,CARRY,C54CM,M40,TCx。

执行指令后会影响的状态位:ACOVx。

例 4-59,跳转指令举例。

(1) BCC branch,TC1　　　　;TC1=1,程序跳转到标号 branch 处执行

```
                    BCC branch,TC1
                    ……                    address:00406C
                    ……
         branch     ……                            00406E
```

执行前　　　　　　　　　　　执行后

TC1	1		TC1	1
PC	00406A		PC	00406E

(2) B AC0   ; PC = AC0 (23 – 0)

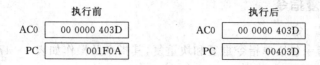

2. 调用与返回指令

(1) 指 令

调用与返回指令包括有条件和无条件的,其指令及操作如表 4 – 46 所列。

表 4 – 46   调用与返回指令

助记符指令	说 明
CALL ACx CALL L16 CALL P24	调用地址等于累加器 ACx(23～0)、L16 或 P24 的子程序,过程如下:堆栈配置为快返回时,将 RETA(15～0)压入 SP,CFCT 与 RETA(23～16)压入 SSP;将返回地址写入 RETA,将调用现场标志写入 CFCT;堆栈配置慢返回时,将返回地址和调用现场标志分别存入系统堆栈和数据堆栈。然后将子程序地址装入 PC,并设置相应的激活标志。
CALLCC L16,cond CALLCC P24,cond	当条件为真时,执行调用。调用过程同无条件调用
RET	从子程序返回,过程如下:堆栈配置为快返回时,将 RETA 的值写入 PC,更新 CFCT,从 SP 和 SSP 弹出 RETA 和 CFCT 的值;堆栈配置慢返回时,从系统堆栈和数据堆栈恢复返回地址和调用现场
RETCC cond	当条件为真时,执行返回,过程同无条件返回

(2) 状态位

影响指令执行的状态位:ACOVx,CARRY,C54CM,M40,TCx。

执行指令后会受影响的状态:ACOVx。

例 4 – 60,调用与返回指令举例。

(1) CALLCC(subroutine),AC1> = #2000h   ; AC1> = #2000h,PC = 子程序地址
(2) RETCC ACOV0 = #0   ; ACOV0 = 0,PC = 调用子程序的返回地址

3. 中断与返回指令

(1) 指 令

```
 INTR k5                    ;程序执行中断服务子程序,中断向量地址由中断向量指针
(IVPD)
 TRAP k5                    ;和 5 位无符号立即数确定,不受 INTM 影响
 RETI                       ;PC = 中断任务的返回地址
```

(2) 状态位

没有影响指令执行的状态位。

执行指令后会受影响的状态位:INTM。

4. 重复指令

(1) 指 令

重复指令包括单指令重复和块重复,其指令及操作如表 4-47 所列。

表 4-47 重复指令

助记符指令	说　明
RPT CSR	重复执行下一条指令或下两条并行指令(CSR)+1 次
RPT k8	重复执行下一条指令或下两条并行指令 k8+1 次
RPT k16	重复执行下一条指令或下两条并行指令 k16+1 次
RPTADD CSR,TAx	重复执行下一条指令或下两条并行指令(CSR)+1 次, CSR=CSR+TAx
RPTADD CSR,k4	重复执行下一条指令或下两条并行指令(CSR)+1 次, CSR=CSR+k4
RPTSUB CSR,k4	重复执行下一条指令或下两条并行指令(CSR)+1 次, CSR=CSR−k4
RPTCC k8,cond	当条件满足时,重复执行下一条指令或下两条并行指令 k8+1 次
RPTB pmad	重复执行一段指令,次数=(BRC0/BRS1)+1。指令块最长为 64 KB
RPTBLOCAL pmad	重复执行一段指令,次数=(BRC0/BRS1)+1。指令块最长为 64 KB,仅限于 IBQ 内的指令

(2) 状态位

影响指令执行的状态位:ACOVX,CARRY,C54CM,M40,TCx。

执行指令后会受影响的状态位:ACOVx。

例 4-61,重复指令举例。

```
RPT CSR                    ;下一条指令执行 CSR+1 次
MACM *AR3+,*AR4+,AC1
```

	执行前		执行后
AC1	00 0000 0000	AC1	00 3376 AD10
CSR	0003	CSR	0003
AR3	0200	AR3	0204
AR4	0400	AR4	0404
数据存储器		数据存储器	
0200	AC03	0200	AC03
0201	3468	0201	3468
0202	FE00	0202	FE00

0203	23DC
0400	D768
0401	6987
0402	3400
0403	7900

0203	23DC
0400	D768
0401	6987
0402	3400
0403	7900

5. 其他程序控制指令

程序控制指令还包括条件执行、空闲(IDLE)、空操作(NOP)和软件复位。

(1) 指　令

```
XCC[label,]cond       ;当条件满足时,执行下面一条指令
XCCPART[label,]cond   ;当条件满足时,执行下面两条并行指令
IDLE                  ;空闲
NOP                   ;空操作,PC = PC + 1
RESET                 ;软件复位
```

(2) 状态位

影响指令执行的状态位:ACOVx,CARRY,C54CM,M40,TCx,INTM。
执行指令后会受影响的状态位:ACOVx,IFR0,IFR1,ST0_55,ST1_55,ST2_55。
例4-62,条件执行指令举例。

```
XCC branch,*AR0! = #0    ;AR0 不等于 0,执行下一条指令(ADD)
ADD  *AR2+,AC0           ;AC0 = AC0 + (*AR2),AR2 = AR2 + 1
```

思考题与习题

4.1　C55x 有哪些寻址方式?
4.2　如何选择 DP 直接寻址方式和 SP 直接寻址方式?两种寻址方式有何异同?
4.3　C55x 的间接寻址方式有哪几种类型?
4.4　如何在数据空间建立一个字循环缓冲区?
4.5　C55x 的助记符指令集和代数指令集各有何特点?

4.6 按操作类型 C55x 的指令可分为哪几种?

4.7 阅读下列程序,给程序加上注释,指出该程序的功能。

(1) mov   *AR0+,AC0
     add   *AR0+,AC0
     mov   AC0,T0

(2) mpym   *AR0+,*AR1+,AC0
     mpym   *AR0+,*AR1+,AC1
     add   AC1,AC0
     mpym   *AR0+,*AR1+,AC1
     add   AC1,AC0
     mov   AC0,T0

4.8 写出以下指令执行后的结果。

PSH AR1,AC2

	执行前		执行后
XAR1	11 6578 EF00	AR1	
AC2	03 5644 F800	AC2	
SP	0300	SP	
数据存储器		数据存储器	
02FE	0000	02FE	
02FF	0000	02FF	
0300	0000	0300	

4.9 C55x 的哪些指令最适宜于完成以下运算?

(1) $\sum_{i=0}^{L-1} x_i y_i$ (2) $\sum_{i=0}^{L-1} (x_i - y_i)^2$ (3) $\sum_{i=0}^{L-1} h_i [x(n-i) + x(n-L+1+i)]$

4.10 (实验)利用第 3 章中汇编语言工程所用命令文件,在 CCS 下建立关于例 4-7 的汇编语言工程。通过实验给出 001030h~00103Fh 的内容,加深对寻址方式 *(ARn+T0B) 的理解。

4.11 (实验)参考上题,在 CCS 下建立关于例 4-17 的汇编语言工程,进行实验,加深对循环缓冲区的理解。

第 5 章

TMS320C55x 汇编语言编程

内容提要： 本章介绍 TMS320C55x 汇编语言的编程方法。首先概括介绍了 C55x 软件开发的一般流程；然后介绍汇编语言编程的基本知识和方法，内容包括 COFF 目标文件格式、汇编伪指令、汇编语言程序的编写、C55x 汇编器和链接器的使用等；最后给出了一个完整的 C55x 汇编程序例子。

5.1 TMS320C55x 软件开发流程

5.1.1 软件开发流程

C55x 编程可以采用汇编语言，也可以采用 C/C++ 语言。采用 C/C++ 语言编程容易，但程序执行效率不如汇编语言。采用汇编语言编程过程复杂，但程序执行效率高。

C55x 的软件开发环境有两种，一种是集成开发环境；另一种为非集成开发环境。集成开发环境称为 CCS(Code Composer Studio)，见第 3 章介绍。图 5-1 给出了非集成开发环境下软件开发的流程图，图中阴影部分是最常用的部分。

用户采用 C/C++ 语言或汇编语言编写源文件(.c 或.asm)，经 C/C++ 编译器、汇编器生成 COFF 格式的目标文件(.obj)，再用链接器进行链接，生成在 C55x 上可执行的目标代码(.out)，然后利用调试工具(软件仿真器 simulator 或硬件仿真器 emulator)对可执行的目标代码进行仿真和调试。

当调试完成后，通过 Hex 代码转换工具，将调试后的可执行目标代码(.out)转换成 EPROM 编程器能接受的代码(.hex)，并将该代码固化到 EPROM 中或加载到用户的应用系统中，以便 DSP 目标系统脱离计算机单独运行。

5.1.2 软件开发工具

1. 代码生成工具

① 源代码编辑器：采用汇编语言或 C/C++ 语言编写的源程序均为文本文件，可以在任何一种文本编辑器中进行。如 WORD、EDIT、TC 和 Windows 操作系统自

带的记事本等。

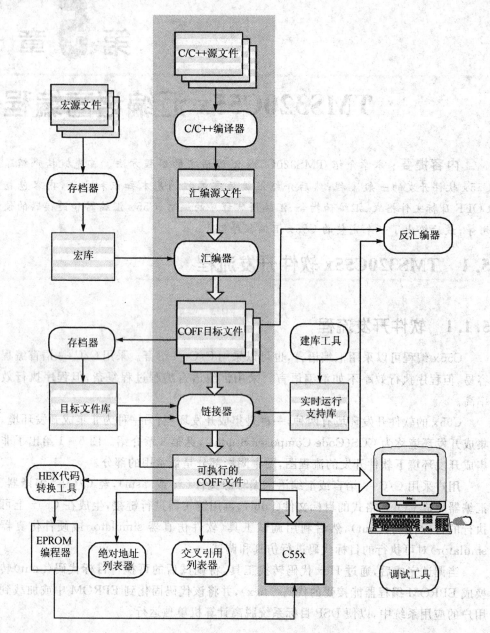

图 5-1 非集成开发环境下 C55x 软件开发的流程图

② C/C++编译器：用来将 C/C++语言源程序(.C 或.CPP)自动编译为 C55x 的汇编语言源程序(.asm)。

③ 汇编器：用来将汇编语言源文件(.asm)汇编成机器语言 COFF 目标文件(.obj)。

④ 链接器：将汇编生成的、可重新定位的 COFF 目标模块(.obj)组合成一个可执行的 COFF 目标模块(.out)。

⑤ 文档管理器：允许用户将一组文件(源文件或目标文件)集中为一个文档文件库。

⑥ 建库实用程序：用来建立用户自己使用的、并用 C/C++ 语言编写的支持运行的库函数。

⑦ 十六进制转换程序：可以很方便地将 COFF 目标文件(.out)转换成 TI、Intel、Motorola 等公司的目标文件格式(.hex)。

⑧ 绝对制表程序：将链接后的目标文件作为输入，生成 .abs 输出文件。

⑨ 交叉引用制表程序：利用目标文件生成一个交叉引用清单，列出链接的源文件中的符号以及它们的定义和引用情况。

2. 代码调试工具

① 软件仿真器(Simulator)：是一种模拟 DSP 芯片各种功能并在非实时条件下进行软件调试的调试工具，它不需目标硬件支持，只需在计算机上运行。

② 硬件仿真器(Emulator)：可用来进行系统级的集成调试，是进行 DSP 芯片软硬件开发的最佳工具。

5.2 TMS320C55x 目标文件格式

5.2.1 COFF 文件的基本单元——段

汇编器生成的目标文件采用通用目标文件格式(COFF，Common Object File Format)。段(section)是 COFF 文件的基本单元。汇编器和链接器提供了一些伪指令来建立和管理各种各样的段。

一个段是一个占据存储器里连续地址的代码或者数据块，COFF 目标文件的每个段都是分开和不同的。COFF 目标文件通常包括 3 个默认段，即：

.text 段，通常包含可执行代码；

.data 段，通常包含初始化数据；

.bss 段，通常给未初始化的变量保留存储空间。

汇编器和链接器允许用户创建、命名和链接自定义段。

COFF 目标文件有两种基本类型的段：

① 初始化段：包含数据或代码。.text 和 .data 段是初始化段，以 .sect 汇编指令创建的自定义段也是初始化段。

② 未初始化段：给未初始化的数据保留存储空间。.bss 段是未初始化段，以 .usect 汇编指令创建的自定义段也是未初始化段。

一些汇编伪指令可以用来将代码和数据的各个部分与相应的段相联系。汇编器

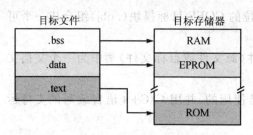

图 5-2 目标文件中的段与目标存储器的关系

在汇编过程中,根据汇编命令用适当的段将各部分程序代码和数据连在一起,构成如图 5-2 所示的目标文件。

链接器的一个功能就是将不同段映射到存储器(见图 5-2)。因为大多数系统具有几种类型的存储器,使用段可以使用户更有效地利用存储器,所有段都是独自分配的。用户可以将任何段放到存储器的任意存储块上。

5.2.2 汇编器对段的处理

汇编器通过段伪指令自动识别各个段,并将段名相同的语句汇编在一起。汇编器有 5 条伪指令可以识别汇编语言程序的各个不同段,它们是:.bss、.usect、.text、.data 和.sect。

.text、.data 和.sect 创建初始化段,.bss 和.usect 创建未初始化段,.sect 与.usect 创建自定义段和子段。

1. 未初始化段

未初始化段占用处理器存储空间,它们常常分配到 RAM。这些段在目标文件里没有实际内容,仅仅为它们保留存储空间,当程序在运行时用这些空间来创建和存储变量。用汇编命令.bss 和.usect 来创建未初始化数据区域。

每次用户使用.bss 指令,汇编器就在对应的段开辟更多的存储空间。每次使用.usect 指令,汇编器就在指定的自定义段开辟更多的存储空间。

这些指令的使用格式为:

```
       .bss symbol,size[,[blocking flag][,alignment flag]]
symbol .usect "section name",size[,[blocking flag][,alignment flag]]
```

symbol:指向.bss 或者.usect 指令创建的段的第一个字,对应该存储空间的变量名。它可以被其他段引用,也可以被声明为一个全局符号。

size:表示汇编指令为对应的段开辟的存储空间的大小,单位为字。

section name:段的名字。

blocking flag:可选参数。如果赋予一个非零值给该参数,汇编器会连续分配字节空间,这些区域不会超出一页边界,除非该段大于一页(在这种情况下,目标文件会在页边界开始)。

alignment flag:可选参数。如果赋予一个非零值给该参数,该段会在一个长字边界开始。

.text、.data 和.sect 指令告诉汇编器停止当前段的汇编,开始对指定的段进行汇编。而.bss和.usect指令不结束当前段的汇编去开始一个新的段,它们仅仅让汇编器暂时退出当前段的编辑。.bss和.usect指令可以出现在一个初始化段的任何地方而不会影响该段的内容。

2. 初始化段

初始化段包含可执行代码或者初始化数据。当程序被装载时,它们就被放到处理器存储空间里。每个初始化段独立分配空间,可以引用在其他段定义的标识(symbol),链接器自动处理这些段间引用。3个指令告诉汇编器代码或者数据放到段里,分别是:

  .text [value]
  .data [value]
  .sect "section name"[,value]

当汇编器遇到其中一个指令就停止当前段的汇编(就好像一个当前段结束命令),而将后面的代码汇编到另外指定的段,直到遇到另一个.text、.data或者.sect指令。上述指令中的value表示段指针(SPC)的开始值,只可指定一次,且必须在段第一次出现时指定。默认SPC从0开始。

3. 自定义段

用户可以像默认的.text、.data和.bss段一样使用它们,只是汇编不同。比如重复使用.text指令建立单个的.text段,在连接时作为一个单元分配存储空间。假设可执行代码中有一个部分不想汇编到.text段,如果把这段代码汇编到一个自定义段,那么它就不会和.text一起汇编。同样可以与.data段分开汇编初始数据,也可以与.bss段分开为非初始化变量开辟存储空间。可以用下面的命令创建自定义段。

  .usect指令可以创建像.bss段那样的段,这些段为变量在RAM开辟存储空间。
  .sect指令可以创建像.text和.data段那样包含代码和数据的段,可以创建可重分配地址的自定义段。

用户可以创建多达32 767个自定义段,段名可以多至200个字符。对.sect和.usect指令,section name也可以是子段名。

每次使用上面两个指令可以用不同的section name来创建不同的段,如果用一个已经使用的section name,那么汇编器将代码和数据都汇编到同一个段。不可以在不同的指令里使用同一个section name。

4. 子 段

子段是更大的段中的较小的段,链接器可以像段一样操作它。子段可以让用户更好地控制存储器映射。可以使用.sect或者.usect指令来创建子段,子段名的格式为:

  section name:subsection name

第5章 TMS320C55x 汇编语言编程

同一个段中的子段可以独自分配地址,也可以一起分配存储空间。例如:在段 .text 中创建一个 _func 子段,代码如下:

.sect ".text:_func"

用户可以为其单独分配地址,也可以和 .text 段的其他部分一起分配地址。
用户可以创建初始化子段和未初始化子段。

5. 段指针

汇编器为每个段分配一个程序指针,这些程序指针称为段指针(SPCs)。
一个 SPC 指向一个段的当前地址。初始时,汇编器设置每个 SPC 为 0,当汇编器在段中填充代码和数据时,SPC 跟着增加。如果重新开始汇编一个段,汇编器会记得该段 SPC 原来的值,并继续增加 SPC。

例 5-1,段伪指令的使用。
这是一个汇编语言程序经汇编后生成的 .lst 文件,每行包含 4 个区域:

Field 1:源代码行号;
Field 2:段指针;
Field 3:目标代码;
Field 4:初始源代码。

```
 2                   * * * * * * * * * * * * * * * * * * * * * * * * *
 3                   * *        在 .data 段中汇编初始化表              * *
 4                   * * * * * * * * * * * * * * * * * * * * * * * * *
 5  000000                      .data
 6  000000 0011      coeff      .word 011h,022h,033h
    000001 0022
    000002 0033
 7                   * * * * * * * * * * * * * * * * * * * * * * * * *
 8                   * *        在 .bss 段中为变量保留空间             * *
 9                   * * * * * * * * * * * * * * * * * * * * * * * * *
10  000000                      .bss buffer,10
11                   * * * * * * * * * * * * * * * * * * * * * * * * *
12                   * *            仍然在 .data 段中                  * *
13                   * * * * * * * * * * * * * * * * * * * * * * * * *
14  000003 0123      ptr        .word 0123h
15                   * * * * * * * * * * * * * * * * * * * * * * * * *
16                   * *          在 .text 段中汇编代码                * *
17                   * * * * * * * * * * * * * * * * * * * * * * * * *
18  000000                      .text
19  000000 A01E      add:       MOV     0Fh,AC0
20  000002 4210      aloop:     SUB     #1,AC0
```

```
21 000004 0450            BCC      aloop,AC0>=#0
   000006 FB
22             * * * * * * * * * * * * * * * * * * * * * * * *
23             * *      在.data段中定义另一个初始化表              * *
24             * * * * * * * * * * * * * * * * * * * * * * * *
25 000004                 .data
26 000004 00AA   ivals    .word    0AAh,0BBh,0CCh
   000005 00BB
   000006 00CC
27             * * * * * * * * * * * * * * * * * * * * * * * *
28             * *      为更多的变量定义新的段                    * *
29             * * * * * * * * * * * * * * * * * * * * * * * *
30 000000         var2    .usect   "newvars",1
31 000001         inbuf   .usect   "newvars",7
32             * * * * * * * * * * * * * * * * * * * * * * * *
33             * *      继续汇编.text段                          * *
34             * * * * * * * * * * * * * * * * * * * * * * * *
35 000007                 .text
36 000007 A114   mpy:     MOV      0Ah,AC1
37 000009 2272   mloop:   MOV      T3,HI(AC2)
38 00000b 1E0A            MPYK     #10,AC2,AC1
   00000d 90
39 00000e 0471            BCC      mloop,! overflow(AC1)
   000010 F8
40             * * * * * * * * * * * * * * * * * * * * * * * *
41             * *      定义一个命名段 vectors                    * *
42             * * * * * * * * * * * * * * * * * * * * * * * *
43 000000                 .sect    "vectors"
44 000000 0011            .word    011h,033h
45 000001 0033
Field1 Field2  Field3   Field4
```

如图5-3所示，这个例子创建了5个段：

.text段：包含17字节目标代码；
.data段：包含7字的目标代码；
vectors段：.sect指令创建的自定义段，包含两个字的初始化数据；
.bss段：在存储器占用10个字；
newvars段：.usect指令创建的自定义段，在存储器中占用8个字。

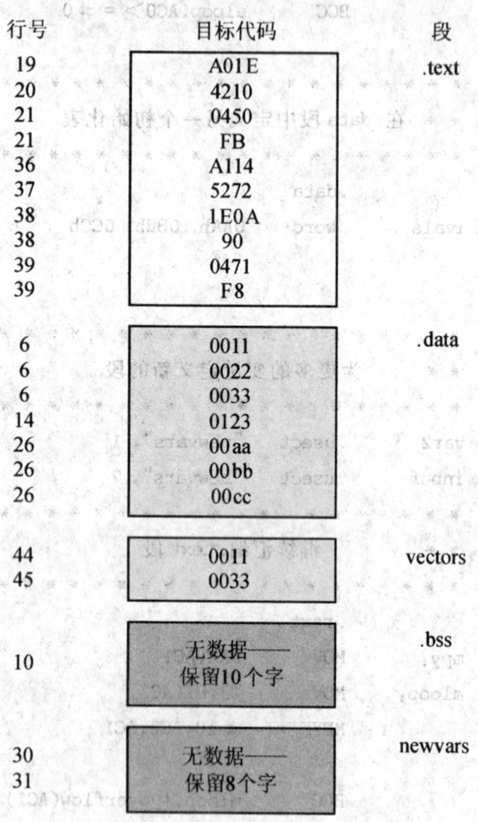

第 5 章　TMS320C55x 汇编语言编程

行号	目标代码	段
19	A01E	.text
20	4210	
21	0450	
21	FB	
36	A114	
37	5272	
38	1E0A	
38	90	
39	0471	
39	F8	
6	0011	.data
6	0022	
6	0033	
14	0123	
26	00aa	
26	00bb	
26	00cc	
44	0011	vectors
45	0033	
10	无数据——保留10个字	.bss
30	无数据——保留8个字	newvars
31		

图 5-3　例 5-1 产生的目标代码

5.2.3　链接器对段的处理

　　链接器对段的处理有两个主要任务：其一是将一个或多个 COFF 目标文件（.obj）中的各种段作为链接器的输入段，经链接后在一个可执行的 COFF 模块（.out）中建立各个输出段；其二是为各个输出段选定存储器地址。链接器有 2 条伪指令（MEMORY 和 SECTIONS）支持上述任务。它们通常放在链接器命令文件（.cmd）中执行，是命令文件的主要内容。

　　如果在链接时不使用 MEMORY 和 SECTIONS 指令，则链接器使用目的处理器的默认分配算法。

　　图 5-4 显示了链接器如何连接两个文件。已经汇编过的两个文件 file1.obj 和 file2.obj 作为链接器输入。每个文件包含 .text、.data 和 .bss 段和自定义段。链接器把两个文件里的 .text 段组合成一个 .text 段，再是 .data 和 .bss 段，最后是自定义段。存储器映射显示了段如何映射到存储器。默认状态下，链接器在地址 080h 开始，然后把段一个接一个地放到存储器里。

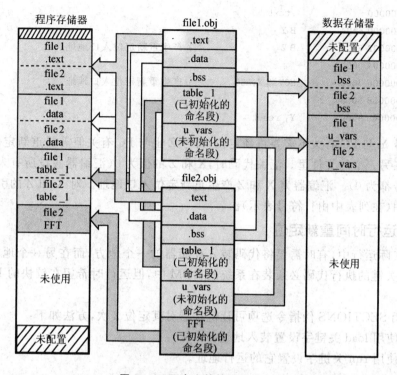

图 5-4 两个文件的链接过程

有时用户可能不想使用默认设置,比如不想把所有的.text 段组合成一个.text 段,或者想把一个自定义段放到通常情况下.data 段放置的地方。多数存储器映射包含 RAM、ROM 和 EPROM 等存储器类型,若想把一个段放到指定类型的存储器,就要使用 MEMORY 和 SECTIONS 等连接指令自己进行存储器映射。

5.2.4 链接器对程序的重新定位

1. 地址重新定位

汇编器对每个段汇编时都是从 0 地址开始,而所有需要重新定位的符号(标号)在段内都是相对于 0 地址的。事实上,所有段都不可能从存储器中 0 地址单元开始,因此链接器必须对各个段进行重新定位。

重新定位的方法:
① 将各个段配置到存储器中,使每个段都有一个合适的起始地址。
② 将符号变量调整到相对于新的段地址的位置。
③ 将引用调整到重新定位后的符号,这些符号反映了调整后的新符号值。
例 5-2,程序重新定位。

```
1                .ref X          ;X 在其他文件中已定义
2                .ref Z          ;Z 在其他文件中已定义
```

```
3   000000              .text
4   000000  4A04         B  Y
5   000002  6A00         B  Z             ;产生重新定位入口地址
    000004  0000!
6   000006  7600         MOV #X,AC0       ;产生重新定位入口地址
    000008  0008!
7   00000a  9400         Y: reset
```

符号 Y 与 PC 有关不需要重新定位,符号 Z 也与 PC 有关但需要重新定位,因为它定义在另一个的文件里。汇编代码时,X 和 Z 的值为 0(汇编器假设所有未定义的外部符号都为 0)。汇编器为 X 和 Z 产生重新定位入口地址。对 X 和 Z 的引用都是外部引用(在列表中由! 符号表示)。

2. 运行时间重新定位

在实际运行中,有时需要将代码装入存储器的一个地方,而在另一个地方运行。如:一些关键的执行代码必须装在系统的 ROM 中,但运行时希望在较快的 RAM 中进行。

利用 SECTIONS 伪指令选项可让链接器对其定位 2 次,方法如下:
① 使用 load 关键字设置装入地址。
② 使用 run 关键字设置它的运行地址。

5.2.5 COFF 文件中的符号

COFF 文件中有一个符号表,主要用来存储程序中有关符号的信息。链接器在执行程序定位时,要使用符号表提供的信息,而调试工具也要使用该表来提供符号调试。

1. 外部符号

外部符号是指在一个模块中定义、而在另一个模块中引用的符号。它可以用伪指令.def、.ref 或.global来定义。
① .def 在当前模块中定义,并可在别的模块中引用的符号。
② .ref 在当前模块中引用,但在别的模块中定义的符号。
③ .global 可以是上面的任何一种情况。

例 5-3,外部符号的使用。

```
        .def    x                ;定义内部符号 x
        .ref    y                ;引用外部符号,y 在其他文件中已定义
x:      ADD     #86,AC0,AC1      ;定义 x
        B       y                ;引用 y
```

2. 符号表

每当遇到一个外部符号,无论是定义的还是引用的,汇编器都将在符号表中产生

一个条目。汇编器还产生一个指到每段的专门符号,链接器使用这些符号将其他引用符号重新定位。

5.3 TMS320C55x 汇编器

5.3.1 汇编器概述

TMS320C55x 有 2 个汇编器。
- masm55:助记符指令汇编器,接受 C54x 和 C55x 助记符指令汇编源程序;
- asm55:代数指令汇编器,只接受 C55x 代数指令汇编源程序。

本章只介绍助记符指令汇编器 masm55,关于代数指令汇编器 asm55 可参考文献"SPRU375E,TMS320C55x DSP Algebraic Instruction Set Reference Guide"。

汇编器的功能如下:
① 处理文本格式的源文件,产生可重新定位的 C55x 目标文件(.obj)。
② 产生列表文件(如果需要),可对该列表进行控制。
③ 允许用户把代码分段,并对每一个目标代码段提供一个段指针 SPC。
④ 定义和引用全局符号,并提供源文件交叉引用表(如果需要)。
⑤ 汇编条件程序块。
⑥ 支持宏功能,允许定义宏命令。

5.3.2 汇编程序的运行

C55x 的汇编程序名为 masm55.exe。要运行汇编程序,可键入如下命令:

masm55 [input file [object file [listing file]]] [-options]

masm55:运行汇编程序 masm55.exe 的命令。
input file:汇编源文件名,默认扩展名为.asm。
listing file:汇编器产生的列表文件名,默认扩展名为.lst。
-options:汇编器的选项,为汇编器的使用提供各种选择。汇编器 masm55 的选项及功能如表 5-1 所列。

表 5-1 汇编器 masm55 的选项及其功能

选 项	功 能
-@	-@filemane(文件名)可以将文件名的内容附加到命令行上。使用该选项可以避免命令行长度的限制。如果在一个命令文件、文件名或选项参数中包含了嵌入的空格或连字符,则必须使用引号括起来,例如:"this-file.asm"
-a	建立一个绝对列表文件。当选用-a时,汇编器不产生目标文件

第5章 TMS320C55x 汇编语言编程

续表 5-1

选项	功能
-c	使汇编语言文件中大小写没有区别
-d	为名字符号设置初值。格式为-d name[＝value]时,与汇编文件被插入 name . set [＝value] 是等效的。如果 value 被省略,则此名字符号被置为 1
-f	抑制汇编器给没有.asm 扩展名的文件添加扩展名的默认行为
-g	允许汇编器在源代码中进行代码调试。汇编语言源文件中每行的信息都输出到 COFF 文件中。注意:用户不能对已经包含.line 伪指令的汇编代码使用-g 选项。例如,由C/C++编译器运行-g 选项产生的代码
-h, -help, -?	这些选项的任意一个将显示可供使用的汇编器选项的清单
-hc	将选定的文件复制到汇编模块。格式为-hc filename 所选定的文件包含到源文件语句的前面,复制的文件将出现在汇编列表文件中
-hi	将选定的文件包含到汇编模块。格式为-hi filename 所选定的文件包含到源文件语句的前面,所包含的文件不出现在汇编列表文件中
-i	规定一个目录。汇编器可以在这个目录下找到.copy、.include 或.mlib 命令所命名的文件。格式为-i pathname,最多可规定 10 个目录,每一条路径名的前面都必须加上-i 选项
-l	(小写 l)生成一个列表文件
-ma	(ARMS 模式)程序执行期间使能 ARMS 位。缺省状态下,禁止 ARMS
-mc	(CPL 模式)程序执行期间使能 CPL 位。缺省状态下,禁止 CPL
-mh	使汇编器处理 C54x 源程序时,产生快速代码。缺省状态下,产生的是小规模代码
-mk	使 C55x 为大内存模式,设置_large_model symbol 为 1,为链接器提供检测小模式和大模式目标模型非法组合的信息
-ml	(C54x 兼容模式)程序执行期间使能 C54CM 位。缺省状态下,禁止 C54CM
-mn	使汇编器取消 C54x 延时分支/调用指令处的 NOP 指令
-mt	使汇编器处理 C54x 源程序时禁止 SST 位。缺省状态下,禁止 SST 位为使能状态
-mv	使汇编器在处理某些可变长度指令时使用最大(P24)格式。缺省状态下,汇编器总是试图把所有可变长度指令分解成最小长度
-purecirc	使汇编器处理 C54x 源程序文件时,使用 C54x 循环寻址方式(不使用 C55x 循环寻址方式)
-q	抑制汇编的标题以及所有的进展信息
-r,-r[num]	压缩编译器由 num 标识的标志。该标志是报告给汇编器的消息,这种消息不如警告严重。若不对 num 指定值,则所有标志都将被压缩
-s	把所有定义的符号放进目标文件的符号表中。汇编程序通常只将全局符号放进符号表。当利用-s 选项时,所定义的标号以及汇编时定义的常数也都放进符号表内
-u ,-u name	取消预先定义的常数名,从而不考虑由任何-d 选项所指定的常数
-x	产生一个交叉引用表,并将它附加到列表文件的最后,还在目标文件上加上交叉引用信息。即使没有要求生成列表文件,汇编程序也要建立列表文件

5.3.3　C55x 汇编器的特点

1. 字节/字寻址

C55x 存储空间中，对于代码采用字节寻址方法，对于数据则采用字寻址方法。

在 .struct 或 .union 中的偏移量总是以字为单位计算，即汇编器总是把 .struct 或 .union 视为数据。

例 5-4，C55x 数据的字寻址方法。

```
.def Struct1,Struct2
.bss Struct1,8              ;为 Struct1 分配 8 个字
.bss Struct2,6              ;为 Struct2 分配 6 个字
.text
MOV *(#(Struct1+2)),T0      ;加载 Struct1 的第 3 个字
MOV *(#1000h),T1            ;0x1000 是绝对字地址
```

例 5-5，C55x 代码的字节寻址方法。

```
.text
.ref Func
CALL #(Func+3)              ;跳转到(Func+3 字节)处
CALL #0x1000                ;0x1000 是绝对字节地址
```

2. 可变长度指令解码

缺省状态下，汇编器尽量把所有的可变长度指令解码成最小长度。例如，对于以下 3 条无条件跳转指令，汇编器将尽可能选择其中长度最小的 1 条指令：

```
B  L7
B  L16
B  P24
```

当汇编时不知道具体跳转地址时（如它可能是在另一个文件中定义的符号），汇编器将选择最大长度的指令，即 B P24 指令。

涉及可变长度指令解码问题的指令还有以下几组：

```
(1) BCC  L8,cond
    BCC  L16,cond
    BCC  P24,cond
(2) CALL L16
    CALL P24
(3) CALLCC L16,cond
    CALLCC P24,cond
```

在某些情况下,用户可能希望选择最大长度(P24)指令。某些指令的 P24 实现方式比长度更小的实现方式执行速度更快。例如,"B　P24"占用 4 个字节和 3 个周期,而"B　L7"占用 3 个字节和 4 个周期,在编译器选项中使用-mv 即可实现这一目的。

3. 存储器模式

汇编器支持 3 种存储器模式,即 C54x 兼容模式、CPL 模式和 ARMS 模式。它们分别对应 3 个状态位 C54CM、CPL 和 ARMS 的值。

(1) C54x 兼容模式

.c54cm_on 和.c54cm_off 指令用于指明来自 C54x 的代码。.c54cm_on 指令使状态位 C54CM 置 1,等价于汇编器使用-ml 命令行选项。.c54cm_off 指令使 C54CM 状态位清零。当命令汇编器行选项和指令发生冲突时,指令具有较高优先权。

.c54cm_on 和.c54cm_off 指令的作用域是静态的,不受汇编程序流的影响。所有位于.c54 cm_on 和.c54cm_off 指令之间的汇编源代码将在 C54x 兼容模式下汇编。

在 C54x 兼容模式下,AR0 取代 T0(C55x 变址寄存器)。例如,*(AR5+T0)在 C54x 兼容模式下无效。

(2) CPL 模式

CPL 模式影响直接寻址方式。.cpl_on 指令将状态位 CPL 置 1,相当于使用汇编器-mc 命令行选项。.cpl_off 指令将 CPL 清零。当汇编器命令行选项和指令发生冲突时,指令具有较高优先权。

.cpl_on 和.cpl_off 指令的作用域是静态的,不受汇编程序流的影响。在.cpl_on 和.cpl_off 指令之间的汇编代码将在 CPL 模式下汇编。

在 CPL 模式(.cpl_on)下,存储器直接寻址与堆栈指针(SP)相关,语法为 *SP(dma);在默认模式(.cpl_off)下,存储器直接寻址与数据页寄存器(DP)相关,语法为@dma。其中 dma 为常数或者符号表达式。

(3) ARMS 模式

ARMS 模式影响间接寻址方式。.arms_on 指令使 ARMS 状态位的值为 1,相当于使用-ma 命令行选项。.arms_off 指令使 ARMS 状态位的值为 0。当命令行选项和指令发生冲突时,指令具有较高优先权。

.arms_on 和.arms_off 指令的作用域是静态的,不受汇编程序流的影响。在.arms_on 和.arms_off 指令之间的汇编代码将在 ARMS 模式下汇编。

在默认模式(.arms_off)下,编译器选择 DSP 方式,存储器间接寻址方式的短偏移操作数无效。

在 ARMS 模式(.arms_on)下,编译器选择控制器方式,存储器间接寻址方式的短偏移操作数有效,有助于优化代码长度。

4. 汇编器关于 MMR 寻址的警告

当存储器映像寄存器(MMR)用于单存储器操作数(Smem)位置时,汇编器提示 Using MMR address 警告。这意味着汇编器将 MMR 认为是 DP 间接寻址操作数,为使指令正常执行,DP 必须设为 0。例如,

ADD SP,T0

产生 Using MMR address 警告语句:

"file.asm", WARNING! at line 1: [W9999] Using MMR address

汇编器关于这条指令影响的警告为:

ADD value at address(DP + MMR address of SP),T0

使用此指令最好的方式是:

ADD mmap(SP),T0

当已知 DP 值为 0 时,引用时使用@符号,以避免警告:

ADD @SP,T0

5.4 TMS320C55x 汇编伪指令

伪指令是汇编语言源程序的重要组成部分,包括汇编指令和连接指令两部分。伪指令用于处理汇编和连接过程,最后产生的目标文件不包括它们。

5.4.1 汇编伪指令

汇编伪指令为程序提供数据和汇编过程的控制,实现的功能有:
① 把代码和数据汇编到指定的段。
② 在存储区为非初始化变量保留存储空间。
③ 控制列表文件的内容。
④ 初始化存储器。
⑤ 汇编条件块。
⑥ 声明全局变量。
⑦ 指定程序要调用宏指令的宏指令库。
⑧ 检查符号调试信息。

汇编伪指令和它的参数必须书写在一行中,可以带有标号和注释。C55x 的汇编伪指令如表 5-2 至表 5-5 所列。

表 5-2 定义段的汇编伪指令

指令格式	说 明
.bss symbol,size[,blocking][,alignment]	定义一个.bss 段,段长度 size 的单位为字
.clink ["section name"]	当前段或者指定段使能有条件连接
.data	定义一个.data 段
.sect "section name"	定义一个自定义段
.text	定义一个.text 段
symbol .usect "section name",size[,blocking][,alignment]	定义一个自定义段,段长度 size 的单位为字

表 5-3 初始化常数(数据和存储器)伪指令

指令格式	说 明
byte value_l[,…,value_n]	当前段初始化一个或者多个连续的字节或字
char value_l[,…,value_n]	
.double value_l[,…,value_n]	初始化一个或者多个 64 位,IEEE 双精度浮点常数
.ldouble value_l[,…,value_n]	
.field value[,size]	初始化一个变量长度的域
.float value_l[,…,value_n]	初始化一个或者多个 32 位,IEEE 单精度浮点常数
.half value_l[,…,value_n]	初始化一个或多个 16 位整数
.short value_l[,…,value_n]	初始化一个或多个 16 位整数
.int value_l[,…,value_n]	初始化一个或多个 16 位整数
.long value_l[,…,value_n]	初始化一个或多个 32 位整数
.pstring "string_1"[,…,"string_n"]	初始化一个或多个文本字符串(打包)
.space size	在当前段保留存储空间,size 的单位为位
.string "string_1"[,…,"string_n"]	初始化一个或多个文本字符串
.ubyte value_l[,…,value_n]	初始化当前段的连续字节或字
.uchar value_l[,…,value_n]	
.uhalf value_l[,…,value_n]	初始化一个或多个无符号 16 位整数
.ushort value_l[,…,value_n]	
.uint value_l[,…,value_n]	初始化一个或多个无符号 16 位整数
.ulong value_l[,…,value_n]	初始化一个或多个无符号 32 位整数
.uword value_l[,…,value_n]	初始化一个或多个无符号 16 位整数
.word value_l[,…,value_n]	初始化一个或多个 16 位整数
.xfloat value_l[,…,value_n]	初始化一个或多个 32 位,IEEE 单精度浮点常数,但是在长字边界不对齐
.xlong value_l[,…,value_n]	初始化一个或多个 32 位整数,但是在长字边界不对齐

表 5-4 对齐段程序计数器(SPC)指令

指令格式	说明
.align [size]	将 SPC 对齐由参数 size 指定的一个边界,参数必须是 2 的指数。size 的单位对于代码段为字节,对于数据段为字,默认为 128 字节(代码段)或者 128 字(数据段)
.even	等于 .align 2

表 5-5 引用其他文件的指令

指令格式	说明
.copy ["]filename["]	从其他文件引用源代码
def symbol_1[,…,symbol_n]	指定在当前模块定义并且可能在其他模块使用的一个或多个符号
.global symbol_1[,…,symbol_n]	指定一个或多个全局(外部)符号
.include ["]filename["]	从其他文件引用源代码
.ref symbol_1[,…,symbol_n]	指定在当前模块使用并且可能在其他模块定义的一个或多个符号

5.4.2 宏指令

宏指令的主要作用是:
① 定义自己的宏指令和重新定义已存在的宏指令。
② 简化长的或者复杂的汇编代码。
③ 访问指令库。
④ 在一个宏里定义有条件和可重复块。
⑤ 在一个宏里操作字符串。
⑥ 控制扩展列表。

1. 使用宏指令

程序中常常包含执行多次的程序段,可以定义一个宏来代替它,而不必重复写代码,在需要该程序段时只需引用宏。如果需要多次引用一个宏,但是每次都有不同的数据,可以在宏里使用参数,每次使用时赋予参数不同的值即可。宏支持一种用于宏参数的特别符号,称为替换符号。

使用宏有 3 个步骤:
① 定义宏。有 2 种方式可以定义宏:
➢ 可以在源文件的开始定义宏或者在一个 .copy/.include 文件中定义宏;
➢ 可以在一个宏指令库中定义宏。宏指令库是由一些个人或组织专门创建的一系列文档格式的文件,每个编号的文件(宏指令库)包含对应该编号名的一个宏定义。用户可以使用指令 .mlib 来访问一个宏指令库。

第5章 TMS320C55x 汇编语言编程

② 引用宏指令。定义了宏之后,在源程序中就可以像使用一个助记符指令那样使用宏指令,这称为宏引用。

③ 扩展宏指令。在汇编时,汇编器通过变量给宏参数传送数据,用宏定义来替换宏引用语句,然后汇编源代码。默认下,宏扩展会在列表文件里说明;也可以使用.mnolist 指令来取消宏扩展出现在列表文件里。

2. 定义宏

用户可以在程序的任何位置定义宏,但是必须在使用前定义。可以在源文件的开始,在.include/.copy 文件或者在一个宏指令库里定义一个宏。

宏定义可以嵌套,也就是说可以在定义中引用其他的宏,但是这些宏都必须和当前定义的宏在同一个文件中。

宏定义的格式为:

宏名　　.macro [参数1][,…,参数 n]
　　　　　指令或者汇编指令　　;即宏的内容
　　　　[.mexit]
　　　　.endm

宏名必须放在声明的最开始处(即所谓的标签域 label field),如果超出 32 个字符,那么仅仅前 32 个字符有效。汇编器把宏名放到内部的操作码表。

.macro:宏定义伪指令,必须放在操作符位置;

[.mexit]:相当于一条 goto .endm 语句,当出错检测证实宏扩展会出错时有用;

.endm:结束宏定义伪指令。

例 5-6,宏的定义和引用。

```
1        *              add3
2        *              ADDRP = P1 + P2 + P3
3        *
4        *              macro definition *
5        add3           .macro P1,P2,P3,ADDRP
6                       MOV P1,AC0
7                       ADD P2,AC0,AC0
8                       ADD P3,AC0, AC0
9                       MOV AC0, ADDRP
10                      .endm
11
12                      .global abc,def, ghi, adr
13
14       *              macro call               *
15                      add3 abc,def,ghi,adr
```

3. 宏参数/替换符号

如果多次引用一个宏，并且每次处理不同的数据，则可以在宏里使用参数，称为替换符号。合法的替换符号可以多至32个字符，并且必须以字母开头，其余部分可以是数字下划线和美元符号。作为宏参数的替换符号只在宏定义内有效，是局部变量。一个宏中可以定义多至32个局部替换符号。

扩展时，每个参数分配对应引用命令相应位置的字符串，如果没有给出值，则默认为空字符，如果给出值数目超过了宏参数个数，则剩余的所有值作为一个字符串分配给最后一个参数。如果想传送一列值给一个参数，或者是一个逗号、分号，就必须放在引号里面。

在汇编时，汇编器用对应的字符串替换掉替换符号，然后将源代码翻译为目标代码。

(1) 定义替换符号的指令

可以使用.asg和.eval指令来操作替换符号，格式如下：

.asg[""字符串["],替换符号
.eval 表达式,替换符号

.asg 指令分配一个字符串给替换符号，括号为可选，如果没有引号，汇编器读字符直到遇到逗号，开始和结尾的空格都将被去掉。

例5-7，.asg伪指令的使用。

```
.asg AR0,FP              ; 帧指针
.asg *AR1+,Ind           ; 间接地址
.asg """string":" ",string ; 串
.asg "a,b,c",parms       ; 参数
```

.eval 指令对数字替换符号进行运算。.eval 计算表达式的值，然后把结果的字符串值赋给替换符号。如果表达式的结果不对应字符串值，则给替换符号赋空(null)字符串值。

例5-8，.eval伪指令的使用。

```
.asg 1, counter
.loop 100
.word counter
.eval counter + 1, counter
.endloop
```

(2) 内建替换符号函数

内建替换符号函数会产生返回值，可以在表达式中使用，其在条件汇编表达式中特别有用。内建替换符号函数如表5-6所列，a和b是代表替换符号或者字符常数

第 5 章 TMS320C55x 汇编语言编程

的参数,符号 ch 代表一个字符常数。

表 5-6 内建替换符号函数及其返回值

内建替换符号函数	返回值
$symlen(a)	字符串 a 的长度
$symcmp(a, b)	<0 if a<b; 0 if a=b; >0 if a> b
$firstch(a,ch)	字符 ch 在字符串 a 中第一次出现的序号
$lastch(a,ch)	字符 ch 在字符串 a 中最后一次出现的序号
$isdefed(a)	1　如果字符串 a 在符号表中有定义; 0　如果 a 在符号表中没有定义
$iscons(a)	1　如果 a 是一个二进制常数; 2　如果 a 是一个八进制常数; 3　如果 a 是一个十六进制常数; 4　如果 a 是一个字符常数; 5　如果 a 是一个十进制常数
$isname(a)	1　如果字符串 a 是一个合法的符号名; 0　如果不是
$isreg(a)	1　如果字符串 a 是一个合法的符号名; 0　如果不是
$structsz(a)	结构标识为 a 的结构的大小
$structacc(a)	结构标识为 a 的结构的引用入口
$ismember(a,b)	把字符串列表(参考例 5-9)b 中的最前面的一个元素赋给 a。如果 b 是一个空字符串,返回 0

例 5-9,内建替换符号函数的使用。

```
.asg label,ADDR                 ;ADDR = label
.if( $ symcmp(ADDR,"label")) = 0    ;计算为真
  SUB ADDR,AC0,AC0
.endif
.asg "x,y,z",list               ;list = x,y,z
.if ( $ ismember(ADDR,list))    ;addr = x, list = y,z
  SUB ADDR,AC0,AC0              ;减 x
.endif
```

(3) 强制替换操作符

在某些情况下,替换符号不能被汇编器所识别。此时,可以使用强制替换符,以

便强制实现一个符号字符串的替换。强制替换符的语法如下：

:symbol:

强制替换符只是简单地把替换符号用两个":"号括起来，在符号和":"号之间不能有空格。汇编器在扩展其他替换符号之前，首先对被两个":"号括在中间的替换符号进行扩展。强制替换符只能在宏内部使用，且不能与其他强制替换符相互嵌套。

例 5-10，强制替换符的使用。

```
force   .macro x
        .loop 8
AUX:x:  .set x
        .eval x+1,x
        .endloop
        .endm
force 0
```

宏 force 将产生下列源代码：

```
AUX0    .set 0
AUX1    .set 1
        .
        .
        .
AUX7    .set 7
```

4. 其他宏指令

其他宏指令如表 5-7 所列，具体使用方法请参考文献"SPRU280D，TMS320C55x Assembly Language Tools User's Guide"。

表 5-7 宏指令及其说明

指令格式	说明
.var 替换符号 1…［替换符号 n］	定义局部宏符号
.if 表达式	条件汇编开始
.esleif 表达式	可选条件汇编块
.else	可选条件汇编块
.endif	结束条件汇编
.loop［表达式］	循环块的开始
.break［表达式］	当满足条件则跳出循环
.endloop	结束循环
.emsg	发送出错信息到标准输出

续表 5-7

指令格式	说　　明
.wmsg	发送警告信息到标准输出
.fclist	允许出错条件代码块列表出来（缺省）
.fcnolist	禁止出错条件代码列表出来
.mlist	允许宏指令列表出来（缺省）
.mnolist	禁止宏指令列表出来
.sslist	允许扩展替换符号列表出来
.ssnolist	禁止扩展替换符号列表出来（缺省）

5.5　TMS320C55x 汇编语言源文件的书写格式

TMS320C55x 汇编语言源程序由源语句组成。这些语句可以包含汇编语言指令、汇编伪指令和注释。程序的编写必须符合一定的格式，以便汇编器将源文件转换成机器语言的目标文件。

5.5.1　汇编语言源文件格式

汇编语言程序以 .asm 为扩展名。一条语句占源程序的一行，总长度可以是源文件编辑器格式允许的长度，但语句的执行部分必须限制在 200 个字符以内。

1. 源语句格式

助记符指令源语句的每一行通常包含 4 个部分：标号区、助记符区、操作数区和注释区。

助记符指令语法格式：

［标号］［:］　　助记符　　　　［操作数］　　［;注释］

例 5-11，助记符指令源语句。

```
SYM1    .set 2 ;SYM1 = 2
Begin:  MOV #SYM1,AR1 ;AR1 = 2
        .data
        .byte 016h ;初始化(016h)
```

语句的书写规则：

① 所有语句必须以标号、空格、星号或分号（＊或;）开始。
② 标号是可选项；若使用标号，则标号必须从第一列开始。
③ 所有包含有汇编伪指令的语句必须在一行完成指定。
④ 各部分之间必须用空格分开，Tab 字符与空格等效。

⑤ 程序中注释是可选项。如果注释在第一列开始，则前面必须标加星号或分号，在其他列开始的注释前面必须以分号开头。

⑥ 如果源程序很长，需要书写若干行，可以在前一行用反斜杠字符（\）结束，余下部分接着在下一行继续书写。

2. 标　号

标号为当前语句的符号地址，供本程序或其他程序调用。所有汇编指令和大多数汇编伪指令都可以选用标号。

① 标号必须从语句的第 1 列写起，其后的冒号"："可任选。
② 标号为任选项，若不使用标号，则语句的第一列必须是空格、星号或分号。
③ 标号是由字母、数字以及下划线和美元符号等组成，最多可达 32 个字符。
④ 标号分大小写，且第一个字符不能是数字。
⑤ 在使用标号时，标号的值是段程序计数器 SPC 的当前值。

3. 助记符

助记符用来表示指令所完成的操作，可以是汇编语言指令、汇编伪指令、宏指令。

① 助记符指令：一般用大写，不能从第一列开始。
② 汇编伪指令：用来为程序提供数据和控制汇编进程。以句号"."开始，且用小写。
③ 宏指令：用来定义一段程序，以便宏调用来调用这段程序。以句号"."开始，且用小写。
④ 宏调用：用来调用由宏伪指令定义的程序段。

4. 操作数

操作数是指令中参与操作的数值或汇编伪指令定义的内容，紧跟在助记符的后面，由一个或多个空格分开。

① 操作数之间必须用逗号","分隔。
② 操作数可以是常数、符号或表达式。
③ 操作数中的常数、符号或表达式可用来作为地址、立即数或间接地址。
④ 作为操作数的前缀有 3 种情况：
➢ 使用"♯"号作为前缀，汇编器将操作数作为立即数处理；
➢ 使用"＊"符号作为前缀，汇编器将操作数作为间接地址，即把操作数的内容作为地址；
➢ 使用"@"符号作为操作数的前缀。汇编器将操作数作为直接地址，即操作数由直接地址码赋值。

5. 注　释

用来说明指令功能的文字，便于用户阅读。

① 注释可位于句首或句尾，位于句首时，以"＊"或";"开始，位于句尾时，以分号

";"开始。
② 注释可单独一行或数行。
③ 注释是任选项。

5.5.2 汇编语言中的常数与字符串

汇编器可支持7种类型的常数与字符串,见表5-8。

表5-8 汇编器支持的常数与字符串

数据类型	举 例	说 明
二进制	1110001b 或 1110001B	
八进制	226q 或 572Q	
十进制	1 234 或+1 234 或-1 234	缺省型
十六进制	0A40h 或 0A40H 或 0xA40	
浮点数	1.623e-23	仅用于C语言
字符	'D'	
字符串	"this is a string"	

字符串可用于下列伪指令中:
.copy:作为复制伪指令中的文件名;
.sect:作为命名段伪指令中的段名;
.byte:作为数据初始化伪指令中的变量名;
.string:作为该伪指令的操作数。

5.5.3 汇编源程序中的符号

汇编程序中的符号用于标号、常数和替代字符。由字母、数字以及下划线和美元符号(A~Z,a~z,0~9,_和$)等组成。符号名最长可达200个字符。在符号中,第1位不能是数字,并且符号中不能有空格。

1. 标 号

作为标号的符号代表在程序中对应位置的符号地址。通常,标号是局部变量,在一个文件中局部使用的标号必须是唯一的。助记符操作码和汇编伪指令名(不带前缀".")为有效标号。

缺省状态下标号分大小写,例如:ABC,Abc,abc 是3个不同的符号。如果在使用汇编器时选择-c 选项,则不分大小写。

标号还可以作为.global、.ref、.def 或.bss 等汇编伪指令的操作数。

例5-12,作为标号的符号。

```
.global label1
```

```
label2      nop
            ADD @label1,AC1,AC1
            B label2
```

2. 符号常数

符号也可被设置成常数值。为了提高程序的可读性，可以用有意义的名称来代表一些重要的常数值。伪指令.set 和.struct/.tag/.endstruct 可以用来将常数赋给符号名。

注意：符号常数不能被重新定义。

例 5-13，符号常数。

```
K           .set 1024           ;常数定义
maxbuf      .set 2*K
value       .set 0
delta       .set 1
item        .struct             ;item 结构定义
            .int value          ;常数 value 偏移量 = 0
            .int delta          ;常数 delta 偏移量 = 1
i_len       .endstruct
array       .tag item           ;数组声明
            .bss array,i_len*K
```

汇编器的-d 选项相当于用一个符号表示一个常数。该符号可用以代替汇编源程序中的对应常数。使用-d 选项的格式如下：

masm55-dname=[value]

name 为定义的符号名，value 是赋予该符号的数值。如果忽略 value，则该符号的数值将会被赋予 1。在汇编源程序中，可以采用下列伪指令对符号进行检测。

```
.if $ isdefed("name")           ;存在
.if $ isdefed("name") = 0       ;不存在
.if name = value                ;等于某数值
.if name != value               ;不等于某数值
```

3. 汇编器预定义的符号常数

汇编器有若干预定义符号，包括：

① 美元符号 $，代表段程序指针 SPC 的当前值。

② _large_model 表示正在使用的存储器模式。若_large_model=1，采用大存储器模式；若_Large_model=0，则采用小存储器模式。缺省状态下，该值为 0（小模型）。采用-mk 选项可使其值为 1。可以利用_large_model 编写与存储器模式无关的程序代码：

```
        .if _large_model
        AMOV #addr, XAR2            ;装载 23-bit 地址
        .else
        AMOV #addr, AR2             ;装载 16-bit 地址
        .endif
```

③ 存储器映像寄存器符号，如 AC0～AC3，AR0～AR7，T0～T3 等。

4. 局部标号

局部标号是一种特殊的标号，使用的范围和影响是临时性的。定义方法：

① 用 $n 来定义。n 是 0～9 的十进制数。

② 用 NAME? 定义。NAME 是任何一个合法的符号名。汇编器用紧随其后一个唯一数值的句点代替问号。

注意：局部标号不能用伪指令来定义。

局部标号可以被取消定义，并可以再次被定义或自动产生。取消局部变量的方法：

① 使用.newblock 伪指令。

② 使用伪指令.sect、.text 或.data 改变段。

③ 使用伪指令.include 或.copy，进入 include 文件。

④ 达到 include 文件的结尾，离开 include 文件。

例 5-14，$n 局部标号的使用。

（1）正确的使用方法：

```
Label1:   MOV ADDRA,AC0           ;把地址 A 赋予 AC0
          SUB ADDRB,AC0,AC0       ;减地址 B
          BCC $1,AC0 < #0         ;如果 AC0<0，跳转至 $1
          MOV ADDRB,AC0           ;否则加载地址 B 至 AC0
          B $2                    ;并且跳转至 $2
$1        MOV ADDRA,AC0           ;$1:加载地址 A 至 AC0
$2        ADD ADDRC,AC0,AC0       ;$2:加载地址 C
          .newblock               ;取消 $1 的定义，使得该符号可以再次被使用
          BCC $1,AC0 < #0         ;如果 AC0<0，跳转至 $1
          MOV AC0,ADDRC           ;存储 AC0 的低位置地址 C
$1        NOP
```

（2）错误的使用方法：

```
Label1:   MOV ADDRA,AC0
          SUB ADDRB,AC0,AC0
          BCC $1,AC0 < #0
          MOV ADDRB,AC0
          B $2
```

```
$1          MOV ADDRA,AC0
$2          ADD ADDRC,AC0,AC0
            BCC $1,AC0<#0
            MOV AC0,ADDRC
$1          NOP                       ;错误：$1被多次定义
```

例5-15，name? 局部标号的使用。

```
            nop
mylab?      Nop                       ;局部标号 'mylab' 的第1次定义
            B mylab?
            .copy "a.inc"             ;包括文件中有 'mylab' 第2次定义
mylab?      Nop                       ;从包括文件中退出复位后，'mylab' 的第3次定义
            B mylab?
mymac       .macro
mylab?      nop                       ;在宏中 'mylab' 的第4个定义
            B mylab?
            .endm
            mymac                     ;宏调用
            B mylab?                  ;引用 'mylab' 的第3个定义。既不被宏调用复位，
                                      ;也不与定义在宏中的相同名冲突改变段
            .sect "Secto_One"
            nop                       ;允许 'mylab' 的第5个定义
            .data
mylab?      .int 0
            .text
            nop
            nop
            B mylab?
            .newblock                 ;.newblock 伪指令
            .data                     ;允许 'mylab' 的第6个定义
mylab?      .int 0
            .text
            nop
            nop
            B mylab?
```

5.5.4 汇编源程序中的表达式

表达式可以是常数、符号，或者是由算术逻辑运算符见表5-9分开的一系列常数和符号。有效表达式的范围为-32 768～32 767，要求表达式中的符号或汇编时间常数在表达式之前已定义。有效定义的表达式的计算是绝对的。

例 5-16,有效定义的表达式。

```
         .data
label1   .word   0              ;将 16 位值 0,1,2 放入标号为
         .word   1              ;label1 的当前段连续字中
         .word   2
label2   .word   3              ;将 3 放入标号为 label2 的字中
X        .set    50h            ;定义 X 的值
goodsym1 .set    100h + X       ;有效定义的表达式
goodsym2 .set    label1
goodsym3 .set    label2 - label1 ;有效定义的表达式
```

例 5-17,无效定义的表达式。

```
         .global Y              ;定义 Y 为全局外部符号
badsym1  .set    Y              ;Y 在当前文件中未定义
badsym2  .set    50h + Y        ;无效的表达式
badsym3  .set    50h + Z        ;无效的表达式,Z 还未定义
Z        .set    60h            ;定义 Z,但应在表达式使用之前
```

表 5-9 汇编源程序表达式中的运算符

序号	符号	运算操作	求值顺序
1	+ − ~ !	取正、取负、按位求补、逻辑负	从右至左
2	* / %	乘法、除法、求模	从左至右
3	+ −	加法、减法	从左至右
4	<< >>	左移、右移	从左至右
5	< <=	小于、小于等于	从左至右
6	> >=	大于、大于等于	从左至右
7	!= =	不等于、等于	从左至右
8	&	按位与运算	从左至右
9	^	按位异或运算	从左至右
10	|	按位或运算	从左至右

5.5.5 内建数学函数

汇编器支持如表 5-10 所列的内建数学函数。函数中的表达式必须为常数。

表 5-10 汇编器内建数学函数

$acos(expr)	返回浮点 expr 的反余弦函数值
$asin(expr)	返回浮点 expr 的反正弦函数值

续表 5-10

$atan(expr)	返回浮点 expr 的反正切函数值
$atan2(expr)	返回浮点 expr 的反正切函数值(-pi to pi)
$ceil(expr)	返回不小于 expr 的最小整数值
$cosh(expr)	返回浮点 expr 的双曲余弦函数值
$cos(expr)	返回浮点 expr 的余弦函数值
$cvf(expr)	把 expr 转变为浮点数
$cvi(expr)	把 expr 转变为整数
$exp(expr)	返回浮点 expr 的自然指数值
$fabs(expr)	返回浮点 expr 的绝对值
$floor(expr)	返回不大于 expr 的最大整数值
$fmod(expr1, expr2)	返回表达式 expr1 除以 expr2 的余数
$int(expr)	如果 expr 为整数返回 1
$ldexp(expr1, expr2)	返回 expr1 与 2 的 expr2 次幂的乘积
$log10(expr)	返回 expr 的以 10 为底的对数
$log(expr)	返回 expr 的以 e 为底的对数
$max(expr1, expr2)	返回表达式 expr1 和 expr2 的最大值
$min(expr1, expr2)	返回表达式 expr1 和 expr2 的最小值
$pow(expr1, expr2)	返回表达式 expr1 的 expr2 次幂
$round(expr)	返回表达式 expr 最近的整数
$sgn(expr)	返回表达式 expr 的符号
$sin(expr)	返回浮点 expr 的正弦函数值
$sinh(expr)	返回浮点 expr 的双曲正弦函数值
$sqrt(expr)	返回浮点 expr 的平方根值
$tan(expr)	返回浮点 expr 的正切函数值
$tanh(expr)	返回浮点 expr 的双曲正切函数值
$trunc(expr)	返回截去小数部分后的 expr 的整数值

5.6 TMS320C55x 链接器

5.6.1 概　述

TMS320C55x 链接器有两个功能强大的指令，即 MEMORY 和 SECTIONS。MEMORY 指令允许用户定义一个目标系统的存储器映射,可以命名存储器的各个部分,并且指定开始地址和大小。SECTIONS 指令告诉链接器合成输入段为输出段,并且告诉链接器把这些输出段放在存储器的某个位置。

5.6.2 链接器的运行

1. 运行链接程序

C55x链接器的运行命令：

lnk55[-options] 文件名1 … 文件名n

lnk55：运行链接器命令。
-options：链接命令选项。可以出现在命令行或链接命令文件的任何位置。
被链接的文件可以是目标文件、链接命令文件或文件库。所有文件扩展名的默认值为.obj。
C55x链接器的运行,有3种方法。
① 键入命令：

lnk55

链接器会提示如下信息：
Command files：(要求键入一个或多个命令文件)
Object files [.obj]：(要求键入一个或多个需要链接的目标文件)
Output Files [a.out]：(要求键入一个链接器所生成的输出文件名)
Options：(要求附加一个链接选项)
② 键入命令：

lnk55 a.obj b.obj -o link.out

在命令行中指定选项和文件名。
目标文件：a.obj、b.obj
命令选项：-o
输出文件：link.out
③ 键入命令：

lnk55 linker.cmd

linker.cmd：链接命令文件。
在执行上述命令之前,需将链接的目标文件、链接命令选项以及存储器配置要求等编写到链接命令文件linker.cmd中。
例5-18,链接器命令文件举例。将两个目标文件a.obj和b.obj进行链接,生成一个映像文件prog.map和一个可执行的输出文件prog.out。

```
a.obj                /*第一个输入文件*/
b.obj                /*第二个输入文件*/
```

```
-o prog.out            /*产生.out文件选项*/
-m prog.map            /*产生.map文件选项*/
```

2. 链接命令选项

在链接时,连接器通过链接命令选项控制链接操作,见表5-11。

链接命令选项可以放在命令行或命令文件中,所有选项前面必须加一短划线"-"。除-l和-i选项外,其他选项的先后顺序并不重要。

选项之间可以用空格分开。最常用选项为-m和-o,分别表示输出的地址分配表映像文件名和输出可执行文件名。

表5-11 链接命令选项

选 项	含 义
-a	生成一个绝对地址的、可执行的输出模块。如果既不用-a选项,也不用-r选项,链接器就像规定-a选项那样处理
-ar	生成一个可重新定位、可执行的目标模块。这里采用了-a和-r两个选项(可以分开写成-a -r,也可以连在一起 写作-ar),与-a选项相比,-ar选项还在输出文件中保留有重新定位的信息
-c	使用TMS320C55x C/C++编译器的ROM自动初始化模型所定义的链接约定
-cr	使用TMS320C55x C/C++编译器的RAM自动初始化模型所定义的链接约定
-e global_symbol	定义一个全局符号,该符号指定输出模块的入口地址
-f fill_vale	对输出模块各段之间的空单元设置一个16位数值(fill_value),如果不用-f选项,则这些空单元都置0
-h	使所有全局符号均为静态的
-help 或?	显示链接器所有命令行选项列表
-heap size	设置存储器heap块的大小(用于C/C++程序中动态存储器分配),缺省值为2 000字节
-i dir	更改搜索文档库算法,先到dir(目录)中搜索。此选项必须出现在-l选项之前
-l filename	命名一个文档库文件作为链接器的输入文件;filename为文档库的某个文件名。此选项必须出现在-i选项之后
-m filename	生成一个.map映像文件,filename是映像文件的文件名。.map文件中说明存储器配置、输入、输出段布局以及外部符号重定位之后的地址等
-o filename	对可执行输出模块命名。如果默认,则此文件名为a.out
-r	生成一个可重新定位的输出模块。当利用-r选项且不用-a选项时,链接器生成一个不可执行的文件
-stack size	设置主堆栈大小,缺省值为1 000字节
-sysstack size	设置次级堆栈大小,缺省值为1 000字节

5.6.3 链接器命令文件的编写与使用

链接命令文件用来为链接器提供链接信息，可将链接操作所需的信息放在一个文件中，这在多次使用同样的链接信息时，可以方便地调用。

在链接命令文件中，可使用 MEMORY 和 SECTIONS 伪指令，为实际应用指定存储器结构和地址的映射。

MEMORY：用来指定目标存储器结构。

SECTIONS：用来控制段的构成与地址分配。

链接命令文件为 ASCⅡ文件，可包含以下内容：

① 输入文件名，用来指定目标文件、存档库或其他命令文件。

② 链接器选项，它们在命令文件中的使用方法与在命令行中相同。

③ 链接伪指令 MEMORY 和 SECTIONS，用来指定目标存储器结构和地址分配。

④ 赋值说明，用于给全局符号定义和赋值。

5.6.4 MEMORY 指令

MEMORY 指令的格式为：

```
MEMORY
{
    [PAGE 0:] name_1[(attr)]:origin = constant,length = constant;
    [PAGE 1:] name_n[(attr)]:origin = constant,length = constant;
}
```

其中：

PAGE：用于识别一个存储空间，可以使用多达 255 个页，具体决定于配置情况。通常页 0 对应程序存储空间，页 1 对应存储器空间。每个页面表现为一个完全独立的地址空间。页 0 上的已配置空间和页 1 上的已配置空间可以交叠。

name：命名一个存储空间范围。名字可以是任意字符，合法字符包括大小写 26 个字母、$ 和 _。存储空间名字仅对链接器有用，在输出文件或者符号里不再保留。在不同页的存储空间范围可以有相同的名字，但在一页内不允许不同空间段有相同名字和交叠。

attr：指定与命名的存储空间范围相联系的 1～4 个属性，使用时必须放在小括号里。属性限制输出段在存储空间的分配。如果不使用任何属性，可以把输出段分配到任何存储空间范围。合法的属性包括：

R：表示该存储空间可读。

W：表示该存储空间可写。

X：表示该存储空间可以包含可执行代码。

I：表示该存储空间可以初始化。

origin：指定存储段的开始地址。值为 24 位常数，可以是十进制、八进制或十六进制，单位为字节，也可以写为 org 或者 o。

length：指定存储段的长度。值为 24 位常数，可以是十进制、八进制或者十六进制，单位为字节，也可以写 len 或者 l。

fill：指定存储段的填充字符，为可选参数。值为 2 字节整型数，可以是十进制、八进制或十六进制。填充值用来填充没有分配程序段的存储空间，也可以写为 f。

5.6.5 SECTIONS 指令

SECTIONS 指令的格式为：

```
SECTIONS
{
    name_1:[property, property, property …]
    name_2:[property, property, property …]
    name_3:[property, property, property …]
}
```

以 name 开始的一行定义了一个输出段。段名 name 后是属性列表，这些属性定义了段的内容和段如何分配到存储器。一个段可能的属性包括：

① Load allocation 定义在存储器中段被装载的位置。

句法为：load＝allocation 或

　　　　allocation 或

　　　　＞allocation

② Run allocation 定义在存储器中段运行的位置。

句法为：run＝allocation 或

　　　　run ＞ allocation

③ Input sections 定义组成输出段的输入段。

句法为：{input_sections}

④ Section type 定义特殊种类段的标志。

句法为：type＝COPY 或

　　　　type＝DSECT 或

　　　　type＝NOLOAD

⑤ Fill value 定义用来填充未初始化空间的值。

句法为：fill＝value 或

　　　　Name：…{…}＝value

例 5-19，链接器的使用。

/**/

```
a.obj b.obj                    /*输入文件*/
-o prog.out                    /*用_O参数指定输出文件名*/
SECTIONS
{
    .text:          load = ROM, run = 800h
    .const:         load = ROM
    .bss :          load = RAM
    .vectors:       load = FF80h
    .data:          align = 16
}
```

图 5-5 显示了这个例子的存储器映射情况。

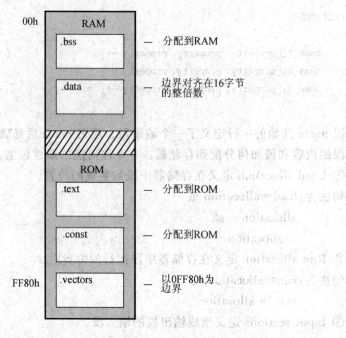

图 5-5 段在存储器里的分配

5.7 一个完整的 TMS320C55x 汇编程序

例 5-20，这是一个完整的 C55x 汇编程序，其功能是进行如下计算：$y = x_0 + x_3 + x_1 + x_2$。通过该例程可以加深对 C55x 汇编程序的了解，熟悉 C55x 的寻址方式和开发调试方法。读者可以把本例作为一个汇编程序调试模板，用来熟悉 C55x 的各种指令、寻址方式和汇编伪指令。

（1）汇编源程序（test.asm）

```
* Step 1：定义有关代码段和数据段
        .def x,y,init
x       .usect "vars",4         ;为变量 x 保留 4 个未初始化的 16 位存储单元
y       .usect "vars",1         ;为变量 y 保留 4 个未初始化的 16 位存储单元
        .sect "table"           ;创建初始化段"table",存储 x 的初始化值
init    .int 1,2,3,4
        .text                   ;创建代码段(.text)
        .global start           ;定义代码段的起始标号
start

* Step 2：处理器模式初始化
        BCLR C54CM              ;设置处理器为 55x 模式
        BCLR AR0LC              ;设置 AR0 为线性模式
        BCLR AR6LC              ;设置 AR6 为线性模式

* Step 3a：采用间接寻址方法复制 x 的初始化值到 x
copy
        AMOV #x,XAR0            ;XAR0 指向变量 x
        AMOV #init,AR6          ;XAR6 指向初始化表 table
        MOV *AR6+,*AR0+         ;复制开始
        MOV *AR6+,*AR0+
        MOV *AR6+,*AR0+
        MOV AR6+,AR0+

* Step 3b：采用直接寻址方法将 x 的值相加
add
        AMOV #x,XDP             ;XDP 指向变量 x
        .dp x
        MOV @x,AC0
        ADD @x+3,AC0
        ADD @x+1,AC0
        ADD @x+2,AC0

* Step 3c：用绝对寻址方法把运算结果写到变量 y 中
        MOV AC0,*(#y)
end
        nop
        B end
```

(2)链接器命令文件（test.cmd）

test.obj /* 输入文件 */
-e start

```
    -o test.out  /* 输出文件 */
    -m test.map  /* map 文件 */
MEMORY
{
    DARAM: org = 000100h, len = 8000h
    SARAM: org = 010000h, len = 8000h
}
SECTIONS
{
    vars: > DARAM
    table: > SARAM
    .text: > SARAM
}
```

思考题与习题

5.1 C55x的软件开发工具主要有哪些？各自完成什么任务？

5.2 什么是段？COFF目标文件通常包括哪些默认段？

5.3 什么是初始化段和未初始化段？

5.4 什么是段指针？段指针有何用途？

5.5 什么是命令文件？命令文件有何用途？

5.6 C55x的汇编器支持哪些存储器模式？各有什么特点？

5.7 伪指令起什么作用？它占用存储器空间吗？

5.8 什么是宏指令？宏指令起什么作用？

5.9 标号和注释有什么差别？它们在程序运行中的作用一样吗？

5.10 MEMORY和SECTIONS指令的作用是什么？

5.11 （实验）利用例5-20给出的命令文件，在CCS下建立关于例5-1、5-20的汇编语言工程。通过实验加深对汇编语言中典型伪指令和段的理解。

第 6 章

C/C++语言程序设计

内容提要：本章介绍 C55x 的 C/C++语言编程方法。首先介绍了 C55x C/C++语言概况；接着介绍了 C55x C/C++语言编程的基础知识，主要包括 C55x C/C++语言的基本语法、编译工具和代码优化方法；最后介绍了 C55x C 语言与汇编语言的混合编程方法。

6.1 C55x C/C++语言概述

6.1.1 C/C++语言概况

汇编语言依赖于计算机硬件，程序的可读性和可移植性比较差。一般高级语言具有很好的可移植性，但是难以实现汇编语言的某些功能（如对内存地址的操作、位操作等）。C/C++语言作为一种高级语言，既可以访问物理地址，又可以进行位操作，能直接对硬件进行操作，适合用作 DSP 开发语言。

C/C++语言具有如下基本特点：
- 语言简洁、紧凑，使用方便、灵活；
- 运算符丰富，表达式类型多样化；
- 数据结构类型丰富；
- 具有结构化的控制语句；
- 语法限制不太严格，程序设计自由度大；
- C/C++语言允许访问物理地址，能进行位操作，能实现汇编语言的大部分功能，能直接对硬件进行操作。

6.1.2 C55x C/C++语言概况

C55x C/C++编译器全面支持 ANSI C/C++语言标准，能够把按照标准 ANSI C/C++规范编写的源程序进行全面优化，编译成 C55x 汇编语言源程序。

C55x C/C++编译器工具拥有完整的实时运行库。所有的库函数均符合 ANSI 库标准。这些库函数包括标准输入/输出、串操作、动态内存分配、数据转换、三角函数、指数函数和双曲函数等，但是不包含信号处理函数，因为它们涉及目标系统的具体特性。

C55x C/C++编译器的输出文件具有如下特性：

① C55x C/C++编译器生成的汇编语言便于查看，使用户能够看到产生自C/C++源程序的代码。

② COFF 文件允许用户在链接时定义自己的系统存储器配置，这使用户可以把代码和数据链接进特定的内存区域，以最大限度地提高程序性能。COFF 文件还支持源程序级的调试。

③ 对于嵌入式应用场合，编译器允许用户把所有代码和初始化数据链接进ROM，使C/C++代码自复位后开始运行。

6.2 C55x C/C++语言编程基础

C55x C/C++编译器全面支持 ANSI C/C++语言标准。关于标准 ANSI C/C++语言，读者可参考有关著作，本书不再赘述。本节只介绍反映与 C55x C 语言基本特性有关的编程基础知识。

6.2.1 数据类型

C55x C 语言支持的数据类型如表6-1所列。

表6-1 C55x C 语言支持的数据类型

类　型	长度/位	内　容	最小值	最大值
字符型、带符号字符型	16	ASCII 码	−32 768	32 767
无符号字符型	16	ASCII 码	0	65 535
短整型、带符号短整型	16	二进制补码	−32 768	32 767
无符号短整型	16	二进制数	0	65 535
整型、带符号整型	16	二进制补码	−32 768	32 767
无符号整型	16	二进制数	0	65 535
长整型、带符号长整型	32	二进制补码	−2 147 483 648	2 147 483 647
无符号长整型	32	二进制数	0	4 294 967 295
带符号特长整型	40	二进制补码	$-5.497\,56\mathrm{E}+11$	$5.497\,56\mathrm{E}+11$
无符号特长整型	40	二进制数	0	$1.099\,51\mathrm{E}+12$
枚举	16	二进制补码	−32 768	32 767
浮点	32	32 位 IEEE	$1.18\mathrm{E}-38$	$3.40\mathrm{E}+38$
双精度	32	32 位 IEEE	$1.18\mathrm{E}-38$	$3.40\mathrm{E}+38$
长双精度	32	32 位 IEEE	$1.18\mathrm{E}-38$	$3.40\mathrm{E}+38$
数据指针(小存储器模式)	16	二进制数	0	0xFFFF
数据指针(大存储器模式)	23	二进制数	0	0x7FFFFF
程序指针	24	二进制数	0	0xFFFFFF

定义各种数据类型时应注意如下规则：
① 避免设 int 和 long 为相同大小。
② 对定点算法(特别是乘法)尽量使用 int 数据类型。用 long 类型作乘法操作数会导致调用运行时间库(run-time library)的程序。
③ 使用 int 或 unsigned int 类型而不用 long 类型来循环计数。虽然 C55x 有针对硬件循环的机制，但硬件循环计数只有 16 位宽。
④ 避免设 char 为 8 位或 long 为 64 位。
⑤ 当所写代码用于多 DSP 目标系统中时，应定义 genetic 类型。比如，一个人可以对 16 位整数和 32 位整数分别使用 int16 和 int32。当对 C55x DSP 进行编译时，这些类型会分别被定义成 int 和 long。
⑥ 一般来说，最好使用 int 类型作循环计数器和其他对位数要求不高的整型变量，因为 int 是对目标系统操作最高效的整数类型而不管芯片结构如何。

6.2.2 关键字

1. const

C55x C 编译器支持标准 C 语言的 const 关键字。将这个关键字使用到对任意变量或数组的定义上时，可以确保它们的值不改变。如果定义一个对象为 const，那么 const 段就会为该对象分配存储空间。使用 const 关键字可以定义大常数表并将它们分配到系统 ROM 中。

2. ioport

C55x C 编译器对标准 C 语言进行了扩展，增加了 ioport 关键字来支持 I/O 寻址模式。

ioport 类型限定词可以和标准类型(数组、结构体、共用体和枚举)一起使用。它也可以和 const 及 volatile 一起使用。当和数组一起使用时，ioport 限制的是数组单元而非数组类型本身。ioport 也可以单独使用，这种情况下 int 限定词就是默认的。

ioport 类型限定词只能用于全局或静态变量。局部变量不能用 ioport 限制，除非变量是个指针。

例 6-1，ioport 关键字的使用。

```
ioport int k            ;/* 正确 */
void foo(void)
{
    ioport int i        ;/* 错误 */
    ioport int *j       ;/* 正确 */
}
```

3. interrupt

C55x C 编译器对标准 C 语言进行了扩展，增加了 interrupt 关键字，来指定某个

第6章 C/C++语言程序设计

函数为中断函数。

4. onchip

onchip 关键字声明一个特殊指针,该指针所指向的数据可用作双 MAC 指令的操作数。在链接时这些数据必须被链接到 DSP 片上存储器,否则会导致总线错误。onchip 关键字的使用例子如下:

```
onchip int x[100];        /* 数组声明 */
onchip int *p;            /* 指针声明 */
```

5. volatile

在任何情况下,优化器会通过分析数据流来避免存储器访问。如果程序依靠存储器访问,则必须使用 volatile 关键字来指明这些访问。编译器将不会优化任何对 volatile 变量的引用。

6.2.3 寄存器变量和参数

寄存器变量就是用 register 关键字声明的关键字。根据是否使用优化器,C 编译器对寄存器变量采用不同的处理方式。

当使用优化器进行编译时,编译器忽略任何寄存器声明,通过一种最能有效使用寄存器的分配算法,把寄存器分配给变量和临时量。

当不使用优化器进行编译时,编译器将用 register 关键字把变量分配到寄存器中。

编译器会尽量分配好所声明的寄存器变量。当定义的寄存器变量超出了 DSP 芯片寄存器数量时,编译器将把寄存器内容移到存储器来释放寄存器。如果定义的寄存器变量太多,会引起过量的从寄存器到存储器的移动操作。

整型、浮点型和指针类型对象都可以声明为寄存器变量。而其他类型对象不行。

6.2.4 asm 指令

C55x C 编译器可以直接将 C55x 汇编语言指令嵌入到编译器的汇编语言输出中,这就是 C 语言的扩展功能——asm 指令。这个语句提供了 C 不能提供的对硬件的访问功能。这个语句就好像是对叫做 asm 的函数的调用。asm 指令格式如下:

```
asm("assembler text");
```

编译器直接把命令中的字符串复制到输出文件中,该字符串必须用双引号包括起来。例如,在 C 语言中插入下列 asm 语句:

```
asm("nop");
```

相当于插入汇编指令:

nop

插入的代码必须是合法的汇编语言指令。像其他汇编语言指令一样，包含引用的代码行必须用标号、空格、星号或分号开头。编译器不检查字符串。如果有错，汇编器会将其检测出来。

使用 asm 指令有个问题：它容易破坏 C 环境，因为 C 编译器在编译嵌入了汇编语言的 C 程序时并不检查或分析嵌入的汇编语句。当使用带 asm 指令的优化器时必须小心，虽然优化器不会移除 asm 指令，但它可以重新改变周围代码顺序并可能引起不可预知的结果。

6.2.5 Pragma 指令

Pragma 指令告诉编译器的预处理器如何处理函数。C55x C 编译器支持如下 pragma 指令：

```
CODE_SECTION
C54X_CALL
C54X_FAR_CALL
DATA_ALIGN
DATA_SECTION
FUNC_CANNOT_INLINE
FUNC_EXT_CALLED
FUNC_IS_PURE
FUNC_IS_SYSTEM
FUNC_NEVER_RETURNS
FUNC_NO_GLOBAL_ASG
FUNC_NO_IND_ASG
MUST_ITERATE
UNROLL
```

必须在函数体外确定 pragma，且必须出现在任何声明、定义或对函数和符号引用之前，否则，编译器会输出警告。

下面简单介绍 CODE_SECTION 和 DATA_SECTION 的用法。

CODE_SECTION 用于把代码配置到命名的代码段，语法为：

```
#pragma CODE_SECTION(func_name,"section_name")
```

其中，func_name 是 C 函数的名称，它将代码配置到由 section_name 定义的程序段中。

DATA_SECTION 用于把数据配置到命名的数据段，语法为：

```
#pragma DATA_SECTION(var_name,"section_name")
```

其中，var_name 是包含在 C 函数内的变量名称，它将数据配置到由 section_name 定义的数据段中。

关于 Pragma 指令的详细使用方法,请参阅文献"SPRU281C,TMS320C55x Optimizing C/C++ Compiler User's Guide (Rev. F)"。

6.2.6 标准 ANSIC 语言模式的改变(-pk、-pr 和-ps 选项)

-pk、-pr 和-ps 选项可以用来规定 C 编译器解释源代码。编译源代码的模式如下:

➢ Normal ANSI 模式;
➢ K&R C 模式;
➢ 宽松 ANSI 模式;
➢ 严格 ANSI 模式。

默认的模式是 Normal ANSI 模式。在此模式下,大多数违反 ANSI 标准的语句都报错。违反严格 ANSI 标准的语句给出警告。语言扩展的语句都是允许的。

1. 兼容 K&R C(-pk 选项)

编译器有一个 K&R(-pk)选项,主要用来简化用 C55x ANSI C 编译器对以前 C 标准代码的编译过程。总体说来,-pk 选项使编译要求比 ANSI C 更加容易达到。同时,该选项支持 ANSI C 语言的新功能,如函数原型、枚举、初始化和预处理器结构。

2. 严格 ANSI 模式和宽松 ANSI 模式(-ps 和-pr 选项)

使用-ps 选项可以使编译器工作在严格 ANSI 模式。这种模式下,会在违反 ANSI 规则的时候报错,同时可能造成程序严格形式的语言扩展不可用。这些语言扩展包括 inline 和 asm 关键字。

使用-pr 选项可以使编译器忽略违反严格的 ANSI 标准的情况,不发送警告消息(普通 ANSI 模式中会发送)或错误消息(严格 ANSI 模式中会发送)。在宽松 ANSI 模式中,编译接受对 ANSI C 标准的扩展,甚至是和 ANSI C 冲突的时候。

6.2.7 存储器模式

C 编译器将存储器当作一个由代码子模块和数据子模块组成的线性模块。每个由 C 程序生成的代码子模块或数据子模块被放到各自的连续存储空间中。编译器认为目标存储器的全部 24 位地址都有效。

编译器支持两种存储器模型:小存储模式和大存储器模式。两种存储模式的数据在存储器中的放置和访问不同。链接器不允许同时存在大存储器模式和小存储器模式。

1. 小存储器模式(默认模式)

使用小存储器模式将得到比使用大存储模式时更少的代码和数据。但是,程序必须满足一定的大小和存储放置限制。

在小存储器模式中,以下各段必须分配在大小为 64 KB 的单页存储器内:
- .bss 和 .data 段(所有静态和全局数据)。
- .stack 和 sysstack 段(第一和第二系统堆栈)。
- .sysmem 段(动态存储空间)。
- .const 段。

而对 .text 段(代码)、.switch 段(switch 语句)和 .cinit/.pinit 段(变量初始化)的大小和位置没有限制。

小模式下编译器使用 16 位数据指针来访问数据。XARn 寄存器的高 7 位用来设置指向包含 .bss 段的存储页,在程序执行过程中它们的值不变。

2. 大存储器模式

大存储器模式支持不严格的数据放置。用 -ml shell 选项就可以应用该模式。

在大存储器模式下,数据指针为 23 位,在存储器中占 2 字空间。.stack 和 .sysstack 段必须在同一页上。

在大存储器模式下编译代码时,必须和 rts55x.lib 运行时间库链接。应用程序中的所有文件都必须使用相同的存储器模式。

6.2.8 存储器分配

1. C 编译器生成的段

C 编译器生成的段有两种基本的类型,即初始化段和未初始化段。

初始化段有:
.cinit 段,包含初始化数据表格和常数。
.pinit 段,包含实时运行时调用的数据表格。
.const 段,包含用 const 定义(不能同时被 volatile 定义)的字符串常量和数据。
.switch 段,包含 switch 语句所用表。
.text 段,包含所有可执行代码。

未初始化段保留了存储器空间。一段程序可以在运行期间使用这个空间来生成和存储变量。未初始化段有:
.bss 段,为全局和静态变量保留了空间。在启动和装载时,C 启动程序或装载程序从 .cinit 段(通常在 ROM 中)复制数据并用这些数据来初始化 .bss 段中的变量。
.stack 段,为 C 系统堆栈分配存储地址。这个存储地址用来传递变量和局部存储。
.sysstack 段,为第二系统堆栈分配存储地址。
.sysmem 段,为动态存储分配保留空间。这个空间被 malloc、calloc 和 realloc 函数调用。如果 C 程序不使用这些函数,编译器就不会创建 .sysmem 段。
.cio 段,支持 C I/O。这个空间用来作为标签为 _CIOBUF_ 的缓冲区。当任何类型的 C I/O 被执行（如 printf 和 scanf），都会建立缓冲区。缓冲区包含一个对 stream I/O 类型的内部 C I/O 命令（和需要的参数）及从 C I/O 命令返回的数据。.cio 段必须放在链接器命令文件中才能使用 C I/O。

注意：汇编器生成了叫做 .data 的段，但 C 编译器并不使用这个段。

链接器从不同的模块中将段取出并合并，合并后用相同的名字。生成的输出段和适当的存储位置如表 6-2 所列。

表 6-2　段及其存储位置

段	存储器类型	段	存储器类型
.text	ROM 或 RAM	.bss	RAM
.cinit	ROM 或 RAM	.stack	RAM
.const	ROM 或 RAM	.sysstack	RAM
.data	ROM 或 RAM	.sysmem	RAM
.pinit	ROM 或 RAM	.cio	RAM

2. 堆　栈

在 C 编译器中，使用堆栈来放置局部变量、给函数传递参数、保存处理器状态。堆栈被放在存储器的一个连续块中，并从高地址到低地址存放数据。编译器用硬件堆栈指针（SP）来管理堆栈。代码不会检查是否在运行时间内堆栈出现溢出。堆栈溢出出现在堆栈生长超过了分配的存储空间的极限。因此必须为堆栈分配合适的存储空间。

C55x 也支持第二系统堆栈。为了和 C54x 兼容，系统堆栈保存低 16 位地址。第二系统堆栈保持 C55x 的高 8 位返回地址。编译器使用第二堆栈指针 SSP 来管理第二系统堆栈。

这两个堆栈的大小都由链接器设置。链接器也会生成全局符号_STACK_SIZE 和_SYS-STACK_SIZE，并给它们指定一个等于各自堆栈大小的值。两种默认堆栈大小都是 1 000 字节。在链接时间内，通过链接器命令中的 -stack 或 -sysstack 选项可以改变堆栈大小。在选择了这个选项后堆栈大小立即被指定为常数。

3. 动态存储器分配

由编译器提供的运行时间支持库包含几个在运行时间内，为变量动态分配存储器的函数（malloc、calloc 和 realloc）。

存储器被从一个在 .sysmem 段定义的全局池（pool）或堆（heap）中分配出来。可以通过-heap size 选项和链接器命令来设置 .sysmem 段的大小。链接器会生成一个全局符号_SYS-MEM _SIZE，并为它指定等于 heap 字节数的值，默认大小为 2 000 字节。

动态分配的对象必须用指针寻址。为了在 .bss 段中保留空间，可以通过从堆中定义大数组来实现,而不是将其定义为全局或静态变量。

例如,不用如下定义:

```
int x[100];
```

而使用指针并调用 malloc 函数:

```
int * x;
x = (int *)malloc(100 * sizeof(int));
```

6.2.9 中断处理

当 C 环境被初始化时,启动程序禁止中断。如果系统使用中断,必须处理有关的中断使能或屏蔽。

1. 关于中断的几个要点

中断程序会执行任何其他函数执行的工作,包括访问全局变量、为局部变量分配地址、调用其他函数。

在写中断程序时,需要注意以下几点:

① 对所有的中断屏蔽都要进行处理(通过 IER0 寄存器)。通过嵌入汇编语言语句可以使能或禁止中断,也可以修改 IER0 寄存器而不会破坏 C 环境或 C 指针。

② 中断处理程序不能有参数。即使声明了参数也会被忽略。

③ 中断处理程序不能被普通 C 代码调用。

④ 中断处理程序可以处理单个中断或多个中断。编译器不会生成专用于某一个中断的代码(c_int00 除外)。c_int00 是系统复位中断。当进入 c_int00 中断时,运行时间堆栈并没有被建立起来。因此不能为局部变量分配地址,也不能在运行时间堆栈中保存任何信息。

⑤ 为了将中断程序和中断联系起来,需要将分支程序放在合适的中断向量中。通过.sect 指令创建一个简单的分支指令表就可以实现此操作。

⑥ 在汇编语言中,需要在中断程序名前加下划线,如_c_int00。

⑦ 分配堆栈到偶地址。

2. C 中断程序的使用

通过 interrupt 关键字可以用 C 函数直接处理中断。例如:

```
interrupt void isr()
{
    ...
}
```

通过 interrupt 可以定义一个中断程序。当编译器遇到这些程序之一时,就会生成代码,使函数从中断陷阱中被激活。这种办法提供了比标准 C 信号机制更多的功能。interrupt 关键字可以和定义为返回 void 并不含参数的函数一起使用。中断函数体可以有局部变量,可以自由使用堆栈。

c_int00 是 C 程序入口。这个名字被保存为系统重启中断。这个特殊的中断程序初始化系统并调用主函数。因为没有调用者,所以 c_int00 不保存任何寄存器。

3. 保存中断入口的现场信息

中断程序所用到的所有寄存器(包括状态寄存器)都必须被保存。如果中断程序还调用其他函数,则 6.5.2 小节中表 6-6 列出的所有寄存器都必须被保存。

6.2.10　运行时间支持算法及转换程序

运动时间支持库包含了众多的汇编语言程序,用来为 C55x 指令集并不支持的 C 运算提供算法和转换功能。这些程序包括整数除法、整数取模和浮点运算。这些程序需要遵循标准 C 语言调用规则。

6.2.11　系统初始化

在运行 C 程序之前必须先建立 C 运行环境。这个工作由被称为_c_int00 的 C 启动程序来完成。运行时间支持源程序库(rts.src)中的 boot.asm 模块中包含了启动源程序。

为了使系统开始运行,必须由复位硬件调用_c_int00 函数,将_c_int00 函数和其他目标模块链接起来。当使用链接器选项-c 或-cr 并将 rts.src 作为一个链接输入文件时,这个链接过程能够自动完成。

当 C 程序被链接时,链接器会在可执行输出模块中给符号_c_int00 设置入口点的值。_c_int00 函数执行如下工作来初始化 C 环境:

① 建立堆栈和第二系统堆栈。

② 通过在 .cinit 段中的初始化表复制数据到 .bss 段中的变量来初始化全局变量。如果在装载的时候就初始化变量(-cr 选项),装载器就会在程序运行之前执行该步骤(而不是由启动程序完成的)。

③ 调用 main 函数开始执行 C 程序。

可以通过替换或修改启动程序来满足系统要求,但启动程序必须执行以上 3 个操作来正确初始化 C 系统。

1. 变量的自动初始化

任何被声明预初始化的全局变量必须在 C 程序开始运行前被分配初始值。检索这些变量数据并用这些数据初始化变量的过程叫做自动初始化(autoinitialization)。

编译器会创建一些表,这些表含有用来初始化 .cinit 段中的全局和静态变量的数据。每个编译过的模块都包含这些初始化表。链接器会把它们组合到一个单一的.cinit表中。启动程序或装载器利用这个表来初始化所有的系统变量。

在标准 ANSI C 语言中,没有显式初始化的全局和静态变量必须在程序执行前设置为 0。C55x C 编译器不对任何未初始化变量进行预初始化,因此程序员必须显式初始化任何初值为 0 的变量。

2. 全局构建器(Global Constructors)

所有具有构建器(constructor)的全局变量必须在运行 main()函数前使它们的构建器被调用。编译器会在.pinit 段中依次建立一个全局构建器地址表(见图 6-1)。链接器则将各输入文件中的.pinit 段链接成为一个单一的.pinit 段。启动程序将使用这个表来运行这些构建器。

3. 初始化表(Initialization Tables)

.cinit 段中的表中包含可变大小的初始化记录。每个必须被自动初始化的变量在.cinit 段中都有一条记录。图 6-2 给出了.cinit 段的格式。

图 6-1　.pinit 段的格式

一条初始化记录含有如下信息:

① 第一个位域(字 0)包含了初始化数据的长度(以字为单位),位 14 和位 15 为保留位。一条初始化记录长度可达 213 字。

② 第二个位域包含初始化数据要复制到.bss 段的存储器首地址。这个域为 24 位。

③ 第三个位域包含 8 比特的标志位。位 0 为存储器空间指示(I/O 或数据),其余位为保留位。

④ 第四个位域(字 3 到 n)包含复制到初始化变量的数据。

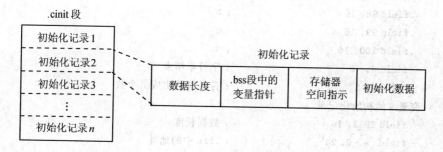

图 6-2　.cinit 段的格式

例 6-2,初始化变量和初始化表。

(1)初始化变量:

```
int i = 3;
long x = 4;
```

```
float f = 1.0;
char s[] = "abcd";
long a[5] = {1,2,3,4,5};
```

(2) 上面所定义变量的初始化信息：

```
        .sect ".cinit"              ; 初始化段
* 变量 i 的初始化记录
        .field 1,16                 ; 数据长度(1 字)
        .field _i + 0,24            ; .bss 中的地址
        .field 0,8                  ; 表示数据存储器
        .field 3,16                 ; int 是 16 位
* 变量 x 的初始化记录
        .field 2,16                 ; 数据长度(2 字)
        .field _1 + 0,24            ; 在.bss 中的地址
        .field 0,8                  ; 数据存储器
        .field 4,32                 ; long 是 32 位
* 变量 f 的初始化记录
        .field 2,16                 ; 数据长度(2 字)
        .field _f + 0,24            ; 在.bss 中的地址
        .field 0,8                  ; 数据存储器
        .xlong 0x3f800000           ; 浮点是 32 位
* 变量 s 的初始化记录
        .field IR_1,16              ; 数据长度
        .field _s + 0,24            ; .bss 中的地址
        .field 0, 8                 ; 数据存储器
        .field 97, 16               ; a
        .field 98, 16               ; b
        .field 99, 16               ; c
        .field 100, 16              ; d
        .field 0, 16                ; 字符串结束
        IR_1 .set 5                 ; 符号值给出成员个数
* 变量 a 的初始化记录
        .field IR_2, 16             ; 数据长度
        .field _a + 0, 24           ; .bss 中的地址
        .field 0, 8                 ; 数据存储器
        .field 1, 32                ; 数组开始
        .field 2, 32;
        .field 3, 32;
        .field 4, 32;
        .field 5, 32                ; 数组结束
        IR_2 .set 10                ; 数组大小
```

.cinit 段必须以上述格式包含初始化表。如果要把汇编语言模块接入 C/C++ 程序,就不能把.cinit 段用作他途。

4. 运行时间变量初始化

在运行时间自动初始化是自动初始化的默认模式。使用这种模式,可采用链接器的-c 选项。采用这种方法,, cinit 段随着所有其他初始化段被装载到存储器(通常为 ROM)中,全局变量在运行时间被初始化。

链接器定义了一个叫做 cinit 的特殊符号,用以指向存储器中初始化表的起始地址。当程序开始运行时,C 启动程序从 cinit 指向的表中复制数据到.bss 段中的特定变量中。这使得初始化数据能被存储到 ROM 中,并在每次程序开始执行时复制到 RAM 中。

图 6-3 给出了运行时间变量自动初始化过程。这种方法适用于应用程序烧入 ROM 的系统中。

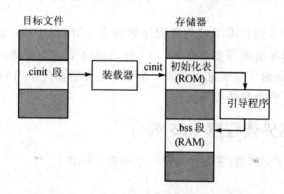

图 6-3 运行时间变量自动初始化过程

5. 装载时间变量初始化

在装载时间自动初始化变量会减少启动时间并节省被初始化表使用的存储器,从而改善了系统性能。用-cr 链接器选项可以选择这种模式。

当使用-cr 选项时,链接器置位在.cinit 段头的 STYP_COPY 位,这样装载器就不会把.cinit 段装载到存储器中(.cinit 段不占用存储器空间)。链接器置 cinit 符号为-1(通常 cinit 指向初始化表的起始地址),告诉启动程序存储器中没有初始化表,因此在启动时不进行初始化。

为在装载时间内实现自动初始化,装载器必须能够执行如下工作:

① 检查目标文件中.cinit 段是否存在。

② 保证 STYP_COPY 在.cinit 段头中被置位,这样就不会复制.cinit 段到存储器中去。

③ 理解初始化表格式。

在装载时间进行变量自动初始化的过程如图 6-4 所示。

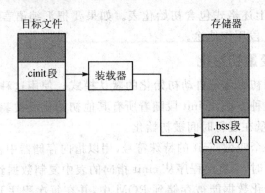

图 6-4 装载时间变量自动初始化过程

6.3 C55x C/C++编译器的使用

要把采用 C/C++ 语言编写好的源程序转换成 TMS320C55x 能够运行的代码，需要经过编译、汇编和链接等多个步骤。TI 公司提供了一个编译器外壳程序 cl55，利用它可以通过一条命令完成这些步骤。本节主要介绍如何使用 cl55 对 C55x C 语言源程序进行编译、汇编和链接等操作。

6.3.1 编译器外壳程序 cl55 简介

编译器外壳程序 cl55 能够运行下列一个或多个模块。

1. 编译器

编译器包括剖析器(parser)、优化器(optimizer)和代码产生器(code generator)，它能够接受 C/C++ 源代码，产生 C55x 汇编语言源代码。编译器通过输入文件的扩展名区分源代码类别，例如 .c 为 C 源代码，.C、.cpp、.cxx 或 .cc 为 C++ 源代码，.asm、.abs 或 .s* 为汇编源代码。

2. 汇编器

汇编器用于产生一个 COFF 格式的目标文件(扩展名为 .obj)。

3. 链接器

链接器用于把汇编器产生的 .obj 目标文件链接成一个可执行的目标文件。这里链接器是一个可选项。可以利用编译器外壳程序 cl55 编译和汇编各种不同源程序文件，而把链接工作放在以后进行。缺省状态下，cl55 只对源程序文件进行编译和汇编。如果需要同时进行链接，使用 -z 选项即可。

4. 编译器外壳程序 cl55 的调用

要使用 cl55，可以键入下列行命令：

cl55[options][filenames][-z[link_options][object files]]

其中：
  cl55 为编译器外壳程序 cl55 的命令名；
  options 为命令选项，影响 cl55 程序处理输入文件的方式；
  filenames 为一个或多个 C/C++ 源程序，汇编源程序或目标文件；
  -z 选项用于链接器的使用；
  link_options 为链接器选项；
  object files 为链接器输出的目标文件。

6.3.2 cl55 程序的选项

  cl55 程序选项不但控制着编译器外壳程序 cl55 本身，还影响着它所生成的 C55x 应用程序。使用 cl55 选项时要注意以下几点：
- 选项以短横线"-"开头，可以是单个或几个字母；
- 选项中的字母不区分大小写；
- 不带参数的多个单字母选项可以组合在一起，如：-sgq 与-s -g -q 等价；
- 对于两个字母的选项，如果它们的首字母相同，也可以组合在一起，如：-pi -pk -pl 可以组合成-pikl；
- 对于带参数的多个选项(如-uname 和-idirectory)不能进行组合；
- 对于带参数的选项，参数可以紧跟在选项字母后，也可以与选项字母之间用空格隔开，如：-u name 或-uname 均为合法。但当参数为数字时必须紧跟在选项字母后，如：-o3 为合法，-o 3 则为非法；
- 文件和选项的排列次序可以是任意的。但-z 选项必须位于编译器选项之后。

  表 6-3 列出了编译器和链接器的常用选项，其他选项请参考本书的其他相关章节或文献"SPRU281C, TMS320C55x Optimizing C/C++ Compiler User's Guide"。

表 6-3 编译器和链接器的常用选项

选项	作用
-@filename	把名为 filename 的文件内容附加到编译器的命令行上。使用该选项可以避免操作系统对于命令行长度的限制
-abs	在-z 选项后使用，产生一个绝对列表文件。注意必须在-z 选项后用-o 选项指明 .out 文件
-b	产生一个扩展名为 .aux 的辅助信息(有关堆栈大小和函数调用)文件
-c	取消链接。当在环境变量 C_OPTION 或 C55X_C_OPTION 中使用了-z 选项，但是又不想进行链接时，可以采用该选项
-dname[=def]	为预处理器预定义常数名，等价于在每一个 C/C++源文件头部插入 #define name def。如果省略[=def]，则 name 会被置 1

续表 6-3

选 项	作 用
-g	使能符号调试
-gw	使能符号调试,在目标文件中采用 DWARF 调试格式
-idirectory	指明 #include 的搜索路径
-k	保留编译器输出的汇编语言文件。通常情况下,外壳程序在编译完成后会删除输出的汇编语言文件
-mb	指明所有数据存储器为片内存储器。该选项使编译器采用双 MAC 指令对程序进行优化。必须确保在链接命令文件中把所有这些数据放在片内存储器
-mc	允许在.const 段中的常数作为只读的、初始化的静态变量。该选项使得在运行时间将被装载进扩展存储器的常数值依然在 page 0 给予保留
-mg	使编译器和汇编器采用代数格式的汇编语句。缺省状态下,编译器和汇编器采用助记符格式的汇编语句。在同一个源文件中不能同时采用两种格式的汇编语句
-mr	防止编译器产生 blockrepeat、localrepeat 和 repeat 指令。该选项仅在采用了-o2 或-o3 选项时才有用
-ms	进行代码空间优化而不是代码执行速度优化
-n	只对源文件进行编译,不进行汇编和链接。该选项会覆盖掉-z 选项
-q	压缩来自各种工具的标志和进程信息,只有源文件名和出错信息被输出
-qq	压缩除了出错信息以外的所有输出信息
-s	如果使能了优化器(-on 选项),则-s 选项将把优化器的注释插入到汇编语言源代码中。如果未使能优化器,则该选项将把 C/C++源代码插入到汇编语言源代码中。-s 选项中隐含了-k 选项
-ss	把原始的 C/C++源代码插入到编译器产生的汇编语言代码中。如果使能了优化器(-on 选项),则-ss 选项将会对你的代码进行大幅度地重新调整
-uname	取消预定义的常数名

6.3.3 编译器和 CCS

CCS 为代码产生工具提供了一个图形界面。当利用 CCS 构建一个工程时,CCS 会调用合适的代码产生工具完成编译、汇编和链接任务。编译器、汇编器和链接器的有关选项在 CCS 的相关选项对话框中进行设置。

6.4 C55x 的 C 代码优化

由于 C 语言程序的执行效率无法达到汇编语言程序的水平,所以常常在编写完 C 程序后还要进行 C 代码优化以提高效率,以达到实时性要求。

C55x 的 C/C++编译器中含有一个称为优化器(optimizer)的程序模块。优化器通过执行一些操作(如简化循环,重新安排语句和表达式,把变量用寄存器实现等),来提高 C/C++程序的运行速度,减少其代码长度。

6.4.1 编译器的优化选项

1. 基本优化选项

-o0：采取的主要优化措施有简化控制流程,把变量安排到寄存器,简化循环,忽略未用代码,简化语句和表达式,把调用函数扩展为内嵌函数等。

-o1：在-o0 级优化的基础上,进一步采取局部优化措施,如进行 COPY 扩展,删除未用分配,忽略局部公共表达式等。

-o2：在-o1 级优化的基础上,进一步采取全局部优化措施,如进行循环优化,删除全局公共子表达式,删除全局未用分配等。

-o3：这是最大可能的优化级别。在-o2 级优化的基础上,进一步进行的主要优化措施包括对于从未调用的函数移除其代码,对于从未使用返回值的函数删除其返回代码,把小函数代码自动嵌入到程序中(参考-oi 选项),重新安排函数声明的次序等。

-oi ＜size＞：当采用-o3 级优化时,优化器自动嵌入被调用的小函数。只有小于 size 的函数才能被嵌入。

2. 文件级(File-Level)优化选项

-o3 选项使编译器进行文件级优化。可以单独使用-o3 选项进行普通的文件级优化,也可以与其他选项组合起来进行更专门的优化。

要想控制文件级优化,可以使用-ol 选项。

-ol0：告诉编译器在源程序文件中声明了一个与标准库函数同名的函数,更改相应的库函数。

-ol1：告诉编译器在源程序文件中声明一个与标准库函数同名的函数。

-ol2：告诉编译器在源程序文件中不声明或改变任何标准库函数。当在命令文件或环境变量中选择了-ol0 或-ol1 选项时,可以通过-ol2 选项取消-ol0 或-ol1 选项。

采用-o3 选项时,可以使用-on 选项产生一个扩展名为.nfo 的优化信息文件。

-on0：取消优化信息文件的作用。

-on1：产生优化信息文件。

-on2：产生详细的优化信息文件。

3. 程序级(Program-Level)优化选项

通过使用-pm 选项和-o3 选项就可以进行程序级优化。通过程序级优化,所有源文件都被编译到一个中间文件中。这个中间文件提供给编译器在编译过程中完整的程序总览。因为编译器能够访问整个程序,因此它会执行一些很少在文件级优化中应用的优化。

如果一个函数的特定参量的值不变，编译器就会用这个值替换函数中的这个参量。

如果一个函数的返回值从不使用，编译器就会删除该函数的返回代码。

如果一个函数从未被调用，编译器就会删除该函数。

要想查看编译器进行程序级优化的情况，可以使用-on2 选项产生一个优化信息文件。

要想控制程序级优化，可以使用-op 选项。

-op0：有被其他模块调用的函数和在其他模块中编辑的全局变量。

-op1：没有被其他模块调用的函数，有在其他模块中编辑的全局变量。

-op2：没有被其他模块调用的函数，也没有在其他模块中编辑的全局变量，为缺省值。

-op3：有被其他模块调用的函数，没有在其他模块中编辑的全局变量。

6.4.2 嵌入函数(Inline Function)

当程序调用一个嵌入函数时，会把该函数的代码插入到调用处。嵌入函数有助于提高代码的运行效率，主要有以下两个优点：

① 省去了函数调用的有关操作。

② 优化器可以把嵌入函数代码和周围代码放在一起自由地进行优化。

但是，嵌入函数会大幅度地增加程序代码长度，适合于小函数和调用次数较少的场合。嵌入函数有以下几种类型：

1. 嵌入本征函数

C55x 有很多本征函数。编译时，编译器会用有效代码取代本征函数。无论是否使用优化器，这种嵌入操作都会自动进行。关于本征函数的详细介绍见本章第 6.4.3 小节。

2. 自动嵌入小函数

通过-o3 选项，优化器将自动地嵌入所调用的小函数。小函数长度的上限由-oi <size>选项指定，即任何长度超过 size 的函数不能被自动嵌入。如果选择了-oi 0，则等价于取消自动嵌入。

函数大小以编译器内部的绝对单位为准进行计算，用-onx 选项可以看到某函数大小。

3. 利用 inline 关键字嵌入函数

如果 inline 关键字对函数进行限定，则在该函数内调用时将被嵌入到调用处，而不是采用普通的函数调用操作方式。为使 inline 关键字生效，必须采用-o(-o0,-o1,-o2 或-o3)选项。-pi 选项用于关闭基于 inline 关键字的函数嵌入。

6.4.3 优化 C 代码的主要方法

表 6-4 列出了几种主要的 C 代码优化方法,下面分别进行讨论。

表 6-4 主要优化技术总结

优化技术	可能的性能提升	应用难度	使用频率	问题
生成高效循环代码	高	易	经常	
高效地使用 MAC 硬件	高	中等	经常	
使用本征函数	高	中等	经常	降低可移植性
避免循环寻址中的模运算符	中等	易	有时	
对 16 位数使用长整型访问	低	中等	少	
产生高效控制代码	低	易	少	

1. 生成高效循环代码

通过改进 C 循环代码可以极大地提高代码的性能。

① 避免循环体内的函数调用。这使得编译器可以高效地使用硬件循环结构(repeat、localrepeat 和 blockrepeat)。

② 保持小循环代码使编译器使用 localrepeat。

③ 分析往返计数(trip count)问题。

④ 使用 MUST-ITERATE pragma。

⑤ 使用-o3 和-pm 编译器选项。

2. 高效地使用 MAC 硬件

C55x 有专门的硬件高效执行 MAC 运算。一个周期中可以执行一个单乘加或一个双乘加(dual-MAC)运算。

(1) 用单乘加操作写高效的小循环

编译器可以产生一个高效的单循环 MAC 结构(一个循环中只有一条 MAC 指令作为循环体)。为了促进产生单循环 MAC 结构,使用局部变量而不是全局变量。如果使用全局变量,编译器必须插入存储全局对象操作,这会阻碍产生单循环。

例 6-3,使用全局变量与局部变量对比。

(1) 使用全局变量(不推荐使用)

```
int gsum = 0;
void dotp1(const int * x,const int * y,unsigned int n)
{
    unsigned int i;
    for(i = 0; i<= n-1; i++ )
        gsum + = x[i] * y[i];
```

}

(2) 使用局部变量(推荐使用)

```
int dotp2(const int * x, const int * y, unsigned int n)
{
    unsigned int i;
    int lsum = 0;
    for(i = 0; i< = n - 1; i++)
    lsum += x[i] * y[i];
    return lsum;
}
```

(2) 产生双乘加操作

双乘加操作是C55x一个很重要的硬件特性。为了使编译器产生双乘加操作，代码中必须有两个连续的MAC(或乘减/乘法)指令。两个操作结果不能写入同一个变量或同一个单元。如下面例题：

例6-4，使编译器产生双乘加操作。

```
int * a, * b, onchip * c;
long s1,s2;
[...]
s1 = s1 + ( * a++  * * c);
s2 = s2 + ( * b++  * * c++);
```

3. 使用本征(intrinsics)函数

C55x提供了一种特殊函数——本征(intrinsics)函数(见表6-5)。使用它可以迅速优化C代码。本征函数前有个下划线"_"，调用方法和普通函数相同。

例6-5，通过加法的例子说明其优化效果。

(1) 标准C语言饱和加法：

```
int sadd(int a,int b)
{
    int result;
    result = a + b;
    //检查"a"和"b"符号是否相同
    if(((a^b)&0x8000) == 0)
    {
        //如果"a"和"b"符号相同,检查是上溢还是下溢
        if((result^a)&0x8000)
        {
            //如果"result"和"a"符号不相同,发生上溢或下溢
```

```
        //如果'a'是正数,把"result"设置成最大正数
        //如果'a'是负数,把"result"设置成最大负数
        result = (a<0)? 0x8000:0x7FFF;
    }
}
return result;
}
```

(2) 由标准 C 语言饱和加法生成的低效汇编代码:

```
_sadd: MOV T1,AR1;
       XOR T0,T1;
       BTST @#15,T1,TC1;
       ADD T0,AR1
       BCC L2,TC1;
       MOV T0,AR2;
       XOR AR1,AR2;
       BTST @#15,AR2,TC1;
       BCC L2,!TC1;
       BCC L1,T0 < #0;
       MOV #32767,T0;
       B L3;
L1:    MOV #-32768,AR1;
L2:    MOV AR1,T0;
L3:    return;
```

(3) 通过调用本征函数 sadd 后的 C 代码:

```
int sadd(int a,int b)
{
    return _sadd(a,b);
}
```

(4) 通过调用本征函数 sadd 后生成的汇编代码:

```
_sadd: BSET ST3_SATA
       ADD T1,T0;
       BCLR ST3_SATA
       return;
```

表 6-5 C55x C/C++编译器的本征函数

本征函数	函数描述
short _abs(short src);	返回一个 16 位整数的绝对值
long _labs(long src);	返回一个 32 位整数的绝对值

续表 6-5

本征函数	函数描述
short _abss(short src);	通过置位 SATA 对一个 16 位整数进行饱和,返回其绝对值 _abss(0x8000) => 0x7FFF
long _labss(long src);	通过置位 SATD 对一个 32 位整数进行饱和,返回其绝对值 _labss(0x80000000) => 0x7FFFFFFF
long long _llabss(long long src);	通过置位 SATD 对一个 40 位整数进行饱和,返回其绝对值
short _norm(short src);	返回一个要归一化 16 位整数所需的移位值(左移)
short _lnorm(long src);	返回一个要归一化 32 位整数所需的移位值(左移)
long _rnd(long src);	对一个 32 位整数加上 2^{15},将低 16 位清零;通过置位 SATD 进行饱和处理
short _sadd(short src1, short src2); short _a_sadd(short src1, short src2);	执行 16 位整数加法,通过置位 SATA 对和进行饱和处理
long _lsadd(long src1, long src2); long _a_lsadd(long src1, long src2);	执行 32 位整数加法,通过置位 SATD 对和进行饱和处理
long long _llsadd(long long src1, long longsrc2); long long _a_llsadd(long long src1, long longsrc2);	执行 40 位整数加法,通过置位 SATD 对和进行饱和处理
long _smac(long src, short op1, short op2); long _a_smac(long src, short op1, short op2);	把两个 16 位整数 op1 与 op2 相乘,把结果左移一位;把积加到 32 位整数 src 上,并进行饱和处理,返回 32 位整数结果(置位 SATD,SMUL,FRCT)
long _smacr(long src, short op1, short op2); long _a_smacr(long src, short op1, short op2);	把两个 16 位整数 op1 与 op2 相乘,把结果左移一位;把积加到 32 位整数 src 上,再加上 2^{15},将低 16 位清零;并进行饱和处理,返回 32 位整数结果(置位 SATD,SMUL,FRCT)
long _smas(long src, short op1, short op2); long _a_smas(long src, short op1, short op2);	把两个 16 位整数 op1 与 op2 相乘,把结果左移一位;从 32 位整数 src 中减去积,并进行饱和处理,返回 32 位整数结果(置位 SATD,SMUL,FRCT)
long _smasr(long src, short op1, short op2); long _a_smasr(long src, short op1, short op2);	把两个 16 位整数 op1 与 op2 相乘,把结果左移一位;从 32 位整数 src 中减去积,再加上 2^{15},将低 16 位清零;并进行饱和处理,返回 32 位整数结果(置位 SATD,SMUL,FRCT)
short _smpy(short src1, short src2);	把两个 16 位整数 src1 和 src2 相乘,把结果左移一位;进行 16 位饱和处理,返回 16 位整数结果(置位 SATD,FRCT)
long _lsmpy(short src1, short src2);	把两个 16 位整数 src1 和 src2 相乘,把结果左移一位;进行 32 位饱和处理,返回 32 位整数结果(置位 SATD,FRCT)

续表 6-5

本征函数	函数描述
long _smpyr(short src1, short src2);	把两个 16 位整数 src1 和 src2 相乘,把结果左移一位;再加上 2^{15},将低 16 位清零;返回 32 位整数结果(置位 SATD,FRCT)
short _sneg(short src);	对 16 位整数进行求补,对结果进行饱和处理 _sneg (0xffff8000) => 0x00007FFF
long _lsneg(long src);	对 32 位整数进行求补,对结果进行饱和处理 _lsneg (0x80000000) => 0x7FFFFFFF
long long _llsneg(long long src);	对 40 位整数进行求补,对结果进行饱和处理
short _sshl(short src1, short src2);	将 16 位整数 src1 左移 src2 位,返回 16 位整数结果(置位 SATD)
long _lsshl(long src1, short src2);	将 32 位整数 src1 左移 src2(16 位整数)位,返回 32 位整数结果(置位 SATD)
short _ssub(short src1, short src2);	16 位整数 src1 减 src2(置位 SATA),对结果进行饱和处理,返回 16 位整数结果
long _lssub(long src1, long src2);	16 位整数 src1 减 src2(置位 SATA),对结果进行饱和处理,返回 32 位整数结果
long long _llssub(long long src1, long long src2);	16 位整数 src1 减 src2(置位 SATA),对结果进行饱和处理,返回 40 位整数结果
long _lsat(long long src);	把 40 位整数转化成 32 位整数,需要时进行饱和处理
short _shrs(short src1, short src2);	将 16 位整数 src1 右移 src2 位,返回 16 位整数结果(置位 SATD)
long _lshrs(long src1, short src2);	将 32 位整数 src1 右移 src2(16 位整数)位,返回 32 位整数结果(置位 SATD)

使用本征函数可以减少编码量和系统开销,但会降低代码的可移植性。为此可以用 ETSI(European Telecommunications Standards Institute)函数代替本征函数(见例 6-6)。对于 C55x 代码,gsm.h 使用编译器本征函数定义了 ETSI 函数。ETSI 函数可以在主机或其他没有本征函数的目标系统中编译使用。

例 6-6,使用 ETSI 函数执行 sadd 的 C 代码。

```
#include <gsm.h>
int sadd(int a,int b)
{
    return add(a,b);          /* ETSI 函数 */
}
```

4. 对 16 位数使用长整型访问

在某些情况下,把 16 位数据作为 long 类型进行访问可以显著提高效率,例如将数据从一个存储器地址快速地传递到另一个存储器地址。由于 32 位访问也可以在单周期中出现,这样可以减少一半的数据移动时间。唯一的限制在于数据必须排在偶字边界上。如果传递的数据是 2 的倍数,则代码简单很多,可以用 DATA ALIGN pragma 来排列数据。

用 DATA ALIGN pragma 来排列数据:

```
short x[10];
#pragma DATA_ALIGN(x,2)
```

例 6-7,通过 32 位指针复制 16 位数据的存储器复制函数。

```
void copy(const short * a, const short * b, unsigned short n)
{
    unsigned short i;
    unsigned short na;
    long * src, * dst;
    /* 这段程序假设传递的数据的字数 n 为 2 的倍数,这个数除以 2 得到双字传输次数 */
    na = (n >> 1) - 1;
    /* 设置 SRC 和 DST 的开始地址 */
    src = (long * )a;
    dst = (long * )b;
    for (i = 0; i <<= na; i ++ )
    {
        * dst ++ = * src ++ ;
    }
}
```

5. 生成高效控制代码

控制代码会测试多种情况来决定采取什么样的合适动作。

如果程序中 case 的个数少于 8,编译器在执行套用的 if-then-else 和 switch/case 结构时会生成相似的结构。因为第一种为真的情况在执行时的分支最少,所以最好将最常出现的情况写在第一个 case 后。当程序中 case 超过 8 个时,编译器会生成一个 .switch 标号的段。这种情况下,仍然最好将最常执行的代码放在第一个 case 后。

在可能情况下最好测试 0,因为通常测试 0 会得到更高效的代码。

对比下面两段 C 代码:

```
if(a! = 1) /* 测试 1 */
    <inst1>
else
```

        <inst2>

如果知道 a 总是 0 或 1,则可以得到更高效的 C 代码:

if(a= =0)/* 测试 0 */
        <inst1>
else
        <inst2>

6.5 C55x C 和汇编语言混合编程

6.5.1 C 和汇编语言混合编程概述

采用汇编语言编程能够针对所采用 DSP 芯片的具体特点,所编程序执行效率高。但是,不同公司的 DSP 芯片所提供的汇编语言各不相同,即使是同一公司的芯片,由于芯片的类型不同,其汇编语言也不尽相同。用汇编语言开发 DSP 产品周期很长,软件修改、升级、移植都非常困难。

采用 C 语言编程具有开发效率高的优点,有助于提高产品开发速度,程序修改、升级和移植也很方便。但是,与汇编语言编写的程序相比,C 语言的执行效率较低,通常不能满足实时性要求,且无法控制某些硬件。一般来说,只是在 DSP 运算能力不是很紧张时才采用 C 语言开发 DSP 程序,更加普遍的是采用 C 和汇编语言混合编程。通常,对于实时性要求不高的部分如主控程序采用 C 语言编写,对于实时性要求较高的模块如 FFT、FIR/IIR 滤波等则采用汇编语言编写。

采用 C 和汇编语言混合编程时,需要解决的关键问题是,两种语言编写的模块如何进行接口。这正是本小节介绍的主要内容。

6.5.2 寄存器规则

在 C 环境下对特殊操作使用特殊寄存器有严格的规定,C 程序中嵌入汇编程序需要遵循这些规则,所以 DSP 程序员必须懂得寄存器规则。

寄存器规则规定了编译器如何使用寄存器和如何在函数调用时保存数值,表 6-6 中给出了寄存器使用和保存规则,其中父函数是指函数调用时的调用方,而子函数就是被调用方。寄存器规则规定在函数调用时用到的寄存器要预先保存,这个工作由父函数完成。没有被父函数保存而子函数又用到的由子函数保存。

表 6-6 寄存器使用和保存规则

寄存器	保存者	用途
AC0~AC3	父函数	16、32 或 40 位数据,或 24 位代码指针

续表 6-6

寄存器	保存者	用途
(X)AR0~(X)AR4	父函数	16 或 23 位指针，或 16 位数据
(X)AR5~(X)AR7	子函数	16 位数据
T0,T1	父函数	
T2,T3	子函数	
ST0,ST1,ST2	父函数	
ST3	父函数	
RPTC	父函数	
CSR	父函数	
BRC0,BRC1	父函数	
BRS1	父函数	
BSA0,REA1	父函数	
SP		
SSP		
PC		
RETA	子函数	
CFCT	子函数	

状态寄存器记录了 DSP 运行状态。表 6-7~表 6-10 给出了状态寄存器各字段的作用、默认值及能否修改。

表 6-7 ST0_55 状态寄存器作用

字段	名称	默认值	编译器能否修改
ACOV[0~3]	溢出标志		是
CARRY	进位标志		是
TC[1~2]	检验、控制标志		是
DP[7~15]	数据页寄存器		否

表 6-8 ST1_55 状态寄存器作用

字段	名称	默认值	编译器能否修改
BRAF	快重复标志		否
CPL	编译标志	1	否
XF	外部标志		否

续表 6-8

字 段	名 称	默认值	编译器能否修改
HM	保持标志		否
INTM	中断标志		否
M40	运算标志	0	40 位运算时可以修改
SATD	饱和标志	0	是
SXMD	符号扩展标志	1	否
C16	双 16 位运算模式	0	否
FRCT	分数模式	0	是
54CM	C54 兼容模式	0	调用 C54x 子函数时可修改
ASM	累加器移位模式		否

表 6-9　ST2_55 状态寄存器作用

字 段	名 称	默认值	编译器能否修改
ARMS	辅助寄存器间接寻址模式	1	否
DBGM	调试模式		否
EALLOW	仿真访问使能		否
RDM	舍入模式	0	否
CDPLC	CDP 指针线性/循环状态		否
AR[0~7]LC	AR[0~7]线性/循环状态	0	否

表 6-10　ST3_55 状态寄存器作用

字 段	名 称	默认值	编译器能否修改
CAFRZ	缓冲冻结		否
CAEN	缓冲使能		否
CACLR	缓冲清零		
HINT	主机中断		否
CBERR	总线错误标志		
MPNMC	微处理器/微机模式		否
SATA	饱和模式（A 单元）	0	是
CLKOFF	CLKOUT 关闭		否
SMUL	乘法饱和模式	0	是
SST	存储饱和模式		否

6.5.3 函数结构和调用规则

C 编译器对函数调用有一套严格的规则。除了特殊的运行时间支持函数,其他任何函数不管调用还是被调用都必须遵循这些规则。不满足这些规则会破坏 C 环境并会导致程序失败。

图 6-5 给出了一个典型的函数调用。在这个例子中,参数被传给函数,函数使用局部变量并调用其他函数。注意多达 10 个参数是通过寄存器(见表 6-11)传递的。这个例子还表示出了为被调用函数分配局部帧(local frame)和参量块(argument block)的情况。堆栈必须分配在 32 位边界。父函数将 16 位要返回的 PC 值压入堆栈。参量块是局部帧的一部分,用来将参数传递给其他函数。参数通过被移动进参量块(而非以压入堆栈的方式)传递给函数。局部帧和参量块同时被分配地址。

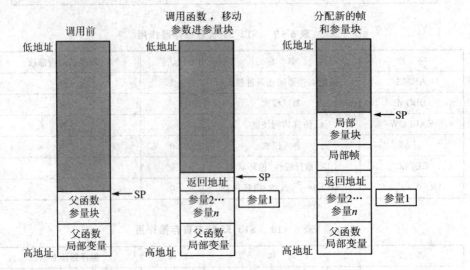

图 6-5 函数调用时的堆栈使用

1. 父函数如何调用其他函数

一个函数(父函数)调用其他函数时要进行以下工作:

① 首先将所要传递到子函数的参数放入寄存器或堆栈。

➤ 如果子函数的参量用省略号声明(表示参量数量可变),则首先把最后一个显式声明的参量传到堆栈,然后再把其他参量传到堆栈。堆栈地址将作为访问其他未声明参量的索引。最后一个参量之前所声明的参量遵循下面的规则。

➤ 通常情况下,在把一个参量传递给一个函数之前,编译器首先把该参量归到某一个类,然后按照其所属类将该参量放进一个寄存器中。参量可划分为 3 类:

- 数据指针(int *, long * 等);
- 16 位数据(char, short, int);

● 32位数据(long,float,double,函数指针)。

如果参量指向数据类型,这个参量就是数据指针;如果一个参量能放进16位寄存器,就可以看成16位数据,否则就是32位数据。

➢ 双字长(32位)或少于双字长的结构体会被当成32位数据参量,并通过寄存器传递。

➢ 如果结构体长度大于32位,则通过索引传输。编译器将该结构体的地址作为一个数据指针传递。

➢ 如果子函数返回的是一个结构体或联合体,则父函数在本地堆栈中为结构体分配相应大小的空间。父函数将该空间地址作为第一个隐含参量传送给子函数,这个参量被看成一个数据指针。

➢ 参量按照在函数声明中的排列顺序被分配给寄存器。参量放置的寄存器类型由参数的类型决定,如表6-11所示。比如,第1个32位数据参数将被放入AC0,第2个32位数据参数将被放入AC1,等等。如果参量的数量超过可用寄存器数量,多余的参量会被压入堆栈。

注意: ARx寄存器用作数据指针和16位数据时的重叠问题。比如,如果T0和T1用于保存16位数据参数,而AR0已用作数据指针参数,那么,第3个16位数据参数将被放入AR1。如果没有可用的寄存器,参数将被放入堆栈。

对于放入堆栈的参数将按照下述方法进行处理。首先,堆栈被调整到偶边界上。然后,每一个参数按照相应的参数类型被排列在堆栈上(long、float、double型数据,代码指针,大模式数据指针安排在偶边界。int、short、char型数据,ioport指针,小模式数据指针则无需安排在偶边界)。

表6-11 C函数调用中参量与寄存器的排列关系

参数类型	寄存器分配顺序	对应的数据类型
16位或23位数据指针	(X)AR0,(X)AR1,(X)AR2,(X)AR3,(X)AR4	数组、字符串、指针或占用空间超过2字节长的结构体
16位数据	T0, T1, AR0, AR1, AR2, AR3,AR4	(无符号)字符、短整数、整数
32位数据	AC0,AC1,AC2	长整数、浮点数和长度不大于2个字节的结构体

② 子函数保存所有的入口保存寄存器(save-on-entry registers,T2、T3、AR5~AR7)。父函数必须通过压入堆栈来保存其他在调用后会用到的寄存器的值。

③ 父函数对子函数进行调用。

④ 父函数收集返回值。短数据、长数据和数据指针分别返回在T0、AC0和(X)AR0中。如果子函数返回的是一个结构,则父函数在本地堆栈中为结构体分配相应大小的空间。

```
Struct result = fn(x,y);
```

转换到

```
fn(&result,x,y);
```

例6-8，寄存器参量规则。

```
struct big { long x[10]; };
struct small { int x; };

 T0        T0        AC0       AR0
int fn(int i1, long l2, int * p3);

 AC0       AR0       T0        T1        AR1
long fn(int * p1, int i2, int i3, int i4);

 AR0       AR1
struct big fn(int * p1);

 T0        AR0       AR1
int fn(struct big b, int * p1);

 AC0       AR0
struct small fn(int * p1);

 T0        AC0       AR0
int fn(struct small b, int * p1);

 T0        stack     stack...
int printf(char * fmt, ...);

           AC0       AC1       AC2       stack     T0
void fn(long l1, long l2, long l3, long l4, int i5);

           AC0       AC1       AC2       AR0       AR1
void fn(long l1, long l2, long l3, int * p4, int * p5,
 AR2       AR3       AR4       T0        T1
int * p6, int * p7, int * p8, int i9, int i10);
```

2. 被调用函数(子函数)的响应

子函数需要做以下工作：

① 被调用函数为局部变量、临时存储空间及给函数可能调用的参数分配足够的

存储空间。这些工作在函数调用开始的时候就完成了。

② 如果子函数修改一些入口保存寄存器(T2、T3、AR5～AR7)，必须将这些值压入堆栈或存储到一个没用的寄存器中。被调用函数可以修改其他的寄存器而不用保存其中的值。

③ 如果子函数的参数是一个结构体，则它所接收到的是一个指向该结构体的指针。如果在被调用函数中需要对结构体进行写操作，则需要把这个结构体复制到本地空间中。如果不进行写操作，则可以直接通过指针访问这个结构。

④ 子函数执行代码。

⑤ 如果子函数返回一个值，它将该值按照以下规则放置：短整型数据值返回到T0中；长整型数据值返回到AC0中；数据指针值返回到(X)AR0中；如果子函数返回结构体，父函数就会为结构体分配存储空间并传送指向这个空间的指针到(X)AR0中。要返回这个结构体，被调用函数只要将该结构体复制到被这个指针所指的存储模块中。如果父函数没有使用返回结构体值，则会将0传递给(X)AR0。这规定了子函数不用复制返回的结构体。声明返回结构体的函数必须注意它们在哪里被调用(以便调用者正确建立第一个参数)，在哪里被定义(以便该函数知道去复制结果)。

⑥ 子函数存储所有在第②步中保存的寄存器。

⑦ 子函数将原来的值存储到堆栈中。

⑧ 函数返回。

6.5.4 C和汇编语言的接口

混合使用C代码和汇编语言代码的主要方法有：

① 使用几个独立的汇编代码模块，并将它们与编译了的C模块进行链接，这是最通用的方法。

② 在C源代码中使用汇编语言变量和常数。

③ 将汇编语言程序直接嵌入C源代码中。

④ 在C源代码中使用本征函数直接调用汇编语言语句。

1. 在C代码中访问汇编语言函数

在定义汇编函数时，需要在函数名前加下划线"_"来让编译器识别。下面给出了定义汇编函数，以及在C语言中调用这些函数的例子。

例6-9，从C代码中访问汇编语言函数。

(1) C程序：

```
/*声明汇编函数*/
extern int asmfunc(int,int *);
int gvar ;              /*定义全局变量*/
main()
```

```
{
    int i;
    i = asmfunc(i,&gvar);    /*调用函数*/
}
```

(2) 汇编程序:

```
_asmfunc:
ADD *AR0,T0,T0  ; T0 + gvar => i,i = T0
RET;
```

在上面的汇编代码中,所有 C 函数名称前都需要加上下划线。同 C 函数一样,汇编函数只有返回非整数值时才需要被声明。

2. 在 C 代码中访问汇编语言变量

从 C 代码中访问汇编语言变量有两种情况:① 变量定义在.bss 段中。② 变量未定义在.bss 段中。

访问.bss 段或.usect 段中的没有初始化的变量,可以采用以下方法进行访问:

➤ 使用.bss 或.usect 指令来定义变量。
➤ 使用.global 指令把变量定义为外部变量。
➤ 在汇编语言中的变量前加下划线"_"。
➤ 在 C 代码中声明变量为外部变量并正常地访问它。

例 6-10,从 C 程序中访问定义在.bss 段的变量。

(1)C 程序:

```
extern int var;         /* 外部变量 */
var = 1;                /* 使用变量 */
```

(2)汇编语言程序:

```
.bss _var,1             ;定义变量
.gloabl _bar            ;声明变量为外部变量
```

当变量不是被存放在.bss 段时,比如用汇编语言定义的查找表并不希望放在 RAM 中,这时应该定义一个指向该变量的指针并从 C 语言中对其间接访问。

首先,要定义变量;其次,声明一个指向该变量起始地址的全局指针,这个变量就可以被链接到存储空间的任何地方;再次,在 C 程序中访问时,必须先声明该对象为 extern 型,并且不能在其名称前面加下划线;最后就可以正常访问它了。

例 6-11,在 C 代码中访问没有在 .bss 段中声明的变量。

(1) C 程序:

```
extern float sine[]    ;/* 这就是对象 */
```

```
float * sine_p = sine     ;/* 声明指针指向它 */
f = sine_p[2]             ;/* 正常访问该对象 */
```

(2) 汇编程序：

```
    .global _sine              ;声明变量为外部变量
        .sect "sine_tab"       ;创建单独的段
_sine:                         ;表从此开始
        .float 0.0
        .float 0.015987
        .float 0.022145
```

3. 在 C 语言中访问汇编语言常数

通过使用.set 和.global 指令可以定义汇编语言的全局常数，也可以在链接命令文件中使用链接分配语句定义汇编语言常数。在 C 语言中只有用特殊的运算符才能访问这些常数。

用 C 或汇编语言定义的普通变量，其符号列表包含变量值的地址。但对汇编常数，符号表还包含常数值。汇编器不能分辨符号表中哪些是值，哪些是地址。

如果通过名字访问一个汇编器(或链接器)常数，编译器会在符号列表的地址中取值。为了防止这种情况，必须使用 & 运算符来取值。如果 x 是一个汇编语言常数，它在 C 代码中的值就是 &x，下面给出具体例子。

例 6-12，在 C 代码中访问汇编语言常数。
(1) C 语言程序：

```
extern int table_size;/* 声明 table_size 为外部参数 */
#define TABLE_SIZE ((int)(&table_size))
……
……
……
For(i = 0;i<TABLE_SIZE; + + i)    /* 像使用普通符号一样使用该常数 */
```

(2) 汇编语言程序：

```
_table_size    .set 10000          ;定义常量
.global _table_size                ;定义该常量为全局常量
```

4. 嵌入汇编语言

在 C 程序中，可以使用 asm 语句来插入单行汇编语言到编译器创建的汇编语言文件中。多个 asm 语句将汇编语言放入汇编器输出中而不会影响代码。asm 语句对在编译器输出中插入命令很有用。例如：

```
asm(";* * * this is an assembly language comment");
asm("nop");
```

第6章 C/C++语言程序设计

使用 asm 语句时，需要注意以下几点：

① 千万注意不要破坏 C 语言操作环境。C 编译器在遇到内嵌 asm 汇编语句时，不会对其进行分析处理。

② 避免从内嵌 asm 汇编语句调转到 C 语言模块中，那将极容易造成寄存器使用上的混乱，从而产生难以预料的结果。

③ 不要在内嵌 asm 汇编语句中改变 C 语言模块中变量的值，但可以安全地读取它们的值。

④ 不要使用内嵌 asm 汇编语句插入汇编器指令来改变汇编环境。

思考题与习题

6.1　C55x C 语言具有哪些基本特点？

6.2　C55x C 语言支持的数据类型有哪些？

6.3　关键字 interrupt 有什么作用？

6.4　如何在 C 语言源程序中嵌入汇编语言语句？

6.5　如何用 C 语言访问 DSP 的 I/O 空间？

6.6　小存储器模式和大存储器模式有何区别？

6.7　C 编译器生成的段有哪些？各段的作用是什么？

6.8　如何实现动态存储器分配？

6.9　为什么要进行 C 语言和汇编语言混合编程？

6.10　在 C 语言中调用汇编语言程序有哪些方法？

6.11　什么是本征函数？在 C 语言中如何调用它？

6.12　为什么要对程序进行优化？C 代码优化的主要方法有哪些？

6.13　inline 关键字的作用是什么？

6.14　关键字 int、long、long long 各定义了什么样的数据？

6.15　C 编译器优化选项 o0、o1、o2、o3 各有什么特点？

6.16　（实验）利用第 3 章中 C 语言工程所用命令文件，在 CCS 下建立关于例 6-9 的 C 语言工程，并对该工程进行构建、调试。

第 7 章

应用程序设计

内容提要：本章介绍了 TMS320C55x 典型应用程序的设计方法。首先介绍了数据的定标与溢出的处理方法；接着介绍了常用多字算术运算程序的设计，主要内容包括多字整数、小数的加法、减法、乘法和除法；然后介绍了 FIR、IIR 滤波器和 FFT 的程序设计。最后，对 DSPLIB 函数库的使用方法进行了简要介绍。

7.1 定标与溢出处理

7.1.1 数的定标

对 C55x 而言，参与数值运算的数是 16 位的整型数。但在许多情况下，数学运算过程中的数不一定都是整数。那么，DSP 芯片是如何处理小数的呢？这其中的关键就是由程序员来确定一个数的小数点处于 16 位中的哪一位，这就是数的定标。

通过设定小数点在 16 位数中的不同位置，可以表示不同大小和不同精度的小数。数的定标主要采用 Q 表示法。表 7-1 列出了一个 16 位数的 16 种 Q 表示及它们所能表示的十进制数值范围。

表 7-1 Q 表示及数值范围

Q 表示	十进制数 X 表示范围	Q 表示	十进制数 X 表示范围
Q15	$-1 \leqslant X \leqslant 0.999\,969\,5$	Q7	$-256 \leqslant X \leqslant 255.992\,187\,5$
Q14	$-2 \leqslant X \leqslant 1.999\,939\,0$	Q6	$-512 \leqslant X \leqslant 511.980\,437\,5$
Q13	$-4 \leqslant X \leqslant 3.999\,877\,9$	Q5	$-1\,024 \leqslant X \leqslant 1\,023.968\,75$
Q12	$-8 \leqslant X \leqslant 7.999\,755\,9$	Q4	$-2\,048 \leqslant X \leqslant 2\,047.937\,5$
Q11	$-16 \leqslant X \leqslant 15.999\,511\,7$	Q3	$-4\,096 \leqslant X \leqslant 4\,095.875$
Q10	$-32 \leqslant X \leqslant 31.999\,023\,4$	Q2	$-8\,192 \leqslant X \leqslant 8\,191.75$
Q9	$-64 \leqslant X \leqslant 63.998\,046\,9$	Q1	$-16\,384 \leqslant X \leqslant 16\,383.5$
Q8	$-128 \leqslant X \leqslant 127.996\,093\,8$	Q0	$-32\,768 \leqslant X \leqslant 32\,767$

从表 7-1 可以看出，不同的 Q 所表示的数不仅范围不同，而且精度也不相同。

第 7 章 应用程序设计

Q 越大，数值范围越小，但精度越高；相反，Q 越小，数值范围越大，但精度就越低。例如，Q0 的数值范围是 -32 768 到 +32 767，其精度为 1，而 Q15 的数值范围为 -1 到 0.999 969 5，精度为 1/32 768 = 0.000 030 51。因此，对定点数而言，数值范围与精度是一对矛盾，一个变量要想能够表示比较大的数值范围，必须以牺牲精度为代价；而想提高精度，则数的表示范围就相应地减小。在实际的定点算法中，应该根据具体问题进行折衷处理，以达到最佳效果。

在 C55x 中，16 位整数采用补码形式表示。每个采用 Qi 定标的 16 位数用 1 个符号位、i 个小数位和 15-i 个整数位来表示。图 7-1 给出了 Q15、Q14 及 Q0 格式数据的各位权值。

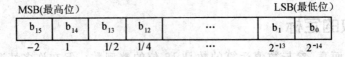

图 7-1 Q15、Q14 及 Q0 格式数据的各位权值

同样一个 16 位数，若小数点设定的位置不同，它所表示的数也就不同。表 7-2 给出了 2000H 和 E000H 在不同定标方式下所表示的具体数值。

表 7-2 同样的数在不同定标方式下所表示的具体数值

Q 格式	十六进制数	二进制数	十进制数
Q0	2000H	0010 0000 0000 0000b	8 192
Q14	2000H	0010 0000 0000 0000b	0.5
Q15	2000H	0010 0000 0000 0000b	0.25
Q0	E000H	1110 0000 0000 0000b	-8 192
Q14	E000H	1110 0000 0000 0000b	-0.5
Q15	E000H	1110 0000 0000 0000b	-0.25

注意：数据采用补码表示，数据最高位为符号位（正数为0，负数为1），对应的权值为 -2^{15-i}。

7.1.2 溢出的处理方法

1. 溢 出

如果算术运算结果超出寄存器所能表示的最大数就会出现溢出。因为16位定点 DSP 的动态范围有限，所以在使用时必须注意动态范围以防溢出。溢出还与输入信号的特性和运算法则有关。

2. C55x 的溢出处理机制

C55x 可以利用以下几种硬件特性来处理溢出：

① 保护位。C55x 的每个累加器都有 8 个保护位（39～32 位），允许连续 256 次乘加操作而累加器不溢出。

② 溢出标志位。C55x 的每个累加器都有相关的溢出标志位，当累加器操作结果出现溢出时，这个标志位就会置位。

③ 饱和方式位。DSP 有两个饱和方式位 SATD 和 SATA，SATD 控制 D 单元的操作，SATA 控制 A 单元的操作。如果 SATD=1，当 D 单元发生溢出时，对 D 单元的结果进行饱和处理。不管饱和方式位的值是什么，当累加器发生溢出时，相应的溢出标志位都会被置位。A 单元没有溢出标志位，但如果 SATA=1，发生溢出时，结果也会进行饱和处理。

饱和处理是用最近的边界值代替溢出结果。

例如：16 位寄存器的范围是 8000h（最小负数）～7FFFh（最大正数），饱和处理就是用 7FFFh 代替比 7FFFh 大的结果；用 8000h 代替比 8000h 小的结果。

3. 溢出的处理方法

一般用以下几种方法处理溢出：饱和、输入定标、固定定标和动态定标。

① 饱和。饱和是一种处理溢出的方法，但是饱和会剪掉部分输出信号，可能会引起信号失真和引起系统非线性。

② 输入定标。分析所要使用的系统，假定最坏的情况，然后对输入信号定标，以防止溢出。但是这种方法会极大地降低输出信号的精确度。

③ 固定定标。假定最坏的情况，对中间结果定标。这种方法可以防止溢出，同时增加了系统的信噪比。

④ 动态定标。可以监测中间结果的范围，只在需要的时候对中间结果定标。这种方法可以防止溢出但会增加计算量。

7.1.3 常用信号处理算法中的定标方法

1. FIR 滤波器的定标方法

在 FIR 滤波器中处理溢出的最好方法是设计时使滤波器的增益小于 1,这样就不需要对输入信号定标。这种方法和累加器的保护位结合起来,可以有效地防止溢出。

由于对信号处理的负面影响,在 FIR 滤波器中不使用固定定标和输入定标。如果不考虑计算量,在 FIR 滤波器中可以使用动态定标。对一些类型的音频信号,饱和处理也是一种常用的方法。

2. IIR 滤波器的定标方法

IIR 滤波器的定点实现推荐使用多个二阶基本节级联组成,这样可以减小高阶滤波器频率响应灵敏度。由于滤波器系数的量化引入误差,因此避免溢出对 IIR 滤波器非常重要。

可以通过把中间结果保存在处理器累加器来避免节间数据溢出。为防止在第 k 阶内部发生数据溢出,需要用增益系数 G_k 对滤波器的单脉冲响应 $f(n)$(前馈通道)定标。

方法 1:
$$G_k = \sum_n \text{abs}(f(n)) \tag{7-1}$$

方法 2:
$$G_k = \sum_n (\text{abs}(f(n))^2)^{1/2} \tag{7-2}$$

方法 1 以牺牲精度为代价防止溢出,方法 2 允许偶尔溢出,但提供更好的精度。总的来说,如果输入信号动态范围不大,这些方法都很有效。

另一种处理 IIR 滤波器溢出的方法是动态标定。用这种方法,在每个阶段滤波器内部状态都被减半,以增大指令周期为代价换取更高的精度。

3. FFT 的定标方法

在 FFT 操作里,每次蝶形运算后数据平均增加一位。输入定标需要移 $\log_2 N$ 位(FFT 长度为 N),但这会导致在计算 FFT 之前就衰减 $6\log_2 N$ dB。在固定定标中,每级蝶形运算输出除以 2,这是最常用的 FFT 定标方法,因为它简单而且有比较好的信噪比。但是,对于大的 FFT,这种定标会使信息丢失。

另一种方法是动态定标,即在输出溢出时再除以 2。在这种情况下,会在这个过程中指定一个变量,每定标一次变量的值加 1,计算结束后根据变量的值把结果乘以一个系数。动态定标的信噪比最好,但会增加 FFT 循环次数。

7.2 基础算术运算

7.2.1 加减运算

在数字信号处理中,加减运算是常见的算术运算。一般使用 16 位或 32 位加减运算,数值分析、浮点运算和其他操作可能需要 32 位以上的运算。C55x 有直接完成 16 位或 32 位加减运算的指令,但没有能直接完成多字加减运算的指令。要进行多字加减运算,需要通过编程方法实现。

以下指令可在单周期内完成 32 位加法运算:

```
MOV40 dbl(Lmem),ACx
ADD   dbl(Lmem),ACx
```

64 位的高 32 位加法要考虑低 32 位加法产生的进位,使用以下指令:

```
ADD uns(Smem),CARRY,ACx
```

以下指令可在单周期内完成 32 位减法运算:

```
MOV40 dbl(Lmem),ACx
SUB   dbl(Lmem),ACx
```

64 位的高 32 位减法要考虑低 32 位减法产生的借位,使用以下指令:

```
SUB uns(Smem),BORROW,ACx
```

例 7-1,64 位加法运算。

```
;*************************************
;      64 位加法              指针分配
;
;      X3  X2  X1  X0        AR1 -> X3（偶地址）
;   +  Y3  Y2  Y1  Y0               X2
;      ─────────────                 X1
;      W3  W2  W1  W0                X0
;                             AR2 -> Y3（偶地址）
;                                    Y2
;                                    Y1
;                                    Y0
;                             AR3 -> W3（偶地址）
;                                    W2
;                                    W1
;                                    W0
;*************************************
```

```
                MOV40 dbl(*AR1(#2)),AC0        ; AC0 = X1 X0
                ADD dbl(*AR2(#2)),AC0          ; AC0 = X1 X0 + Y1 Y0
                MOV AC0,dbl(*AR3(#2))          ; 保存 W1 W0
                MOV40 dbl(*AR1),AC0            ; AC0 = X3 X2
                ADD uns(*AR2(#1)),CARRY,AC0    ; AC0 = X3 X2 + 00 Y2 + CARRY
                ADD *AR2<<#16,AC0              ; AC0 = X3 X2 + Y3 Y2 + CARRY
                MOV AC0,dbl(*AR3)              ; 保存 W3 W2
```

例 7-2，64 位减法运算程序。

```
;******************************************************
;           64 位减法                   指针分配
;
;        X3   X2   X1   X0            AR1 -> X3（偶地址）
;     -  Y3   Y2   Y1   Y0                   X2
;        _____                    X1
;        W3   W2   W1   W0                   X0
;                                     AR2 -> Y3（偶地址）
;                                            Y2
;                                            Y1
;                                            Y0
;                                     AR3 -> W3（偶地址）
;                                            W2
;                                            W1
;                                            W0
;******************************************************
                MOV40 dbl(*AR1(#2)),AC0        ;AC0 = X1X0
                SUB dbl(*AR2(#2)),AC0          ;AC0 = X1X0 - Y1Y0
                MOV AC0,dbl(*AR3(#2))          ;保存 W1W0
                MOV40 dbl(*AR1),AC0            ;AC0 = X3X2
                SUB uns(*AR2(#1)),BORROW,AC0   ;AC0 = X3X2 - 00Y2 - BORROW
                SUB *AR2<<#16,AC0              ;AC0 = X3X2 - Y3Y2 - BORROW
                MOV AC0,dbl(*AR3)              ;保存 W3W2
```

7.2.2 乘法运算

C55x 提供了硬件乘法器，16 位乘法可在一个指令周期内完成。高于 16 位的乘法运算可以采用下述方法实现（以 32 位乘法为例）。

例 7-3，32 位整数乘法运算。

```
;******************************************************
;本子程序是两个 32 位整数乘法，得到一个 64 位结果。操作数取自数
;据存储器，运算结果送回数据存储器
```

```
;
;数据存储:                              指针分配:
; X1 X0           32 位操作数            AR0 -> X1
; Y1 Y0           32 位操作数                    X0
; W3 W2 W1 W0     64 位结果              AR1 -> Y1
;                                              Y0
;入口条件:                               AR2 -> W0
; SXMD = 1        (允许符号扩展)                 W1
; SATD = 0        (不做饱和处理)                 W2
; FRCT = 0        (关小数模式)                   W3
;
;限制条件:延迟链和输入序列必须指定为长字类型
;
;*********************************************
    BSET SXMD
    BCLR SATD
    BCLR FRCT
    AMAR *AR0+
    ||AMAR *AR1+                        ;AR0 指向 X0
                                        ;AR1 指向 Y0
    MPYM uns(*AR0-),uns(*AR1),AC0       ;AC0 = X0 * Y0
    MOV AC0,*AR2+                       ;保存 W0
    MACM *AR0+,uns(*AR1-),AC0>>#16,AC0  ;AC0 = X0 * Y0>>16 + X1 * Y0
    MACM uns(*AR0-),*AR1,AC0            ;AC0 = X0 * Y0>>16 + X1 * Y0 + X0 * Y1
    MOV AC0,*AR2+                       ;保存 W1
    MACM *AR0,*AR1,AC0>>#16,AC0         ;AC0 = AC0>>16 + X1 * Y1
    MOV AC0,*AR2+                       ;保存 W2
    MOV HI(AC0),*AR2                    ;保存 W3
```

7.2.3 除法运算

C55x 没有提供硬件除法器,也没有提供专门的除法指令,要实现除法运算需借助于条件减法指令 SUBC 和重复指令 RPT。根据被除数绝对值与除数绝对值的大小关系,除法的实现过程略有不同:① 当|被除数|<|除数|时,商为小数;② 当|被除数|≥|除数|时,商为整数。

需要注意的是:SUBC 指令要求被除数和除数都必须为正。下面举例说明如何在 C55x DSP 中实现除法运算。

例 7-4,无符号 16 位除 16 位整数除法。

```
;*********************************************
;指针分配
; AR0 -> 被除数
```

```
; AR1 -> 除数
; AR2 -> 商
; AR3 -> 余数
;
; 注:
;   无符号除法,被除数、除数均为 16 位
;   关闭符号扩展,被除数、除数均为正数
;   运算完成后 AC0(15-0)为商,AC0(31-16)为余数
;* * * * * * * * * * * * * * * * * * * * * * * * * * * * * *
        BCLR SXMD                   ;清零 SXMD(关闭符号扩展)
        MOV *AR0,AC0                ;把被除数放入 AC0
        RPT #(16-1)                 ;执行 subc 16 次
        SUBC *AR1,AC0,AC0           ;AR1 指向除数
        MOV AC0,*AR2                ;保存商
        MOV HI(AC0),*AR3            ;保存余数
```

例 7-5,无符号 32 位除 16 位整数除法。

```
;* * * * * * * * * * * * * * * * * * * * * * * * * * * * * *
;指针分配
; AR0 -> 被除数高位
;        被除数低位
; AR1 -> 除数
; AR2 -> 商高位
;        商低位
; AR3 -> 余数
;
; 注:
;   无符号除法,被除数为 32 位,除数为 16 位
;   关闭符号扩展,被除数、除数均为正数
;   第一次除法之前,把被除数高位存入 AC0
;   第一次除法之后,把商的高位存入 AC0(15-0)
;   第二次除法之前,把被除数低位存入 AC0
;   第二次除法之后,AC0(15-0)为商的低位
;                  AC0(31-16)为余数
;* * * * * * * * * * * * * * * * * * * * * * * * * * * * * *
        BCLR SXMD                   ;清零 SXMD(关闭符号扩展)
        MOV *AR0+,AC0               ;把被除数高位存入 AC0
     || RPT #(15-1)                 ;执行 subc 15 次
        SUBC *AR1,AC0,AC0           ;AR1 指向除数
        SUBC *AR1,AC0,AC0           ;执行 subc 最后一次
     || MOV #8,AR4                  ;把 AC0_L 存储地址装入 AR4
        MOV AC0,*AR2+               ;保存商的高位
```

```
        MOV  * AR0 + , * AR4          ;把被除数低位装入 AC0_L
        RPT  #(16 - 1)                ;执行 subc 16 次
        SUBC * AR1,AC0,AC0
        MOV  AC0, * AR2 +             ;保存商的低位
        MOV  HI(AC0), * AR3           ;保存余数
        BSET SXMD                     ;置位 SXMD（打开符号扩展）
```

以上两个例子是无符号整数除法运算,但实际中也会经常用到有符号整数除法运算。这时就要单独考虑符号位,然后把有符号整数运算转化为无符号整数运算。在无符号整数运算结果中,加上符号位即可。

例 7 - 6,带符号 16 位除 16 位整数除法。

```
; * * * * * * * * * * * * * * * * * * * * * * * * * * * * * * * * * * * * *
;指针分配
; AR0 -> 被除数
; AR1 -> 除数
; AR2 -> 商
; AR3 -> 余数
;
;注:
;   带符号除法,被除数为 16 位,除数为 16 位
;   打开符号扩展,被除数、除数可为负数
;   除法运算之前,商的符号存入 AC0
;   除法运算之后,商存入 AC1(15 - 0)
;                余数存入 AC1(31 - 16)
; * * * * * * * * * * * * * * * * * * * * * * * * * * * * * * * * * * * * *

        BSET SXMD                     ;置位 SXMD（打开符号扩展）
        MPYM * AR0, * AR1,AC0         ;计算期望得到的商的符号
        MOV  * AR1,AC1                ;把除数存入 AC1
        ABS  AC1,AC1                  ;求绝对值,|除数|
        MOV  AC1, * AR2               ;暂时保存 |除数|
        MOV  * AR0,AC1                ;把被除数存入 AC1
        ABS  AC1,AC1                  ;求绝对值,|被除数|
        RPT  #(16 - 1)                ;执行 subc 16 次
        SUBC * AR2,AC1,AC1            ;AR2 -> |除数|
        MOV  HI(AC1), * AR3           ;保存余数
        MOV  AC1, * AR2               ;保存商
        SFTS AC1,#16                  ;对商移位:把符号位放在最高位
        NEG  AC1,AC1                  ;对商求反
        XCCPART label,AC0 < #0        ;如果商的符号位为负,
        MOV  HI(AC1), * AR2           ;用商的负值替换原来的商
```

例 7-7，带符号 32 位除 16 位整数除法。

```
;**********************************************
;指针分配:(被除数和商都被指定为长字)
;AR0 -> 被除数高半部分(NumH)(偶地址)
;被除数高半部分(NumL)
;AR1 -> 除数(Den)
;AR2 -> 商的高半部分(QuotH)(偶地址)
;商的低半部分(QuotL)
;AR3 -> 余数(Rem)
;
;注:
; 带符号除法,被除数为 32 位,除数为 16 位
; 打开符号扩展,被除数、除数可为负数
; 除法运算之前,期望的商的符号存入 AC0
; 第一次除法运算之前,把被除数的高半部分存入 AC1
; 第一次除法运算之后,把商的高半部分存入 AC1(15-0)
; 第二次除法运算之前,把被除数的低半部分存入 AC1
; 第二次除法运算之后,把商的低半部分存入 AC1(15-0)
; 余数存入 AC1(31-16)
;**********************************************
            BSET SXMD              ;置位 SXMD(打开符号扩展)
            MPYM *AR0,*AR1,AC0     ;除法结果的符号位(NumH x Den)
            MOV *AR1,AC1           ;AC1 = Den
            ABS AC1,AC1            ;AC1 = abs(Den)
            MOV AC1,*AR3           ;Rem = abs(Den)
            MOV40 dbl(*AR0),AC1    ;AC1 = NumH NumL
            ABS AC1,AC1            ;AC1 = abs(Num)
            MOV AC1,dbl(*AR2)      ;QuotH = abs(NumH)
                                   ;QuotL = abs(NumL)
            MOV *AR2,AC1           ;AC1 = QuotH
            RPT #(15-1)            ;执行 subc 15 次
            SUBC *AR3,AC1,AC1
            SUBC *AR3,AC1,AC1      ;最后一次执行 subc
         || MOV #11,AR4            ;把 AC1_L 存储地址装入 AR4
            MOV AC1,*AR2+          ;保存 QuotH
            MOV *AR2,*AR4          ;AC1_L = QuotL
            RPT #(16-1)            ;执行 subc 16 次
            SUBC *AR3,AC1,AC1
            MOV AC1,*AR2-          ;保存 QuotL
            MOV HI(AC1),*AR3       ;保存 Rem
            BCC skip,AC0 >= #0     ;如果实际结果应该为正数,跳到 skip.
```

```
        MOV40 dbl(*AR2),AC1           ；否则,对商取反.
        NEG AC1,AC1
        MOV AC1,dbl(*AR2)
```

7.2.4 小数乘法

在定点 DSP 的某些应用中,整数运算很难满足要求。这是因为它自身存在缺陷:

① 两个 16 位整数相乘,乘积总是"向左增长"(即小数点左侧的位数增加),这意味着多次相乘后,乘积将很快超出定点器件的数据范围。

② 保存 32 位乘积到存储器,要占用 2 个 CPU 周期和 2 个字的存储器空间。

③ 由于乘法器都是 16 位相乘,因此将 32 位乘积再作为乘法器的输入时就显得较繁琐,不能胜任递归运算。

为了克服这些缺陷,在实际应用中更多采用的是小数运算。小数运算具有如下优点:

① 乘积总是"向右增长"。这就意味着超出定点器件数据范围的将是不太感兴趣的部分。

② 既可以存储 32 位乘积,也可以近存储高 16 位乘积,这就允许用较少的资源保存结果。

③ 可以用于递归运算。

例 7-8,两个 Q31 格式有符号小数相乘,得到一个 Q31 格式结果。

需要注意的是两个带符号小数相乘,所得乘积带有 2 个符号位。为了解决冗余符号位的问题,需要在程序中设定状态寄存器 ST1 中的 FRCT(小数方式)为 1,这样当乘法器将结果传送至累加器时就会自动左移 1 位。

```
;**************************************
;操作数取自数据存储器,运算结果送回数据存储器。
;
;数据存储:                          指针分配:
; X1 X0        Q31 操作数            AR0 -> X1
; Y1 Y0        Q31 操作数                    X0
; W1 W0        Q31 结果              AR1 -> Y1
;                                            Y0
;入口条件:                           AR2 -> W0(偶地址)
; SXMD = 1    (允许符号扩展)                  W1
; SATD = 0    (不做饱和处理)
; FRCT = 1    (运算结果左移一位)
;
;限制条件:W1 被指定为偶地址
;
```

```
;* * * * * * * * * * * * * * * * * * * * * * * * * * * * * *
        BSET SXMD
        BCLR SATD
        BSET FRCT
        AMAR  *AR0+                         ; AR0 指向 X0
        MPYM uns(*AR0-),*AR1+,AC0           ; AC0 = X0 * Y1
        MACM *AR0,uns(*AR1-),AC0            ; AC0 = X0 * Y1 + X1 * Y0
        MACM *AR0,*AR1,AC0 >> #16,AC0       ; AC0 = AC0 >> 16 + X1 * Y1
        MOV AC0,dbl(*AR2)                   ; 保存 W1W0
```

7.3 FIR 滤波器

数字滤波器是 DSP 的基本应用,分为有限冲击响应滤波器 FIR 和无限冲击滤波器 IIR。一般来说,如果需要线性相位则选择用 FIR 滤波器,对于相位要求不敏感的场合可以选用 IIR 滤波器。本节主要讨论 FIR 滤波器的 DSP 实现方法,有关 IIR 滤波器的实现将在 7.4 节中介绍。

7.3.1 FIR 滤波器的基本结构

一个 FIR 滤波器的输出序列 $y(n)$ 和输入序列 $x(n)$ 之间的关系,满足差分方程:

$$y(n) = \sum_{i=0}^{N-1} b_i x(n-i) \qquad (7-3)$$

对式(7-3)进行 z 变换,整理后可得 FIR 滤波器的传递函数为:

$$H(z) = \frac{Y(z)}{X(z)} = \sum_{i=0}^{N-1} b_i z^{-i} \qquad (7-4)$$

其结构如图 7-2 所示。

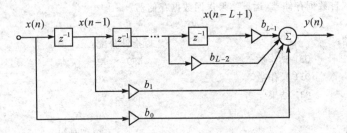

图 7-2 FIR 滤波器的结构

FIR 滤波器的单位冲击响应 $b(n)$ 是一个有限长序列。若 $b(n)$ 为实数,且满足偶对称或奇对称的条件,即 $b(n)=b(N-1-n)$ 或 $b(n)=-b(N-1-n)$,则 FIR 滤波器具有线性相位特性。

偶对称线性相位 FIR 滤波器的差分方程为:

$$y(n) = \sum_{i=0}^{N/2-1} b_i [x(n-i) + x(n-N+1+i)] \tag{7-5}$$

式中，N 为偶数。

FIR 滤波器具有以下两个主要特点：

① FIR 滤波器无反馈回路，是一种无条件稳定系统。

② FIR 滤波器可以设计成具有线性相位特性。

7.3.2 FIR 滤波器的 C 语言编程实现

采用 C 语言可以很容易地实现如图 7-2 所示的直接型 FIR 滤波器，例题如下。

例 7-9，FIR 滤波器的 C 语言编程实现。

```
/******************************************
* fir.c 该程序用于实现 FIR 滤波器
* L——滤波器的阶数
* b[i]——滤波器的系数, i = 0,1,…,L-1
* x[i]——输入信号向量, i = 0,1,…,L-1; x[0]对应于当前值, x[1]对应于上一采样值
* x_in——输入信号的当前值
* y_out——输出信号的当前值
******************************************/
float fir(float x_in, float *x, float *b, int L)
{
    float y_out;
    int i;
    /* - - - - - - - - - - - - - - - - - - - - - - - - - - - - - - - - - */
    /* 把上一个采样时间的输入信号向量延迟一个单元，得到当前采样时间的输入信号向量 */
    for(i = L-1; i>0; i--)
    {
        x[i] = x[i-1];
    }
    x[0] = x_in;
    /* - - - - - - - - - - - - - - - - - - - - - - - - - - - - - - - - - */
    /* 完成 FIR 滤波                                                      */
    y_out = 0.0;
    for(i = 0; i<L; i++)
    {
        y_out = y_out + b[i] * x[i];
    }
    return y_out;
}
```

直接型 FIR 滤波器的实现涉及到两个基本操作，一个是输入信号向量与滤波器

系数向量的内积计算，另一个是输入信号向量的更新处理。每个采样周期信号缓冲器都要更新一次，其更新方式如图 7-3 所示，最老的采样 $x(n-L+1)$ 被抛弃，而其他的信号则向缓冲器的右方移动一个单元，一个新的采样被插入存储单元，并被标记 $x(n)$。如果这个操作过程不用 DSP 硬件完成，那么它需要很多的时间。

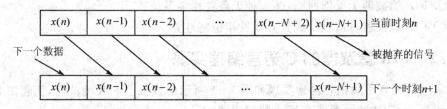

图 7-3　为进行 FIR 滤波而对输入信号向量 x 进行移位

7.3.3　FIR 滤波器的汇编语言编程实现

处理信号缓冲器的最有效方法，是把信号采样加载到循环缓冲器中，如图 7-4(a)所示。在循环缓冲器中，采取数据保持固定、反时针方向移动地址的方式，代替保持缓冲器地址固定且正方向移动数据。信号采样的起点 $x(n)$ 由指针指定，前面的诸采样，则沿着顺时针方向，从起点开始依次顺序加载。当接收到一个新的采样时，它会被配置在位置 $x(n)$ 上，并且完成由式(7-3)定义的滤波算法。计算完输出量 $y(n)$ 以后，指针反时针方向移动一个单元到 $x(n-L+1)$ 位置，并且被当作下一次迭代运算的 $x(n)$。因为老的 $x(n-L+1)$ 已消失，所以上述操作是可行的。FIR 滤波器系数的循环缓冲器如图 7-4(b)所示，它总是从第一个系数开始运行。

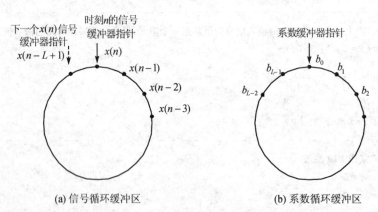

(a) 信号循环缓冲区　　　　　(b) 系数循环缓冲区

图 7-4　FIR 滤波器的循环缓冲区

基于以上方法的 FIR 型滤波器，可以用 C55x 汇编语言实现如下例题。

例 7-10，FIR 滤波器的 C55x 汇编语言实现。

(1) 主程序 fir_test.c

```c
/* fir_test.c */
#include"math.h"
#define PI 3.1415926
#define L 64                        /* FIR 滤波器的阶数 */
#define Fs 8000                     /* 设置采样频率为 8 000 Hz */
#define T 1/Fs                      /* 采样时间 */
#define f1 500                      /* 正弦信号 1 的频率 */
#define f2 1500                     /* 正弦信号 2 的频率 */
#define f3 3000                     /* 正弦信号 3 的频率 */
#define w1 (2*PI*f1*T)              /* 2*pi*f1/Fs */
#define w2 (2*PI*f2*T)              /* 2*pi*f2/Fs */
#define w3 (2*PI*f3*T)              /* 2*pi*f3/Fs */
#define a1 0.333                    /* 正弦信号 1 的幅度 */
#define a2 0.333                    /* 正弦信号 2 的幅度 */
#define a3 0.333                    /* 正弦信号 3 的幅度 */
/* 声明 FIR 函数 */
extern int fir(int *,int *,int *,unsigned int,int);
/* 该滤波器为低通,采样频率为 8 000 Hz,截止频率为 1 200 Hz,阶数为 64 */
int coeff[L] = {-26,-13,14,36,31,-8,-58,-71,-15,83,139,76,-90,-231,-194,
50,331,383,78,-405,-654,-347,403,1 024,863,-228,-1 577,-1 972,-453,2 910,
6 836,9 470,9 470,6 836,2 910,-453,-1 972,-1 577,-228,863,1 024,403,-347,
-654,-405,78,383,331,50,-194,-231,-90,76,139,83,-15,-71,-58,-8,31,36,
14,-13,-26};
                                    /* FIR 滤波器系数 */
int in[L];                          /* 输入信号数据缓冲区 */
int out[L];                         /* 输出信号数据缓冲区 */

main()
{
    unsigned int i;
    float signal;
    unsigned int n = 0;
    int index = 0;
    for(i = 0;i<L;i++)
    {
        in[i] = 0;
        out[i] = 0;
    }
    while(1)
    {
```

```c
        signal = a1 * cos((float)w1 * n);
        signal + = a2 * cos((float)w2 * n);
        signal + = a3 * cos((float)w3 * n);         /* 产生浮点数输入信号 */
        n + + ;
        in[index] = (int)((0x7fff * signal) + 0.5);  /* 产生整数输入信号 */
        out[index] = fir(in,coeff,L,index);          /* 完成整数 fir 滤波 */
        index - -
        if (index = = - 1)
            index = L - 1;
    }
}
```

(2) 汇编语言整数 fir 滤波器函数：fir.asm

```
;* * * * * * * * * * * * * * * * * * * * * * * * * * * * * * * * * *
; fir.asm 该程序用于实现 FIR 滤波器,可被 C 语言程序调用
; int fir(int *,int *,int *,unsigned int,int)
; 参数 0：AR0 - 输入信号缓冲区指针
; 参数 1：AR1 - FIR 滤波器系数向量指针
; 参数 2：T0 - FIR 滤波器的阶数 L
; 参数 3：T1 -输入信号当前值在循环缓冲区的序数
; 返回值：T0 = FIR 滤波器输出信号当前值
;
    .def _fir
_fir
    pshm ST1_55                     ; 现场 ST1、ST2 和 ST3 入栈
    pshm ST2_55
    pshm ST3_55
    or #0x340,mmap(ST1_55)          ; 设置 FRCT、SXMD、SATD
    bset SMUL                       ; 置位 SMUL
    mov mmap(AR0),BSA01             ; AR0 = 输入信号循环缓冲区的起始地址
    mov mmap(AR1),BSA23             ; AR1 = 滤波器系数循环缓冲区的起始地址
    mov mmap(T0),BK03               ; 设置循环缓冲区大小
    or #0x5,mmap(ST2_55)            ; AR0 和 AR2 为循环缓冲区指针
    mov T1,AR0                      ; AR0 从 index 偏移量开始
    mov #0,AR2                      ; AR2 从 0 偏移量开始
    sub #2,T0                       ; T0 = L - 2
    mov T0,CSR                      ; 设置外部循环次数为 L - 1
    mpym *AR0+,*AR2+,AC0            ; 执行第一次运算
    || rpt CSR                      ; 启动循环
    macm *AR0+,*AR2+,AC0
    macmr *AR0,*AR2+,AC0            ; 执行最后一次运算
    mov hi(AC0),T0                  ; 用 Q15 格式存放结果
```

```
        popm ST3_55              ;恢复 ST1、ST2 和 ST3
        popm ST2_55
        popm ST1_55
        ret
        .end
```

3个辅助寄存器 AR0～AR2 被用作指针。其中，AR0 指向滤波器输入信号，AR1、AR2 指向滤波器系数，AR1 用于函数调用时传递参量，AR2 用于滤波运算。AR0 和 AR2 均采用循环寻址方式。开始滤波运算时，AR2 指向第一个系数，AR0 则指向当前输入信号 $x(n)$。完成一次滤波运算后，AR2 将再次指向第一个系数，而 AR0 则指向最老的 $x(n-L+1)$。在下一循环的滤波运算中，新的输入信号值将取代 $x(n-L+1)$，作为新的 $x(n)$。

7.4 IIR 滤波器

IIR 滤波器与 FIR 滤波器相比，有相位特性差的缺点；但它的结构简单、运算量小，具有经济、高效的特点，可以用较少的阶数获得很高的选择性，因此，也得到了较为广泛的应用。

高阶 IIR 滤波器经常以串联或并联二阶环节的形式予以实现。

7.4.1 二阶 IIR 滤波器的结构

二阶 IIR 滤波器，又称为二阶基本节，分为直接型、标准型和变换型。

二阶 IIR 滤波器传递函数为

$$H(z) = \frac{b_0 + b_1 z^{-1} + b_2 z^{-2}}{1 + a_1 z^{-1} + a_2 z^{-2}} \qquad (7-6)$$

其输出可以写成

$$y(n) = b_0 x(n) + b_1 x(n-1) + b_2 x(n-2) - a_1 y(n-1) - a_2 y(n-2) \qquad (7-7)$$

根据上式，可以得到直接型 I 二阶滤波器的信号流图，如图 7-5 所示，共使用了 4 个延迟单元(z^{-1})。

图 7-5 表明，IIR 滤波器可以被看作为两个传递函数 $H_1(z)$ 和 $H_2(z)$ 的串联，即

$$H(z) = H_1(z) H_2(z) \qquad (7-8)$$

式中 $H_1(z) = b_0 + b_1 z^{-1} + b_2 z^{-2}$，$H_2(z) = 1/(1 + a_1 z^{-1} + a_2 z^{-2})$

因为乘法是可以交换的，所以

$$H(z) = H_2(z) H_1(z) \qquad (7-9)$$

因此，图 7-5 可以重新画，如图 7-6 所示。

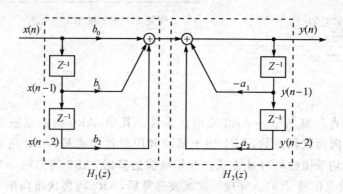

图 7-5 二阶 IIR 滤波器的直接型 I 的实现

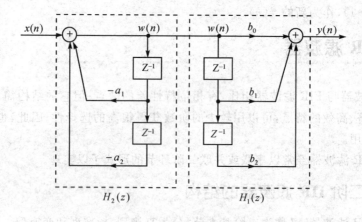

图 7-6 $H(z)=H_2(z)H_1(z)$ 的信号流图

进一步可以得到如图 7-7 所示的结构,这种实现需要 3 个存储单元来实现二阶 IIR 滤波器,称为直接型 II。由于直接型 II 对于给定的传递函数具有最小可能的延迟数、加法器数和乘法器数,所以被称为标准型。

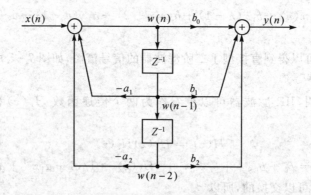

图 7-7 二阶 IIR 滤波器的直接型 II 的实现

7.4.2 高阶 IIR 滤波器的结构

高阶 IIR 滤波器的差分方程和系统函数分别为

$$y(n) = \sum_{l=0}^{L-1} b_l x(n-l) - \sum_{m=1}^{M} a_m y(n-m) \qquad (7-10)$$

$$H(z) = \frac{\sum_{l=0}^{L-1} b_l z^{-l}}{1 + \sum_{m=1}^{M} a_m z^{-m}} \qquad (7-11)$$

可以容易地写出高阶 IIR 滤波器的直接型 II 结构,如图 7-8 所示。

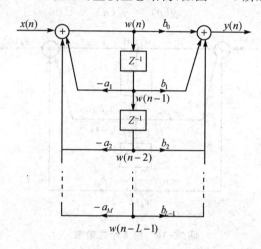

图 7-8 高阶 IIR 滤波器的直接型 II 实现($L=M+1$)

在高阶 IIR 滤波器的直接型 II 结构中,一个参数的变化将影响 $H(z)$ 的所有极点的位置,因此在实际问题中通常不采用这种结构,而是利用多个二阶 IIR 滤波器(二阶基本节)的串联或并联实现一个高阶的 IIR 滤波器。因为在串联实现中,一个参数的变化只影响一个环节内的极点;在并联实现中,一个参数的变化只影响与其相关环节的极点。

可以将式(7-11)分解为

$$H(z) = b_0 H_1(z) H_2(z) \cdots H_K(z) = b_0 \prod_{k=1}^{K} H_k(z) \qquad (7-12)$$

其中

$$H_k(z) = \frac{1 + b_{1k} z^{-1} + b_{2k} z^{-2}}{1 + a_{1k} z^{-1} + a_{2k} z^{-2}} \qquad (7-13)$$

基于式(7-12)和式(7-13)的高阶 IIR 滤波器的串联型结构如图 7-9 所示。

对于 $H_k(z)$ 环节,有

$$w_k(n) = x_k(n) - a_{1k} w_k(n-1) - a_{2k} w_k(n-2) \qquad (7-14a)$$

第7章 应用程序设计

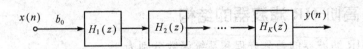

图 7-9 高阶 IIR 滤波器的串联型结构

$$y_k(n) = w_k(n) + b_{1k}w_k(n-1) + b_{2k}w_k(n-2) \qquad (7-14b)$$
$$x_{k+1}(n) = y_k(n) \qquad (7-14c)$$

其中，$k=1,2,\cdots,K$。

注意：

$$x_1(n) = b_0 x(n) \qquad (7-15a)$$
$$y(n) = y_K(n) \qquad (7-15b)$$

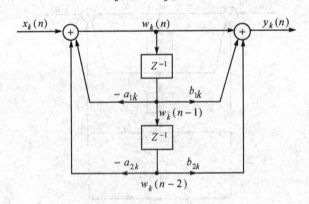

图 7-10 第 k 个二阶节

7.4.3 IIR 滤波器的 C 语言实现

对于一个由 K 个二阶节构成的 IIR 滤波器来说，根据式(7-14)所给出的方程，采用二维数组，可以给出一种简单的 C 程序。

例 7-11，采用二维数组编写的 IIR 滤波器的 C 语言程序。

```
temp = xin;                    /* xin 为 IIR 滤波器的输入 */
for(k = 0;k<N_IIR;k++)         /* N_IIR 为 IIR 滤波器二阶节的个数 */
{
    w[0][k] = temp - a[1][k] * w[1][k] - a[2][k] * w[2][k];
/* 这里,temp 为本二阶节的输入,也是上一级二阶节的输出 */
    temp = b[0][k] * w[0][k] + b[1][k] * w[1][k] + b[2][k] * w[2][k];
/* 这里,temp 为本二阶节的输出,也是下一级二阶节的输入 */
    w[2][k] = w[1][k];
    w[1][k] = w[0][k];
}
xoutput = temp;                /* xoutput 为 IIR 滤波器的输出 */
```

式中 $a[i][k]$ $(i=1,2)$ 和 $b[i][k]$ $(i=0,1,2)$ 分别为第 $k(k=0,1,K)$ 个二阶 IIR 滤波器环节的系数，$w[i][k]$ $(i=0,1,2)$ 是第 k 个二阶 IIR 滤波器环节中对应于图 7-10 中 $w_k(n-m)(m=0,1,2)$ 的中间信号。

7.4.4 IIR 滤波器的汇编语言实现

采用上述二维数组方法编写的 IIR 程序还没能充分利用 C55xDSP 处理器在信号处理方面的特色，如循环缓冲器寻址方式、乘-累加指令、零附加操作重复循环等。为了更好地体现这些特色，下边给出利用数据指针、采用汇编语言编写的 IIR 滤波器函数。

例 7-12，采用指针编写的 IIR 滤波器汇编语言程序。

```
;iir.asm
;函数原型：
;void iir(int *,unsigned int,int *,int *,unsigned int,int *);
;入口参数：
;参数 0：AR0 ——输入信号缓冲区指针
;参数 1：T0 —— 输入信号缓冲区的样本数
;参数 2：AR2 ——输出信号缓冲区指针
;参数 3：AR1 ——IIR 滤波器系数数组指针
;参数 4：T1 ——二阶 IIR 节的个数
;参数 5：AR3 ——延迟线指针
;第 k 节 IIR 滤波器：
;w(n) = x(n) - a1k * w(n-1) - a2k * w(n-2)
;y(n) = b0k * w(n) + b1k * w(n-1) + b2k * w(n-2)
;
;存储器分配：
;暂存单元[2 * N_IIR]              系数 [5 * N_IIR]
; AR3 -> w1i                      AR7 -> a1k
;        w1j                              a2k
;        :                                b2k
;        w2i                              b0k
;        w2j                              b1k
;        :                                :
;标定：Q14 格式
;
    .global _iir
    .sect "iir_code"
_iir
    pshm    ST1_55                      ;保存 ST1,ST2,ST3
    pshm    ST2_55
    pshm    ST3_55
```

第7章 应用程序设计

```
        psh         T3                              ;保存 T3
        pshboth     XAR7                            ;保存 AR7

        or          #0x340,mmap(ST1_55)             ;设置 FRCT,SXMD,SATD
        bset        SMUL                            ;置位 SMUL
        sub         #1,T0                           ;样本数-1
        mov         T0,BRC0                         ;设置外循环计数器
        sub         #1,T1,T0                        ;二阶节个数-1
        mov         T0,BRC1                         ;设置内循环计数器

        mov         T1,T0                           ;设置循环缓冲区大小
        sfts        T0,#1
        mov         mmap(T0),BK03                   ;BK03 = 2 * 二阶节个数
        sfts        T0,#1
        add         T1,T0
        mov         mmap(T0),BK47                   ;BK47 = 5 * 二阶节个数
        mov         mmap(AR3),BSA23                 ;初始化延迟线基地址
        mov         mmap(AR2),BSA67                 ;初始化系数基地址
        amov        #0,AR3                          ;初始化延迟缓冲区入口
        amov        #0,AR7                          ;初始化系数入口
        or          #0x88,mmap(ST2_55)
        mov         #1,T0                           ;用于左移
     || rptblocal   sample_loop-1                   ;启动 IIR 滤波器环
        mov         *AR0+ << #14,AC0                ;AC0 = x(n)/2(即 Q14)
     || rptblocal   filter_loop-1
        masm        *(AR3+T1),*AR7+,AC0             ;AC0 -= a1k * wk(n-1)
        masm        T3=*AR3,*AR7+,AC0               ;AC0 -= a2k * wk(n-2)
        mov         rnd(hi(AC0 << T0)),*AR3         ;wk(n-2) = wk(n)
     || mpym        *AR7+,T3,AC0                    ;AC0 += b2k * wk(n-2)
        macm        *(AR3+T1),*AR7+,AC0             ;AC0 += b0k * wk(n-1)
        macm        *AR3+,*AR7+,AC0                 ;AC0 += b1k * wk(n)
filter_loop
        mov         rnd(hi(AC0 << #2)),*AR1+        ;按 Q15 格式存放结果
sample_loop

        popboth     XAR7                            ;恢复 AR7
        pop         T3                              ;恢复 T3
        popm        ST3_55                          ;恢复 ST1,ST2,ST3
        popm        ST2_55
        popm        ST1_55
        ret
        .end */
```

系数和信号缓冲区被配置成循环缓冲区,如图7-11所示。对于每一个二阶环节,信号缓冲区包含两个元素,即$w_k(n-1)$和$w_k(n-2)$。指针地址被初始化为指向缓冲器中的第一个采样$w_1(n-1)$。系数向量被设置为每个环节具有5个系数(a_{1k},a_{2k},b_{2k},b_{0k}和b_{1k}),并且具有的系数指针初始化为指向第一个系数a_{11}。循环指针由$j=(j+1)\%m$和$l=(l+1)\%k$进行更新。

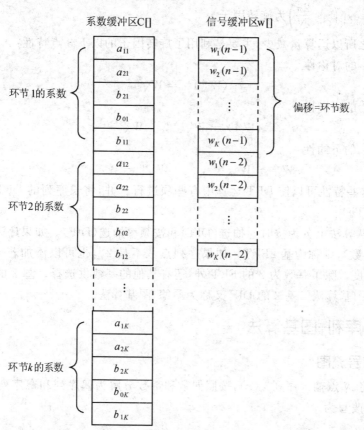

图7-11 IIR滤波器系数和信号缓冲区配置

7.5 快速傅里叶变换FFT

7.5.1 FFT算法原理

快速傅里叶变换(FFT)是离散傅里叶变换(DFT)的一种快速算法。DFT的应用非常广泛,但计算量太大,FFT算法就是为了实现DFT的实时应用而提出的。通过FFT算法,DFT的计算量大大减少,运算时间缩短1~2个数量级。

DFT的正变换公式为

$$x(k) = \sum_{n=0}^{N-1} x(n) W_N^{nk} \quad k = 0, 1, \cdots, N-1 \quad (7-16)$$

DFT 的反变换公式为

$$x(n) = \frac{1}{N} \sum_{k=0}^{N-1} x(k) W_N^{-nk} \quad n = 0, 1, \cdots, N-1 \quad (7-17)$$

其中，$W_N = \exp\left(-j\frac{2\pi}{N}\right)$ 为旋转因子。

FFT 之所以运算量减少，主要是利用了旋转因子的以下 3 点特性：

① W_N^{nk} 的对称性

$$(W_N^{nk})^* = W_N^{-nk} \quad (7-18)$$

② W_N^{nk} 的周期性

$$(W_N^{nk}) = W_N^{(n+N)k} = W_N^{n(k+N)} \quad (7-19)$$

③ W_N^{nk} 的可约性

$$W_N^{nk} = W_{mN}^{mnK}, \quad W_N^{nk} = W_{N/m}^{nk/m} \quad (7-20)$$

利用这些特性可以使 DFT 运算中有些项进行合并，将长序列的 DFT 分解为短序列的 DFT。

DFT 从算法上分为按时间抽选（DIT）和按频率抽选（DIF）。如果序列点数 $N = 2^M$（M 为整数），则称为基 2FFT。如果序列点数不是 2^M，也可以添加若干个 0 值而达到 2^M 长度。除了基数为 2 的 FFT 外，还有其他的基数供选择。基 2 的 DIT 又被称为库利-图基算法。基 2 的 DIF 又称为桑德-图基算法。

7.5.2 库利-图基算法

1. 信号流图

如果将 N 点输入序列 $x(n)$，按照偶数和奇数分解为偶序列和奇序列，则可以将 N 点 FFT 改写为

$$x(k) = \sum_{n=0}^{N/2-1} x(2n) W_N^{2nk} + \sum_{n=0}^{N/2-1} x(2n+1) W_N^{(2n+1)k} \quad (7-21)$$

因为 $W_N^2 = W_{N/2}$，所以

$$X(k) = \sum_{n=0}^{N/2-1} x(2n) W_{N/2}^{nk} + W_N^K \sum x(2n+1) W_{N/2}^{nk} \quad (7-22)$$

令 $Y(k) = \sum_{n=0}^{N/2-1} x(2n) W_{N/2}^{nk}$，$Z(k) = \sum x(2n+1) W_{N/2}^{nk}$，则有

$$X(k) = Y(k) + W_N^k Z(k) \quad (7-23)$$

利用 $W_N^{k+N/2} = -W_N^k$ 的特性，得到

$$X(k+N/2) = Y(k) - W_N^k Z(k) \quad (7-24)$$

注意到 $Y(k)$ 和 $Z(k)$ 的周期为 $N/2$，k 的范围是 $0 \sim N/2-1$。式（7-23）和式（7-24）分别用于计算 $0 \leq k \leq N/2-1$ 和 $N/2 \leq k \leq N-1$ 的 $X(k)$。按照这种分解方

式,可以继续重复这个抽取过程,直至不可分解为止。这个过程共有 $M=\log_2 N$ 次。图 7-12 是 8 点 FFT 信号流图。

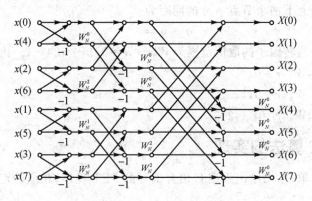

图 7-12 FFT 信号流图

2. 比特反转

图 7-12 中输入信号的顺序是按照比特反转排列的,输出序列是按照自然顺序的。比特反转就是将序列下标用二进制表示,然后将二进制数按照相反的方向排列,即得到这个序列的实际位置。

按照自然排序的时域信号数据是 $x(0)$、$x(1)$、$x(2)$、$x(3)$、$x(4)$、$x(5)$、$x(6)$、$x(7)$,其序号写成二进制数分别为 000b、001b、010b、011b、100b、101b、110b、111b,将这些二进制数前后倒转,即得到进行 FFT 前数据所对应的实际二进制数地址:000b、100b、010b、110b、001b、101b、011b、111b,对应的十进制数是:0、4、2、6、1、5、3、7。序号为 3 的存储单元,按照自然排序应该存放 $x(3)$,但由于 FFT 计算规则的要求,现在应该存放 $x(6)$。

3. 蝶形运算

图 7-12 所示的基 2DIT FFT 算法,从左到右,共由 M 级构成,每级计算由 $N/2$ 个蝶形运算构成。基本运算单元为以下蝶形运算:

$$X_{m+1}(p) = X_m(p) + W_N^r X_m(q) \qquad (7-25a)$$
$$X_{m+1}(q) = X_m(p) - W_N^r X_m(q) \qquad (7-25b)$$

式中,p、q 为数据所在行,$m=0,1,\cdots,M-1$ 表示第 m 级计算。每个蝶形运算由一次复数乘法和两次复数加减法组成。

从图 7-12 可以看出,对于任何两个节点 p、q,输入变量进行蝶形运算后,得到结果为下一列 p、q 两个节点变量,而和其他节点变量无关,因而可以采用原位运算,即某一列的 N 个数据送到存储器后,经过蝶形运算,其结果为另一列数据,它们以蝶形为单位仍存储在这同一组存储器中,直到最后输出,中间无需其他存储器。每列的 $N/2$ 个蝶形运算全部完成后,再开始下一列的蝶形运算。这样存储器数据只需 N 个存储单元。下一级的运算仍采用这种原位方式,只不过进入蝶形结的组合关系有所不同。这种原位运算结构可以节省存储单元,降低成本。

蝶形运算中上下两个节点 p、q 的间距为

$$q - p = 2^m \qquad (7-26)$$

蝶形运算中旋转因子的取值范围为 $W_{2^{m+1}}^r, r=0,1,\cdots,2^m-1$。比如:

当 $m=0$ 时,$W_2^r, r=0$;

当 $m=1$ 时,$W_4^r, r=0,1$;

当 $m=2$ 时,$W_8^r, r=0,1,2,3$。

7.5.3 FFT 算法的实现

为了叙述简单,本书给出采用 C 语言编写的 FFT 程序,相应的汇编程序请读者自行完成。

例 7-13,基 2DIT FFT 算法的 C 语言实现。

(1) 主程序:fft_test.c

```
#include <math.h>
#include "fcomplex.h"            /* 包含浮点复数结构体定义头文件 fcomplex.h */
extern void bit_rev(complex * ,unsigned int);    /* 位反转函数声明 */
extern void fft(complex * ,unsigned int,complex * ,unsigned int);
extern void generator(int * ,unsigned int)

/* fft 函数声明 */
#define N 128                    /* FFT 的数据个数 */
#define M 7                      /* M = log2(N) */
#define PI 3.1415926

complex X[N];                    /* 说明输入信号数组,为复数 */
complex W[M];                    /* 说明旋转因子数组 e^(-j2PI/N),为复数 */
complex temp;                    /* 说明临时复数变量 */
float xin[N];
float spectrum[N];               /* 说明功率谱信号数组,为实数 */
float re1[N],im1[N];             /* 说明临时变量数组,为实数 */

void main()
{
    unsigned int i,j,L,LE,LE1;
/* - - - - - - - - - - - - - - - - - - - - - - - - - - - - - - - - - - - - */
/* 产生旋转因子表 */
    for (L=1; L <= M; L++)
    {
```

```c
        LE = 1 << L;                /* 子 FFT 中的点数 LE = 2^L */
        LE1 = LE >> 1;              /* 子 FFT 中的蝶形运算数目 */
        W[L-1].re = cos(PI/LE1);
        W[L-1].im = - sin(PI/LE1);
    }

/* - - - - - - - - - - - - - - - - - - - - - - - - - - - - - - - - - - */
    generator(xin,N);

    for (;;)
    {
/* - - - - - - - - - - - - - - - - - - - - - - - - - - - - - - - - - - */
        for (i = 0; i<N; i++)
        {
            /* 构造输入信号样本 */
            X[i].re = xin[i];
            X[i].im = 0;
            /* 复制到参考缓冲器 */
            re1[i] = X[i].re;
            im1[i] = X[i].im;
        }
        /* 启动 FFT */
        bit_rev(X,M);               /* 以倒位次序排列 X[] */
        fft(X,M,W,1);               /* 执行 FFT */

        /* 计算功率谱,验证 FFT 结果 */
        for (i = 0; i<N; i++)
        {
            temp.re = X[i].re * X[i].re;
            temp.im = X[i].im * X[i].im;
            spectrum[i] = (temp.re + temp.im) * 4;
        }
    }
}
```

(2) 浮点复数基 2 DIT FFT 函数:fft_float.c

```c
#include "fcomplex.h"
void fft(complex * X,unsigned int M,complex * W,unsigned int SCALE)
{
    complex temp;                   /* 复变量临时存储器 */
    complex U;                      /* 旋转因子 W^k */
    unsigned int i,j;
```

第7章 应用程序设计

```
        unsigned int id;              /* 蝶形运算中下位节点的序号 */
        unsigned int N = 1 << M;      /* FFT 的点数 */
        unsigned int L;               /* FFT 的级序号 */
        unsigned int LE;              /* L 级子 FFT 的点数 */
        unsigned int LE1;             /* L 级子 FFT 蝶形运算的个数 */
        float scale;
        scale = 0.5;

        for(L = 1;L <= M;L++)
        {
            LE = 1 << L;
            LE1 = LE >> 1;
            U.re = 1.0;
            U.im = 0.;
            for(j = 0;j<LE1;j++)
            {
                for(i = j;i<N;i += LE)/* 进行蝶形计算 */
                {
                    id = i + LE1;
                    temp.re = (X[id].re * U.re - X[id].im * U.im) * scale;
                    temp.im = (X[id].im * U.re + X[id].re * U.im) * scale;
                    X[id].re = X[i].re * scale - temp.re;
                    X[id].im = X[i].im * scale - temp.im;
                    X[i].re = X[i].re * scale + temp.re;
                    X[i].im = X[i].im * scale + temp.im;
                }
                /* 递推计算 W^k */
                temp.re = U.re * W[L-1].re - U.im * W[L-1].im;
                U.im = U.re * W[L-1].im + U.im * W[L-1].re;
                U.re = temp.re;
            }
        }
    }
```

(3) 位反转函数:bit_rev.c

```
#include "fcomplex.h"
void bit_rev(complex * X,unsigned int M)
{
    complex temp;
    unsigned int i,j,k;
    unsigned int N = 1 << M;      /* FFT 的点数 */
    unsigned int N2 = N >> 1;
```

```c
    for (j = 0, i = 1; i<N - 1; i++)
    {
        k = N2;
        while(k <= j)
        {
            j -= k;
            k >>= 1;
        }
        j += k;
        if(i<j)
        {
            temp = X[j];
            X[j] = X[i];
            X[i] = temp;
        }
    }
}
```

(4) 信号发生器函数：generator.c

```c
/* generator.c - - - -该程序用于产生一组信号样本 */
#include "math.h"
#define PI = 3.14159265358972
#define Fs = 8000 ;采样频率设为 8 000 Hz
#define T = 1/Fs ;采样时间为 0.25 ms
#define f1 = 500 ;信号源频率 1 取为 500 Hz
#define a1 = 0.5 ;信号源幅度 1 取为 0.5
#define w1 = 2 * PI * f1 * T
void generator(int * x,unsigned int N)
{
    unsigned int i;
    for(i = 0;i<N;i++)
    {
        X[i] = a1 * cos((float)w1 * i);
    }
}
```

(5) 复数结构定义头文件：fcomplex.h

```c
struct cmpx
{
    float re;
    float im;
};
```

```
typedef struct cmpx complex;
```

7.6 DSPLIB 的使用

7.6.1 DSPLIB 简介

DSPLIB 是 TI 公司提供的一个优化的 DSP 函数库,它包括 50 多个可在 C 程序中调用的汇编优化的通用信号处理程序。采用 DSPLIB 可以获得执行速度显著快于采用标准 C 语言编写的相应程序,大大减少 DSP 应用系统的开发时间。

DSPLIB 为免费软件,可到下列网址下载:

http://www.ti.com/sc/docs/products/dsp/c5000/index.Htm。

7.6.2 CCS 下 DSPLIB 的安装

DSPLIB 库的相关文件被压缩在一个名字为 55xdsplib.exe 的压缩包中,在 CCS5.4 下安装 DSPLIB 库的方法很简单。只需要运行 55xdsplib.exe,得到名字为 dsplib_2.40.00 的文件夹,然后将该文件夹复制到 CCS5.4 下的相应子目录下。以下设此子目录为 D:\ccs54\ccsv5\tools\compiler\c5500_5.4.1。

dsplib_2.40.00 文件夹中的主要内容如下:

- 55x_src(文件夹):汇编源程序文件。
- examples(文件夹):调用 DSPLIB 函数的范例。对于每一个 DSPLIB 函数,都提供了一个或多个调用例程,包含所需的测试数据。
- include(文件夹):有关 DSPLIB 函数的头函数文件,其中 dsplib.h 为包括数据类型和函数原型的头文件;tms320.h 为简化 DSP 定义的头文件;misc.h 为含有其他多种定义的头文件。
- 55xdsp.lib:小存储模式下的 dsplib 程序库。
- 55xdspx.lib:大存储模式下的 dsplib 程序库。
- blt55x.bat:用于重新生成基于 55xdsp.src 的 55xdsp.lib。
- blt55xx.bat:用于重新生成基于 55xdspx.src 的 55xdspx.lib。
- Readme.txt:关于 DSPLIB 库的简单说明。

如果在工程中需要调用 dsplib 库函数,则修改链接器选项,使链接器支持 dsplib。

7.6.3 DSPLIB 的数据类型

DSPLIB 新定义了以下数据类型类型:

- Q.15(DATA):一个 Q.15 操作数表达为 short 数据类型(16 bit),在 dsplib.h 头文件中预定义为 DATA。

- Q.31（LDATA）：一个 Q.31 操作数表达为 long 数据类型（32 bit），在 dsplib.h 头文件中预定义为 LDATA。
- Q.3.12：含有 3 个整数位和 12 个小数位。

除非特别说明，DSPLIB 采用 Q15 小数数据类型。

7.6.4　DSPLIB 的参量

为了提高效率，DSPLIB 库函数采用的操作数通常为向量形式。当然，这些函数也可用于处理标量，标量可视为维数为 1 的向量。

向量操作数中的各元素连续地存放在存储器空间中。复数元素以实-虚格式存放。除非特别注明，源操作数与目的操作数使用同一存储器空间，以节约内存，称之为同址（In-place）计算。

DSPLIB 库函数参量采用的符号约定：

- x,y：输入数据向量。
- r：输出数据向量。
- nx,ny,nr：向量 x,y,r 的大小。如果 nx = nr = nr，则只使用 nx。
- h：滤波器系数向量。
- Nh：h 的大小。

7.6.5　DSPLIB 的函数简介

DSPLIB 函数可以分为以下 8 类：

1. FFT 函数

- void cfft (DATA *x, ushort nx, type)：基 2 复数 FFT。
- void cifft (DATA *x, ushort nx, type)：基 2 复数 IFFT。
- void cbrev (DATA *x, DATA *r, ushort n)：复数位反转。
- void rfft (DATA *x, ushort nx, type)：基 2 实数 FFT。
- void rifft (DATA *x, ushort nx, type)：基 2 实数 IFFT。

2. 滤波和卷积

- ushort fir (DATA *x, DATA *h, DATA *r, DATA *dbuffer, ushort nx, ushort nh)：FIR 直接型。
- ushort fir2 (DATA *x, DATA *h, DATA *r, DATA *dbuffer, ushort nx, ushort nh)：FIR 直接型（采用 DUAL-MAC 优化）。
- ushort firs (DATA *x, DATA *h, DATA *r, DATA *dbuffer, ushort nx, ushort nh2)：对称 FIR 直接型。
- ushort cfir (DATA *x, DATA *h, DATA *r, DATA *dbuffer, ushort nx, ushort nh)：复数 FIR 直接型。

- ushort convol (DATA * x, DATA * h, DATA * r, ushort nr, ushort nh)：卷积。
- ushort convol1 (DATA * x, DATA * h, DATA * r, ushort nr, ushort nh)：卷积（采用 DUAL-MAC 优化）。
- ushort convol2 (DATA * x, DATA * h, DATA * r, ushort nr, ushort nh)：卷积（采用 DUAL-MAC 优化）。
- ushort iircas4 (DATA * x, DATA * h, DATA * r, DATA * dbuffer, ushort nbiq, ushort nx)：IIR 级联直接 2 型，每节 4 个系数。
- ushort iircas5 (DATA * x, DATA * h, DATA * r, DATA * dbuffer, ushort nbiq, ushort nx)：IIR 级联直接 2 型，每节 5 个系数。
- ushort iircas51 (DATA * x, DATA * h, DATA * r, DATA * dbuffer, ushort nbiq, ushort nx)：IIR 级联直接 1 型，每节 5 个系数。
- ushort iirlat (DATA * x, DATA * h, DATA * r, DATA * pbuffer, int nx, int nh)：格型逆 IIR 滤波器。
- ushort firlat (DATA * x, DATA * h, DATA * r, DATA * pbuffer, int nx, int nh)：格型前向 FIR 滤波器。
- ushort firdec (DATA * x, DATA * h, DATA * r, DATA * dbuffer, ushort nh, ushort nx, ushort D)：抽样 FIR 滤波器。
- ushort firinterp (DATA * x, DATA * h, DATA * r, DATA * dbuffer, ushort nh, ushort nx, ushort I)：插值 FIR 滤波器。
- ushort hilb16 (DATA * x, DATA * h, DATA * r, DATA * dbuffer, ushort nx, ushort nh)：FIR Hilbert 变换器。
- ushort iir32 (DATA * x, LDATA * h, DATA * r, LDATA * dbuffer, ushort nbiq, ushort nr)：双精度 IIR。

3. 自适应滤波

- ushort dlms (DATA * x, DATA * h, DATA * r, DATA * des, DATA * dbuffer, DATA step, ushort nh, ushort nx)：LMS 滤波器（延迟版）

4. 相 关

- ushort acorr (DATA * x, DATA * r, ushort nx, ushort nr, type)：自相关（只保留正边）。
- ushort corr (DATA * x, DATA * y, DATA * r, ushort nx, ushort ny, type)：相关（双边）。

5. 数 学

- ushort add (DATA * x, DATA * y, DATA * r, ushort nx, ushort scale)：优化后的向量加法。

- ushort expn (DATA * x, DATA * r, ushort nx):指数。
- short bexp (DATA * x, ushort nx):指数。
- ushort logn (DATA * x, LDATA * r, ushort nx):自然对数。
- ushort log_2 (DATA * x, LDATA * r, ushort nx):基 2 对数。
- ushort log_10 (DATA * x, LDATA * r, ushort nx):基 10 对数。
- short maxidx (DATA * x, ushort ng, ushort ng_size):求向量中最大值的序号。
- short maxidx34 (DATA * x, ushort nx):求向量中最大值的序号(nx≤34)。
- short maxval (DATA * x, ushort nx):求向量中最大值。
- void maxvec (DATA * x, ushort nx, DATA * r_val, DATA * r_idx):求向量中最大值及其序号。
- short minidx (DATA * x, ushort nx):求向量中最小值的序号。
- short minval (DATA * x, ushort nx):求向量中的最小值。
- void minvec (DATA * x, ushort nx, DATA * r_val, DATA * r_idx):求向量中最小值及其序号。
- ushort mul32 (LDATA * x, LDATA * y, LDATA * r, ushort nx):32 位向量乘法。
- short neg (DATA * x, DATA * r, ushort nx):16 位取负。
- short neg32 (LDATA * x, LDATA * r, ushort nx):32 位取负。
- short power (DATA * x, LDATA * r, ushort nx):向量的平方和(功率)。
- void recip16 (DATA * x, DATA * r, DATA * rexp, ushort nx):返回 Q15 格式向量 x 各元素的尾数和指数。
- void ldiv16 (LDATA * x, DATA * y, DATA * r, DATA * rexp, ushort nx):32 位除以 16 位的除法。
- ushort sqrt_16 (DATA * x, DATA * r, short nx):向量平方根;
- short sub (DATA * x, DATA * y, DATA * r, ushort nx, ushort scale):向量减法。

6. 三 角

- ushort sine (DATA * x, DATA * r, ushort nx):向量的正弦。
- ushort atan2_16 (DATA * i, DATA * q, DATA * r, short nx):四象限反正切。
- ushort atan16 (DATA * x, DATA * r, ushort nx):反正切。

7. 矩 阵

- ushort mmul (DATA * x1, short row1, short col1, DATA * x2, short

row2, short col2, DATA * r):矩阵乘。
- ushort mtrans (DATA * x, short row, short col, DATA * r)):矩阵转置。

8. 其他
- ushort fltoq15 (float * x, DATA * r, ushort nx):浮点转 Q15。
- ushort q15tofl (DATA * x, float * r, ushort nx):Q15 转浮点。
- ushort rand16 (DATA * r, ushort nr):随机数据产生。
- void rand16init(void):初始化随机数据。

7.6.6 DSPLIB 函数的调用

从 C 程序中调用一个 DSPLIB 函数的方法如下:
- 在 C 源程序中包含 dsplib.h。
- 在 CCS 中则修改链接器选项,把代码与 55xdsp.lib 或 55xdspx.lib 链接。

例 7-14,DSPLIB 函数的调用。本例通过调用 q15tofl(x, r, NX)函数,将向量 x[8]和标量 y[1]由 Q15 小数格式转化为浮点格式,源程序(设文件名为 Ex7_14.c)如下:

```
#include    <dsplib.h>
#define NX 8
#define NY 1
DATA x[8] = {-17621,7002,-919,25644,17176,-2853,-31556,21063};
DATA y[1] = {17621};
float r[NX];
float s[NY];
void main(void)
{
    q15tofl(x,r,NX);//把 Q15 小数格式的 Nx = 8 维向量 x 转化为浮点格式向量 r
    q15tofl(y,s,NY);//把 Q15 小数格式的 Ny = 1 维向量 x 转化为浮点格式向量 s
    return;
}
```

在 CCS54 中调试该程序的步骤如下:
① 建立工程,设工程名为 Ex7_14;
② 建立 C 源程序 Ex7_14.c,命令文件和配置文件可参考第 3 章中的例子;
③ 打开工程属性对话框,修改链接器选项,见图 7-13;
④ 单击工具按钮 ✦ 对工程进行构建,并进入调试环境;
⑤ 打开表达式显示窗口,添加变量 x、r、y、s;
⑥ 在"q15tofl(y, s, NY);"语句的行号处双击鼠标左键,在该处设置断点;
⑦ 单击工具按钮 ▶ 运行程序至断点处,可以看到如图 7-14 所示的运行结果。

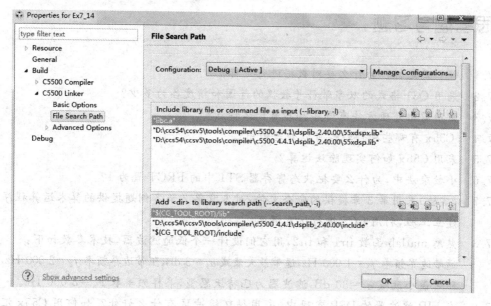

图 7-13 调用 DSPLIB 函数时链接器选项的设置

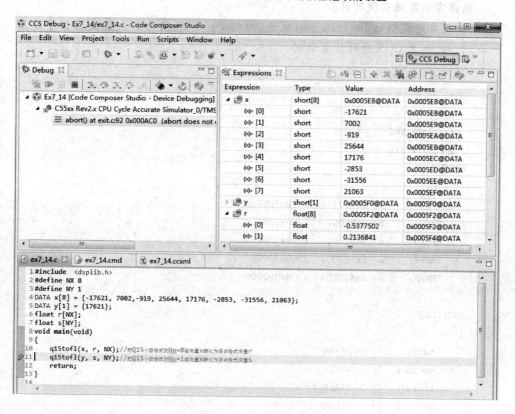

图 7-14 例 7-14 的运行结果

第7章 应用程序设计

思考题与习题

7.1 什么是定标？为什么要对数据进行定标？

7.2 采用 Q31 格式的双字带符号数据的范围和精度各为多少？

7.3 常用溢出处理方法有哪些？各有什么特点？

7.4 C55x 有哪些硬件特性可以处理溢出？

7.5 采用 C55x 如何实现除法运算？

7.6 小数乘法中，为什么要把状态寄存器 ST1 中的 FRCT 置为 1？

7.7 (实验)采用第 3 章提供的命令文件，对本章第 2 节各例题提供的算术运算程序建立工程，利用 CCS 进行仿真调试。

7.8 熟悉 matlab 函数 fir1 和 fir2，用它们设计一个低通滤波器，技术参数如下：通带边界频率 $f_1=1\,000$ Hz，通带最大衰减 $\alpha_p=3$ dB，阻带边界频率 $f_2=2\,000$ Hz，阻带最小衰减 $\alpha_s=30$ dB，滤波器为巴特沃思型，采样频率取 $F_s=8\,000$ Hz。

7.9 在 FIR 滤波器的 DSP 实现中，采用循环缓冲区有什么好处？如何用 C55x 汇编语言实现循环缓冲区？

7.10 采用本题提供的 fir_test.cmd 文件，对例 7-10 提供的 FIR 滤波器程序建立工程，利用 CCS 进行仿真调试。

fir_test.cmd 文件：
```
-w
-stack 500
-sysstack 500
-l rts55x.lib
MEMORY
{
        DARAM:   o = 0x100,     l = 0x7f00
        VECT :   o = 0x8000,    l = 0x100
        DARAM1:  o = 0x8100,    l = 0x7f00
        SARAM:   o = 0x10000,   l = 0x30000
        SDRAM:   o = 0x40000,   l = 0x3e0000
}
SECTIONS
{
        .text:     {} > DARAM
        .vectors:  {} > VECT
        .trcinit:  {} > DARAM
        .gblinit:  {} > DARAM
        frt:       {} > DARAM
```

```
    .cinit:     {} > DARAM
    .pinit:     {} > DARAM
    .sysinit:   {} > DARAM
    .bss:       {} > DARAM
    .far:       {} > DARAM
    .const:     {} > DARAM1
    .switch:    {} > DARAM1
    .sysmem:    {} > DARAM1
    .cio:       {} > DARAM1
    .MEM$obj:   {} > DARAM1
    .sysheap:   {} > DARAM1
    .sysstack:  {} > DARAM1
    .stack:     {} > DARAM1
}
```

7.11 与FIR滤波器比较，IIR滤波器有哪些优缺点？

7.12 为什么在实现IIR滤波器时，通常把高阶IIR滤波器分解成若干二阶基本节的级联？

7.13 （实验）针对例7-12提供的IIR滤波器程序建立工程，利用CCS进行仿真调试。

7.14 基2 DIT FFT算法中，为什么在变换运算前要对输入信号进行倒序处理？

7.15 （实验）基于例7-13C语言FFT程序，编写相应的汇编程序。

7.16 （实验）基于例7-14建立相应的工程，在CCS54下进行调试。

第 8 章

C55x 的片上外设

内容提要: TMS320C55x 拥有丰富的片上外设资源。本章介绍了部分常用的 C55x 片上外设,包括时钟发生器、通用定时器、通用 I/O 口(GPIO)、外部存储器接口(EMIF)、多通道缓冲串口 McBSP、模/数转换器(ADC)、看门狗定时器和 I^2C 模块等。最后介绍了 csl 库函数的基本使用方法。

8.1 时钟发生器

8.1.1 时钟发生器概况

C55x 芯片内的时钟发生器(如图 8-1 所示)从 CLKIN 引脚接收输入时钟信号,将其变换为 CPU 及其外设所需要的工作时钟;工作时钟经过分频通过引脚 CLKOUT 输出,可供其他器件使用。时钟发生器内有一个数字锁相环 DPLL(Digital Phase-Lock Loop)和一个时钟模式寄存器 CLKMD。

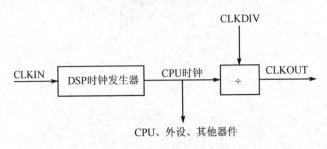

图 8-1 时钟发生器

8.1.2 时钟工作模式

时钟发生器有 3 种工作模式,即旁路模式、锁定模式和 Idle 模式。时钟模式寄存器(CLKMD)中的 PLL ENABLE 位控制旁路模式和锁定模式,如表 8-1 所列。可以通过关闭 CLKGEN Idle 模块使时钟发生器工作在 Idle 模式。

1. 旁路模式(BYPASS)

如果 PLL ENABLE=0，PLL 工作于旁路模式，PLL 对输入时钟信号进行分频，分频值由 BYPASS DIV 确定：

如果 BYPASS DIV=00b，输出时钟信号的频率与输入信号的频率相同，即 1 分频。

如果 BYPASS DIV=01b，输出时钟信号的频率是输入信号的 1/2，即 2 分频。

如果 BYPASS DIV=1xb，输出时钟信号的频率是输入信号的 1/4，即 4 分频。

2. 锁定模式(LOCK)

如果 PLL ENABLE=1，PLL 工作于锁定模式，则输出的时钟频率由下面公式确定，即

$$输出频率 = \frac{PLL\ MULT}{PLL\ DIV + 1} \times 输入频率 \quad (8-1)$$

式中的参数说明见表 8-1。

3. Idle 模式

为了降低功耗，可以加载 Idle 配置，关闭 CLKGEN Idle 模块，使 DSP 的时钟发生器进入 Idle 模式。当时钟发生器处于 Idle 模式时，输出时钟停止，引脚被拉为高电平。

8.1.3 CLKOUT 输出

CPU 时钟可以通过一个时钟分频器对外提供 CLKOUT 信号（见图 8-1）。CLKOUT 的频率由系统寄存器(SYSR)中的 CLKDIV 确定，如当 CLKDIV=000b 时，CLKOUT 的频率等于 CPU 时钟频率；当 CLKDIV=011b 时，CLKOUT 的频率等于 CPU 时钟频率的 1/4。

8.1.4 使用方法

通过对时钟模式寄存器(CLKMD)的操作，可以根据需要设定时钟发生器的工作模式和输出频率，在设置过程中除了工作模式、分频值和倍频值以外，还要注意其他因素对 PLL 的影响。

1. 省电(Idle)

为了减少功耗，可以使时钟发生器处于省电状态，当时钟发生器退出省电状态时，PLL 自动切换到旁路模式，进行跟踪锁定，锁定后返回到锁定模式，时钟模式寄存器与省电有关的位是 IAI，详细说明见表 8-1。

表 8-1 时钟模式寄存器 CLKMD

位	字段	说明
15	Rsvd	保留
14	IAI	退出 Idle 状态后,决定 PLL 是否重新锁定: 0　PLL 将使用与进入 Idle 状态之前相同的设置进行锁定; 1　PLL 将重新锁定过程
13	IOB	处理失锁: 0　时钟发生器不中断 PLL,PLL 继续输出时钟; 1　时钟发生器切换到旁路模式,重新开始 PLL 锁相过程
12	TEST	必须保持为 0
11~7	PLL MULT	锁定模式下的 PLL 倍频值,2~31
6~5	PLL DIV	锁定模式下的 PLL 分频值,0~3
4	PLL ENABLE	使能或关闭 PLL: 0　关闭 PLL,进入旁路模式; 1　使能 PLL,进入锁定模式
3~2	BYPASS DIV	旁路下的分频值: 00　一分频; 01　二分频; 10 或 11　四分频
1	BREAKLN	PLL 失锁标志: 0　PLL 已经失锁; 1　锁定状态或对 CLKMD 寄存器的写操作
0	LOCK	锁定模式标志: 0　时钟发生器处于旁路模式; 1　时钟发生器处于锁定模式

2. DSP 复位

在 DSP 复位期间和复位之后,PLL 工作于旁路模式,输出的时钟频率由 CLKMD 引脚上的电平确定。如果 CLKMD 引脚为低电平,则输出频率等于输入频率;如果 CLKMD 引脚为高电平,则输出频率等于输入频率的 1/2。

注意:TMS320VC5509A 无 CLKMD 引脚。

3. 失　锁

锁相环对输入时钟跟踪锁定之后,可能会由于其他原因使其输出时钟发生偏移,导致失锁。出现失锁现象后,PLL 的动作由时钟模式寄存器中的 IOB 确定,详细说明见表 8-1。

例 8-1，TMS320VC5509A 系统的晶体振荡器频率为 12 MHz。通过设置 DPLL，使系统时钟时钟频率为 144 MHz。

(1) 原理：

① 使 DPLL 工作在锁定模式：D4(PLL ENABLE)=1b。

② 根据题意和式(8-1)，得

$$144 \text{ MHz} = \frac{\text{PLL MULT}}{\text{PLL DIV}+1} \times 12 \text{ MHz}，即：\frac{\text{PLL MULT}}{\text{PLL DIV}+1} = 12。$$

取 PLL DIV=0，PLL MULT=12，即：

D6D5(PLL DIV)=00b，D11~D7(PLL MULT)=12=01100b。

③ 时钟模式寄存器(CLKMD)的其他位均取为 0。

(2) 汇编语言实现：

mov #0000 01100 00 1 0000b,port(#1c00h)

或 mov #0610h,port(#1c00h)

; 1c00h 为时钟模式寄存器(CLKMD)的地址。

(3) C 语言实现：

ioport unsigned int * clkmd;

clkmd = (unsigned int *)0x1c00;

* clkmd = 0x0610;

8.2 通用定时器

8.2.1 通用定时器概况

C55x 芯片内都提供了 2 个通用定时器，可向 CPU 产生周期性中断或向 DSP 芯片外的器件提供周期信号。其中 TMS320VC5503/5507/5509/5510 DSP 提供的是 2 个 20 位的通用定时器，每个通用定时器都由 2 部分组成：一个 4 位的预定标计数寄存器(PSC)和一个 16 位的主计数器(TIM)，如图 8-2 所示。

定时器有 2 个计数寄存器(PSC,TIM)和 2 个周期寄存器(TDDR,PRD)，在定时器初始化或定时值重新装入过程中，周期寄存器的内容将复制到计数寄存器中。

8.2.2 工作原理

定时器的工作时钟可以来自 DSP 内部的 CPU 时钟，也可以来自引脚 TIN/TOUT。利用定时器控制寄存器(TCR)中的字段 FUNC 可以确定时钟源和 TIN/TOUT 引脚的功能(见表 8-5)。

在定时器中，预定标计数寄存器(PSC)由输入时钟驱动，PSC 在每个输入时钟周期减 1，当其减到 0 时，TIM 减 1，当 TIM 减到 0 时，定时器向 CPU 发送一个中断请

第 8 章 C55x 的片上外设

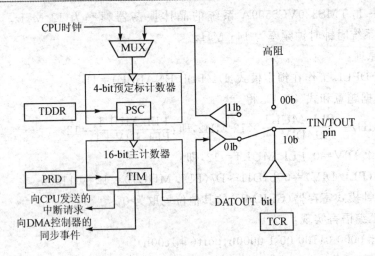

图 8-2 定时器结构框图

求（TINT）或向 DMA 控制器发送同步事件。定时器发送中断信号或同步事件信号的频率可用下式计算，即

$$\text{TINT 频率} = \frac{\text{输入时钟频率}}{(\text{TDDR}+1) \times (\text{PRD}+1)} \tag{8-2}$$

通过设置定时器控制寄存器（TCR）中的自动重装控制位 ARB，可使定时器工作于自动重装模式。当 TIM 减到 0 时，重新将周期寄存器（TDDR，PRD）的内容复制到计数寄存器（PSC，TIM）中，继续定时。

定时器包括 4 个寄存器，即定时器预定标寄存器 PRSC、主计数寄存器 TIM、主周期寄存器 PRD 和定时器控制寄存器 TCR，表 8-2～表 8-5 列出了这 4 个寄存器的格式和说明。

表 8-2 定时器预定标寄存器 PRSC

位	字段	数值	说明
15～10	Rsvd	—	保留
9～6	PSC	0h～Fh	预定标计数寄存器
5～4	Rsvd	—	保留
3～0	TDDR	0h～Fh	当 PSC 重新装入时，将 TDDR 的内容复制到 PSC 中

表 8-3 主计数寄存器 TIM

位	字段	数值	说明
15～0	TIM	0000h～FFFFh	主计数寄存器

第8章 C55x 的片上外设

表 8-4　主周期寄存器 PRD

位	字段	数值	说明
15~0	PRD	0000h~FFFFh	主周期寄存器。当 TIM 必须重新装入时,将 PRD 的内容复制到 TIM 中

表 8-5　定时器控制寄存器 TCR

位	字段	数值	说明
15	IDLEEN	0	定时器的 Idle 使能位: 定时器不能进入 idle 状态;
		1	如果 idle 状态寄存器中的 PERIS=1,定时器进入 idle 状态
14	INTEXT	0	时钟源从内部切换到外部标志位: 定时器没有准备好使用外部时钟源;
		1	定时器准备使用外部时钟源
13	ERRTIM	0	定时器错误标志: 没有检测到错误,或 ERRTIM 已被读取;
		1	出错
12~11	FUNC	00b	定时器工作模式选择位: TIN/TOUT 为高阻态,时钟源是内部 CPU 时钟;
		01b	TIN/TOUT 为定时器输出,时钟源是内部 CPU 时钟;
		10b	TIN/TOUT 为通用输出,引脚电平反映的是 DATOUT 位的值;
		11b	TIN/TOUT 为定时器输入,时钟源是外部时钟
10	TLB	0	定时器装载位: TIM 和 PSC 不重新装载;
		1	将 PRD、TDDR 分别复制到 TIM、PSC 中
9	SOFT		在调试中遇到断点时,定时器的处理方法
8	FREE		
7~6	PWID	00b	定时器输出脉冲的宽度: 1 个 CPU 时钟周期;
		01b	2 个 CPU 时钟周期;
		10b	4 个 CPU 时钟周期;
		11b	8 个 CPU 时钟周期
5	ARB	0	自动重装控制位: ARB 清零;
		1	每次 TIM 减为 0,PRD 装入 TIM 中,TDDR 装入 PSC 中

续表 8-5

位	字 段	数 值	说 明
4	TSS	0 1	定时器停止状态位： 启动定时器； 停止定时器
3	CP	0 1	定时器输出时钟/脉冲模式选择： 脉冲模式。脉冲宽度由 PWID 定义，极性由 POLAR 定义。 时钟模式。引脚上信号的占空比为 50%
2	POLAR	0 1	时钟输出极性位： 正极性，定时器引脚上的信号从低电平开始； 负极性，定时器引脚上的信号从高电平开始
1	DATOUT	0 1	当 TIN/TOUT 作为通用输出引脚，该位控制引脚上的电平 低电平； 高电平
0	Rsvd	0	保留

8.2.3 定时器使用要点

1. 初始化定时器

① 停止计时(TSS=1)，使能定时器自动装载(TLB=1)。

② 通过写 PRSC 中的 TDDR，将预定标计数器周期数写入 TDDR(以输入的时钟周期为基本单位)。

③ 将主计数器周期数装入 PRD(以输入的时钟周期为基本单位)。

④ 关闭定时器自动装载(TLB=0)，启动计时(TSS=0)。

2. 停止/启动定时器

利用时钟控制寄存器(TCR)中的 TSS 位可以停止(TSS=1)或启动定时器(TSS=0)。

3. DSP 复位

DSP 复位后定时器寄存器的值为：

① 停止定时(TSS=1)。

② 预定标计数器值为 0。

③ 主计数器值为 FFFFh。

④ 定时器不进行自动重装(ARB=0)。

⑤ IDLE 指令不能使定时器进入省电模式。

⑥ 仿真时遇到软件断点定时器立即停止工作。

⑦ TIN/TOUT 为高阻态，时钟源是内部时钟(FUNC=00b)。

8.2.4 通用定时器应用实例

例 8-2，在 TIN/TOUT 引脚上产生一个 2 MHz 的时钟，假定 DSP 的 CPU 时钟为 200 MHz。

(1) 定时器控制寄存器 TCR 中各位的设置：

① TIN/TOUT 引脚配置为定时器输出，FUNC 设置为 01b。

② 使该引脚工作在时钟模式，CP 设置为 1b。

③ 设 TIN/TOUT 的极性为正极性，POLAR 设为 0b。

④ 由于每当计数器减为 0 时，引脚的电平就会翻转一次。因此，定时器的 TINT 频率是 TIN/TOUT 引脚上的时钟频率的 2 倍。将 TINT 频率=4 MHz 和 CPU 时钟=200 MHz 代入式(8-2)，得

$$4\text{ MHz} = \frac{200\text{ MHz}}{(\text{TDDR}+1) \times (\text{PRD}+1)}, 即 (\text{TDDR}+1) \times (\text{PRD}+1) = 50。$$

取 PRD=9，TDDR=4。当然，PRD、TDDR 也可取其他值，只要满足上式即可。

⑤ 设置自动装入(ARB=1)，使每次计数器减为 0 时，计时器自动装入计数值，并重新开始计数。

⑥ 置 TCR 中的 FREE 位为 1，使计时器在遇到仿真断点时能够继续工作。

⑦ 将 TCR 中的 IDLEEN 位清 0，使计时器即便在外设时钟模块处于 idle 状态下仍然工作。

(2) 采用汇编语言编写的初始化代码：

```
;*******************************************
;定时器寄存器地址
;*******************************************
    TIM0        .set 0x1000         ;TIMER0 计数寄存器
    PRD0        .set 0x1001         ;TIMER0 周期寄存器
    TCR0        .set 0x1002         ;TIMER0 控制寄存器
    PRSC0       .set 0x1003         ;TIMER0 预定标寄存器
;*******************************************
;定时器配置
;*******************************************
    TIMER_PERIOD    .set 9          ;定时器的周期为 10
    TIMER_PRESCALE  .set 4          ;预定标值为 5
    .text
INIT:
    mov #TIMER_PERIOD,port(#PRD0)       ;配置定时器周期寄存器
    mov #TIMER_PRESCALE,port(#PRSC0)    ;配置定时器预定标寄存器
    mov #0000110100111000b,port(#TCR0)
```

第8章 C55x 的片上外设

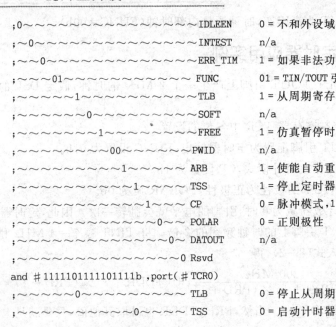

例8-3，在 TIN/TOUT 引脚上每 125 μs(8 kHz)输出一个逻辑低脉冲，DSP 的 CPU 工作在 200 MHz。输出的脉冲宽度为 4 个时钟周期。

(1) 原理：

TIN/TOUT 引脚配置为定时器输出，TCR 里的 FUNC 设置为 01b。为了使这个引脚工作在脉冲模式，CP 设置为 0b。这样，每当计数器减为 0 时，产生一个单脉冲。为了产生一个逻辑低脉冲，TIN/TOUT 引脚极性置为 1b(翻转极性)。为了产生 4 个周期宽的输出脉冲，TCR 的 PWID 设置为 10b。

由于每当定时器减为 0 时，产生一个单脉冲输出，故这个周期性脉冲的周期就是程序所设置的定时器周期。要从 200 MHz 的 CPU 时钟产生 8 kHz 的周期，定时器的计数值必须为(200 000 000 / 8 000)＝25 000，也就是 2 个输出脉冲之间的间隔为 25 000 个 CPU 时钟周期。设置周期寄存器为 25 000(PRD=24 999)，预定标计数器的值为 1(TDDR=0)。自动重装入(ARB=1)使计时器每当计数器减为 0 时，自动装入计数值并重新开始计数。

设置 TCR 的 FREE 位为 0b，SOFT 位为 0b。当遇到仿真断点时，使定时器立刻停止工作。

设置 TCR 的 IDLEEN 位为 1b，使定时器响应外设时钟模块的 idle 请求。

(2) 采用汇编语言编写的初始化代码：

```
;* * * * * * * * * * * * * * * * * * * * * * * * * * * * * * * * *
;定时器寄存器地址
;* * * * * * * * * * * * * * * * * * * * * * * * * * * * * * * * *
```

```
        TIM0        .set 0x1000              ;TIMER0 计数寄存器
        PRD0        .set 0x1001              ;TIMER0 周期寄存器
        TCR0        .set 0x1002              ;TIMER0 控制寄存器
        PRSC0       .set 0x1003              ;TIMER0 预定标寄存器
;* * * * * * * * * * * * * * * * * * * * * * * * * * * * * * * * *
;定时器配置
;* * * * * * * * * * * * * * * * * * * * * * * * * * * * * * * * *
        TIMER_PERIOD    .set 24999           ;定时器的周期为 25 000
        TIMER_PRESCALE  .set 0               ;预定标值为 1
        .text
INIT:
        mov #TIMER_PERIOD,port(#PRD0)        ;配置定时器周期寄存器
        mov #TIMER_PRESCALE,port(#PRSC0)     ;配置定时器预定标寄存器
        mov #1000110010110100b,port(#TCR0)
        ;1~~~~~~~~~~~~~~~~ IDLEEN            1 = 定时器随外设域挂起
        ;~0~~~~~~~~~~~~~~~ INTEXT            n/a
        ;~~0~~~~~~~~~~~~~~ ERR_TIM           1 = 如果产生非法功能改变
        ;~~~01~~~~~~~~~~~~ FUNC              01 = TIN/TOUT 引脚是定时器输出
        ;~~~~~1~~~~~~~~~~~ TLB               1 = 从周期寄存器装入
        ;~~~~~~0~~~~~~~~~~ SOFT              0 = 仿真暂停时,立即停止
        ;~~~~~~~0~~~~~~~~~ FREE              0 = 其工作由 SOFT 控制
        ;~~~~~~~~10~~~~~~~ PWID              10 = 输出脉冲的宽度为 4 个周期
        ;~~~~~~~~~~1~~~~~~ ARB               1 = 使能自动重装入
        ;~~~~~~~~~~~1~~~~~ TSS               1 = 停止定时器
        ;~~~~~~~~~~~~0~~~~ CP                0 = 脉冲模式,1 = 时钟(触发)
        ;~~~~~~~~~~~~~1~~~ POLAR             1 = 反转极性
        ;~~~~~~~~~~~~~~0~~ DATOUT            n/a
        ;~~~~~~~~~~~~~~~0 Rsvd
        and #1111101111101111b,port(#TCR0)
        ;~~~~~0~~~~~~~~~~~ TLB               0 = 停止从周期寄存器装入
        ;~~~~~~~~~~~0~~~~~ TSS               0 = 启动计数器
```

8.3 通用 I/O 口(GPIO)

　　C55x 提供了专门的通用输入/输出引脚 GPIO,每个引脚的方向可以由 I/O 方向寄存器 IODIR 独立配置,引脚上的输入/输出状态由 I/O 数据寄存器 IODATA 反映或设置。TMS320VC5509APGE 的 7 个 GPIO 引脚配置见本书第 2 章,有关寄存器如表 8-6 和表 8-7 所列。

第 8 章　C55x 的片上外设

表 8-6　GPIO 方向寄存器 IODIR

位	名　称	数　值	说　明
15～8	Rsvd		保留
7～0	IOxDIR	0 1	IOx 方向控制位； IOx 配置为输入； IOx 配置为输出

表 8-7　GPIO 数据寄存器 IODATA

位	名　称	数　值	说　明
15～8	Rsvd		保留
7～0	IOxD	0 1	IOx 逻辑状态位： IOx 引脚上的信号为低电平； IOx 引脚上的信号为高电平

GPIO 还决定了 DSP 芯片的引导方式。系统上电时 DSP 芯片自动读取 GPIO0～3 的状态，由此选择相应的引导方式。GPIO 引脚电平与 DSP 芯片引导方式的关系见表 8-8。

表 8-8　GPIO 引脚电平与 DSP 芯片的引导方式

GPIO0	GPIO1	GPIO2	GPIO3	说　明
0	1	0	0	来自于 Mcbsp0 的串行 EEPROM 引导方式（24bit 地址）
0	0	1	0	USB 接口引导方式
0	1	0	1	EHPI（多元引导）方式
0	0	1	1	EHPI（非多元引导）方式
1	0	0	0	来自于外部 16bit 异步内存的引导方式
1	0	0	1	来自于 Mcbsp0 的串行 EEPROM 引导方式（16bit 地址）
1	1	1	0	并行 EMIF 引导方式（16bit 异步内存）
1	0	1	1	来自 Mcbsp0 同步串行引导方式（16bit 数据）
1	1	1	1	来自 Mcbsp0 同步串行引导方式（8bit 数据）

8.4　外部存储器接口（EMIF）

本节介绍 TMS320C55x 的外部存储器接口（EMIF），它控制 DSP 和外部存储器之间的所有数据传输。

8.4.1 EMIF 概况

图 8-3 说明了 EMIF 和外部存储器之间是怎样连接的。EMIF 为 3 种类型的存储器提供了无缝接口,分别是异步存储器(包括 ROM、Flash 以及异步 SRAM)、同步突发 SRAM(SBSRAM)和同步 DRAM(SDRAM)。SBSRAM 和 SDRAM 均可以工作在 1 倍或 1/2 倍 CPU 时钟频率上。

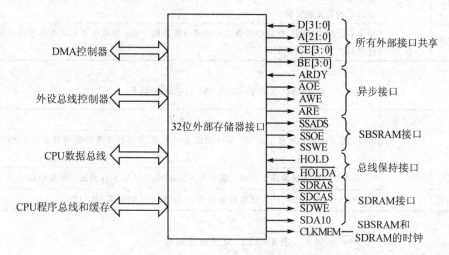

图 8-3 EMIF 的输入和输出框图

另外,也可通过 EMIF 外接 A/D 转换器、D/A 转换器和其他外围并行接口设备,只是这些设备需要增加一些外部逻辑器件来保证设备的正常使用。

EMIF 支持 4 种类型的访问,即程序的访问、32 位数据的访问、16 位数据的访问和 8 位数据的访问。

EMIF 的外部接口信号如表 8-9~表 8-13 所列。

表 8-9 外部存储器共享接口

信号	状态	说明
$\overline{CE0}$~$\overline{CE3}$	O/Z	片选引脚,每个引脚对应一个 CE 空间,将这些低电平有效的引脚连接到适当的存储器的片选引脚
$\overline{BE}$[3:0]	O/Z	字节使能引脚
D[31:0]	I/O/Z	32 位 EMIF 数据总线。注:VC5509A 只有 16 位 EMIF 数据总线,即 D[15:0]
A[21:0]	O/Z	22 位 EMIF 地址总线。注:VC5509APGA 只有 14 位 EMIF 地址总线,即 A[13:0]
CLKMEM	O/Z	存储器时钟引脚。注:仅适用于 SBSRAM 和 SDRAM

表 8-10 用于异步存储器的 EMIF 信号

信 号	状 态	说 明
ARDY	I	异步就绪引脚
$\overline{\text{AOE}}$	O/Z	异步输出使能引脚。在异步读操作时，$\overline{\text{AOE}}$ 为低电平。该引脚连接到异步存储器芯片的输出使能引脚
$\overline{\text{AWE}}$	O/Z	异步写引脚。EMIF 在对存储器写操作时驱动该引脚为低电平。该引脚连接到异步存储器芯片的写使能引脚
$\overline{\text{ARE}}$	O/Z	异步读引脚。EMIF 在读存储器时驱动该引脚为低电平。该低电平有效引脚连接到异步存储器芯片的读使能引脚

表 8-11 用于 SBSRAM 的 EMIF 信号

信 号	状 态	说 明
$\overline{\text{SSADS}}$	O/Z	SB SBSRAM 的地址使能引脚。在 EMIF 把地址放到地址总线的同时驱动该引脚为低电平
$\overline{\text{SSOE}}$	O/Z	SBSRAM 的输出缓冲使能引脚。该引脚连接到 SBSRAM 芯片的输出使能引脚
$\overline{\text{SSWE}}$	O/Z	SBSRAM 的写使能引脚。该引脚连接到 SBSRAM 芯片的写使能引脚

表 8-12 总线保持信号

信 号	状 态	说 明
$\overline{\text{HOLD}}$	I	HOLD 请求信号。为了请求 DSP 释放对外部存储器的控制，外部设备可以通过驱动 $\overline{\text{HOLD}}$ 信号为低来实现
$\overline{\text{HOLDA}}$	O	HOLD 应答信号。EMIF 收到 HOLD 请求后完成当前的操作，将外部总线引脚驱动为高阻态，在 $\overline{\text{HOLDA}}$ 引脚上发送应答信号。外部设备访问存储器时，需要等到 $\overline{\text{HOLDA}}$ 为低

表 8-13 用于 SDRAM 的 EMIF 信号

信 号	状 态	说 明
$\overline{\text{SDRAS}}$	O/Z	SDRAM 的行选通引脚。当执行 ACTV、DCAB、REFR 和 MRS 等指令时，该引脚为低电平
$\overline{\text{SDCAS}}$	O/Z	SDRAM 的列选通引脚。在读和写，以及 REFR,MRS 指令执行期间为低电平
$\overline{\text{SDWE}}$	O/Z	SDRAM 的写使能引脚。在 DCAB、MRS 指令执行期间为低电平
SDA10	O/Z	SDRAM 的 A10 地址线/自动预充关闭。在执行 ACTV 命令时，此引脚为行地址位（逻辑上等同于 A12）。对 SDRAM 读写时，此引脚关闭 SDRAM 的自动预充功能

8.4.2 EMIF 请求的优先级

表 8-14 列出了 EMIF 对请求的服务。如果多个请求同时到达，EMIF 会根据每个请求的优先级来进行处理。

表 8-14 EMIF 对请求的服务

EMIF 请求类型	优先级	说　明
HOLD	1(最高)	外部设备需要控制存储器时，产生这个请求，且将 HOLD 引脚拉低
紧急刷新	2	同步 DRAM 需要立刻刷新时，产生请求
E 总线	3	通过 E 总线向外部存储器写数据时，产生这个请求。E 总线是 DSP 内部的一组写数据总线
F 总线	4	通过 F 总线向外部存储器写数据时，产生这个请求。F 线是 DSP 内部的一组写数据总线
D 总线	5	通过 D 总线向外部存储器写数据时，产生这个请求。D 总线是 DSP 内部的一组写数据总线
C 总线	6	通过 C 总线向外部存储器读数据时，产生这个请求。C 总线是 DSP 内部的一组读数据总线
P 总线	7	通过 P 总线向外部存储器读数据时，产生这个请求。P 总线是 DSP 内部的一组读数据总线
Cache	8	从指令 Cache 来的线填充请求
DMA 控制器	9	DMA 控制器读或写外部存储器时，产生这个请求
刷新	10	同步 DRAM 需要下一个周期刷新时，产生这个请求

8.4.3 对存储器的考虑

对 EMIF 编程时，必须了解外部存储器地址如何分配给片使能(CE)空间，每个 CE 空间可以同哪些类型的存储器连接，以及用哪些寄存器位来配置 CE 空间。

1. 存储器映射和 CE 空间

C55x 的外部存储映射在存储空间的分布，相应于 EMIF 的片选使能信号。例如，CE1 空间里的一片存储器，必须将其片选引脚连接到 EMIF 的 $\overline{CE1}$ 引脚。当 EMIF 访问 CE1 空间时，就驱动 $\overline{CE1}$ 变低。

2. EMIF 支持的存储器类型和访问类型

外部存储器映射图中的每个 CE 空间，可以使用表 8-15 所列的任何存储器类型。可以通过设置 CE 空间的 MTYPE 位选择相应的存储器类型。除了存储器类型之外,表 8-15 还列出了 EMIF 对于每种存储器类型所支持的访问类型。

表 8-15 存储器类型及每种存储器允许的访问类型

存储器类型	支持的访问类型
异步 8 位存储器(MTYPE=000b)	程序
异步 16 位存储器(MTYPE=001b)	程序,32 位数据,16 位数据,8 位数据
异步 32 位存储器(MTYPE=010b)	程序,32 位数据,16 位数据,8 位数据
32 位的 SDRAM(MTYPE=011b)	程序,32 位数据,16 位数据,8 位数据
32 位的 SBSRAM(MTYPE=100b)	程序,32 位数据,16 位数据,8 位数据

3. 配置 CE 空间

可以使用全局控制寄存器(EGCR)和每个 CE 空间控制寄存器来配置 CE 空间。对于每个 CE 空间,必须设置控制寄存器 1 中的以下域:

① MTYPE:决定存储器的类型。如果选择异步存储器,就必须在 CE 空间控制寄存器的其他位初始化访问参数。如果选择同步存储器类型,只需要在 CE 空间控制寄存器里初始化 MTYPE 域。但是,必须加载全局寄存器的两个域。

② MEMFREQ:决定存储器时钟信号的频率(1 倍或 1/2 倍 CPU 时钟信号的频率)。

③ MEMCEN:决定 CLKMEM 引脚是输出存储器时钟信号还是被拉成高电平。不管每个 CE 空间里的存储器类型,一定要对全局控制寄存器写如下控制位(这些位影响所有 CE 空间):

➢ WPE:对所有的 CE 空间,使能或禁止写;

➢ NOHOLD:对所有的 CE 空间,使能或禁止 HOLD 请求。

8.4.4 程序和数据访问

1. 程序存储器的访问

EMIF 可以管理对程序存储器 3 种宽度的访问:32 位、16 位、8 位。本书介绍 C55x 对 16 和 8 位宽的程序存储器的访问。

要从外部程序存储器取指令代码时,CPU 向 EMIF 发送一个访问请求。EMIF 必须从外部程序存储器读取 32 位代码数据,然后把这全部 32 个位放到 CPU 的程序读总线(P 总线)上。

(1) 访问 16 位宽的程序存储器

图 8-4 说明了访问 16 位宽的外部程序存储器的情形。EMIF 把一个字的地址放到地址线 A[21:1]上。32 位的访问可以分为 2 个 16 位的传输,在连续的 2 个周期内完成。在第二个周期,EMIF 自动将第一个地址加 1,产生第二个地址。

对于 2 次 16 位访问,EMIF 使用数据线 D[15:0]。32 位的代码块,以下面的方式传输:在第 1 个地址,读代码块的 31~16 位;在第 2 个地址,读代码块的 15~0 位。

在访问期间,$\overline{BE3}$和$\overline{BE2}$保持高电平(没有激活),$\overline{BE1}$和$\overline{BE0}$保持低电平。访问结束之后,EMIF 将 32 位的代码通过 P 总线传给 CPU。

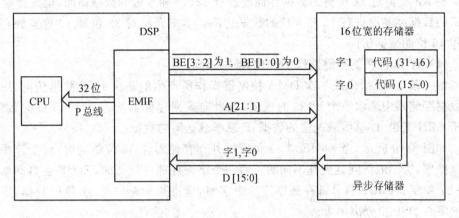

图 8-4 访问 16 位宽的程序存储器

(2) 访问 8 位宽的程序存储器

图 8-5 说明了访问 8 位宽的外部程序存储器的情形。EMIF 把一个字节地址放到地址线 A[21:0]上。32 位的访问可以分为 4 个 8 位的传输,在连续的 4 个周期内完成。在第 2、3 和 4 个周期,EMIF 自动将第一个地址加 1,产生下一个新的地址。

对于所有 4 次 8 位访问,EMIF 使用数据线 D[7:0]。32 位的代码块,以下面的方式传输:在第 1 个地址,读代码块的 31～24 位;在第 2 个地址,读代码块的 23～16 位;在第 3 个地址,读代码块的 15～8 位;在第 4 个地址,读代码块的 7～0 位。

在访问期间,$\overline{BE3}$、$\overline{BE2}$和$\overline{BE1}$保持高电平(没有激活),$\overline{BE0}$保持低电平。访问结束之后,EMIF 将 32 位的代码通过 P 总线传给 CPU。

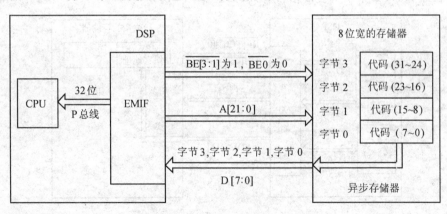

图 8-5 访问 8 位宽的程序存储器

2. 数据访问

EMIF 支持对 32 位宽的数据存储器进行 32、16 和 8 位的数据访问,也支持对 16 位宽的数据存储器进行 16 和 8 位的数据访问。本书介绍对 32 位和 16 位宽的存储器作 16 位的数据访问。

(1) 对 32 位宽的存储器作 16 位的数据访问

由一条 CPU 指令或一次 DMA 控制器操作所产生的一次 16 位数据访问,用来从数据存储器中读取一个 16 位的数值,或者向数据存储器写入一个 16 位的数值。对于 CPU 来说,D 总线载送读的数据,E 总线载送写的数据。

如图 8-6 所示,当 EMIF 对 32 位宽的外部存储器作 16 位访问时,对于读操作和写操作,实际的访问宽度是不同的。写一个字到外部存储器时,EMIF 会自动修改为一个单字。EMIF 从外部存储器读一个字时,读进来的是一个 32 位的数据,所希望的字在 DSP 里分离出来。

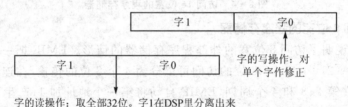

图 8-6 在 32 位宽的存储器里访问 16 位的数据

对 32 位宽的外部存储器,访问 16 位数据的过程在图 8-7(a)和 8-7(b)中进行了说明。32 位宽的存储器,所要求的最低的地址线是 A2。EMIF 的外部地址 A[21:2] 对应于内部数据地址的位 21~2。EMIF 用内部地址的位 A1 来决定使用数据总线的哪一半,以及哪个字节使能信号有效(如表 8-16 所列)。

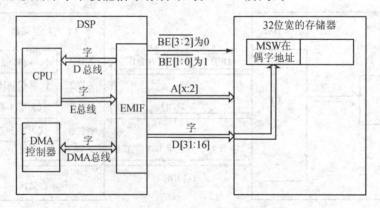

图 8-7(a) 对 32 位存储器作 16 位写操作(MSW 在偶字地址)

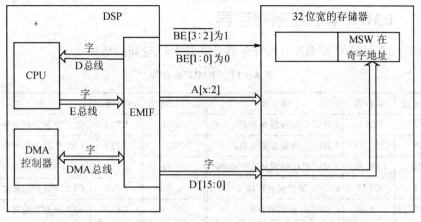

图 8-7(b)　对 32 位存储器作 16 位写操作（MSW 在奇字地址）

表 8-16　对 32 位外部存储器进行 16 位访问时 A1 的作用

内部地址位 A1	字地址	使用的数据线	字节使能信号电平
0	偶字地址	D[31:16]	$\overline{BE[3:2]}$低(有效) $\overline{BE[1:0]}$高
1	奇字地址	D[15:0]	$\overline{BE[3:2]}$高 $\overline{BE[1:0]}$低(有效)

（2）对 16 位宽的存储器作 16 位的数据访问

图 8-8 说明了对 16 位宽的外部存储器作 16 位数据访问时的数据传输。16 位宽的存储器，所要求的最低地址线为 A1。EMIF 的外部地址线 A[21:1]对应于内部数据地址的位 21～1，数据线 D[15:0]在 DSP 和外部存储器之间传输数据。在一次访问期间，$\overline{BE3}$和$\overline{BE2}$始终保持高电平（无效），$\overline{BE1}$和$\overline{BE0}$被拉低。

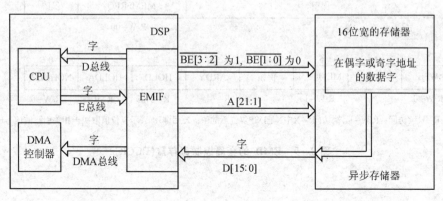

图 8-8　对 16 位宽的外部存储器所作的 16 位的数据访问

8.4.5 EMIF 中的控制寄存器

表 8-17 列出了 EMIF 中的寄存器及其在 I/O 空间的地址。

表 8-17 EMIF 寄存器

I/O 口地址	寄存器	描述	I/O 口地址	寄存器	描述
0800h	EGCR	EMIF 全局控制寄存器	0805h	CE03	CE0 空间控制寄存器 3
0801h	EMI_RST	EMIF 全局复位寄存器	0806h	CE11	CE1 空间控制寄存器 1
0802h	EMI_BE	EMIF 总线错误状态寄存器	0807h	CE12	CE1 空间控制寄存器 2
0803h	CE01	CE0 空间控制寄存器 1	0808h	CE13	CE1 空间控制寄存器 3
0804h	CE02	CE0 空间控制寄存器 2	0809h	CE21	CE2 空间控制寄存器 1
080Ah	CE22	CE2 空间控制寄存器 2	080Fh	SDC1	SDRAM 控制寄存器 1
080Bh	CE23	CE2 空间控制寄存器 3	0810h	SDPER	SDRAM 周期寄存器
080Ch	CE31	CE3 空间控制寄存器 1	0811h	SDCNT	SDRAM 计数寄存器
080Dh	CE32	CE3 空间控制寄存器 2	0812h	INIT	SDRAM 初值寄存器
080Eh	CE33	CE3 空间控制寄存器 3	0813h	SDC2	SDRAM 控制寄存器 2

1. EMIF 全局控制寄存器(EGCR)

全局控制寄存器(如图 8-9 所示)是一个 16 位的 I/O 映射寄存器,可用来配置和监视 EMIF 的工作状态。使用这个寄存器可以为同步存储器设定时钟(MEM-FREQ 和 MEMCEN 位),使能或关闭写后(WPE),监视指定的 EMIF 引脚(ARDY、$\overline{\text{HOLD}}$ 以及 $\overline{\text{HOLDA}}$),允许或禁止 HOLD 请求(NOHOLD)。表 8-18 说明了 EGCR 的各位。

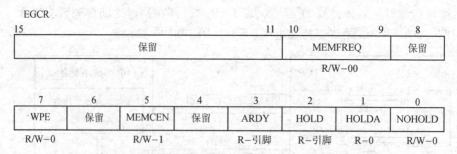

说明: R-只读访问; R/W-读/写访问; -X 中 X 是 DSP 复位后的值; X=引脚,表示复位值取决于相关引脚的信号电平。

图 8-9 EMIF 的全局控制寄存器(EGCR)

表 8-18 EGCR 位的说明

位	名称	说明	复位值
15~11	Rsvd	保留	
10~9	MEMFREQ	存储器时钟频率位。EMIF 的 CLKMEM 引脚为同步存储器（SBSRAM 或 SDRAM）芯片提供时钟。MEMFREQ 决定 CPU 时钟信号和 CLK-MEM 引脚信号之间的关系： 00b　CLKMEM 频率等于 CPU 时钟频率； 01b　CLKMEM 频率等于 CPU 时钟频率的 1/2	00b
8	Rsvd	保留	
7	WPE	写后使能位。EMIF 有两个写后寄存器。 如果 WPE=1，写后寄存器用来存放写的地址和数据，使 EMIF 可以无须等待而回应 CPU。当 EMIF 是在作写后操作时，CPU 就可以开始下一次访问。如果下一次访问不是针对 EMIF，而是内部存储器，则该访问就可以和缓慢的外部写操作同时进行。写后寄存器可以自由地使用 CPU 的两个数据写总线（E 总线和 F 总线）中的任何一个。 当 WPE=0，对 E 总线/F 总线请求的回应，成为写入外部总线的数据	0
6	Rsvd	保留	
5	MEMCEN	存储器时钟使能位。决定 CLKMEM 引脚是否向存储器提供时钟。 0　关闭。CLKMEM 引脚被拉高； 1　打开。CLKMEM 引脚提供存储器时钟	1
4	Rsvd	保留	
3	ARDY	ARDY 信号状态位。反映异步访问就绪引脚（ARDY）的信号电平。 0　ARDY 信号为低。外部存储器没有准备好接收或发送数据； 1　ARDY 信号为高。外部存储器准备好接收或发送数据	信号电平
2	HOLD	$\overline{\text{HOLD}}$信号状态位。反映$\overline{\text{HOLD}}$引脚的信号状态。 0　$\overline{\text{HOLD}}$信号为低。一个外部设备发出$\overline{\text{HOLD}}$请求，要求保持外部存储器访问$\overline{\text{HOLD}}$； 1　$\overline{\text{HOLD}}$信号为高，没有$\overline{\text{HOLD}}$请求	信号电平
1	HOLDA	$\overline{\text{HOLDA}}$信号状态位，反映 HOLD 应答引脚（$\overline{\text{HOLDA}}$）的信号电平。 0　$\overline{\text{HOLDA}}$为低。EMIF 已经对一个$\overline{\text{HOLD}}$请求做出应答，EMIF 放弃对外部存储器的控制，改由外部设备来访问； 1　$\overline{\text{HOLDA}}$信号为高，由 EMIF 来控制外部存储器	0
0	NOHOLD	$\overline{\text{HOLDA}}$关闭位。用 NOHOLD 打开或关闭引脚功能。 0　打开$\overline{\text{HOLDA}}$。EMIF 可以接收$\overline{\text{HOLD}}$请求； 1　关闭 $\overline{\text{HOLDA}}$。EMIF 不会接收$\overline{\text{HOLD}}$请求	0

2. EMIF 全局复位寄存器(EMI_RST)

EMI_RST 为 16 位只写寄存器。写这个寄存器会复位 EMIF 的状态机,但不改变当前的配置值。

3. EMIF 总线错误状态寄存器(EMI_BE)

总线错误状态寄存器(如图 8-10 所示)是一个 16 位的 I/O 空间映射寄存器,用来记录在访问外部存储器时总线上产生的错误。对于每个被 EMIF 识别的总线错误,EMIF 在 EMI_BE 里至少设置两个位:

EMI_BE

15~13	12	11	10	9	8
保留	TIME	保留	CE 3	CE 2	CE 1
	R-0		R-0	R-0	R-0

7	6	5	4	3	2	1	0
CE 0	DMA	FBUS	EBUS	DBUS	CBUS	保留	PBUS
R-0	R-0	R-0	R-0	R-0	R-0		R-0

说明:R-只读访问;-0 中 0 是 DSP 复位后的值。

图 8-10 EMIF 总线错误状态寄存器(EMI_BE)

> CE 位(位 10~7),表示错误发生时所访问的 CE 空间;
> 请求位(位 6~2,0),表示对外部存储器访问时由哪个 DSP 资源所请求的。

此外,如果错误是由于对异步存储器访问超时,EMIF 置位 TIME 位。
读 EMI_BE 后,它会自动清零。表 8-19 说明了 EMI_BE 的位。

EMIF 总线错误也会产生中断。如果是 CPU 总线发出请求,EMIF 发一个总线错误中断请求给 CPU。如果是 DMA 控制器发出访问请求,并发生了一个超时错误,EMIF 发一个超时信号给 DMA 控制器。DMA 控制器可以忽略这个信号,或向 CPU 发一个总线错误中断请求。总线错误中断是可屏蔽的,CPU 可以响应也可以不响应它,它取决于该中断是否使能。

表 8-19 EMI_BE 位说明

位	名 称	说 明	复位值
15~13	Rsvd	保留	
12	TIME	超时错误状态位。访问异步存储器时,如果产生访问超时错误,EMIF 置位该位: 0 没有错误 1 产生了错误	0
11	Rsvd	保留	

续表 8-19

位	名称	说明	复位值
10	CE3	CE3 错误状态位。访问 CE3 空间的存储器时产生错误，EMIF 置位该位： 0 没有错误； 1 发生了错误	0
9	CE2	CE2 错误状态位。访问 CE2 空间的存储器时产生错误，EMIF 置位该位： 0 没有错误； 1 发生了错误	0
8	CE1	CE1 错误状态位。访问 CE1 空间的存储器时产生错误，EMIF 置位该位： 0 没有错误； 1 发生了错误	0
7	CE0	CE0 错误状态位。访问 CE0 空间的存储器时产生错误，EMIF 置位该位： 0 没有错误； 1 发生了错误	0
6	DMA	DMA 错误状态位。由 DMA 控制器请求的访问产生错误时，EMIF 置位该位： 0 没有错误； 1 发生了错误	0
5	FBUS	F 错误状态位。F 总线（CPU 数据写总线）访问存储器产生错误，EMIF 置位该位： 0 没有错误； 1 发生了错误	0
4	EBUS	E 错误状态位。E 总线（CPU 数据写总线）访问存储器产生错误，EMIF 置位该位： 0 没有错误； 1 发生了错误	0
3	DBUS	D 错误状态位。D 总线（CPU 数据写总线）访问存储器产生错误，EMIF 置位该位： 0 没有错误； 1 发生了错误	0
2	CBUS	C 错误状态位。C 总线（CPU 数据写总线）访问存储器产生错误，EMIF 置位该位： 0 没有错误； 1 发生了错误	0
1	Rsvd	保留	
0	PBUS	P 错误状态位。P 总线（CPU 数据写总线）访问存储器产生错误，EMIF 置位该位： 0 没有错误； 1 发生了错误	0

4. CE 空间控制寄存器(CEn_1、CEn_2、CEn_3)

外部存储器映射分成几个 CE 空间。每个 CE 空间有 3 个 CE 空间控制寄存器(如图 8-11 所示)。这些寄存器都是 16 位 I/O 空间映射寄存器,它们主要用来配置对异步存储器的访问。MTYPE 位用来选择 CE 空间的存储器类型。

CEn_1

15	14~12	11~8	7~2	1~0
保留	MTYPE	READ SETUP	READ STROBE	READ HOLD
	R/W-010	R/W-1111	R/W-111111	R/W-11

CEn_2

15~14	13~12	11~8	7~2	1~0
READ EXT HOLD	WRITE EXT HOLD	WRITE SETUP	WRITE STROBE	WRITE HOLD
R/W-01	R/W-01	R/W-1111	R/W-111111	R/W-11

CEn_3

15~8	7~0
保留	TIMEOUT
	R/W-00000000

说明:R/W-读写访问;-X中X是DSP复位后的值

图 8-11 每个 CE 空间的控制寄存器(CEn_1、CEn_2、CEn_3)

如果选择异步存储器类型,使用 CE 空间控制寄存器的其他位来定义包括建立时间在内的访问参数。

如果选择一种同步存储器类型,EMIF 忽略除 MTYPE 之外的所有位。

表 8-20 列出了 CE 空间控制寄存器的所有位。

注意:SETUP 和 STROBE 的最小计数值为 1,这些域里的 0 会被 DSP 解释为 1。如果是第一次访问,建立时间的最小值为 2。

表 8-20 CEn_1、CEn_2 和 CEn_3 的位说明

寄存器	位	域	说　　明	复　位
CEn_1	15			
CEn_1	14~12	MTYPE	存储器类型位。每个 CE 空间都有 MTYPE 位,用来选择存储器类型: 000b　8 位异步存储器; 001b　16 位异步存储器; 010b　保留 011b　16 位同步 DRAM(SDRAM); 100b　保留	010b

续表 8-20

寄存器	位	域	说 明	复 位
CEn_1	11~8	READ SETUP	读数据建立时间位。对于每个包含了异步存储器的 CE 空间,将异步读操作的建立时间装入了这些位。 取值范围是:1≤READ SETUP≤15(CPU 时钟周期)。 如果选择同步寄存器,忽略这些位	111b (15)
CEn_1	7~2	READ STROBE	读数据选通时间位。对于每个包含了异步存储器的 CE 空间,将异步读操作的建立时间装入这些位。 取值范围是:1≤READ STROBE≤63(CPU 时钟周期)。 如果选择同步寄存器,忽略这些位	111111b (63)
CEn_1	1~0	READHOLD	读数据保持时间位。对于每个包含了异步存储器的 CE 空间,将异步读操作的建立时间装入这些位。 取值范围是:0≤READ HOLD≤3(CPU 时钟周期)。 如果选择同步寄存器,忽略这些位	11b
CEn_2	15~14	READ EXT HOLD	读数据扩展保持时间位。对于每个包含了异步存储器的 CE 空间,将异步读操作的建立时间装入这些位。 取值范围是:0≤READ EXT HOLD≤3(CPU 时钟周期)。 如果选择同步寄存器,忽略这些位	01b
CEn_2	13~12	WRITE EXT HOLD	写数据扩展保持时间位。对于每个包含了异步存储器的 CE 空间,将异步写操作的建立时间装入这些位。 取值范围是:0≤WRITEEXT HOLD≤3(CPU 时钟周期)。 如果选择同步寄存器,忽略这些位	01b
CEn_2	11~8	WRITE SETUP	写数据建立时间位。对于每个包含了异步存储器的 CE 空间,将异步写操作的建立时间装入这些位。 取值范围是:1≤WRITESETUP≤15(CPU 时钟周期)。 如果选择同步寄存器,忽略这些位	1111b (15)
CEn_2	7~2	WRITE STROBE	写数据选通时间位。对于每个包含了异步存储器的 CE 空间,将异步写操作的建立时间装入这些位。 取值范围是:1≤WRITESTROBE≤63(CPU 时钟周期)。 如果 CE 空间扩展了同步存储器,这些位可以忽略不进行配置	111111b (63)
CEn_2	1~0	WRITE HOLD	写数据保持时间位。对于每个包含了异步存储器的 CE 空间,将异步写操作的保持时间装入这些位。 取值范围是:0≤WRITEHOLD≤3(CPU 时钟周期)。 如果选择同步寄存器,忽略这些位	11b
CEn_3	15~8	保留	这些是保留位(用户不能使用)。只读。读时返回 0	

续表 8-20

寄存器	位	域	说明	复位
CEn_3	7~0	TIMEOUT	超时位。对于每个包含了异步存储器的 CE 空间,将该 CE 空间里所有异步操作的超时值(N)装入这些位。也可以清除 TIMEOUT 来关闭超时功能: 0 关闭超时功能; 1≤N≤255 在异步读就绪信号(ARDY)为低(表明存储器还没有准备就绪)时,内部计数器开始计数。如果计数器计到 N,EMIF 就通知一个超时错误。如果选择同步存储器,忽略这些位	00000000b

8.5 多通道缓冲串口 McBSP

8.5.1 McBSP 概述

C55x 提供了高速的多通道缓冲串口(McBSP,Multi-channel Buffered Serial Ports),通过 McBSP 可以与其他 DSP 和编解码器等器件相连。

McBSP 具有如下特点:
① 全速双工通信。
② 双缓存发送,三缓存接收,支持传送连续的数据流。
③ 独立的收发时钟信号和帧信号。
④ 128 个通道收发。
⑤ 可与工业标准的编解码器、模拟接口芯片(AICs)及其他串行 A/D、D/A 芯片直接连接。
⑥ 能够向 CPU 发送中断,向 DMA 控制器发送 DMA 事件。
⑦ 具有可编程的采样率发生器,可控制时钟和帧同步信号。
⑧ 可选择帧同步脉冲和时钟信号的极性。
⑨ 传输的字长可选,可以是 8 位、12 位、16 位、20 位、24 位或 32 位。
⑩ 具有 μ 律和 A 律压缩扩展功能。
⑪ 可将 McBSP 引脚配置为通用输入输出引脚。

8.5.2 McBSP 组成框图

McBSP 包括一个数据通道和一个控制通道,通过 7 个引脚与外部设备连接,其结构如图 8-12 所示。数据发送引脚 DX 负责数据的发送,数据接收引脚 DR 负责数据的接收,发送时钟引脚 CLKX、接收时钟引脚 CLKR、发送帧同步引脚 FSX 和接收帧同步引脚 FSR 提供串行时钟和控制信号。

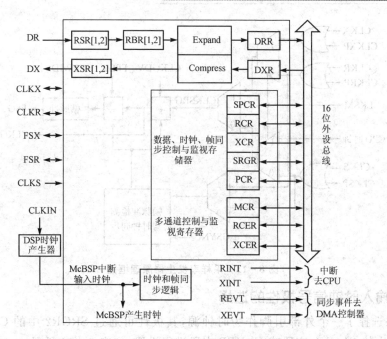

图 8-12　McBSP 的结构框图

CPU 和 DMA 控制器通过外设总线与 McBSP 进行通信。当发送数据时，CPU 和 DMA 将数据写入数据发送寄存器（DXR1，DXR2），接着复制到发送移位寄存器（XSR1，XSR2），通过发送移位寄存器输出至 DX 引脚。同样，当接收数据时，DR 引脚上接收到的数据先移位到接收移位寄存器（RSR1，RSR2），接着复制到接收缓冲寄存器（RBR1，RBR2）中，RBR 再将数据复制到数据接收寄存器（DRR1，DRR2）中，由 CPU 或 DMA 读取数据。这样，可以同时进行内部和外部的数据通信。

8.5.3　采样率发生器

每个 McBSP 包括一个采样率发生器 SRG（如图 8-13 所示），用于产生内部数据时钟 CLKG 和内部帧同步信号 FSG。CLKG 可以作为 DR 引脚接收数据或 DX 引脚发送数据的时钟，FSG 控制 DR 和 DX 上的帧同步。

1. 输入时钟的选择

采样率发生器的时钟源可以由 CPU 时钟或外部引脚（CLKS，CLKX 或 CLKR）提供，时钟源的选择可以通过引脚控制寄存器 PCR 中的 SCLKME 字段和采样率发生寄存器 SRGR2 中的 CLKSM 字段来确定，如表 8-21 所列。

表 8-21　采样率发生器输入时钟选择

SCLKME	CLKSM	采样发生器的输入时钟
0	0	CLKS 引脚上的信号
0	1	CPU 时钟
1	0	CLKR 引脚上的信号
1	1	CLKX 引脚上的信号

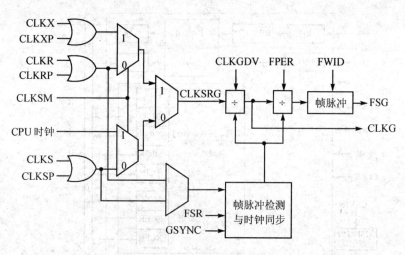

图 8-13 采样率发生器原理框图

2. 输入时钟信号极性的选择

如果选择了一个外部引脚作为时钟源,其极性可通过 SRGR2 中的 CLKSP 字段、PCR 中的 CLKXP 字段或 CLKPP 字段进行设置,如表 8-22 所列。

表 8-22 采样率发生器输入时钟极性选择

输入时钟	极性选择	说 明
CLKS 引脚上的信号	CLKSP=0; CLKSP=1	CLKS 引脚上的信号的上升沿,产生 CLKG 和 FSG 上的过渡过程; CLKS 引脚上的信号的下降沿,产生 CLKG 和 FSG 上的过渡过程
CPU 时钟	正极性	CPU 时钟信号的上升沿,产生 CLKG 和 FSG 上的过渡过程
CLKR 引脚上的信号	CLKRP=0; CLKRP=1	CLKR 引脚上的信号的上升沿,产生 CLKG 和 FSG 上的过渡过程; CLKR 引脚上的信号的下降沿,产生 CLKG 和 FSG 上的过渡过程
CLKX 引脚上的信号	CLKXP=0; CLKXP=1	CLKX 引脚上的信号的上升沿,产生 CLKG 和 FSG 上的过渡过程; CLKX 引脚上的信号的下降沿,产生 CLKG 和 FSG 上的过渡过程

3. 输出时钟信号频率的选择

输入的时钟经过分频产生 SRG 输出时钟 CLKG。分频值由采样率发生寄存器 SRGR1 中的 CLKGDV 字段确定。

$$\text{CLKG 输出时钟频率} = \frac{\text{输入时钟频率}}{\text{CLKGDV}+1} \quad 1 \leqslant \text{CLKGDV} \leqslant 255 \quad (8-3)$$

所以输出的最高时钟频率是输入时钟频率的 1/2。当 CLKGDV 是奇数时,CLKG 的占空比是 50%;当 CLKGDV 是偶数 $2p$ 时,CLKG 高电平持续时间为 $P+1$ 个输入时钟周期,低电平持续时间为 p 个输入时钟周期。

4. 帧同步时钟信号频率和脉宽的选择

帧同步信号 FSG 由 CLKG 进一步分频而来,分频值由采样率发生寄存器 SRGR2 中的 FPER 字段决定。

$$\text{FSG 输出时钟频率} = \frac{\text{CLKG 时钟频率}}{\text{FPER}+1} \qquad 0 \leqslant \text{FPER} \leqslant 4\,095 \qquad (8-4)$$

帧同步脉冲的宽度由采样率发生寄存器 SRGR1 中的 FWID 字段决定。

$$\text{FSG 脉宽} = (\text{FWID}+1) \times \text{CLKG 的周期} \qquad 0 \leqslant \text{FWID} \leqslant 255 \qquad (8-5)$$

5. 同　步

如图 8-13 所示,SRG 的输入时钟可以是内部时钟,即 CPU 时钟,也可以是来自 CLKX、CLKR 和 CLKS 引脚的外部输入时钟。当采用外部时钟源时,一般需要同步,同步由采样率发生寄存器 SRGR2 中的字段 GSYNC 控制。

当 GSYNC=0 时,SRG 将自由运行,并按 CLKGDV、FPER 和 FWID 等参数的配置产生输出时钟;当 GSYNC=1 时,CLKG 和 FSG 将同步到外部输入时钟。

8.5.4　多通道模式选择

1. 通道、块和分区

一个 McBSP 通道一次可以移进或移出一个串行字。每个 McBSP 最多支持 128 个发送通道和 128 个接收通道。无论是发送器还是接收器,这 128 个通道都分为 8 块(Block),每块包括 16 个邻近的通道:

Block0:0~15 通道;
Block1:16~31 通道;
Block2:32~47 通道;
Block3:48~63 通道;
Block4:64~79 通道;
Block5:80~95 通道;
Block6:96~111 通道;
Block7:112~127 通道。

根据所选择的分区模式,各个块被分配给相应的区。如果选择 2 分区模式,则将偶数块(0、2、4、6)分配给区 A,奇数块(1、3、5、7)分配给区 B。如果选择 8 分区模式,则将块 0~7 分别自动地分配给区 A~H。

2. 接收多通道选择

多通道选择部分由多通道控制寄存器 MCR、接收使能寄存器 RCER 和发送使能寄存器 XCER 组成。其中,MCR 可以禁止或使能全部 128 个通道,RCER 和 XCER 可以分别禁止或使能某个接收或发送通道。每个寄存器控制 16 个通道,因此 128 个通道共有 8 个通道使能寄存器。

MCR1 中的 RMCM 位决定是所有通道用于接收,还是部分通道用于接收。

当 RMCM=0,所有 128 个通道都用于接收。

当 RMCM=1,使用接收多通道选择模式,选择哪些接收通道由接收通道使能寄存器RCER确定。如果某个接收通道被禁止,在这个通道上接收的数据只传输到接收缓冲寄存器 RBR 中,并不复制到 DRR,因此不会产生 DMA 同步事件。

3. 发送多通道选择

发送多通道的选择由 MCR2 中的 XMCM 字段确定:

当 XMCM=00b,所有 128 发送通道使能且不能被屏蔽。

当 XMCM=01b,由发送使能寄存器 XCER 选择通道,如果某通道没有被选择,则该通道被禁止。

当 XMCM=10b,由 XCER 寄存器禁止通道,如果某通道没有被禁止,则使能该通道。

当 XMCM=11b,所有通道被禁止使用,而只有当对应的接收通道使能寄存器 RCER 使能时,发送通道才被使能,当该发送通道使能时,由 XCER 寄存器决定该通道是否被屏蔽。

8.5.5 异常处理

有 5 个事件会导致 McBSP 异常错误:

① 接收数据溢出,此时 SPCR1 中的 RFULL=1。
② 接收帧同步脉冲错误,此时 SPCR1 中的 RSYNCERR=1。
③ 发送数据重写,造成溢出。
④ 发送寄存器空,此时 SPCR2 中的 XEMPTY=0。
⑤ 发送帧同步脉冲错误,此时 SPCR2 中的 XSYNCERR=1。

1. 接收数据溢出

接收通道有 3 级缓冲 RSR—RBR—DRR,当数据复制到 DRR,设置 RRDY;当 DRR 中的数据被读取,清除 RRDY。所以当 RRDY=1,RBR—DRR 的复制不会发生,数据保留在 RSR,这时如果引脚 DR 接收新的数据并移位到 RSR,新数据就会覆盖 RSR,使 RSR 中的数据丢失。有 2 种方法可以避免数据丢失:

① 在第 3 个数据移入 RSR 前 2.5 个周期读取 DRR 中的数据。
② 利用 DRR 接收标志 RRDY 触发接收中断,使 CPU 或 DMA 能及时读取数据。

2. 接收帧同步信号错误

接收帧同步信号错误是指在当前数据帧的所有串行数据还未接收完时出现了帧同步信号。由于帧同步表示一帧的开始,所以出现帧同步时,接收器就会停止当前帧的接收,并重新开始下一帧的接收,从而造成当前帧数据的丢失。

为了避免接收帧同步错误造成的数据丢失，可以将接收控制寄存器 RCR2 中的 RFIG 设置为 1，让 McBSP 接收器忽略这些不期望出现的接收帧同步信号。

3. 发送数据重写

发送数据重写是指 CPU 或 DMA 在 DXR 中的数据复制到 XSR 之前，向 DXR 写入了新的数据，DXR 中旧的数据被覆盖而丢失。

为了避免 CPU 写入太快而造成数据覆盖，可以让 CPU 在写 DXR 之前，先查询发送标志 XRDY，检查 DXR 是否就绪，或者由 XRDY 触发发送中断，然后写入 DXR。为了避免 DMA 写入太快，可以让 DMA 与发送事件 XEVT 同步，即由 XRDY 触发 XEVT，然后 DMA 控制器将数据写入 DXR。

4. 发送寄存器空

与发送数据重写相对应，发送寄存器空是由于 CPU 或 DMA 写入太慢，使得发送帧同步出现时，DXR 还未写入新值，这样 XSR 中的值就会不断重发，直到 DXR 写入新值为止。

为了避免数据重发，可以由 XRDY 触发对 CPU 中断或 DMA 同步事件，然后将新值写入 DXR。

5. 发送帧同步脉冲错误

发送帧同步错误是指在当前帧的数据还未发送完之前，出现了发送帧同步信号。导致发送器终止当前帧的发送，并重新开始下一帧的发送。

为了避免发送帧同步错误，可以将发送控制寄存器 XCR2 中的 XFIG 设置为 1，让发送器忽略这些不期望的发送帧同步信号。

8.5.6 McBSP 寄存器

1. 数据接收寄存器(DRR2 和 DRR1)

CPU 或 DMA 控制器从 DRR2 和 DRR1 读取接收数据。由于 McBSP 支持 8 位、12 位、16 位、20 位、24 位或 32 位的字长，当字长等于或小于 16 位，只使用 DRR1；当字长超过 16 位，DRR1 存放低 16 位，DRR2 存放其余数据位。

DRR2 和 DRR1 为 I/O 映射寄存器，可以通过访问 I/O 空间来访问该寄存器。

如果串行字长不超过 16 位，DR 引脚上的接收数据移位到 RSR1，然后复制到 RBR1。RBR1 的数据再复制到 DRR1，CPU 或 DMA 控制器从 DRR1 读取数据。

如果串行字长超过 16 位，DR 引脚上的接收数据移位到 RSR2 和 RSR1，然后复制到 RBR2、RBR1。RBR2、RBR1 的数据再复制到 DRR2、DRR1，CPU 或 DMA 控制器从 DRR2、DRR1 读取数据。

如果从 RBR1 复制到 DRR1 的过程中，使用压缩扩展(RCOMPAND = 10b 或 11b)，RBR1 中的 8 位压缩数据扩展为 16 位校验数据。如果未使用压缩扩展，RBR1、RBR2 根据 RJUST 的设置，将数据填充后送到 DRR1、DRR2。

2. 数据发送寄存器(DXR2 和 DXR1)

发送数据时，CPU 或 DMA 控制器向 DXR2 和 DXR1 写入发送数据。当字长等于或小于 16 位，只使用 DXR1；当字长超过 16 位，DXR1 存放低 16 位，DXR2 存放其余数据位。

DXR2 和 DXR1 为 I/O 映射寄存器，可以通过访问 I/O 空间来访问该寄存器。如果串行字长不超过 16 位，CPU 或 DMA 控制器写到 DXR1 上的数据，复制到 RSR1。RSR1 的数据再复制到 XSR1。然后，每个周期移走 1 位数据到 DX 引脚。

如果串行字长超过 16 位，CPU 或 DMA 控制器写到 DXR2、DXR1 上的数据，复制到 XSR2、XSR1。然后移到 DX 引脚。

如果从 DXR1 复制 XSR1 的过程中，使用压缩扩展(XCOMPAND = 10b 或 11b)，DXR1 中的 16 位数据压缩为 8 位 μ 律或 A 律数据后，送到 XSR1。如果未使用压缩扩展，DXR1 数据直接复制到 XSR1。

3. 串口控制寄存器(SPCR1 和 SPCR2)

每个 McBSP 有 2 个串口控制寄存器 SPCR1 和 SPCR2，用于控制 McBSP 的工作模式、检测收发操作的状态和对 McBSP 的各部分复位，如表 8-23 和表 8-24 所列。

表 8-23 串口控制寄存器 SPCR1

位	字段	数值	说明
15	DLB		数字回环模式使能：
		0	禁止；
		1	使能
14~13	RJUST		接收数据符号扩展和调整方式：
		00	右校验且高位填 0；
		01	右校验且高位填符号扩展位；
		10	左校验且低位填 0；
		11	保留(用户不能使用)
12~11	CLKSTP		时钟停止模式：
		0x	不使用时钟停止模式；
		10	时钟停止模式，无时钟延时；
		11	时钟停止模式，半个时钟周期延时
10~8			保留(用户不能使用)
7	DXENA		DX 数据延时使能：
		0	不允许 DX 数据延时；
		1	允许 DX 数据延时
6		0	保留(用户不能使用)

续表 8-23

位	字 段	数 值	说 明
5～4	RINTM		接收中断模式：
		00	RRDY 位从 0 变到 1 产生接收中断 RINT；
		01	多通道模式下，每个数据块的结束产生 RINT；
		10	检测到一个接收帧同步信号时产生 RINT；
		11	接收帧同步错误时（通过检测 RSYNCERR）产生 RINT
3	RSYNCERR		接收帧同步错误标志：
		0	无同步错误；
		1	检测到同步错误
2	RFULL		接收移位寄存器满标志：
		0	接收移位寄存器未满；
		1	DRR[1,2]未读，RSR[1,2]和 RBR[1,2]都被新的数据填满
1	RRDY		接收就绪标志：
		0	准备好接收；
		1	未准备好接收
0	RRST		接收器复位：
		0	接收器复位；
		1	接收器使能

表 8-24 串口控制寄存器 SPCR2

位	字 段	复位值	说 明
15～10	Rsvd	0	保留
9	FREE	0	自由运行（在高级语言调试器中遇到断点时的处理方式）
8	SOFT	0	软停止（在高级语言调试器中遇到断点时的处理方式）
7	FRST	0	帧同步逻辑复位
6	GRST	0	采样率发生器复位
5～4	XINTM	00	发送中断模式
3	XSYNCERR	0	发送帧同步错误标志
2	XEMPTY	0	发送寄存器空标志
1	XRDY	0	发送就绪标志
0	XRST	0	发送器复位

4. 接收控制寄存器(RCR1 和 RCR2)和发送控制寄存器(XCR1 和 XCR2)

每个 McBSP 有 2 个接收控制寄存器 RCR1 和 RCR2，以及 2 个发送控制寄存器 XCR1 和 XCR2，用于选择或使能数据延时和帧同步忽略参数，如表 8-25 和表 8-26 所列。

表 8-25 接收(发送)控制寄存器 R(X)CR1

位	字段	复位值	说明
15	Rsvd	0	保留
14~8	R(X)FRLEN1	0	接收(发送)阶段 1 的帧长(1~128)个字
7~5	R(X)WDLEN1	0	接收(发送)阶段 1 的字长
4~0	Rsvd	0	保留

表 8-26 接收(发送)控制寄存器 R(X)CR2

位	字段	复位值	说明
15	R(X)PHASE	0	接收(发送)帧的阶段数
14~8	R(X)FRLEN2	0	接收(发送)阶段 2 的帧长
7~5	R(X)WDLEN2	0	接收(发送)阶段 2 的字长
4~3	R(X)COMPAND	0	接收(发送)数据压扩模式
2	R(X)FIG	0	忽略不期望的收(发)帧同步信号
1~0	R(X)DATDLY	0	接收(发送)数据延时

5. 采样率发生寄存器(SRGR1 和 SRGR2)

每个 McBSP 有 2 个采样率发生寄存器 SRGR1 和 SRGR2,用于选择与时钟和帧同步有关的参数,如表 8-27 和表 8-28 所列。

表 8-27 采样率发生器 SRGR1

位	字段	复位值	说明
15~8	FWID	00000000	帧同步信号 FSG 的脉冲宽度
7~0	CLKGDV	00000001	输出时钟信号 CLKG 的分频值

表 8-28 采样率发生器 SRGR2

位	字段	复位值	说明
15	GSYNC	0	时钟同步模式
14	CLKSP	0	CLKS 引脚极性
13	CLKSM	1	采样率发生器时钟源选择
12	FSGM	0	采样率发生器发送帧同步模式
11~0	FPER	0	FSG 信号帧同步周期数

6. 引脚控制寄存器(PCR)

每个 McBSP 有一个引脚控制寄存器 PCR,用于 McBSP 省电模式控制和接收

(发送)帧同步模式的选择等,如表 8-29 所列。

表 8-29 引脚控制寄存器 PCR

位	字段	数值	说明
15	Rsvd		保留
14	IDLEEN		省电使能
13	XIOEN		发送 GPIO 使能
12	RIOEN		接收 GPIO 使能
11	FSXM	0 1	发送帧同步模式: 由 FSX 引脚提供; 由 McBSP 提供
10	FSRM	0 1	接收帧同步模式: 由 FSR 引脚提供; 由 SRG 提供
9	CLKXM		发送时钟模式(发送时钟源、CLKX 的方向)
8	CLKRM		接收时钟模式(接收时钟源、CLKR 的方向)
7	SCLKME		采样率发生器时钟源模式
6	CLKSSTAT	0 1	CLKS 引脚上的电平: 低电平; 高电平
5	DXSTAT	0 1	DX 引脚上的电平: 低电平; 高电平
4	DRSTAT	0 1	DR 引脚上的电平: 低电平; 高电平
3	FSXP		发送帧同步极性
2	FSRP		接收帧同步极性
1	CLKXP		发送时钟极性
0	CLKRP		接收时钟极性

7. 多通道控制寄存器(MCR1 和 MCR2)

每个 McBSP 有 2 个多通道控制寄存器 MCR1 和 MCR2,用于使能所有通道和选择通道等,如表 8-30 和表 8-31 所列。

表8-30 多通道控制寄存器 MCR1

位	字段	数值	说明
15~10			保留
9	RMCME	0 1	接受多通道使能： 使能32个通道； 使能128个通道
8~7	RPBBLK	00 01 10 11	接收部分B块的通道使能： 16~31 通道； 48~63 通道； 80~95 通道； 112~127 通道
6~5	RPABLK	00 01 10 11	接收部分A块的通道使能： 0~15 通道； 32~47 通道； 64~79 通道； 96~111 通道
4~2	RCBLK	000 001 010 011 100 101 110 111	接收部分的当前块，表示正在接收的是哪个块的16个通道： 0~15 通道； 16~31 通道； 32~47 通道； 48~63 通道； 64~79 通道； 80~95 通道； 96~111 通道； 112~127 通道
1			保留
0	RMCM	0 1	接收多通道选择： 使能128个通道； 使能选定的通道

表8-31 多通道控制寄存器 MCR2

位	字段	复位值	说明
15~10			保留
9	XMCME	0 1	发送多通道使能使能： 32个通道； 使能128个通道

续表 8-31

位	字段	复位值	说明
8~7	XPBBLK		发送部分 B 块的通道使能：
		00	16~31 通道；
		01	48~63 通道；
		10	80~95 通道；
		11	112~127 通道；
6~5	XPABLK		发送部分 A 块的通道使能：
		00	0~15 通道；
		01	32~47 通道；
		10	64~79 通道；
		11	96~111 通道；
4~2	XCBLK		发送部分的当前块，表示正在发送的是哪个块的 16 个通道：
		000	0~15 通道；
		001	16~31 通道；
		010	32~47 通道；
		011	48~63 通道；
		100	64~79 通道；
		101	80~95 通道；
		110	96~111 通道；
		111	112~127 通道；
1~0	XMCM		发送多通道选择模式：
		00	使能全部 128 个通道；
		01	只有发送通道使能寄存器 XCERs 选定的通道才被使能，其他通道被禁止；
		10	除 XCERs 选定的通道被禁止外，其他通道被使能；
		11	只有相应的接收使能寄存器 RCERs 所选定的通道才能用于发送

8. 收发通道使能寄存器

每个 McBSP 有 8 个接收通道使能寄存器 RCERA~RCERH 和 8 个发送通道使能寄存器 XCERA~XCERH，如图 8-14 和图 8-15 所示。

15	14	13	12	11	10	9	8
RCE15	RCE14	RCE13	RCE12	RCE11	RCE10	RCE9	RCE8
7	6	5	4	3	2	1	0
RCE7	RCE6	RCE5	RCE4	RCE3	RCE2	RCE1	RCE0

图 8-14 接收通道使能寄存器(RCERA~RCERH)

其中，RCEx 和 XCEx（x=0~15）分别为 RCERA~RCERH 和 XCERA~XCERH 的第 x 位，代表对应的通道序号。

15	14	13	12	11	10	9	8
XCE15	XCE14	XCE13	XCE12	XCE11	XCE10	XCE9	XCE8
7	6	5	4	3	2	1	0
XCE7	XCE6	XCE5	XCE4	XCE3	XCE2	XCE1	XCE0

图 8-15 发送通道使能寄存器(XCERA~XCERH)

8.6 模/数转换器(ADC)

本节主要介绍 TMS320VC5509A 内部集成的 10 位的连续逼近式模/数转换器(ADC)。

8.6.1 ADC 的结构和时序

VC5509A 所提供的模/数转换器(如图 8-16 所示)一次转换可以在多路输入中任选一路进行采样,采样结果为 10 位,最高采样速率 21.5 kHz。在具体应用中往往需要采集一些模拟信号量,如电池电压和面板旋钮输入值等,模数转换器就是用来将这些模拟量转化为数字量来供 DSP 使用。但是这个 ADC 不适合作为 DSP 主数据流的源。

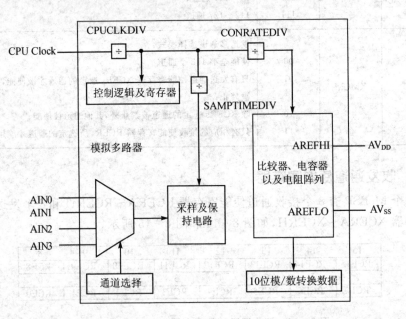

图 8-16 模/数转换器结构示意图

模/数转换器采用连续逼近式结构,在模/数转换器内部使用3个可编程分频器,可以灵活地产生用户需要的采样率。

ADC 总的转换时间由两部分组成,即采样保持时间和转换时间,如图 8-17 所示。

采样保持时间是采样保持电路采集模拟信号的时间,一般大于等于 40 μs。

转换时间是阻容比较网络在一次采样中完成逼近处理并输出 A/D 转换结果的时间,这需要 13 个转换时钟周期。内部转换时钟的最大频率为 2 MHz。

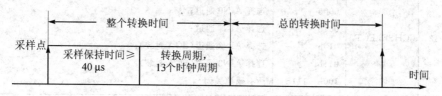

图 8-17 ADC 转换时序图

下面的公式,表示 ADC 可编程时钟与分频器之间的关系:

ADC 时钟 = (CPU 时钟) / (CPUCLKDIV +1)

ADC 转换时钟 = (ADC 时钟) / [2×(CONVRATEDIV +1)](必须等于或小于 2 MHz)

ADC 采样保持时间 = [1/ (ADC 时钟)]/(2×CONVRATEDIV +1+SAMPTIMEDIV)

(必须大于等于 40 μs)。

ADC 总转换时间 = ADC 采样保持时间 + [13×(1/ADC 转换时钟)]　　(8-6)

ADC 不能工作于连续模式下。每次开始转换前,DSP 必须把 ADC 控制寄存器(ADCCTL)的 ADCSTART 位置 1,以启动模/数转换器转换。当开始转换后,DSP 必须通过查询 ADC 数据寄存器(ADCDATA)的 ADCBUSY 位来确定采样是否结束。当 ADCBUSY 位从 1 变为 0 时,标志转换完成,采样数据已经被存放在数/模转换器的数据寄存器中。

8.6.2　ADC 的寄存器

ADC 的寄存器包括控制寄存器(ADCCTL)、数据寄存器(ADCDATA)、时钟分频寄存器(ADCCLKDIV)和时钟控制寄存器(ADCCLKCTL)。VC5509A 的有关寄存器如表 8-32 至表 8-35 所列。

表 8-32 ADC 控制寄存器 ADCCTL

位	字段	数值	说明
15	ADCSTART	0 1	转换开始位: 无效; 转换开始。在转换结束后,如果 ADCSTART 位不为高,ADC 自动进入关电模式
14~12	CHSELECT	000b 001b 010b 011b 100b~111b	模拟输入通道选择: 选择 AIN0 通道; 选择 AIN1 通道; 选择 AIN2 通道(BGA 封装); 选择 AIN3 通道(BGA 封装); 所有通道关闭
11~0	Rsvd		保留,读时总为 0

表 8-33 ADC 数据寄存器 ADCDATA

位	字段	数值	说明
15	ADCBUSY	0 1	ADC 转换标志位: 采样数据已存在; 正在转换之中,在 ADCSTART 置为 1 后,ADCBUSY 变为 1,直到转换结束
14~12	CHSELECT	000b 001b 010b 011b 100b~111b	数据通道选择: AIN0 通道; AIN1 通道; AIN2 通道(BGA 封装); AIN3 通道(BGA 封装); 保留
11~10	Rsvd		保留,读时总为 0
9~0	ADCDATA		存放 10 位 ADC 转换结果

表 8-34 ADC 时钟分频寄存器 ADCCLKDIV

位	字段	数值	说明
15~8	SAMPTIMEDIV	0~255	采样和保持时间分频字段。该字段同 CONVRATEDIV 字段一起决定采样和保持时间
7~4	Rsvd		保留,默认为 0
3~0	CONVRATEDIV	0000b ~1111b	转换时钟分频字段,该字段同 SAMPTIMEDIV 字段一起决定采样和保持周期

表 8-35　ADC 时钟控制寄存器 ADCCLKCTL

位	字段	数值	说明
15~9	Rsvd		保留
8	IDLEEN	0 1	ADC 的 idle 使能位： ADC 不能进入 idle 状态； 进入 idle 状态，时钟停止
7~0	CPUCLKDIV	0~255	系统时钟分频字段

8.6.3　实　例

例 8-4，ADC 的设置，设 DSP 系统时钟为 144 MHz。

(1) 首先对系统主时钟分频，产生 ADC 时钟，该时钟应尽量运行在较低频率下，以降低功率消耗，在本例中 ADC 时钟是通过对系统时钟 36 分频产生的，则此时 ADC 时钟=144 MHz/36=4 MHz，根据公式

$$ADC\ 时钟 = (CPU\ 时钟)/(CPUCLKDIV+1)$$

得出 CPUCLKDIV=35。

(2) 对 ADC 时钟分频产生 ADC 转换时钟，该时钟最大值为 2 MHz。为了获得 2 MHz 的 ADC 转换时钟，则需要对 ADC 时钟 2 分频，由

$$ADC\ 转换时钟 = (ADC\ 时钟)/[2 \times (CONVRATEDIV+1)]$$

得出 CONVRATEDIV=0，以及

ADC 转换时间 = $13 \times 1/(ADC\ 转换时钟) = 13 \times (1/2\ MHz) = 6.5\ \mu s$

(3) 对采样和保持时间进行设置，这个值必须大于 40 μs。

$$\begin{aligned}ADC\ 采样保持时间 &= [1/(ADC\ 时钟)]/[2 \times (CONVRATEDIV+1+\\&\quad SAMPTIMEDIV)]\\&= [1/(4MHz)]/(2 \times [0+1+SAMPTIMEDIV])\\&= 250ns \times (2 \times SAMPTIMEDIV) = 40\ \mu s\end{aligned}$$

由此得出 SAMPTIMEDIV=79。

(4) 整个转换时间为：40 μs(采样保持时间)+6.5 μs(转换时间)= 46.5 μs，采样率=1/46.5 μs= 21.5 kHz。

8.7　看门狗定时器(Watchdog)

8.7.1　看门狗定时器概述

C55x 提供了一个看门狗定时器，用于防止因为软件死循环而造成的系统死锁。

图 8-18 是看门狗定时器的框图。看门狗定时器包括一个 16 位主计数器和一

个16位预定标计数器,使得计数器动态范围达到32位。CPU时钟为看门狗定时器提供参考时钟。每当CPU时钟脉冲出现,预定标计数器减1。每当预定标计数器减为0,就触发主计数器减1。当主计数器减为0时,产生超时事件,引发以下的可编程事件:一个看门狗定时器中断、DSP复位、一个NMI中断,或者不发生任何事件。所产生的超时事件,可以通过编程看门狗定时器控制寄存器(WDTCR)中的WDOUT域来控制。

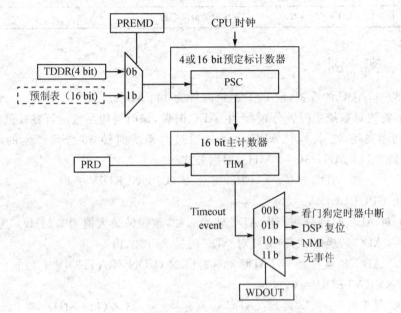

图8-18 看门狗定时器框图

每当预定标计数器减为0,它会自动重新装入,并重新开始计数。装入的值由WDTCR中的TDDR位和看门狗定时器控制寄存器2(WDTCR2)中的预定标模式位(PREMD)决定。当PREMD=0时,4位的TDDR值直接装入预定标计数器。当PREMD=1时,预定标计数器间接装入16位的预置数。

当看门狗定时器初次使能,看门狗定时器的周期寄存器(WDPRD)的值装入主计数器(TIM)。主计数器不断减1,直到看门狗定时器受到应用软件写给WDKEY的一系列的关键值的作用。每当看门狗定时器受到这样的作用,主计数器和预定标计数器都会重新装入,并重新开始计数。

看门狗定时器的时钟受时钟发生器(CLKGEN)idle域的影响。如果CLKGEN进入idle状态,看门狗定时器的时钟停止,直到CLKGEN跳出idle状态才会重新提供时钟。因此,只要将idle状态控制器(ISTR)中的CLKGENIS位清零,看门狗定时器就可以工作。

8.7.2 看门狗定时器的配置

复位之后,看门狗定时器关闭,处于初始状态(见图 8 - 19)。在这期间,计数器不工作,看门狗定时器的输出和超时事件没有关系。

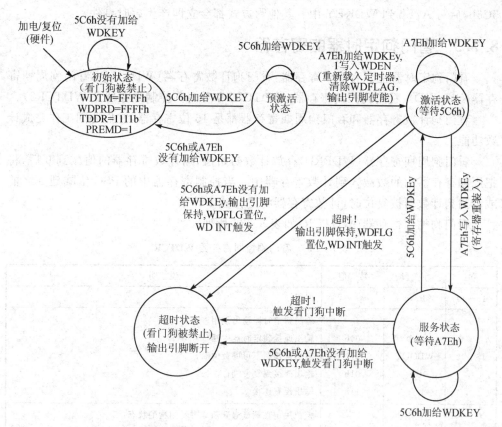

图 8 - 19 看门狗定时器状态转换图

看门狗定时器一旦使能,其输出就和超时事件联系起来。主计数器和预定标计数器会被重新载入,并开始减 1。看门狗定时器使能后,不能通过软件方式关闭,但可以通过超时事件和硬件复位来关闭。

在使能之前,需要对看门狗定时器进行初始化。对看门狗定时器进行初始化和使能的步骤如下:

① 将 PRD 装入 WDPRD。

② 设置 WDTCR 中的位(WDOUT、SOFT 和 FREE),以及 TDDR 里的预定标控制值。

③ 向 WDTCR2 中的 WDKEY 写入关键值 5C6h,使看门狗定时器进入预计数状态。

④ 将关键值 A7Eh 写入 WDKEY，置位 WDEN，将 PREMD 的值写入 WDTCR2 中。

这时，看门狗定时器被激活。一旦看门狗定时器超时，就会发生超时事件。

必须对看门狗定时器周期性地进行以下服务，在看门狗定时器超时之前，先写 5C6h，后写 A7Eh 到 WDKEY 中。其他写方式都会立即产生超时事件。

8.7.3 看门狗定时器的寄存器

看门狗定时器主要有 4 个寄存器：看门狗计数寄存器(WDTIM)、看门狗周期寄存器(WDPRD)、看门狗控制寄存器(WDTCR)和看门狗控制寄存器 2(WDTCR2)。

看门狗计数寄存器和看门狗周期寄存器都是 16 位寄存器，它们协同工作完成计数功能。

看门狗周期寄存器(WDPRD)存放计数初始值，当计数寄存器的值减到 0 后，将把周期寄存器中的数载入到计数寄存器中。当控制寄存器中的 PSC 位减到 0 之前或看门狗计数器被复位时，计数寄存器将进行减 1 计数。

看门狗控制寄存器(WDTCR)如表 8-36 所列。

表 8-36 看门狗控制寄存器 WDTCR

位	字段	数值	说明
15~14	Rsvd		保留
13~12	WDOUT	00b 01b 01b 11b	看门狗定时器输出复用连接： 输出连接到定时器中断(INT3)； 输出连接到不可屏蔽中断； 输出连接到复位端； 输出没有连接
11	SOFT	0 1	该位决定在调试遇到断点时看门狗的状态： 看门狗定时器立即停止； 看门狗定时器的计数器寄存器 WDTIM 减到 0 时，定时器停止运行
10	FREE	0 1	同 SOFT 位一起决定调试断点时看门狗定时器的状态： SOFT 位决定看门狗的状态； 忽略 SOFT 位，看门狗定时器自动运行
9~6	PSC		看门狗定时器预定标计数器字段，当看门狗定时器复位或 PSC 字段减到 0 时，会把 TDDR 中内容载入到 PSC 中，WDTIM 计数器继续计数
5~6	Rsvd		保留

续表 8-36

位	字段	数值	说明
3~0	TDDR	0~15	直接模式(WDTCR2 中的 PREMD=0)，在该模式下该字段将直接装入 PSC，而预定标计数器的值就是 TDDR 的值； 间接模式(WDTCR2 中的 PREMD=1)，在该模式下预定标计数器的值的范围将扩展到 65 535，而该字段用来在 PSC 减到 0 之前，载入 PSC 字段。
		0000b	预定标值：0001h；
		0001b	预定标值：0003h；
		0010b	预定标值：0007h；
		0011b	预定标值：000Fh；
		0100b	预定标值：001Fh；
		0101b	预定标值：003Fh；
		0110b	预定标值：007Fh；
		0111b	预定标值：00FFh；
		1000b	预定标值：01FFh；
		1001b	预定标值：03FFh；
		1010b	预定标值：07FFh；
		1011b	预定标值：0FFFh；
		1100b	预定标值：1FFFh；
		1101b	预定标值：3FFFh；
		1110b	预定标值：7FFFh；
		1111b	预定标值：FFFFh；

看门狗控制寄存器 2(WDTCR2)包含看门狗标志位、看门狗使能位、看门狗模式指示、预定标计数器模式位及看门狗服务字段 WDKEY，如表 8-37 所列。

表 8-37 看门狗控制寄存器 WDTCR2

位	字段	数值	说明
15	WDFLAG	0 1	看门狗标志位(该位可以通过复位、使能看门狗定时器或向该位直接写入 1 来清除)： 没有超时事件发生； 有超时事件发生
14	WDEN	0 1	看门狗定时器使能位： 看门狗定时器被禁止； 看门狗定时器被使能，可以通过超时事件或复位禁止
13	Rsvd		保留

续表 8-37

位	字 段	数 值	说 明
12	PREMD	0 1	预定标计数器模式： 直接模式； 间接模式
11～0	WDKEY	5C6h 或 A7Eh	看门狗定时器复位字段： 在超时事件发生之前，如果写入该字段的数不是 5C6h 或 A7Eh，都将立即触发超时事件

8.8 I²C 模块

8.8.1 I²C 模块简介

C55x 的 I²C 模块支持所有与 I²C 兼容的主从设备（如图 8-20 所示），可以收发 1～8 位数据。

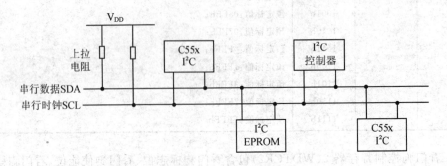

图 8-20 I²C 总线连接图

C55x 的 I²C 模块有如下特点：

① 兼容 I²C 总线标准。支持 8 位格式传输，支持 7 位和 10 位寻址模式，支持多个主发送设备和从接收设备，I²C 总线的数据传输率可以从 10～400 kb/s。

② 可以通过 DMA 完成读写操作。

③ 可以用 CPU 完成读写操作和处理非法操作中断。

④ 模块使能/关闭功能。

⑤ 自由数据格式模式。

8.8.2 I²C 模块工作原理

I²C 总线使用一条串行数据线 SDA 和一条串行时钟线 SCL，这两条线都支持输入输出双向传输，在连接时需要外接上拉电阻，当总线处于空闲状态时两条线都处于高电平。

每一个连接到 I^2C 总线上的设备(包括 C55x 芯片)都有一个唯一的地址。每个设备是发送器还是接收器取决于设备的功能。每个设备可以看作是主设备,也可以看作是从设备。主设备在总线上初始化数据传输,且产生传输所需要的时钟信号。在传输过程中,主设备所寻址的设备就是从设备。

I^2C 总线支持多个主设备模式,连接到 I^2C 总线上的多个设备都可以控制该 I^2C 总线。当多个主设备进行通信时,可以通过仲裁机制决定由哪个主设备占用总线。

I^2C 模块由串行接口、数据寄存器、控制和状态寄存器、外设总线接口、时钟同步器、预分频器、噪声过滤器、仲裁器、中断产生逻辑和 DMA 事件产生逻辑,图 8-21 为 I^2C 总线模块内部框图。

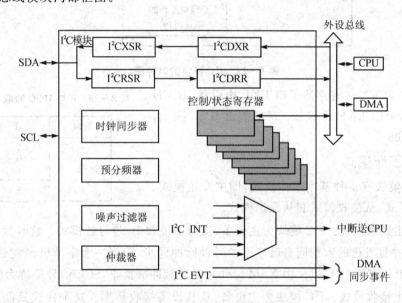

图 8-21 I^2C 总线模块内部框图

1. 时钟产生

如图 8-22 所示,DSP 时钟产生器从外部时钟源接收信号,产生 I^2C 输入时钟信号。I^2C 输入时钟可以等于 CPU 时钟,也可以将 CPU 时钟除以整数。在 I^2C 模块内部,还要对这个输入时钟进行两次分频,产生模块时钟和主时钟。

模块时钟频率由下式决定

$$模块时钟频率 = \frac{I^2C 输入时钟频率}{IPSC + 1} \qquad (8-7)$$

其中 IPSC 为分频系数,在预分频寄存器 I^2CPSC 中设置。只有当 I^2C 模块处于复位状态(I^2CMDR 中的 IRS=0)时,才可以初始化预分频器。当 IRS=1 时,事先定义的频率才有效。

主时钟频率由下式决定

$$\text{主时钟频率} = \frac{\text{模块时钟频率}}{(ICCL + d) + (ICCH + d)} \tag{8-8}$$

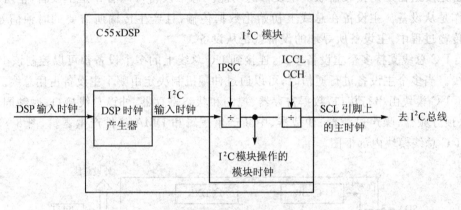

图 8-22 I^2C 模块的时钟图

其中 $ICCL$ 在寄存器 I^2CCLKL 中设置，$ICCH$ 在寄存器 I^2CCLKH 中设置。d 的值由 IPSC 决定，见表 8-38。

表 8-38 d 与 IPSC 的取值关系

IPSC	d
0	7
1	6
>1	5

2. 工作模式

I^2C 模块有 4 种基本工作模式，即主发送模式、主接收模式、从接收模式和从发送模式。

① 主发送模式。I^2C 模块为主设备，支持 7 位和 10 位寻址模式。这时数据由主方送出，并且发送的数据同自己产生的时钟脉冲同步，而当一个字节已经发送后，如需要 DSP 干预时(I^2CSTR 中 XSMT=0)，时钟脉冲被禁止，SCL 信号保持为低。

② 主接收模式。I^2C 模块为主设备，从从设备接收数据。这个模式只能从主发送模式进入，I^2C 模块必须首先发送一个命令给从设备。主接收模式也支持 7 位和 10 位寻址模式。当地址发送完后，数据线变为输入，时钟仍然由主方产生。当一个字节传输完后需要 DSP 干预时，时钟保持低电平。

③ 从接收模式。I^2C 模块为从设备，从主设备接收数据。所有设备开始时都处于这一模式。从接收模式的数据和时钟都由主方产生，但可以在需要 DSP 干预时，使 SCL 信号保持低。

④ 从发送模式。I^2C 模块为从设备，向主设备发送数据。从发送模式只能由从接收模式转化而来，当在从接收模式下接收的地址与自己的地址相同时，并且读写位为 1，则进入从发送模式。从发送模式时钟由主设备产生，从设备产生数据信号，但可以在需要 DSP 干预时使 SCL 信号保持低。

3. 数据传输格式

I^2C 串行数据信号在时钟信号为低时改变，而在时钟信号为高时进行判别，这时数据信号必须保持稳定。当 I^2C 总线处在空闲态转化到工作态的过程中必须满足起始条件,即串行数据信号 SDA 首先由高变低,之后时钟信号也由高变低;当数据传输结束时,SDA 首先由低变高,之后时钟信号也由低变高标志数据传输结束。

I^2C 总线以字节为单位进行处理,而对字节的数量则没有限制。I^2C 总线传输的第一个字节跟在数据起始之后,这个字节可以是 7 位从地址加一个读写位,也可以是 8 位数据。当读写位为 1 时,主方从设备读取数据;为 0 时,则向所选从设备写数据。在应答模式下需要在每个字节之后加一个应答位(ACK)。当使用 10 位寻址模式时,所传的第一个字节由 11110 加上地址的高两位和读写位组成,下一字节传输剩余的 8 位地址。图 8-23 和图 8-24 分别给出 8 位和 10 位寻址模式下的数据传输格式。

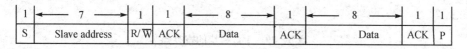

图 8-23 8 位寻址数据格式

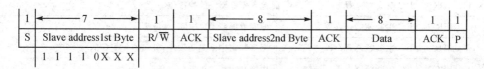

图 8-24 10 位寻址数据格式

4. 仲 裁

如果在一条总线上有两个或两个以上主设备同时开始一个主发送模式,这时就需要一个仲裁机制决定到底由谁掌握总线的控制权。仲裁是通过串行数据线上竞争传输的数据来进行判别的,总线上传输的串行数据流实际上是一个二进制数,如果主设备传输的二进制数较小,则仲裁器将优先权赋予这个主设备,没有被赋予优先权的设备则进入从接收模式,并同时将仲裁丧失标志置成 1,并产生仲裁丧失中断。当两上或两个以上主设备传送的第一个字节相同,则将根据接下来的字节进行仲裁。

5. 时钟同步

在正常状态下,只有一个主设备产生时钟信号,但如果有两个或两个以上主设备进行仲裁,这时就需要进行时钟同步。串行时钟线 SCL 具有线与的特性,这意味着如果一个设备首先在 SCL 线上产生一个低电平信号就将否决其他设备,这时其他设备的时钟发生器也将被迫进入低电平。如果有设备仍处在低电平,SCL 信号也将保持低电平,这时其他结束低电平状态设备必须等待 SCL 被释放后开始高电平状态。通过这种方法时钟得到同步。

6. I^2C 模块的中断和 DMA 事件

I^2C 模块可以产生 5 种中断类型以方便 CPU 处理,这 5 种类型分别是仲裁丢失中断、无应答中断、寄存器访问就绪中断、接收数据就绪中断和发送数据就绪中断。DMA 事件有两种类型，一种是 DMA 控制器从数据接收寄存器 I2CDRR 同步读取接收数据，另一种是向数据发送寄存器 I2CDXR 同步写入发送数据。

7. I^{2}C 模块的禁止与使能

I^{2}C 模块可以通过 I^{2}C 模式寄存器 ICMDR 中的复位使能位（IRS）使能或被禁止。

8.8.3 I^{2}C 寄存器

表 8-39 列出 I^{2}C 模块的寄存器，并简要地说明了它们的功能。各寄存器的详细使用说明见参考文献 "SPRU317B, TMS320C55x DSP Peripherals Reference Guide"。

表 8-39 I^{2}C 模块的寄存器

寄存器	说明	功能
I2CMDR	I^{2}C 模式寄存器	包含 I^{2}C 模块的控制位
I2CIER	I^{2}C 中断使能寄存器	使能或屏蔽 I^{2}C 中断
I2CSTR	I^{2}C 中断状态寄存器	用来判定中断是否发生，并可查询 I^{2}C 的状态
I2CISRC	I^{2}C 中断源寄存器	用来判定产生中断的事件
I2CPSC	I^{2}C 预定标寄存器	用来对系统时钟分频以获得 12 MHz 时钟
I2CCLKL	I^{2}C 时钟分频低计数器	对主时钟分频，产生低速传输频率
I2CCLKH	I^{2}C 时钟分频高计数器	对主时钟分频，产生低速传输频率
I2CSAR	I^{2}C 从地址寄存器	存放所要通信的从设备的地址
I2COAR	I^{2}C 自身地址寄存器	保存自己作为从设备的 7 位或 10 位地址
I2CCNT	I^{2}C 数据计数寄存器	该寄存器被用来产生结束条件以结束传输
I2CDRR	I^{2}C 数据接收寄存器	供 DSP 读取接收的数据
I2CDXR	I^{2}C 数据发送寄存器	供 DSP 写发送的数据
I2CRSR	I^{2}C 接收移位寄存器	DSP 无法访问
I2CXSR	I^{2}C 发送移位寄存器	DSP 无法访问
I2CIVR	I^{2}C 中断向量寄存器	供 DSP 查询已经发生的中断
I2CGPIO	I^{2}C 通用输入输出寄存器	当 I^{2}C 模块工作在通用 I/O 模式下时，控制 SDA 和 SCL 引脚

8.9 片上支持库(CSL)

CSL（Chip Support Library）为 TI 提供的一套应用程序（包括配置结构、函数、宏),用于配置、测试和控制片上外设。可以通过 C 程序实现这些函数和宏的调用,使外设更易于使用。本节介绍了 CSL 概况、一个通用模型(IRQ)、两个外设模型(PLL、定时器)。其他模型的知识和使用方法请参考"TMS320C55x Chip Support Library API Reference Guide (SPRU433A)"。

8.9.1 CSL 概况

1. CSL 模型

CSL 有许多模型,每个外设均涉及一个模型和若干通用模型。每个模型有一个编译时间支持符号(Compile-time support symbol),用来表示该模型是否支持一个给定的器件。例如,当_DMA_SUPPORT 为 1 时,表示当前器件支持该模型,当_DMA_SUPPORT 为 0 时,表示当前器件不支持该模型。表 8-40 列出了通用模型和外设模型以及相关头函数和符号。

表 8-41 给出了 CSL 支持的 C5000 系列器件以及大模型库、小模型库和器件支持符号,必须通过编译器的-d 选项选择相应的器件支持符号,才能使 CSL 支持该器件。

表 8-40 CSL 的模型和相关头函数和符号

模型名称	模型描述	相关头函数	模型支持符号
ADC	模数转换器模型	csl_adc.h	_ADC_SUPPORT
CHIP	通用器件模型	csl_chip.h	_CHIP_SUPPOR
DAT	基于 DMA 的数据拷贝/填充模型	csl_dat.h	_DAT_SUPPORT
DMA	DMA 外设模型	csl_dma.h	_DMA_SUPPORT
EMIF	EMIF 外设模型	csl_emif.h	_EMIF_SUPPORT
GPIO	GPIO 外设模型	csl_gpio.h	_GPIO_SUPPOR
I2C	I2C 外设模型	csl_i2c.h	_I2C_SUPPORT
IRQ	中断控制器模型	csl_irq.h	_IRQ_SUPPORT
MCBSP	MCBSP 外设模型	csl_mcbsp.h	_MCBSP_SUPPORT
PLL	PLL 外设模型	csl_pll.h	_PLL_SUPPORT
PWR	节电控制模型	csl_pwr.h	_PWR_SUPPORT
RTC	实时时钟外设模型	csl_rtc.h	_RTC_SUPPORT
TIMER	定时器外设模型	csl_timer.h	_TIMER_SUPPORT
WDTIM	看门狗外设模型	csl_wdtim.h	_WDT_SUPPORT
USB	USB 外设模型	csl_usb.h	_USB_SUPPORT

第8章 C55x 的片上外设

表 8-41　CSL 支持的 C5000 系列器件及模型库

器件名称	小模型库	大模型库	器件支持符号
C5510PG1.0	csl5510pg1_0.lib	csl5510pg1_0x.lib	CHIP_5510PG1_0
C5509	csl5509.lib	csl5509x.lib	CHIP_5509
C5510PG1.2	csl5510pg1_2.lib	csl5510pg1_2x.lib	CHIP_5510PG1_2

2. CSL 命名规则

表 8-42 列出了 CSL 函数、宏和数据类型的命名规则。

表 8-42　CSL 支持的 C5000 系列器件及模型库

类型	命名规则	说明
函数	PER_funcName()	PER 为 CSL 模型名,所有函数、宏和数据类型均以 PER_(大写)开头;
变量	PER_varName()	
宏	PER_MACRO_NAME	函数名通常采用小写,除非函数名中包括两个单独的词,如 PER_getConfig();
数据类型	PER_Typename	宏名采用大写,如 DMA_DMPREC_RMK;
函数参数	funcArg	数据类型以一个大写字母开始,后跟小写字母
结构成员	memberName	

3. CSL 命名规则

CSL 在 stdinc.h 中定义了一组自己的数据类型,见表 8-43。

表 8-43　CSL 定义的数据类型

数据类型	描述	数据类型	描述
CSLBool	unsigned short	Uint16	unsigned short
PER_Handle	void *	Uint32	unsigned long
Int16	short	DMA_AdrPtr	void (*DMA_AdrPtr)(); 指向 void 型函数的指针
Int32	long		
Uchar	unsigned char		

4. CSL 函数的总体描述

表 8-44 对常用 CSL 函数进行了描述。

表 8-44　常用 CSL 函数的总体描述

函数	描述
handle = PER_open(channelNumber,[priority,]flags)	打开一个外设通道,执行由 flags 所指定的操作;返回值为该外设通道的句柄;channelNumber 为通道序号;priority 参数只用于 DAT 模型

续表 8-44

函　数	描　述
PER_config([handle,] *configStructure)	将配置结构的值写入外设寄存器。*configStructure 为配置结构指针；handle 为 PER_open()函数打开的外设句柄
PER_configArgs([handle,] regval_1,...,regval_n)	将寄存器数值(regval_n)独立地写入外设寄存器
PER_init([handle,] *initStructure)	初始化外设。*initStructure 为初始化结构
PER_start([handle,])[txrx,][delay])	启动外设。参数[txrx]和[delay]只用于 MCBSP
PER_reset([handle])	将外设复位到加电时的缺省值
PER_close(handle)	关闭由函数 PER_open()所打开的外设通道，将该外设通道复位到加电时的缺省值

8.9.2　CSL 的安装和使用

CSL 库打包在 C5500.exe 中，安装时只要运行该程序，根据提示设定相应的目录即可。本书中设 CSL 的安装路径为：D:\Program Files\C55xxCSL。

C55xxCSL 文件夹中的主要内容如下：
- examples(文件夹)：调用 CSL 函数的范例。
- include(文件夹)：有关 CSL 函数的头函数文件。
- lib(文件夹)：CSL 程序库。

如果在工程中需要调用 CSL 库函数，则修改链接器选项，使链接器支持 CSL。

8.9.3　PLL 模型简介

1. PLL 模型的配置结构

PLL 模型的配置结构 PLL_Config 用于设置 PLL 外设参数，其结构成员如下：

```
Uint16 iai           ;时钟模式寄存器(CLKMD)的 iai 位
Uint16 iob           ;时钟模式寄存器(CLKMD)的 iob 位
Uint16 pllmult       ;时钟模式寄存器(CLKMD)的 PLL Mul 位域
Uint16 plldiv        ;时钟模式寄存器(CLKMD)的 PLL DIV 位域
```

例 8-5，PLL 模型结构定义。

```
PLL_Config myPLL_Config = {
    1, /* iai */
    1, /* iob */
    31, /* pllmult */
    3 /* plldiv */
}
```

2. PLL 模型函数

表 8-45 列出了 PLL 模型函数。

表 8-45　PLL 模型的函数

函数名称	描述
PLL_config()	通过配置结构对 PLL 进行设置
PLL_configArgs()	通过把寄存器数值写入 PLL 寄存器的方法对 PLL 进行设置
PLL_setFreq()	设置 CPU 时钟频率

(1) PLL_config() 函数

函数原型为:void PLL_config(PLL_Config * Config)。其中 * Config 为初始化配置结构指针。

例 8-6,PLL_config() 函数的使用。

```
PLL_Config MyConfig = {
    1, /* iai */
    1, /* iab */
    31, /* pllmult */
    3 /* plldiv */
}
PLL_config(&MyConfig);
```

(2) PLL_configArgs() 函数

函数原型与参数:

```
void PLL_configArgs(
    Uint16 iai,
    Uint16 iob,
    Uint16 pllmult,
    Uint16 plldiv);
```

例 8-7,PLL_configArgs() 函数的使用。

```
PLL_configArgs (
    1, /* iai */
    1, /* iob */
    31, /* pllmult */
    3, /* plldiv */
);
```

8.9.4 定时器模型简介

1. 定时器模型的配置结构

定时器模型的配置结构 TIMER_Config 用于设置一个定时器,其结构成员如下:

Uint16 tcr:定时器控制寄存器
Uint16 prd:周期寄存器
Uint16 prsc:定时器预定标寄存器

例 8-8,TIMER_Config 结构的使用。

```
TIMER_Config Config1 = {
    0x0010, /* tcr */
    0xFFFF, /* prd */
    0xF0F0, /* prsc */
}
```

2. 定时器模型函数

表 8-46 列出了定时器模型函数。

表 8-46 定时器模型的函数

函数名称	描述
TIMER_close()	关闭定时器
TIMER_config()	使用定时器配置结构(TIMER_Config)设置定时器
TIMER_configArgs()	使用传送给函数的值设置定时器
TIMER_getConfig()	读取定时器结构
TIMER_getEventId()	获取定时器的 IRQ 事件 ID
TIMER_open()	打开定时器并为其分配一个句柄
TIMER_reset()	复位定时器
TIMER_start()	启动定时器
TIMER_stop()	停止定时器

(1) TIMER_close 函数

作用:关闭一个先前打开的定时器,并将定时器寄存器复位。
函数原型:void TIMER_close(TIMER_Handle hTimer);
其中 hTimer 为先前打开的定时器句柄。
例 8-9,TIMER_close 函数的使用。

```
TIMER_close(hTimer); /* 关闭句柄为 hTimer 的定时器 */
```

(2) TIMER_config()函数

作用:把配置结构的值写入定时器寄存器。

函数原型:void TIMER_config(TIMER_Handle hTimer, TIMER_Config * Config);

其中 hTimer 为句柄,*Config 为定时器结构指针。

例 8-10,TIMER_config()函数的使用。

```
/* - - - - - - - - - -定义定时器结构 TIMER_Config - - - - - - - - - - - */
TIMER_Config MyConfig = {
    0x0010, /* tcr */
    0xFFFF, /* prd */
    0xF0F0, /* prsc */
}
/* - - -将定义在 MyConfig 结构中的定时器参数写入句柄为 hTimer 的定时器- - */
TIMER_config(hTimer,&MyConfig);
```

(3) TIMER_configArgs 函数

作用:将传送给函数的值写入定时器。

函数原型:void TIMER_configArgs(Timer_Handle hTimer, Uint16 tcr, Uint16 prd, Uint16 prsc);

其中 prd 为周期寄存器,tcr 为定时器控制寄存器,prsc 为定时器预定标寄存器。

例 8-11,TIMER_configArgs()函数的使用。

```
/* - - 将 0xFFFF,0xFFFF,0x0010 分别写入句柄为 hTimer 的定时器的相应寄存器- - */
TIMER_configArgs (hTimer,
    0xFFFF, /* tcr */
    0xFFFF, /* prd */
    0x0010 /* prsc */
);
```

(4) TIMER_getconfig 函数

作用:用于读取定时器结构。

函数原型:void TIMER_getconfig(TIMER_Handle hTimer, TIMER_Config * Config);

例 8-12,TIMER_getconfig()函数的使用。

```
/* - - - - -读取句柄为 hTimer 的定时器参数,结果送 MyConfig 结构 - - - - */
TIMER_Config MyConfig;
TIMER_getconfig(hTimer,&MyConfig);
```

(5) TIMER_getEventId 函数

作用:获取定时器的 IRQ 事件 ID。

函数原型:Uint16 TIMER_getEventId(TIMER_Handle hTimer);
例 8-13,TIMER__getEventId()函数的使用。

```
/* ---读取句柄为 hTimer 的定时器的事件 ID,并据此使能该定时器中断--- */
Uint16 TimerEventId;
TimerEventId = TIMER_getEventId(hTimer);//获取定时器的 IRQ 事件 ID
IRQ_enable(TimerEventId);//使能定时器中断
```

(6) TIMER_open 函数
作用:打开一个定时器,获取相应的句柄。
函数原型:TIMER_Handle TIMER_open(int devnum,Uint16 flags);
其中 devnum 为定时器器件序号,可取值：TIMER_DEV0,TIMER_DEV1,TIMER_DEV_ANY。
flags 为事件标志,可取值:Logical open 或 TIMER_OPEN_RESET。
例 8-14,TIMER_Handle TIMER_open()函数的使用。

```
TIMER_Handle hTimer;
...
hTimer = TIMER_open(TIMER_DEV0,0);//打开定时器 0,句柄值赋予 hTimer
```

(7) TIMER_start 函数
作用:启动定时器。
函数原型:Function void TIMER_start(TIMER_Handle hTimer);
例 8-15,TIMER_start()函数的使用。

```
TIMER_start(hTimer);//启动句柄为 hTimer 的定时器
```

(8) TIMER_stop 函数
作用:停止定时器。
函数原型:Function void TIMER_stop(TIMER_Handle hTimer);
例 8-16,TIMER_stop()函数的使用。

```
TIMER_stop(hTimer);//停止句柄为 hTimer 的定时器
```

8.9.5　IRQ 模型简介

IRQ 模型具有以下功能:屏蔽 IMRx 寄存器中的某个中断;查询 IMFx 寄存器中的中断状态;设置中断向量表地址,并且在中断向量表放置必要的代码,使程序跳转至一个用户定义的中断服务程序(ISR);使能/禁止全局中断位 ST1 (INTM)。

1. 事件 ID

IRQ 模型为每一个可能的中断(称为逻辑中断)分配了一个事件 ID,多个事件可能共享一个共同的物理中断。IRQ 模型定义了一组常数(IRQ_EVT_NNNN)用来专门指定每一个可能的逻辑中断(见表8-47)。所有IRQ函数均是针对逻辑事件。

表8-47 IRQ_EVT_NNNN事件列表

常 数	用 途	常 数	用 途
IRQ_EVT_RS	复位	IRQ_EVT_SINT11	软件中断#11
IRQ_EVT_SINTR	软件中断	IRQ_EVT_SINT12	软件中断#13
IRQ_EVT_NMI	不可屏蔽中断(NMI)	IRQ_EVT_SINT13	软件中断#13
IRQ_EVT_SINT16	软件中断#16	IRQ_EVT_INT0	外部用户中断#0
IRQ_EVT_SINT17	软件中断#17	IRQ_EVT_INT1	外部用户中断#1
IRQ_EVT_SINT18	软件中断#18	IRQ_EVT_INT2	外部用户中断#2
IRQ_EVT_SINT19	软件中断#19	IRQ_EVT_INT3	外部用户中断#3
IRQ_EVT_SINT20	软件中断#20	IRQ_EVT_TINT0	定时器0中断
IRQ_EVT_SINT21	软件中断#21	IRQ_EVT_HINT	HPI中断
IRQ_EVT_SINT22	软件中断#22	IRQ_EVT_DMA0	DMA通道0中断
IRQ_EVT_SINT23	软件中断#23	IRQ_EVT_DMA1	DMA通道1中断
IRQ_EVT_SINT24	软件中断#24	IRQ_EVT_DMA2	DMA通道2中断
IRQ_EVT_SINT25	软件中断#25	IRQ_EVT_DMA3	DMA通道3中断
IRQ_EVT_SINT26	软件中断#26	IRQ_EVT_DMA4	DMA通道4中断
IRQ_EVT_SINT27	软件中断#27	IRQ_EVT_DMA5	DMA通道5中断
IRQ_EVT_SINT28	软件中断#28	IRQ_EVT_RINT0	MCBSP#0接收中断
IRQ_EVT_SINT29	软件中断#29	IRQ_EVT_XINT0	MCBSP#0发送中断
IRQ_EVT_SINT30	软件中断#30	IRQ_EVT_RINT2	MCBSP#2接收中断
IRQ_EVT_SINT0	软件中断#0	IRQ_EVT_XINT2	MCBSP#2发送中断
IRQ_EVT_SINT1	软件中断#1	IRQ_EVT_TINT1	定时器1中断
IRQ_EVT_SINT2	软件中断#2	IRQ_EVT_HPINT	HPI中断
IRQ_EVT_SINT3	软件中断#3	IRQ_EVT_RINT1	MCBSP#1接收中断
IRQ_EVT_SINT4	软件中断#4	IRQ_EVT_XINT1	MCBSP#1发送中断
IRQ_EVT_SINT5	软件中断#5	IRQ_EVT_IPINT	FIFO Full Interrupt
IRQ_EVT_SINT6	软件中断#6	IRQ_EVT_SINT14	软件中断#14
IRQ_EVT_SINT7	软件中断#7	IRQ_EVT_RTC	RTC中断
IRQ_EVT_SINT8	软件中断#8	IRQ_EVT_I2C	I2C中断
IRQ_EVT_SINT9	软件中断#9	IRQ_EVT_WDTINT	看门狗定时器中断
IRQ_EVT_SINT10	软件中断#10		

2. IRQ模型的配置结构

IRQ模型的配置结构为IRQ_Config,其成员如下：

- IRQ_IsrPtr funcAddr；//中断服务程序(ISR)地址
- Uint32 ierMask；//中断屏蔽
- Uint32 cachectrl；//当前没有成员,保留将来系统扩展之用
- Uint32 funcArg；//传送给ISR的参量

例8-17,IRQ_Config结构的使用。

```
IRQ_Config MyConfig = {
    0x0000, /* funcAddr */
    0x0300, /* ierMask */
    0x0000, /* cachectrl */
    0x0000, /* funcArg */
};
```

3. IRQ模型函数

表8-48列出了IRQ模型的基本函数。

表8-48 定时器模型的基本函数

函 数	用 途
IRQ_clear()	将IFR0/1寄存器中指定事件的中断标志清零
IRQ_disable()	禁止IMR0/1寄存器中指定事件的中断
IRQ_enable()	使能IMR0/1寄存器中指定事件的中断
IRQ_globalDisable()	禁止全局中断(INTM = 1)
IRQ_globalEnable()	使能全局中断(INTM = 0)
IRQ_globalRestore()	恢复全局中断状态(INTM)
IRQ_restore()	恢复IMR0/1寄存器中指定事件的中断状态
IRQ_setVecs()	设置中断向量表的基地址
IRQ_test()	查询IFR0/1寄存器中指定事件的中断标志

(1) IRQ_globalDisable()函数

作用:将ST1寄存器的INTM位置1,从而禁止全局中断。

函数原型:int IRQ_globalDisable();

返回值为原来的INTM值。

例8-18,IRQ_globalDisable()函数的使用。

```
Uint32 intm;
intm = IRQ_globalDisable();//禁止全局中断
...
IRQ_globalRestore (intm);//恢复原来的INTM
```

(2) IRQ_globalRestore()函数

作用：恢复 ST1 寄存器的 INTM。
函数原型：void IRQ_globalRestore(int intm);
(3) IRQ_globalEnable() 函数
作用：将 ST1 寄存器的 INTM 清 0，使能全局中断。
函数原型：int IRQ_globalEnable();
返回值为原来的 INTM 值。
例 8-19，IRQ_globalEnable() 函数的使用。

```
Uint32 intm;
intm = IRQ_globalEnable();//允许全局中断
...
IRQ_globalRestore(intm);//恢复原来的 INTM
```

(4) IRQ_clear() 函数
作用：将 IFR 寄存器的事件标志清零。
函数原型：void IRQ_clear(Uint16 EventId);
参数 EventId 为事件 ID，利用 PER_getEventId() 函数可以获得 EventID 的值。
例 8-20，IRQ_clear() 函数的使用。

```
IRQ_clear(IRQ_EVT_TINT0);//将定时器 0 中断标志清零
```

(5) IRQ_disable() 函数
作用：通过编辑 IMR 寄存器禁止指定的中断事件。
函数原型：int IRQ_disable(Uint16 EventId);
函数返回值为原来的事件 ID 值。
例 8-21，IRQ_disable() 函数的使用。

```
oldint = IRQ_disable(IRQ_EVT_TINT0);//禁止定时器 0 中断
```

(6) IRQ_enable() 函数
作用：使能指定的中断事件。
函数原型：int IRQ_enable(Uint16 EventId);
函数返回值为原来的事件 ID 值。
例 8-22，IRQ_enable() 函数的使用。

```
Uint32 oldint;
oldint = IRQ_enable(IRQ_EVT_TINT0);//使能定时器 0 中断
```

(7) IRQ_restore() 函数
作用：恢复指定事件的原来状态。
函数原型：void IRQ_restore(Uint16 EventId,Uint16 Old_flag);
例 8-23，IRQ_restore() 函数的使用。

```
Uint32 oldint;
oldint = IRQ_disable(IRQ_EVT_TINT0);//禁止T0中断,原先T0中断状态值返回给oldint
.
.
.
IRQ_restore(IRQ_EVT_TINT0, oldint);//恢复存放在oldint的原先T0中断状态
```

(8) IRQ_setVecs()函数

作用:设置在IVPD和IVPH寄存器中的中断向量表基地址,IVPD和IVPH取值相同。

函数原型:void IRQ_setVecs(Uint32 IVPD);

其中IVPD为指向DSP中断向量表的指针。返回值为原先的IVPD值。

例8-24,IRQ_setVecs()函数的使用。

```
IRQ_setVecs(0x8000);
```

(9) IRQ_test()函数

作用:检测IFR寄存器中指定事件的标志位。

函数原型:Bool IRQ_test(Uint16 EventId);

返回值为事件状态,0或1。

例8-25,IRQ_test()函数的使用。

```
while(! IRQ_test(IRQ_EVT_TINT0);//检测T0中断标志位,为1则跳出while循环。
```

(10) IRQ_plug()函数

作用:初始化中断向量表的一个向量,该向量指向所指定的ISR。

函数原型:int IRQ_plug(Uint16 EventId,IRQ_IsrPtr funcAddr);

其中funcAddr为ISR地址。返回值为0或1。

例8-26,IRQ_plug()函数的使用。

```
void MyIsr();
.
.
.
IRQ_plug(IRQ_EVT_TINT0, &myIsr)//初始化中断向量表的T0向量
                               //指定其ISR函数为MyIsr()。
```

8.9.6 综合实例

例8-27,设VC5509A的晶振频率为12 MHz。在VC5509A的XF引脚输出一周期性方波信号,其周期为0.5 s。如果在该引脚连接一个LED灯,则程序运行时可以看到该灯闪烁。

(1) 本例用到的 C 源文件(Ex8_27.c)如下：

```c
#include <csl.h>              /* 使用 csl 库必须包含的头文件      */
#include <csl_irq.h>          /* 使用中断必须包含的头文件         */
#include <csl_pll.h>          /* 使用 pll 必须包含的头文件        */
#include <csl_timer.h>        /* 使用 timer 必须含的头文件        */
/* 声明外部定义(在 vectors.s55 中)的函数 */
extern void VECSTART(void);
/* 在这里定义定时器控制器的各控制位,各位意义请参考本书。TIMER_TCR_IDLEEN_DEFAULT 等数值的定义请查阅 csl_timer.h */
#define TIMER_CTRL      TIMER_TCR_RMK(\
                        TIMER_TCR_IDLEEN_DEFAULT,    /* IDLEEN == 0 */ \
                        TIMER_TCR_FUNC_OF(0),        /* FUNC   == 0 */ \
                        TIMER_TCR_TLB_RESET,         /* TLB    == 1 */ \
                        TIMER_TCR_SOFT_BRKPTNOW,     /* SOFT   == 0 */ \
                        TIMER_TCR_FREE_WITHSOFT,     /* FREE   == 0 */ \
                        TIMER_TCR_PWID_OF(0),        /* PWID   == 0 */ \
                        TIMER_TCR_ARB_RESET,         /* ARB    == 1 */ \
                        TIMER_TCR_TSS_START,         /* TSS    == 0 */ \
                        TIMER_TCR_CP_PULSE,          /* CP     == 0 */ \
                        TIMER_TCR_POLAR_LOW,         /* POLAR  == 0 */ \
                        TIMER_TCR_DATOUT_0           /* DATOUT == 0 */ \
                        )
/* 创建 1 个定时器配置结构,使得可采用相关定时器函数模块来初始化定时器控制寄存器 */
TIMER_Config myTimerCfg = {
    TIMER_CTRL,   /* 在本结构体中定义 TCR 的有关控制位 */
    0x464fu,      /* 设定 PRD 的值,这里 PRD = 0x464fu, 即 17999 */
    0x0000        /* 设定 PRD 的值,这里 PRSC = 0 */
    /* 定时器定时时间 = (PRD + 1)(PRSC + 1) * CPU 时钟周期
       这里,定时器定时时间 = 18000 * 1/144(us) = 125us */
};
/* 创建 PLL 配置结构,使得可采用相关函数模块来初始化 PLL 控制寄存器 */
PLL_Config myPLLConfig = {
    0,      //IAI:
    1,      //IOB:
    24,     //PLL mult value
    1       //PLL div value
/* CPU 时钟频率 = (mult/div + 1)输入晶振时钟频率,本实验中(mult/div + 1) = 12
 * 由于晶振时钟频率为 12MHz,因此 CPU 时钟频率 = 144MHz */
};
Uint16 eventId0;
```

```c
/* 创建一个定时器句柄 */
TIMER_Handle mhTimer0;
int timer0_cnt = 0;   //定时器 0 中断次数计数器
/* 声明定时器 0 中断函数原型 */
interrupt void timer0Isr(void);
/* 声明一个函数原型:taskFxn */
void taskFxn(void);
int old_intm;
Uint16 tim_val;
void main(void)
{
/* 利用前边所定义结构 myPLLConfig 的参数设置 PLL。所设定的 CPU 时钟为 12 * 12 =
144MHz */
    PLL_config(&myPLLConfig);
/* 设置中断向量入口地址,中断向量表的定义见 vectors.s55 */
    IRQ_setVecs((Uint32)(&VECSTART));
/* 定时器设置函数 */
    taskFxn();
/* - - - - - - - - - - - - - - - - - - - - - - - - - - - - - - - - - -
    在 XF 引脚输出一周期性方波信号,其周期为 4000 * 定时时间,本实验为 4000 * 125us = 0.5s */
    while ( 1 )
    {
        if(timer0_cnt = = 0)
        {asm(" BCLR XF");}
        if(timer0_cnt = = 2000)
        {asm(" BSET XF");}
        if(timer0_cnt> = 4000)
        {
            timer0_cnt = 0;
        }
    }
/* - - - - - - - - - - - - - - - - - - - - - - - - - - - - - - - - - - */
}
/* * * * * * * * * * * * * * * * * * * * * * * * * * * * * * * * * * * */
void taskFxn(void)
{
    /* 禁止全局中断 */
    old_intm = IRQ_globalDisable();
    /* 设置定时器 0 句柄,打开定时器 T0 */
    mhTimer0 = TIMER_open(TIMER_DEV0, TIMER_OPEN_RESET);
    /* 获取与定时器 0 关联的 ID 号    */
    eventId0 = TIMER_getEventId(mhTimer0);
```

```c
    /* 清除可能已有的、挂起的定时器中断 */
    IRQ_clear(eventId0);
    /* 给定时器 0 中断安排 ISR 地址 */
    IRQ_plug(eventId0,&timer0Isr);
    /* 将定时器参数(在结构体 myTimerCfg 中)写入定时器 0 控制寄存器 */
    TIMER_config(mhTimer0, &myTimerCfg);
    /* 使能定时器 0 中断 */
    IRQ_enable(eventId0);
    /* 使能全局中断 */
    IRQ_globalEnable();
    /* 启动定时器 */
    TIMER_start(mhTimer0);
}
/* * * * * * * * * * * * * * * * * * * * * * * * * * * * * * * * * */
// 定时器 0 的 ISR. 每次发生定时器中断,在 ISR 中使全局变量 timer0_cnt 加 1
interrupt void timer0Isr(void)
{
    timer0_cnt++;
}
/* * * * * * * * * * * * * * * * * * * * * * * * * * * * * * * * * */
```

(2) TI 公司提供的 vectors.s55(55x 系列的汇编程序扩展名可为.asm,也可为.s55)给出了 CSL 中断向量表的定义,其源文件(为简单,略去了有关版权信息)如下:

```
            .sect ".vectors"
            .global _VECSTART
            .ref _c_int00
             .def nmi, int0, int1, int2, int3, int4, int5, int6
             .def int7, int8, int9, int10, int11, int12, int13
             .def int14, int15, int16, int17, int18, int19, int20
             .def int21, int22, int23, int24, int25, int26, int27
             .def int28, int29

_VECSTART:
            .ivec _c_int00,c54x_stk    ;堆栈选择为 32 位慢返回方式
nmi         .ivec no_isr
            nop_16
int0        .ivec no_isr
            nop_16
int1        .ivec no_isr
            nop_16
int2        .ivec no_isr
```

```
        nop_16
int3    .ivec no_isr
        nop_16
int4    .ivec no_isr
        nop_16
int5    .ivec no_isr
        nop_16
int6    .ivec no_isr
        nop_16
int7    .ivec no_isr
        nop_16
int8    .ivec no_isr
        nop_16
int9    .ivec no_isr
        nop_16
int10   .ivec no_isr
        nop_16
int11   .ivec no_isr
        nop_16
int12   .ivec no_isr
        nop_16
int13   .ivec no_isr
        nop_16
int14   .ivec no_isr
        nop_16
int15   .ivec no_isr
        nop_16
int16   .ivec no_isr
        nop_16
int17   .ivec no_isr
        nop_16
int18   .ivec no_isr
        nop_16
int19   .ivec no_isr
        nop_16
int20   .ivec no_isr
        nop_16
int21   .ivec no_isr
        nop_16
int22   .ivec no_isr
        nop_16
int23   .ivec no_isr
        nop_16
int24   .ivec no_isr
```

```
            nop_16
    int25   .ivec no_isr
            nop_16
    int26   .ivec no_isr
            nop_16
    int27   .ivec no_isr
            nop_16
    int28   .ivec no_isr
            nop_16
    int29   .ivec no_isr
            nop_16

            .text
            .def no_isr
    no_isr:
            b no_isr
```

(3) 在 CCS5.4 环境中,该程序的运行调试步骤如下:

① 硬件连接与上电。仿真器通过 JTAG 与 VC5509A 实验板相连,计算机通过 USB 电缆与仿真器连接。然后,给 VC5509A 实验板上电。

② 建立工程,设工程名为 Ex8_27。

③ 向工程中添加 C 源程序 Ex8_27.c、汇编源程序 vectors.s55 以及命令文件 Ex8_27.cmd。

④ 右击工程,选择"Properties"。

- 在弹出的对话框中选择"build——>C5500 Compiler——>Advanced Option——>Predefined Symbols",在新弹出的对话框中添加"CHIP_5509"和"_CSL5509_LIB_"两项(见图 8-25)。

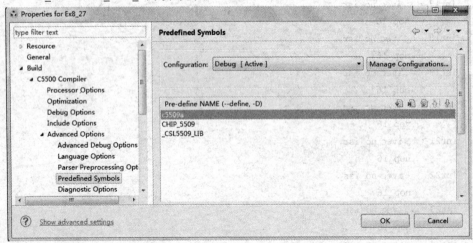

图 8-25　在"Predefined Symbols"中添加"CHIP_5509"和"_CSL5509_LIB"

- 选择"build——>C5500 Compiler——>Include Options",在新弹出的对话框中添加 include 文件夹的路径(D:\Program Files\C55xxCSL \include)。

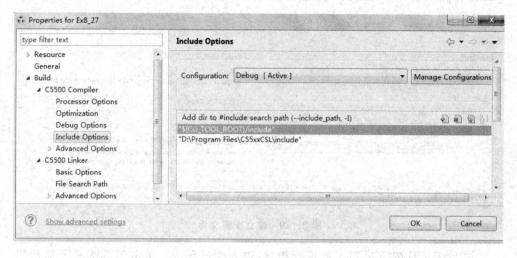

图 8-26 在"Include Options"中添加 CSL include 文件夹路径

- 选择"build——>C5500 Linker——>File Search Path",在新打开的对话框中,在"Include library file…"栏中添加"rts55x. lib"和"csl5509ax. lib"两项,在"Add <dir> to library…"栏中添加上面两个库文件所在路径。

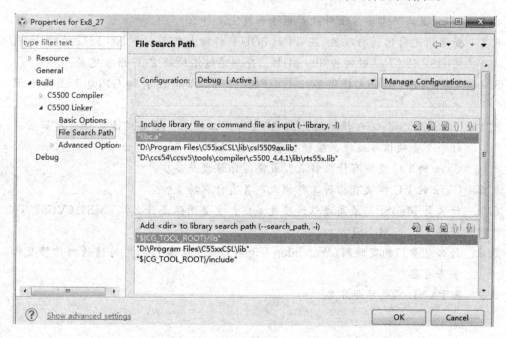

图 8-27 在"File Search Path"中添加 CSL 库文件及所在文件夹路径

第 8 章　C55x 的片上外设

⑤ 建立配置文件 Ex8_27.xxcml。在"Connection"栏中选择合适的选项,使 CCS 工作在 Emulator 模式下,见图 8-28。

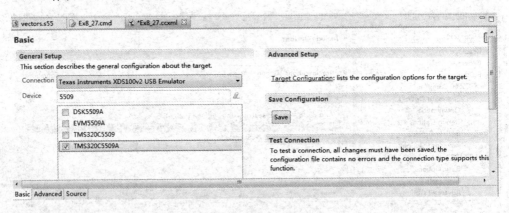

图 8-28　建立配置文件

⑥ 单击工具按钮 对工程进行构建,进入调试环境。单击工具按钮 运行程序,察看运行结果。

思考题与习题

8.1 C55x 提供了哪些片上外设? 用途和特点是什么?

8.2 对通用定时器进行配置,在 TIN/TOUT 引脚上产生一个 100 kHz 的时钟,假定 DSP 的 CPU 时钟为 200 MHz。分别通过汇编语言、C 语言完成。

8.3 TMS320VC5509A 提供了几个 GPIO 引脚? 如何在引脚 GPIO.1 上输出低电平?

8.4 TMS320VC5509A 提供的片上 ADC 有什么特点? 主要用途是什么? 如果设计一个音频信号处理系统能否采用片上 ADC?

8.5 C55x 的 I^2C 模块有什么特点? 最高通信速度是多少?

8.6 C55x 的 I^2C 模块有几种工作模式? 各有什么特点?

8.7 什么是 McBSP? 最高通信速度是多少? 主要用途是什么? TMS320VC5509A 提供了几个 McBSP?

8.8 什么是看门狗定时器(Watchdog Timer)? C55x 看门狗定时器的操作涉及哪些寄存器?

8.9 基于 CSL 完成习题 8.2。

第 9 章

C55x 的硬件扩展

内容提要：本章主要介绍基于 TMS320C55x 系列芯片的系统硬件扩展方法。首先讨论了 DSP 应用系统硬件的一般设计过程；其次介绍 DSP 硬件系统的基本设计，包括 JTAG 接口电路、电源电路、复位电路和时钟电路的设计；然后分别介绍了外扩程序存储器、数据存储器、ADC、DAC 的方法。

9.1 硬件设计概述

硬件、算法与软件是 DSP 应用系统的三个基本组成部分，三者缺一不可。硬件设计是 DSP 应用系统开发中的基础工作，对于整个系统设计的成败起着重要作用。

9.1.1 C55x DSP 系统的组成

如前所述，C55x 系列 DSP 芯片不但拥有数据处理功能强大的 CPU 和几十 K 至几百 K 字的片内 RAM，还拥有功能强大的丰富的各种片内外设。一个 C55x DSP 芯片外加程序存储器和电源变换电路、时钟电路、复位电路、JTAG 仿真接口电路等基本电路，就可以组成一个功能十分强大的 DSP 最小应用系统。

然而，作为一种嵌入式微处理器芯片，C55x DSP 芯片面向的应用领域十分宽广和多种多样，通常需要根据具体问题外扩各种器件，以满足实际问题的要求。

一个典型的 C55x DSP 应用系统主要由 DSP 芯片、程序存储器、数据存储器、ADC、DAC、抗混叠滤波器、平滑滤波器，以及逻辑控制电路（通常用 CPLD 或 FPGA 实现）、电源变换电路、时钟电路、复位电路等组成，如图 9-1 所示。

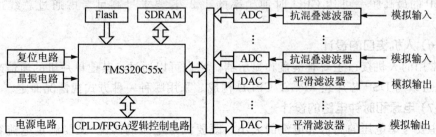

图 9-1 典型 C55x DSP 应用系统结构框图

9.1.2　DSP 硬件系统设计流程

系统硬件设计流程见图 9-2。

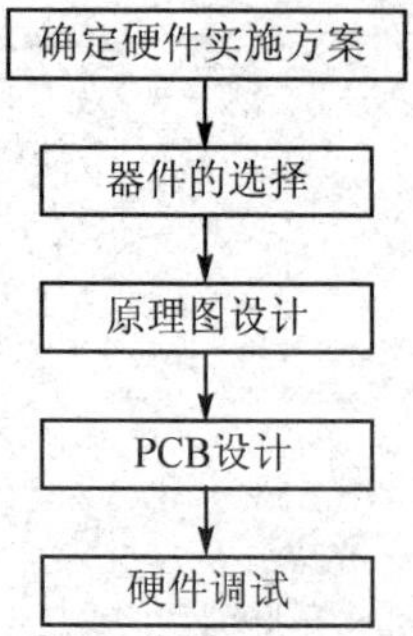

1. 确定硬件整体方案

根据系统设计要求确定设计目标,统筹考虑硬件和软件分工,在综合考虑系统的性能指标、算法需求、体积、功耗、成本以及工期等因素的基础上,确定硬件整体设计方案,并画出硬件系统整体框图。

图 9-2　DSP 系统硬件设计流程图

2. 确定硬件模块具体实现方案

(1) DSP 芯片的选择

首先要考虑 DSP 芯片的运算速度能否达到运算量需求,在此基础上,根据 DSP 芯片的片上资源、价格、外设配置以及与其他部件的配套性等因素来选择合适的 DSP 芯片。

(2) 存储器扩展电路的设计

在设计时要考虑存储器映射地址、存储器容量和存储器速度等。常用的存储器有 ROM、Flash、SRAM、SBSRAM 和 SDRAM 等。可以根据工作频率、存储容量、位长、接口方式和工作电压来选择。

(3) 模拟数字混合电路的设计

主要用来实现 DSP 与模拟混合器件的无缝连接。应根据设计要求,综合考虑转换速度、精度、通道数以及是否要求片上自带采样器、多路选择器、基准电源等因素,来选择 ADC、DAC 的型号。

(4) 逻辑控制电路的设计

包括译码、状态控制、同步控制等。系统的逻辑控制通常采用可编程逻辑器件(CPLD 或 FPGA)来实现。

(5) 通信接口的设计

通常系统都要求有通信接口。要根据系统对通信速率的要求来选择通信方式。对 VC5509A 和 VC5510 来讲,I^2C 总线的数据传输速率可以从 $10\sim400$ Kb/s,McBSP 的最高频率可达 CPU 时钟频率的 1/2,若要求过高可考虑通过总线进行通信。

(6) 人机接口的设计

常用的人机接口主要有键盘和显示器。它们可以通过与其他单片机的通信来构成,也可以与 DSP 芯片经 FPGA/CPLD 构成。采用哪种一种方式视情况而定。

(7) 电源和时钟电路的设计

主要考虑电压的高低和电流的大小。既要满足电压的匹配,又要满足电流容量的要求。

3. 原理图设计

原理图的设计是关键的一步，在原理图设计阶段必须清楚地了解器件的特性、使用方法和系统的开发，必要时可对单元电路进行功能仿真甚至进行实验测试。

4. PCB 设计

数字器件正朝着高速度低功耗、小体积、高抗干扰性的方向发展，这一发展趋势对印刷电路板的设计提出了很多新要求。在 PCB 设计时，由于 DSP 指令周期为 ns 级，高频特性已经非常明显，这就要求设计人员既要熟悉系统的工作原理，还要清楚硬件系统的抗干扰技术、布线工艺和系统结构设计。必要时采用多层板进行 PCB 设计，以提高布通率和抗噪声性能，保证信号的完整性。

5. 硬件调试

硬件调试的主要步骤：

① 拿到 PCB 板后，首先应检查是否同电路板图一致，对于重要的点和线（特别是电源、地）要用万用表进行测试，确保连接正确。

② 对所用的元器件进行质量检查。

③ 按照印刷电路板上的器件名称、标识焊接好各个元器件。

④ 采用硬件仿真器和万用表、示波器、信号发生器等对硬件电路电器系统测试，检查是否能正常工作。通常应对不同功能模块编写不同的测试程序。

9.2 DSP 系统的基本电路设计

9.2.1 JTAG 接口

JTAG(Joint Test Action Group)接口电路与 IEEE 1149.1 标准给出的扫描逻辑电路一致，用于仿真和测试，完成 DSP 芯片的操作测试。

TI 公司 14 引脚 JTAG 仿真接口的引脚，如图 9-3 所示。

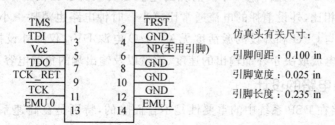

图 9-3 14 脚 JTAG 仿真接口引脚图

第9章 C55x的硬件扩展

在大多数情况下，只要芯片和仿真器之间的连接电缆不超过6 in，就可以采用图9-4所示的接法。需要将DSP的EMU0和EMU1脚用电阻上拉，阻值取4.7 kΩ或10 kΩ。

当仿真器和JTAG目标芯片之间的距离超过6 in时，仿真器需要缓冲，则采用图9-5所示的接法。

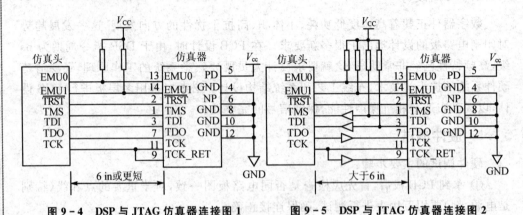

图9-4 DSP与JTAG仿真器连接图1　　　　图9-5 DSP与JTAG仿真器连接图2

9.2.2 电源电路

1. 电源电压和电流要求

C55x系列DSP芯片通常采用低电压设计，双电源供电，即内核电源CV_{DD}和I/O电源DV_{DD}。DV_{DD}主要供I/O接口使用，通常取3.3 V，可直接与外部低电压器件进行接口，而不需要额外的电平转换电路；CV_{DD}主要为芯片的内部逻辑提供电压，包括CPU、时钟电路和所有的外设逻辑，采用1.6 V、1.35 V、1.26 V或更低的1.2 V电源，VC5509A的CV_{DD}采用1.6 V。与3.3 V电源相比，1.6 V可以大大降低芯片功耗。

DSP芯片的电流消耗主要取决于器件的激活度，而内核电源CV_{DD}所消耗的电流主要取决于CPU的激活度，外设消耗的电流主要取决于正在工作的外设及其速度。与CPU相比，外设消耗的电流通常比较小。时钟电路也消耗一小部分电流，而且是恒定的，与CPU和外设的激活度无关。I/O电源DV_{DD}仅为外设接口引脚提供电压，消耗的电流取决于外部输出的速度、数量以及输出端的负载电容。

2. 电源电路的设计

电源电路在DSP系统中的重要性是不言而喻的，特别是在高速系统中，电源质量更是致命的。如果电源设计不当或PCB电源布局不合理，引入了过多的噪声，就有可能使系统无法正常工作，严重的甚至会损坏芯片。而电源的设计错误也不能靠修修补补来修复，常常需要重新设计电路、制板，这样就会延迟产品的开发时间，造成严重的经济损失。所以在产品的设计阶段,需要特别重视电源的设计。

目前,生产所需电源的芯片较多,如 Maxim 公司的 MAX604、MAX748,TI 公司的 TPS72xx 系列、TPS73xx 和 TPS76xx 系列,这些芯片可分为线性芯片和开关芯片两种,在设计中要根据实际的需要来选择。如果系统对功耗要求不高时,可以使用线性稳压芯片,其特点是使用简单,电源纹波较低,对系统的干扰较低。若系统对功耗要求较为苛刻时,应使用开关电源芯片。通常情况下,开关电源芯片的效率可以达到 90 % 以上,但是开关电源所产生的纹波电压较高,且开关振荡频率在几赫兹到几百赫兹的范围,易对系统产生较大干扰。特别是在开关电源用于 A/D 和 D/A 转换电路时,应该考虑加滤波电路,以减少电源噪声对模拟电路的影响。

下面给出了几种常用 DSP 系统电源的实现方案。

(1) 3.3 V 单电源

可选用 TI 公司的 TPS7233 和 TPS7333 芯片,也可选用 Maxim 公司的 MAX604、MAX748A 芯片。图 9-6 所示为利用 MAX748A 芯片由 5 V 电源产生 3.3 V 电源的原理图,该电源可产生的最大电流为 2 mA。

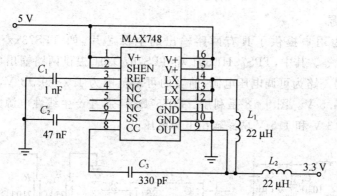

图 9-6 MAX748A 产生 3.3 V 电源

(2) 可调电压单电源

TI 公司的 TPS7201 和 TPS7301 等芯片提供了可调节的输出电压,其调节范围为 1.2~9.75 V,可通过改变两个外接电阻 R_1 和 R_2 的阻值来实现。原理如图 9-7 所示。

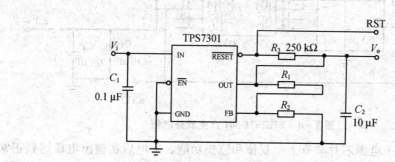

图 9-7 TPS7301 产生可调电压的单电源

第9章 C55x 的硬件扩展

输出电压与外接电阻的关系式为

$$V_o = V_{REF}\left(1 + \frac{R_1}{R_2}\right) \tag{9-1}$$

式中，V_{REF} 为基准电压，典型值为 1.182 V。R_1 和 R_2 为外接电阻，通常所选择的阻值使分压器电流近似为 7 μA。推荐 R_2 的取值为 169 kΩ，而 R_1 的取值可根据所需的输出电压来调整，一般取值 59.7 kΩ。由于 FB 端的漏电流会引起误差，因此应避免使用较大的外接电阻 R_1 和 R_2。输出电压 V_o 与外电阻的编程表如表 9-1 所列。

表 9-1 输出电压的编程表

电压输出 V_o/V	$R_1/\text{k}\Omega$	$R_2/\text{k}\Omega$	电压输出 V_o/V	$R_1/\text{k}\Omega$	$R_2/\text{k}\Omega$
1.2	2.57	169	3.3	309	169
1.26	11	169	3.6	348	169
1.35	24	169	5	549	169
1.6	59.7	169	6.4	750	169

(3) 双电源

TI 公司为用户提供了具有两路输出的电源芯片，如 TPS73xx 系列芯片和 TPS76xx 芯片等。其中，TPS73HD301 和 TPS767D301 提供两路输出电源，一路为 3.3 V 电源，另一路为可调电压电源，前者的可调范围为 1.2~9.75 V，后者的可调范围为 1.5~5.5 V。图 9-8 是利用 TPS767D301 芯片产生线性电源的原理图，该电路可产生 3.3 V 和 1.6 V 两路输出电源电压。

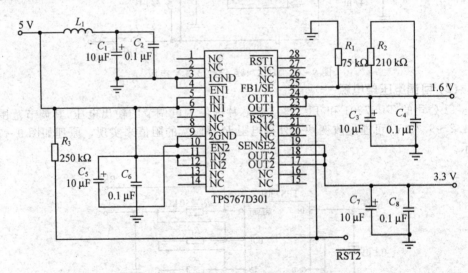

图 9-8 TPS767D301 产生双路电源

TPS767D301 电源芯片具有上电复位和监控功能。上电后在输出电压达到正常输出电压的 95% 时，TPS767D301 的 $\overline{RST2}$ 引脚就保持 200 ms 的低电平信号 $\overline{RST2}$。

在系统正常运行中,如果电源电压 V_{CC} 一旦降到该门限值以下,同样也会产生一个 200 ms 的低电平脉冲信号。

9.2.3 复位电路

C55x 的复位分为软件复位和硬件复位两种。软件复位是通过指令方式实现对芯片的复位,而硬件复位是通过硬件电路实现复位。C55x 的复位输入引脚($\overline{\text{RESET}}$)为处理器提供了硬件复位的方法,它是一种不可屏蔽的外部中断,可在任何时候对 C55x 进行复位。

硬件复位有以下两种方法。

1. 上电复位

图 9-9 给出了一个简单的上电复位电路,$\overline{\text{RST1}}$ 为提供给 DSP 芯片的复位信号。

该复位电路利用了 RC 电路的延迟特性来产生复位所需要的低电平时间。上电瞬间,由于电容 C 上的电压不能突变,使 $\overline{\text{RST1}}$ 保持为低电平。同时通过电阻 R 对电容 C 进行充电,充电时间常数由 R 和 C 的乘积确定。为了使芯片正常初始化,通常应保证 $\overline{\text{RST1}}$ 低电平的时间至少持续 3 个外部时钟周期。但是,上电后系统的晶体振荡器通常需要几百毫秒的稳定期,一般为 100~200 ms,因此由 R 和 C 决定的复位时间要大于晶体振荡器的稳定期。为防止复位不完全,R、C 参数可以选择大一些。

复位时间可以根据充电时间来计算。电容电压 $V_C = V_{CC}(1-e^{-t/\tau})$,时间常数为 $\tau = RC$。复位时间为 $t = -RC\ln\left[1-\dfrac{V_C}{V_{CC}}\right]$。

设 $V_C = 1.5$ V 为阈值电压,选择 $R = 100$ kΩ,$C = 4.7$ μF,电源电压 $V_{CC} = 5$ V,可以得到 $t = 167$ ms,从而满足复位要求。

2. 手动复位电路

常用手动复位电路如图 9-10 所示。电路参数与上电复位电路的参数相同。按钮的作用是当按钮闭合时,电容 C 通过电阻 R_1 进行放电,使电容 C 上的电压降为 0。当按钮断开时,电容 C 的充电过程与上电复位相同,从而实现手动复位。

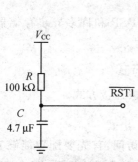

图 9-9 上电复位电路图

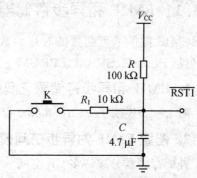

图 9-10 手动复位电路

第9章 C55x 的硬件扩展

9.2.4 时钟电路

为 DSP 芯片提供时钟一般有两种方式:一种是使用外部时钟源,连接方式如图 9-11 所示,将外部时钟信号直接加到 DSP 芯片的 X2/CLKIN 引脚,且 X1 引脚悬空;另一种方式是利用 DSP 芯片内部的振荡器构成时钟电路,连接原理如图 9-12 所示,在芯片的 X1 和 X2/CLKIN 引脚之间接入一个晶体,用于启动内部振荡器。在 C55x 系列芯片中主要采用第二种方式产生时钟信号。

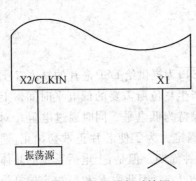

图 9-11 使用外部时钟源

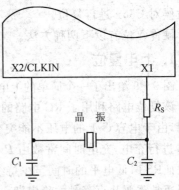

图 9-12 使用内部振荡器

9.3 外部程序存储器的扩展

通过外部存储器接口(EMIF),C55x 可以做到与外部存储器的无缝连接。C55x 设置了4个片选信号 $\overline{CE0}$ ~ $\overline{CE3}$ 直接作为外部存储器的选通信号,而不是像 C54x 那样还需要对其空间选通信号进行译码才能得到片选信号。

C55x 的 EMIF 支持异步存储器。异步存储器可以是静态随机存储器(SRAM)、只读存储器(ROM,EPROM)和闪烁存储器(闪存,Flash Memory)等存储器。目前,DSP 应用系统中通常采用闪存作为程序存储器。

9.3.1 EMIF 和异步存储器的连接

EMIF 提供了可配置的时序参数,因此可以使 DSP 和许多异步存储器类型接口,包括 FLASH、SRAM、EPROM。

1. EMIF 和异步存储器之间的一般连接方式

图 9-13 说明了 EMIF 和异步存储器之间的一般连接方式。

2. 配置 EMIF 为异步访问模式

外部存储器分成许多 CE 空间。为了实现异步访问,首先要配置能够支持异步存储器的 CE 空间。对每个 CE 空间,可以按表 9-2 的参数来配置,每个 CE 空间都

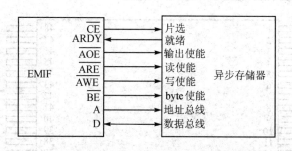

图 9-13 EMIF 和异步存储器的连接

有控制寄存器 1、2、3,包含了可编程参数的所有位域。如果 CE 空间控制寄存器 1 中的 MTYPE 位没有设置为异步存储器,则这些参数会被忽略。

表 9-2 访问外部异步存储器的参数

参 数	控 制 位	定 义
建立时间	READ SETUP WRITE SETUP	在读选通信号($\overline{ARE}$)和写选通信号($\overline{AWE}$)有效之前产生地址、片选($\overline{CE}$)、地址使能($\overline{BE}$)信号的时间。
选通时间	READ STROBE WRITE STROBE	读选通或写选通信号的下降沿(有效)和上升沿(无效)之间的 CPU 时钟周期数。
保持时间	READ HOLD WRITE HOLD	在读写选通信号上升后,地址和 byte 使能信号保持有效的 CPU 时钟周期数。
扩展保持时间	READ EXT HOLD WRITE EXT HOLD	扩展保持时间是指,在下一次访问之前,EMIF 必须在不同 CE 空间之间切换,或者下一次访问要求改变数据方向时,需要插入额外 CPU 周期。
超时值	TIMEOUT	在进行读写操作时一次超时的值。

9.3.2 闪存 S29AL008D 简介

S29AL008D 存储容量为 8 Mb、工作电压为 3 V,有 48 球 FBGA、44 脚 SO 和 48 脚 TSOP 等 3 种封装形式。只需要 3 V 单电源就可以完成读、编程和擦除操作。

1. S29AL008D 的引脚

48 脚 TSOP 封装的引脚分布如图 9-14 所示。

各引脚功能说明如下:

A0~A18:19 位地址输入引脚。

DQ0~DQ14:16 位输入/输出数据线。

DQ15/A-1:字模式下为 DQ15,字节模式下为最低地址输入 A-1。

$\overline{BYTE}$:字/字节模式选择,$\overline{BYTE}$=0 为字节模式;$\overline{BYTE}$=1 为字模式。

$\overline{CE}$:芯片使能引脚,低电平有效。

第9章 C55x 的硬件扩展

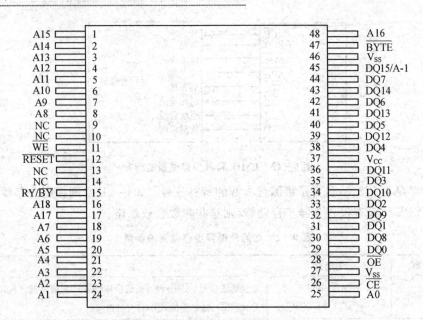

图 9-14 S29AL008D(48 脚 TSOP 封装)的引脚

$\overline{OE}$:输出使能引脚,低电平有效。

$\overline{WE}$:写使能引脚,低电平有效。

$\overline{RESET}$:芯片硬件复位引脚。当此引脚为低电平时,任何正在运行的内嵌编程或擦除算法立即终止,只有在复位后,内部状态机才处于读模式。此脚可以连接系统复位电路,这样系统处理器就可以在上电复位时从闪速存储器中读取已固化好的程序。

RY/$\overline{BY}$:准备好/忙输出信号引脚,当 RY/$\overline{BY}$=0 时,芯片忙;当 RY/$\overline{BY}$=1 时,芯片已准备好。编程或擦除时可以通过检测此引脚的状态来判断芯片内部操作是否完成。由于此引脚为开漏输出,因此在使用时需要外接上拉电阻到 Vcc。

Vcc:电源引脚,为 3 V。

Vss:地引脚。

NC:悬空,内部无连接。

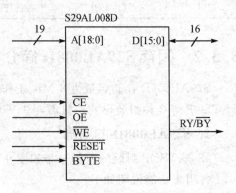

图 9-15 S29AL008D 的逻辑功能框图

2. S29AL008D 的总线操作

(1) 阵列数据读取

为从 S29AL008D 芯片中读取阵列数据,必须使 $\overline{CE}$ 和 $\overline{OE}$ 引脚为低电平,$\overline{WE}$ 引脚为高电平。当上电或硬件复位时,芯片处于读阵列数据状态。

(2) 写命令或命令串

为了向芯片写入一条命令或命令串(包括编程数据和扇区擦除),必须使$\overline{CE}$和$\overline{WE}$引脚为低电平,$\overline{OE}$引脚为高电平。

擦除操作可以擦除一个扇区(Sector)、多个扇区或整个器件。表9-3列出了每一个扇区所占据的地址空间。

表9-3 S29AL008D 的扇区地址

扇区	A18	A17	A16	A15	A14	A13	A12	扇区大小(KB/KW)	地址范围 字节地址	地址范围 字地址
SA0	0	0	0	0	X	X	X	64/32	00000h~0FFFFh	00000h~07FFFh
SA1	0	0	0	1	X	X	X	64/32	10000h~1FFFFh	08000h~1FFFFh
SA2	0	0	1	0	X	X	X	64/32	20000h~2FFFFh	10000h~17FFFh
SA3	0	0	1	1	X	X	X	64/32	30000h~3FFFFh	18000h~1FFFFh
SA4	0	1	0	0	X	X	X	64/32	40000h~4FFFFh	20000h~27FFFh
SA5	0	1	0	1	X	X	X	64/32	50000h~5FFFFh	28000h~2FFFFh
SA6	0	1	1	0	X	X	X	64/32	60000h~6FFFFh	30000h~37FFFh
SA7	0	1	1	1	X	X	X	64/32	70000h~7FFFFh	38000h~3FFFFh
SA8	1	0	0	0	X	X	X	64/32	80000h~8FFFFh	40000h~47FFFh
SA9	1	0	0	1	X	X	X	64/32	90000h~9FFFFh	48000h~4FFFFh
SA10	1	0	1	0	X	X	X	64/32	A0000h~AFFFFh	50000h~57FFFh
SA11	1	0	1	1	X	X	X	64/32	B0000h~BFFFFh	58000h~5FFFFh
SA12	1	1	0	0	X	X	X	64/32	C0000h~CFFFFh	60000h~67FFFh
SA13	1	1	0	1	X	X	X	64/32	D0000h~DFFFFh	68000h~6FFFFh
SA14	1	1	1	0	X	X	X	64/32	E0000h~EFFFFh	70000h~77FFFh
SA15	1	1	1	1	0	X	X	32/16	F0000h~F7FFFh	78000h~7BFFFh
SA16	1	1	1	1	1	0	0	8/4	F8000h~F9FFFh	7C000h~7CFFFh
SA17	1	1	1	1	1	0	1	8/4	FA000h~FBFFFh	7D000h~7DFFFh
SA18	1	1	1	1	1	1	X	16/8	FC000h~FFFFFh	7E000h~7FFFFh

(3) 编程和擦除操作状态

在编程和擦除操作过程中,系统可以通过读取DQ7~DQ0上的状态位来监视操作状态。

(4) Autoselect 模式

Autoselect模式通过输出到DQ7~DQ0上的标志符,提供了芯片制造商和器件身份、扇区保护验证等信息。

第9章 C55x 的硬件扩展

3. S29AL008D 的命令与操作

表 9-4 列出了 S29AL008D 的有效命令。所有的地址在 WE♯ 或 CE♯ 的下降沿被锁存,所有的数据在 WE♯ 或 CE♯ 的上升沿被锁存。对 S29AL008D 进行读、擦、写等操作的相关时序及参数请参考 S29AL008D 芯片技术手册。

表 9-4 S29AL008D 的命令

命令序列		周期	总线周期									
			第1步		第2步		第3步		第4步		第5步		第6步	
			地址	数据	地址	数据	地址	数据	地址	数据	地址	数据	地址	数据
读数据		1	RA	RD										
复位		1	XXX	F0										
Autoselect	厂商 ID	字	4	555	AA	2AA	55	555	90	X00	01				
		字节		AAA		555		AAA							
	设备 ID (顶端启动块)	字	4	555	AA	2AA	55	555	90	X01	22DA				
		字节		AAA		555		AAA		X02	DA				
	设备 ID (底端启动块)	字	4	555	AA	2AA	55	555	90	X01	225B				
		字节		AAA		555		AAA		X02	5B				
	扇区保护校验	字	4	555	AA	2AA	55	555	90	(SA) X02	XX00 XX01				
		字节		AAA		555		AAA		(SA) X04	00 01				
编程		字	4	555	AA	2AA	55	555	A0	PA	PD				
		字节		AAA		555		AAA							
Unlock 旁路		字	3	555	AA	2AA	55	555	20						
		字节		AAA		555		AAA							
Unlock 旁路编程		2	XXX	A0	PA	PD							
Unlock 旁路复位		2	XXX	90	XXX	00							
芯片擦除		字	6	555	AA	2AA	55	555	80	555	AA	2AA	55	555	10
		字节		AAA		555		AAA		AAA		555		AAA	
扇区擦除		字	6	555	AA	2AA	55	555	80	555	AA	2AA	55	SA	30
		字节		AAA		555		AAA		AAA		555			
擦除暂停		1	XXX	B0										
擦除继续		1	XXX	30										

表9-4中一些符号的含义如下：
- X：任意值，不用关心。
- RA：要读的地址单元号。
- RD：RA中的内容。
- PA：要编程的地址单元号，地址值在最后一个WE信号或CE信号的下降沿被锁存。
- PD：要编程到PA中的数据，数据值在最先一个WE信号或CE信号的上升沿被锁存。
- SA：需要校验或擦除的扇区地址。

9.3.3　VC5509A与S29AL008D的接口

图9-16是VC5509A PGE与S29AL008D连接的示意图，对S29AL008D进行字寻址。

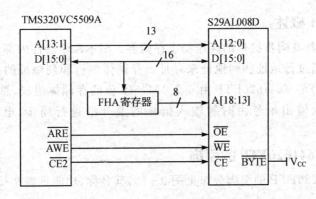

图9-16　VC5509A PGE与S29AL008D连接示意图

由于S29AL008D有19根（A0～A18）地址线，而VC5509A的地址线只有13根（A1～A13），因此能够直接访问的S29AL008D空间只有8K字。要访问S29AL008D的全部512K字地址需要按照分页方式访问，其中需要处理的主要问题是：如何利用VC5509A的现有资源来实现对S29AL008D的高6位地址线的访问。这个问题的处理方法有多种，可以直接把VC5509A的GPIO口与S29AL008D的高位地址线A[18:13]进行连接，作为S29AL008D的高6位地址线；也可以利用CPLD设计一个6位锁存寄存器，该寄存器的各位完成对S29AL008D的地址线A[18:13]的控制。当需要换页时，首先把高6位地址锁存在该寄存器中。

这里介绍第2种方法。在CPLD中设计了一个地址寄存器FHA。FHA寄存器可以驱动S29AL008D的高位地址处于一个固定的状态，从而实现分页的目的。上电复位时，FHA寄存器的值被设定为0x3F，此时，所有高位地址线处于高电平转态，VC5509A访问S29AL008D的最后8K字地址单元。此后随着复位的结束，用户程序开始工作,这样就可以对 FHA 控制寄存器写值,改变 S29AL008D 的高位地址,实现换页功能,如图 9-17 所示。

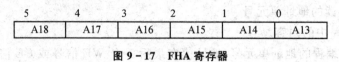

图 9-17 FHA 寄存器

9.4 外部数据存储器的扩展

C55x 的外部存储器接口除了对异步存储器的支持以外,还提供了对同步动态存储器(SDRAM)和同步突发静态存储器(SBSRAM)的支持。本节以 HY57V641620FTP 为例,介绍 C55x 与 SDRAM 的接口方法。

9.4.1 同步动态随机存取存储器(SDRAM)

1. SDRAM 概述

SDRAM 是具有同步接口的高速动态存储器。SDRAM 器件内部含有多个存储体("BANK"),通过行地址和列地址来寻址。存储体的行和列地址的位数取决于存储器的容量。HY57V641620FTP 由 4 个 1M×16 位的存储体组成,总容量为 4M×16 位。所有输入输出信号由时钟输入信号的上升沿进行同步,电平与 LVTTL 兼容。

2. HY57V641620FTP 的引脚

HY57V641620FTP 的引脚分布见图 9-18,其名称、功能见表 9-5。

表 9-5 HY57V641620FTP 的引脚描述

符 号	类 型	描 述
CLK	时钟	系统时钟输入
CKE	时钟使能	控制内部时钟信号
$\overline{CS}$	片选	SDRAM 片选信号
BA1,BA0	存储体选择	在 RAS 有效期间,选择激活哪个存储体;在 CAS 有效期间,选择读或写哪个存储体
A11~A0	地址总线	行地址:RA0~RA11,列地址:CA0~CA7,自动预充标志:A10
$\overline{RAS}$	行地址选通	SDRAM 命令输入
$\overline{CAS}$	列地址选通	
$\overline{WE}$	写使能	
UDQM,LDQM	数据输入输出屏蔽	在读模式下控制输出缓冲,在写模式下屏蔽输入数据

续表 9-5

符 号	类 型	描 述
DQ0～DQ15	数据输入/输出	
V_{DD}, V_{SS}	电源、地	内部电路和输入缓冲器电源
V_{DDQ}, V_{SSQ}	数据输出电源、地	输出缓冲器电源

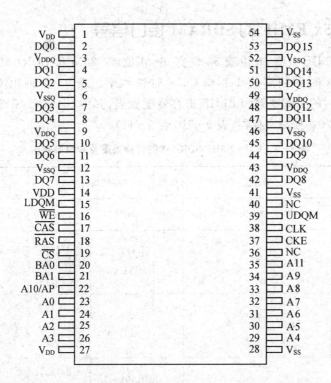

图 9-18　HY57V641620FTP(54 脚 TSOPII 封装)的引脚

3. 标准的 SDRAM 总线命令

SDRAM 的控制是通过总线命令实现的,命令由 $\overline{RAS}$、$\overline{CAS}$、和 $\overline{WE}$ 信号联合产生,表 9-6 给出了标准的 SDRAM 总线命令。

表 9-6　SDRAM 总线命令

命 令	缩 写	$\overline{RAS}$	$\overline{CAS}$	$\overline{WE}$
空操作	NOP	1	1	1
激活	ACT	0	1	1
读操作	RD	1	0	1
写操作	WR	1	0	0
突发中止	BT	1	1	0

续表 9-6

命令	缩写	$\overline{RAS}$	$\overline{CAS}$	$\overline{WE}$
预充电	PCH	0	1	0
自动刷新	ARF	0	0	1
装入模式寄存器	LMR	0	0	0

9.4.2 C55x EMIF 的 SDRAM 接口信号

C55x 的 EMIF 支持 16 位或 32 位宽、64M 位或 128M 位 SDRAM,SDRAM 可以工作在 C55x 时钟频率的 1/2 或 C55x 时钟频率。表 9-7 列出 C55x 与不同 SDRAM 接口时的引脚映射和 EMIF 寄存器配置表,其中 SDACC、SDSIZE、SDWID 的定义见 SDRAM 控制寄存器(表 9-10,表 9-11)。

表 9-7 C55x EMIF SDRAM 的寄存器配置和引脚映射

SDRAM 容量及排列方式	使用芯片数量	配置位			占用 CE 空间	存储块行地址		存储块列地址	
		SDACC	SDSIZE	SDWID		SDRAM	EMIF	SDRAM	EMIF
64M 位,4M×16 位	1	0	0	0	2	BA[1:0],A[11:0]	A[14:12],SDA10,A[10:1]	A[7:0]	A[8:1]
64M 位,4M×16 位	2	1	0	0	4	BA[1:0],A[11:0]	A[15:13],SDA10,A[11:2]	A[7:0]	A[9:2]
64M 位,2M×32 位	1	0	0	1	2	BA[1:0],A[10:0]	A[14:13],SDA10,A[11:2]	A[7:0]	A[9:2]
64M 位,2M×32 位	2	1	0	1	4	BA[1:0],A[10:0]	A[14:13],SDA10,A[11:2]	A[7:0]	A[9:2]
128M 位,8M×16 位	1	0	1	0	4	BA[1:0],A[11:0]	A[14:12],SDA10,A[10:1]	A[8:0]	A[9:1]
128M 位,4M×32 位	1	1	1	1	4	BA[1:0],A[11:0]	A[15:13],SDA10,A[11:2]	A[7:0]	A[9:2]

C55x EMIF SDRAM 接口信号详见本书第 8.4 节,其中 SDRAM 专用接口信号包括行选通信号 $\overline{SDRAS}$、列选通信号 $\overline{SDCAS}$ 和写使能信号 $\overline{SDWE}$,SDA10 信号在 ACTV 命令时作为行地址信号,在读写操作时作为预加电使能信号,在 DCAB 命令下为高,保持模式下为高阻态。

9.4.3 C55x EMIF 与 SDRAM 的接口

C55x 关于 SDRAM 的 EMIF 寄存器详见本书第 8.4 节。C55x EMIF 提供了标准 SDRAM 操作命令,见表 9-8。

表 9-8 C55x EMIF SDRAM 命令

命　令	表 9-6 相应命令	说　明
NOP	NOP	不进行操作
ACTV	ACT	激活所选择存储块和所选择行
READ	RD	输入起始列地址,并开始读操作
WRT	WR	输入起始列地址,并开始写操作
REFR	ARF	自动循环刷新
DCAB	PCH	关闭(预充电)所有存储块
MRS	LMR	配置 SDRAM 模式寄存器

在进行 SDRAM 操作时需要修改 EMIF 全局控制寄存器和片选控制寄存器 1,表 9-9 给出了 SDRAM 所需的设置字段表。另外,还需要设置 SDRAM 控制寄存器,如表 9-10 和表 9-11 所列。

表 9-9 C55x EMIF SDRAM 设置字段表

所在寄存器	位	字段名称	数值	说　明
全局控制寄存器(EGCR)	11~9	MEMFREQ	000b 001b	CLKMEM 频率: CLKOUT 频率 CLKOUT 频率除 2
全局控制寄存器(EGCR)	7	WPE	0 1	写后使能位: 禁止写后 写后使能
全局控制寄存器(EGCR)	5	MEMCEN	0 1	存储器时钟使能: CLKMEM 保持高电平 CLKMEM 输出使能

所在寄存器	位	字段名称	数值	说明
全局控制寄存器(EGCR)	0	NOHOLD	0 1	外部保持控制： 允许外部保持 禁止外部保持
片选控制寄存器1(CEn1)	14～12	MTYPE	011b	32位或16位宽SDRAM

表9-10 SDRAM控制寄存器1(SDC1)

位	字段	数值	说明
15～11	TRC	0～31	从刷新命令REFR到REFR/MRS/ACTV命令间隔CLKMEM周期数
10	SDSIZE		SDRAM容量： 0:64M位　1:128M位
9	SDWID		SDRAM宽度： 0:16位宽　1:32位宽
8	RFEN		刷新使能： 0:禁止刷新　1:允许刷新
7～4	TRCD	0～15	从ACTV命令到READ/WRITE命令CLKMEM周期数
3～0	TRP	0～15	从DCAB命令到REFR/ACTV/MRS命令CLKMEM周期数

表9-11 SDRAM控制寄存器(SDC2)

位	字段	数值	说明
15～11	Rsvd	0	保留
10	SDACC		0:SDRAM数据总线接口为16位宽 1:SDRAM数据总线接口为32位宽
9～8	TMRD	0～3	ACTV/DCAB/REFR延迟CLKMEM周期数
7～4	TRAS	0～15	$\overline{\text{SDRAS}}$信号有效时持续CLKMEM周期数

　　SDRAM周期寄存器和计数寄存器用来设置SDRAM的刷新周期,其中周期寄存器存放刷新所需CLKMEM时钟周期数,计数寄存器存放刷新计数器当前计数值。

　　图9-19中一片SDRAM的容量为64M位,而一个片选空间只有32M位,则需要占用2个连续的片选空间。但在连接片选信号时只需要连接第一个CEn信号即

可,在本例中只需要连接 CE0 信号,而 CE1 信号不需要连接。其他没有用到的 CEn 信号(如 CE2、CE3)可供其他存储器件使用。

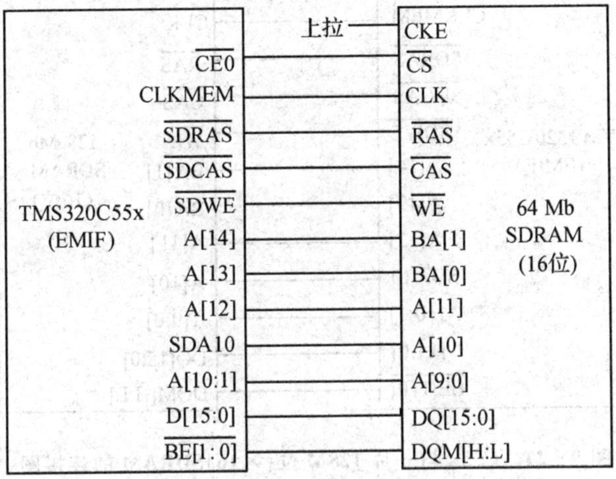

图 9-19 C55x 与一片 64M 位(×16)SDRAM 的连接图

64M 位(×32)SDRAM 也占用了 2 个片选空间,所以只要连接 CE0 信号即可。

128M 位 SDRAM 将占用所有片选空间,而片选信号只需连接 $\overline{CE0}$ 信号即可,但应注意 $\overline{CE1} \sim \overline{CE3}$ 信号不能被其他的存储器使用。

如图 9-20~图 9-22 分别给出不同宽度、不同容量 SDRAM 的连接图。

注意:

当 VC5509A EMIF 与 SDRAM 以 16 位数据宽度连接时,其 A0 引脚可作为 A14 引脚直接使用。这是因为,VC5509A 内部 A0 线与 A14 线进行"异或"运算后才引出到 A0 引脚。

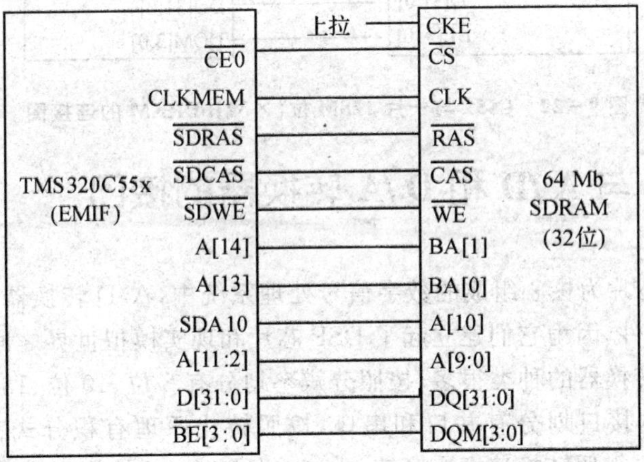

图 9-20 C55x 与一片 64M 位(×32)SDRAM 的连接图

第9章 C55x 的硬件扩展

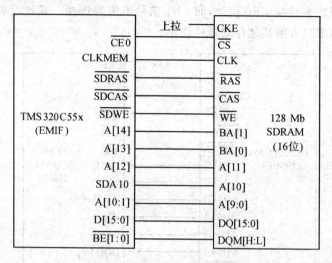

图 9-21　C55x 与一片 128M 位（×16）SDRAM 的连接图

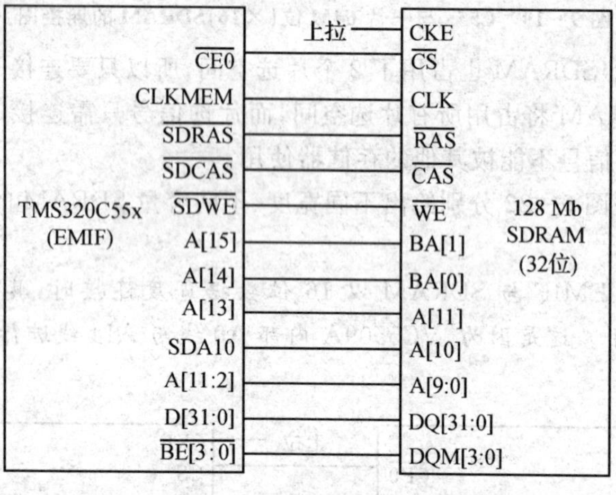

图 9-22　C55x 与一片 128M 位（×32）SDRAM 的连接图

9.5　C55x 与 A/D 和 D/A 转换器的接口

在以 DSP 芯片为核心组成的数字信号处理系统中，A/D 转换器和 D/A 转换器是非常重要的器件，因为它们建立起了 DSP 芯片和现实模拟世界之间的联系。A/D 转换器和 D/A 转换器的种类很多，按照分辨率划分有 8 位、10 位、12 位、14 位等，按照与 DSP 芯片的接口划分有并口和串口，按照转化原理有积分式、逐次逼近式和 Sigma-Delta 等，按照转换速度有高速、中速和低速，按照转换通道数有单通道和多通道等，在实际问题中要根据需要进行选择。本节以 TI 公司的 TLV320AIC23B（简称 AIC23B)为例,介绍了 C55x 与 A/D 和 D/A 转换器的接口技术。

9.5.1 TLV320AIC23B 简介

AIC23B 是 TI 公司生产的一种高性能立体声音频编解码器。该芯片高度集成了模拟电路功能,内置耳机输出放大器,支持 MIC 和 LINE IN 两种输入方式(二选一),且对输入和输出都具有可编程增益调节。

AIC23B 的 ADC 和 DAC 部件采用了先进的 Sigma-Delta 过采样技术,可以在 8~96 kHz 的频率范围内提供 16 位、20 位、24 位和 32 位的采样。在采样率为 48 kHz 的情况下,ADC 和 DAC 的信噪比能够分别达到 90 dB 和 100 dB,从而可在小型低功耗设计中实现高保真录音和高质量的数字音频回放。AIC23B 还具有很低的功耗,在回放中的功率消耗小于 23 mW,节电模式下更是小于 15 μW。

1. AIC23B 芯片主要特性

① 高性能立体声编解码器。其采样频率为 48 kHz 时,ADC 信噪比是 90 dB,DAC 信噪比是 100 dB;1.42~3.6 V 的内核数字电压;采样频率范围 8~96 kHz。

② 音频数据可以通过与 TI 的 MCBSP 相兼容的可编程音频接口输入输出。

③ 立体声线路输入。

④ ADC 支持立体声线路和传声器两种输入。

⑤ 立体声线路输出。

⑥ 音量控制,输入/输出静音功能。

⑦ 高性能线性耳机放大器。

⑧ 电源可弹性管理,回放模式下功率为 23 mW;等待模式下功率小于 150 μW;节电模式下功率小于 15 μW。

⑨ 采用工业级最小封装。

2. 内部结构

AIC23B 的内部结构如图 9-23 所示。

3. 封装形式

AIC23B 有 3 种封装形式,GQZ/ZQE 封装、RHD 封装和 PW 封装,如图 9-24 所示(PW 封装图)。

4. AIC23B PW 封装引脚功能说明

AIC23B 封装引脚功能如表 9-12 所列。

第 9 章 C55x 的硬件扩展

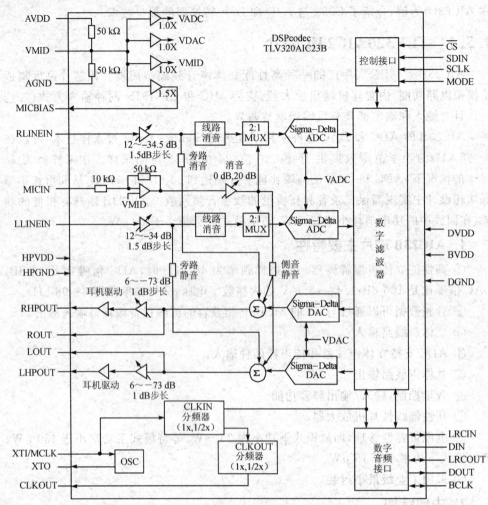

图 9-23 AIC23B 的内部结构图

图 9-24 AIC23B PW 封装图

表 9-12　AIC23B PW 封装引脚说明

引脚名称	引脚序号	I/O	功能描述
AGND	15		模拟地
AVDD	14		模拟电源输入,通常为 3.3 V
BCLK	3	I/O	I²S 串行位时钟信号。AIC23B 为主模式时,该时钟由 AIC23B 产生并把它送给 DSP;当 AIC23B 为从模式时,该时钟由 DSP 产生
BVDD	1		缓冲电源输入,电压范围为 2.7～3.6 V
CLKOUT	2	O	时钟输出,为 XTI 的缓冲信号。频率为 XTI 或 XTI 的 1/2,由采样频率控制寄存器的第 7 位控制
$\overline{CS}$	21	I	控制口输入/地址选择信号
DIN	4	I	输入到 Sigma-Delta DAC 的 I²S 格式串行数据
DGND	28		数字地
DOUT	6	O	从 Sigma-Delta ADC 输出的 I²S 格式串行数据
DVDD	27		数字电源。电压范围为 1.4～3.6 V
HPGND	11		模拟地(耳机功放)
HPVDD	8		模拟电源(耳机功放),通常为 3.3 V
LHPOUT	9	O	左声道耳机放大输出,通常 0 dB 输出电平为 1 Vrms
LLINEIN	20	I	左声道 LINE IN 输入,通常 0 dB 输入电平为 1 Vrms
LOUT	12	O	左声道线性输出,通常 0 dB 输出电平为 1 Vrms
LRCIN	5	I/O	I²S DAC 字时钟信号。在主模式下,AIC23B 产生该帧信号并发送到 DSP;在从模式下,该信号由 DSP 产生
LRCOUT	7	I/O	I²S ADC 字时钟信号。在主模式下,AIC23B 产生该帧信号并发送到 DSP;在从模式下,该信号由 DSP 产生
MICBIAS	17	O	为驻极体传声器提供偏压,电压为 AVDD 的 3/4
MICIN	18	I	驻极体传声器输入,放大器默认是 5 倍增益
MODE	22	I	控制口工作模式(2 线或 SPI)选择
RHPOUT	10	O	右声道耳机放大输出
RLINEIN	19	I	右声道 LINE IN 输入
ROUT	13	O	右声道输出
SCLK	24	I	控制口串行数据时钟信号
SDIN	23	I	控制口串行数据输入
VMID	16		电压通常为 AVDD 的 1/2,外接一个 10 μF 和一个 0.1 μF 电容并连接地
XTI/MCLK	25	I	晶振或外部时钟输入,用于驱动 AIC23B 的内部时钟
XTO	26	O	晶振输出,当使用外部时钟时该引脚不用

9.5.2 AIC23B 的控制寄存器

AIC23B 有 11 个控制寄存器,用于对运行模式进行编程控制。它们的名称和地址如表 9-13 所列。

表 9-13 AIC23B 的控制寄存器及其地址

地址	寄存器	地址	寄存器
0000000	左线性输入声道音量控制	0000110	电源控制
0000001	右线性输入声道音量控制	0000111	数字音频接口格式
0000010	左耳机输出声道音量控制	0001000	采样率控制
0000011	右耳机输出声道音量控制	0001001	数字接口激活
0000100	模拟音频通道控制	0001111	复位寄存器
0000101	数字音频通道控制		

1. 左线性输入声道音量控制

如表 9-14 所列,其中:
LRS:左右声道同时更新,0=禁止;1=激活。
LIM:左声道输入衰减,0=正常;1=消隐。
LIV[4:0]:左声道输入控制衰减(缺省为 1011=0 dB)。最大 11111=+12 dB,最小为 00000=-34.5 dB。

表 9-14 左线性输入声道音量控制(地址:0000000)

位	D8	D7	D6	D5	D4	D3	D2	D1	D0
功能	LRS	LIM	X	X	LIV4	LIV3	LIV2	LIV1	LIV0
默认	0	1	0	0	1	0	1	1	1

2. 右线性输入声道音量控制

如表 9-15 所列,其中:
RLS:左右声道同时更新,0=禁止;1=激活。
RIM:右声道输入衰减,0=正常;1=消隐。
RIV[4:0]:右声道输入控制衰减(1011=0 dB 缺省),最大 11111=+12 dB,最小为 00000=-34.5 dB。

表 9-15 右线性输入声道音量控制(地址:0000001)

位	D8	D7	D6	D5	D4	D3	D2	D1	D0
功能	RLS	RIM	X	X	RIV4	RIV3	RIV2	RIV1	RIV0
默认	0	1	0	0	1	0	1	1	1

3. 左耳机输出声道音量控制

如表 9-16 所列,其中:

LRS:左右耳机通道控制,0=禁止;1=激活。

LZC:0 点检测,0=Off;1=On。

LHV[6:0]:左耳机通道控制音量衰减(缺省为 1111001=0 dB),最大 1111111=+6 dB;最小 0110000=−73 dB。

表 9-16 左耳机输出声道音量控制(地址:0000010)

位	D8	D7	D6	D5	D4	D3	D2	D1	D0
功能	LRS	LZC	LHV6	LHV5	LHV4	LHV3	LHV2	LHV1	LHV0
默认	0	1	1	1	1	1	0	0	1

4. 右耳机输出声道音量控制

如表 9-17 所列,其中:

RLS:左右耳机通道控制,0=禁止;1=激活。

RZC:0 点检测,0=Off;1=On。

RHV[6:0]:右耳机通道控制音量衰减(缺省为 1111001=0 dB),最大 1111111=+6 dB;最小 0110000=−73 dB。

表 9-17 右耳机输出声道音量控制(地址:0000011)

位	D8	D7	D6	D5	D4	D3	D2	D1	D0
功能	RLS	RZC	RHV6	RHV5	RHV4	RHV3	RHV2	RHV1	RHV0
默认	0	1	1	1	1	1	0	0	1

5. 模拟音频通道控制

如表 9-18 所列,其中:

DAC:DAC 选择,0=关闭 DAC;1=打开 DAC。

BYP:旁路。

INSEL:模拟输入选择,0=线路;1=传声器。

MICM:传声器衰减,0=普通;1=衰减。

MICB:传声器增益,0=0 dB;1=20 dB。

STA[2:0] 和 STE:

STE	STA2	STA1	STA0	侧音衰减
1	1	X	X	0 dB
1	0	0	0	−6 dB
1	0	0	1	−9 dB

续表

STE	STA2	STA1	STA0	侧音衰减
1	0	1	0	−12 dB
1	0	1	1	−18 dB
0	X	X	X	不用

表 9−18　模拟音频通道控制(地址:0000100)

位	D8	D7	D6	D5	D4	D3	D2	D1	D0
功能	STA2	STA1	STA0	STE	DAC	BYP	INSEL	MICM	MICB
默认	0	0	0	0	1	1	0	1	0

6. 数字音频通道控制

如表 9−19 所列,其中:

DACM:DAC 软件衰减,0＝禁止;1＝激活。

DEEMP[1:0]:去加重(De-emphasis)控制,00＝禁止;01＝32 kHz;10＝44.1 kHz;11＝48 kHz。

ADCHP:ADC 高通滤波器,0＝禁止;1＝激活。

X:保留。

表 9−19　数字音频通道控制(地址:0000101)

位	D8	D7	D6	D5	D4	D3	D2	D1	D0
功能	X	X	X	X	X	DACM	DEEMP1	DEEMP0	ADCHP
默认	0	0	0	0	0	0	1	0	0

7. 电源控制

如表 9−20 所列,其中:

OFF:设备电源,0＝On;1＝Off。

CLK:时钟,0＝On;1＝Off。

OSC:振荡器,0＝On;1＝Off。

OUT:输出,0＝On;1＝Off。

DAC:DAC,0＝On;1＝Off。

ADC:ADC,0＝On;1＝Off。

MIC:传声器输入,0＝On;1＝Off。

LINE:Line 输入,0＝On;1＝Off。

X:保留。

表 9-20 电源控制(地址:0000110)

位	D8	D7	D6	D5	D4	D3	D2	D1	D0
功能	X	OFF	CLK	OSC	OUT	DAC	ADC	MIC	LINE
默认	0	0	0	0	0	0	1	1	1

8. 数字音频接口格式

如表 9-21 所列,其中:

MS:主从模式,0=从模式;1=主模式。

LRSWAP:DAC 左右通道交换,0=禁止;1=激活。

LRP:DAC 左右通道设定,0=右通道在 LRCIN 高电平;1=右通道在 LRCIN 低电平。

IWL[1:0]:输入长度,00=16 位;01=20 位;10=24 位;11=32 位。

FOR[1:0]:数据初始化,11= DSP 初始化,帧同步来自于两个字;10=I^2S 初始化;01=MSB 优先,左声道排列;00=MSB 优先,右声道排列。

X:保留。

表 9-21 数字音频接口格式(地址:0000111)

位	D8	D7	D6	D5	D4	D3	D2	D1	D0
功能	X	X	MS	LRSWAP	LRP	IWL1	IWL0	FOR1	FOR0
默认	0	0	0	0	0	0	0	0	1

9. 采样率控制

如表 9-22 所列,其中:

CLKIN:时钟输入分割,0=MCLK;1=MCLK/2。

CLKOUT:时钟输出分割,0=MCLK;1=MCLK/2。

SR[3:0]:采样率控制。

BOSR:基本过采样率。

USB 模式:0=250 fs;1= 272 fs。

普通模式:0=256 fs;1=384 fs。

USB/Normal:时钟模式选择:0=普通;1=USB。

X:保留。

表 9-22 采样率控制(地址:0001000)

位	D8	D7	D6	D5	D4	D3	D2	D1	D0
功能	X	CLKOUT	CLKIN	SR3	SR2	SR1	SR0	BOSR1	USB/Normal
默认	0	0	0	1	0	0	0	0	0

10. 数字接口激活

如表 9-23 所列,其中:

ACT:激活控制,0=停止;1=激活。

X:保留。

表 9-23 数字接口激活(地址:0001001)

位	D8	D7	D6	D5	D4	D3	D2	D1	D0
功能	X	RES	RES	X	X	X	X	X	ACT
默认	0	0	0	0	0	0	0	0	0

11. 复位寄存器

如表 9-24 所列。写 000000000 到 RES 寄存器,复位 AIC23B。

表 9-24 复位寄存器(地址:0001111)

位	D8	D7	D6	D5	D4	D3	D2	D1	D0
功能	RES	RES	RES	RES	RES	RES	RES	RES	RES
默认	0	0	0	0	0	0	0	0	0

9.5.3 AIC23B 与 C55x 的控制接口

AIC23B 与 C55x 的接口有 2 个:一个是控制接口,通过该接口对 AIC23B 的控制寄存器编程,来设置 AIC23B 的工作参数;另一个是数据接口,用于传输 AIC23B 的 A/D 和 D/A 数据。

AIC23B 的控制接口有两种工作模式,即 3 线制 SPI 和 2 线制,由 MODE 引脚所接电平确定。其中高电平对应 SPI 模式,低电平对应 2 线模式,如表 9-25 所列。

表 9-25 AIC23B 接口模式选择

MODE 引脚电平	接口模式
0	2 线模式
1	SPI 模式

1. SPI 模式

在 SPI 模式中,SDIN 是串行数据线,SCLK 是串行数据时钟,而 $\overline{CS}$ 是帧同步信号,该模式与具有 SPI 接口的微处理器和 DSP 芯片兼容。

SPI 模式时序如图 9-25 所示。AIC23B 的控制字有 16 位,从 MSB(最高位)开始,在 SCLK 的上升沿锁存相应的数据位,在经过 16 个 SCLK 的上升沿后,在 $\overline{CS}$ 的上升沿将整个 16 位数据锁存入 AIC23B。

16 位控制字被分为两部分,前 7 位(B[15:9])为寄存器地址,后 9 位(B[8:0])为寄存器内容。

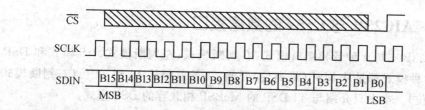

图 9-25 SPI 时序图

2. 2 线模式

在 2 线模式中，SDIN 用来传输串行数据，而 SCLK 作为串行时钟。2 线模式的时序如图 9-26 所示。开始发送的条件是 SDIN 处于下降沿，SCLK 处于高电平状态。紧跟在开始发送条件后的是 7 位的地址，由它决定在 2 线上的哪个设备接受数据。R/W 决定数据传送的方向，AIC23B 的控制接口为只写部件，只有当 R/W＝0 时才作出反应。AIC23B 只用作从设备，其地址由 $\overline{CS}$ 引脚的电平来决定，如表 9-26 所列。

表 9-26 AIC23B 地址

$\overline{CS}$ 状态	地址
0	0011010
1	0011011

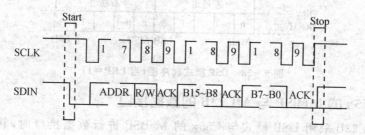

图 9-26 2 线模式时序

识别到地址的器件在第 9 个时钟期间把 SDIN 拉低，通知要进行数据传送。紧接着是 2 个 8 位的数据块。数据传送完毕后，停止传输的条件是 SDIN 的上升沿（同时 SCLK 处于高电平状态）。

在 2 线模式中，16 位的控制字同样被分成两部分，前 7 位(B[15：9])为寄存器地址，后 9 位(B[8：0])为寄存器内容。

图 9-27 给出了 VC5509A 与 AIC23B 工作在 2 线模式时的控制接口连接线图。图中，AIC23B 芯片 $\overline{CS}$ 被下拉，因此其地址为 0011010（当 $\overline{CS}$ 引脚为高电平时，AIC23B 芯片的地址为 0011011）。

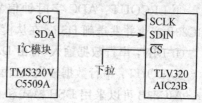

图 9-27 VC5509A 和 AIC23B 控制接口接线图（2 线模式）

9.5.4 AIC23B 与 C55x 的数据接口

AIC23B 支持 4 种音频接口模式：右判断模式、左判断模式、I^2S 模式和 DSP 模式。这 4 种模式都是从 MSB（最高位）开始，字长范围从 16 到 32 位（右判断模式不支持 32 位）。本书只介绍与 TI DSP 的 McBSP 相兼容的 DSP 模式。

该数字音频接口包括位时钟信号（BCLK），数据输入输出信号（DIN 和 DOUT），帧信号（LRCIN 和 LRCOUT）。位时钟信号（BCLK）在主模式下是输出信号，在从模式下是输入信号。

1. AIC23B 数字音频接口的 DSP 模式

在 DSP 模式下，AIC23B 引脚 LRCIN 和 LRCOUT 必须连接到 McBSP 的帧同步信号上。在 LRCIN 或 LRCOUT 的下降沿开始数据发送，先发送左通道信号字，紧接着发送右通道信号字，如图 9-28 所示。信号字的长度由 IWL 寄存器决定。

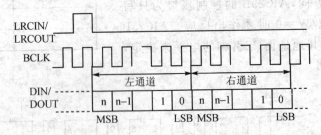

图 9-28 DSP 模式时序图（当 LRP=1）

2. C55x 的 McBSP 与 AIC23B 的数据接口

当 AIC23B 采用 DSP 模式与 C55x 的 McBSP 进行数据接口时，其引脚说明如下：

① BCLK：数据接口时钟信号。当 AIC23B 为主模式时，该时钟由 AIC23B 产生；当 AIC23B 为从模式时，该时钟由 DSP 产生。

② LRCIN：DAC 字时钟信号。

③ LRCOUT：ADC 字时钟信号。在主模式下，LRCIN 和 LRCOUT 信号由 AIC23B 产生并发送到 DSP；在从模式下，该信号由 DSP 产生。

④ DIN：串行数据输入（将由 DAC 输出）。

⑤ DOUT：串行数据输出（已由 ADC 输入）。

AIC23B 可以采用 DSP 模式和 C55x 的 McBSP 实现无缝连接。唯一要注意的是，当 AIC23B 做从设备时，McBSP 的接收时钟和 AIC23B 的 BCLK 都是由 McBSP 的发送时钟提供；当 AIC23B 做主设备时，McBSP 的发送和接收时钟均由 AIC23B 来提供。图 9-29 给出了当 AIC23B 做从设备时，C55x 的 McBSP 和 AIC23B 的接线图。

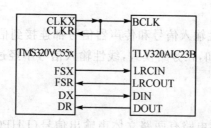

图9-29 C55x的McBSP和AIC23B的数据接口接线图(从模式)

9.5.5 AIC23B的模拟接口

AIC23B的模拟接口主要包括线性输入电路、传声器输入电路、线性输出电路和耳机输出电路等。

1. 线性输入电路

AIC23B有2个线性输入通道,分别是左线性输入声道和右线性输入声道(RLINEIN和LLINEIN)。这两个声道可以分别编程进行音量控制。线性输入增益的可调范围为12 dB~−34.5 dB。ADC满量程是1.0 V_{RMS}(AV_{DD}=3.3 V时)。

当线性输入被静音或设备被置于旁路模式时,线性输入内部偏置到V_{MID}。图9-30所示是一个与CD播放器接口的例子,线性输入最大值应为1 V_{RMS},以避免噪声。

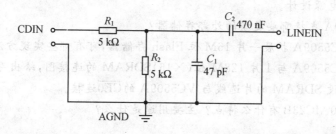

图9-30 模拟信号线性输入电路

R_1和R_2起分压作用,对来自CD播放器的信号2 V_{RMS}进行分压,得到1V_{RMS}送入到AIC23B;C_1滤掉高频噪声,C_2滤掉直流成分。

2. 传声器输入电路

MICIN是高阻抗、低电容信号,与多数传声器相兼容,并且还有可编程的音量控制和静音功能。传声器输入主要用来通过无源传声器进行声音的采集,需要为其提供偏置电源。

3. 线性输出电路

AIC23B有两路低阻抗输出信号(LLINEOUT和RLINEOUT),两信号能驱动10 kΩ和50 pF的线性负载。DAC满量程输出电压是1 V_{RMS}(当AVDD=3.3 V时),DAC通过一个低通滤波器连接到输出,在大多数实际应用场合中不再需要额外

第 9 章　C55x 的硬件扩展

的滤波电路。

DAC 输出信号、线性输入信号和传声器信号都连接到信号输出，并且这三个信号可以被单独关闭。例如，在旁路模式下，线性输入信号不经过 ADC 和 DAC，而是直接连到输出信号。

4. 耳机输出电路

AIC23B 的耳机输出电路有两路立体声输出信号（LHPOUT 和 RHPOUT），能驱动 16 Ω 或 32 Ω 的耳机，不需要外部额外驱动电路。

耳机输出电路有高品质音量控制和静音功能，把 000000 写到音量控制寄存器，就可以实现静音功能。耳机输出电路内部还有受 LZC 和 RZC 位控制的过零检测电路，用于屏蔽噪声。

思考题与习题

9.1　DSP 系统硬件设计都有哪些步骤？

9.2　一个典型的 DSP 应用系统主要有哪些组成部分？

9.3　基于 C55x 的最小系统包括哪些基本电路？

9.4　某 DSP 应用系统需要的电源为 3.3 V 和 1.2 V，设给定电源为 5 V，请给出该系统的电源设计。

9.5　VC5509A 支持哪些类型的外部存储器？

9.6　采用 VC5509A 扩展一片 16M 位 Flash 存储器，可有哪些实现方法？

9.7　画出 VC5509A 与 1 片 128M 位（×16）SDRAM 的连接图，给出存储器的起始地址。设 SDRAM 的片选线与 VC5509A 的 $\overline{CE0}$ 连接。

9.8　TLV320AIC23B 有什么特点？主要用途是什么？

第 10 章

C55x 应用系统设计实例

内容提要：介绍了一个基于 TMS320VC5509A 的通用数字信号处理板，包括硬件设计和一组调试程序。在此基础上，给出了几个典型 DSP 应用系统的设计方案。

10.1 典型 DSP 板的硬件设计

10.1.1 概 述

本节给出了一个基于 TMS320VC5509A 的通用数字信号处理板的硬件设计方案，其结构框图见图 10-1，完整电路原理图见本章附图。包括 VC5509A 芯片、复位

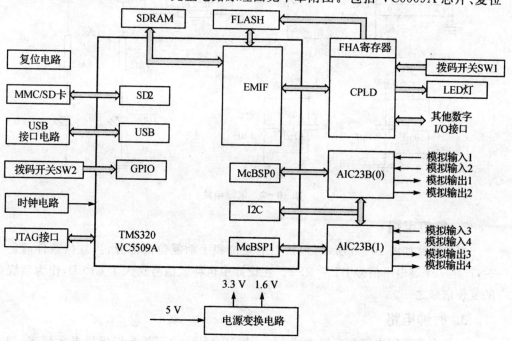

图 10-1 基于 VC5509A 的 DSP 板硬件结构框图

电路、时钟电路、JTAG 接口电路以及电源电路等基本电路模块,还通过 EMIF 外扩了 FLASH、SDRAM 等存储器模块;通过 McBSP0、McBSP1 和 I2C 外扩了 2 片 AIC23B,使该系统具有 4 路模拟输入和 4 路模拟输出。

10.1.2 基本电路模块

1. 电源电路

电源电路的原理图如图 10-2 所示。系统输入电源为 5 V,采用具有 2 路输出的电源芯片 TPS767D301 产生 1.6 V 和 3.3 V 电压,2 路稳压输出电流均可达到 1 A。此外,该芯片还具有电压监控功能,当输出电压低于目标电压的 95% 时,即产生一个 200 ms 的低电平信号 PWR_RSTn。本设计将该低电平信号送入 CPLD 作为系统的复位信号之一。

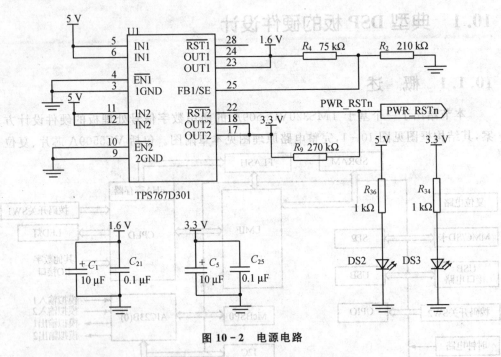

图 10-2 电源电路

2. 复位电路

复位电路如图 10-3 所示,包括上电复位和手动复位两部分,当复位条件满足时,产生一个高电平信号 BTN_RST。在设计中也将该信号送入了 CPLD,作为系统的复位信号之一。

3. 时钟电路

时钟电路采用内部振荡器方式,由一个 12 MHz 的石英晶振提供参考频率,如图 10-4 所示。VC5509A 的主时钟信号由片内数字锁相环电路对该 12 MHz 基本时钟信号倍频产生。

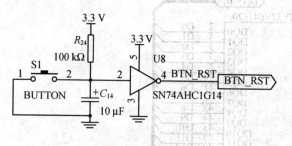

图 10-3 复位电路

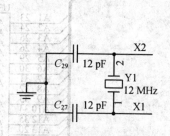

图 10-4 时钟电路

10.1.3 FLASH 电路模块

使用 S29AL008D 作为 FLASH 存储芯片,用于存储程序和部分数据信息。采用 CPLD 构建一个 FLASH 的高位地址寄存器 FHA。FLASH 接口电路原理图如图 10-5 所示。

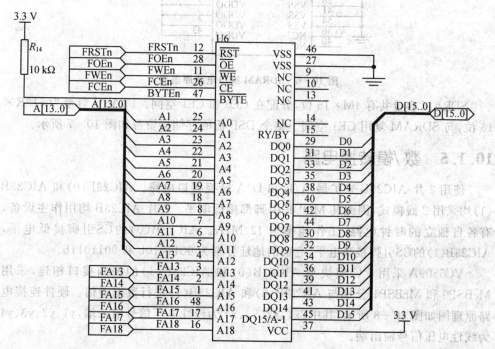

图 10-5 FLASH 接口电路原理图

10.1.4 SDRAM 电路模块

使用 HY57V641620 芯片作为 SDRAM 存储单元,接口电路原理图如图 10-6 所示。

第10章 C55x应用系统设计实例

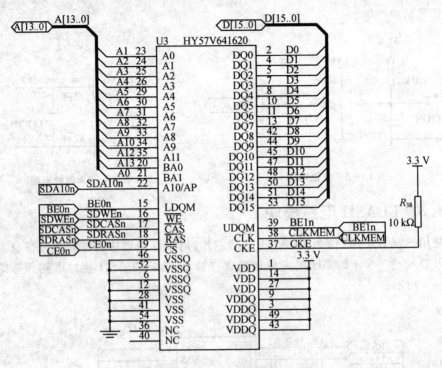

图 10-6 SDRAM 接口电路原理图

SDRAM 容量共有 4M×16 位,分配在 CE0 和 CE1 空间。FLASH 容量为 512K×16 位,与 SDRAM 复用 CE1 空间。整个 DSP 板的存储器资源如图 10-7 所示。

10.1.5 数/模转换电路

使用 2 片 AIC23B 来扩展 A/D 和 D/A 转换接口电路。AIC23B(0) 和 AIC23B(1) 均采用 2 线模式,因此其 MODE 引脚都接低电平。2 片 AIC23B 均用作主设备,有各自独立的时钟电路,工作频率为 12 MHz。AIC23B(0) 的 $\overline{CS}$ 引脚接低电平,AIC23B(1) 的 $\overline{CS}$ 引脚接高电平,它们的地址分别为 0011010b 和 0011011b。

VC5509A 采用 I^2C 模块与 AIC23B(0) 和 AIC23B(1) 的控制接口相连,采用 McBSP0 和 McBSP1 分别与 AIC23B(0) 和 AIC23B(1) 进行数据通信。硬件连接电路原理图如图 10-8 所示,其中,x1、x2、x3、x4 为线性电压信号输入端,y1、y2、y3、y4 为线性电压信号输出端。

10.1.6 SD 卡接口电路

SD 卡是通过 VC5509A 的 SD2(即 McBSP2)引脚进行扩展的。接口电路原理图如图 10-9 所示,其中 SD_DET、SD_LED 为插卡检测和指示灯信号。

第10章 C55x 应用系统设计实例

图 10-7 DSP 板存储器资源分配

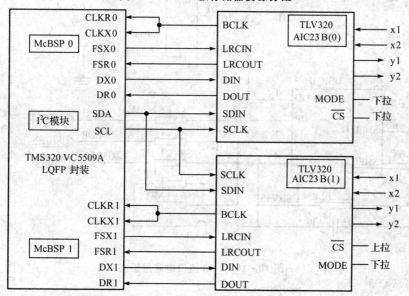

图 10-8 VC5509A 与 AIC23B(0)和 AIC23B(1)芯片接口电路原理图

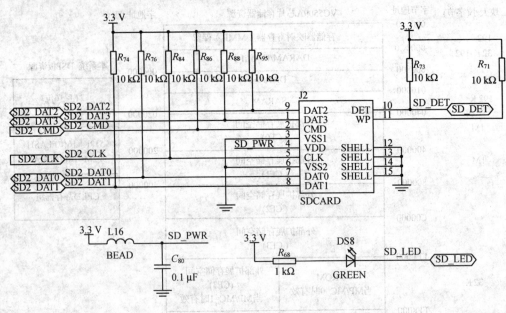

图 10-9 SD 卡接口电路原理图

10.1.7 USB 接口电路

USB 接口电路如图 10-10 所示,其中 USB_DET 为上电检测信号。

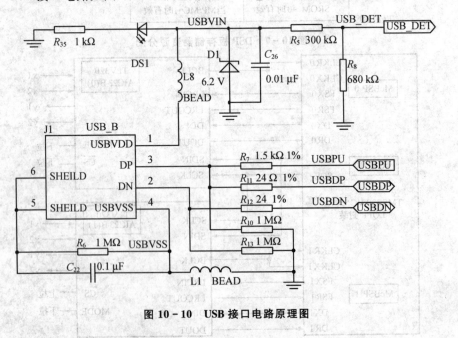

图 10-10 USB 接口电路原理图

10.1.8 自启动电路模块

在系统复位时,程序会自动跳转到 0xFF8000 处运行,在这里固化着出厂时的引导程序。在这段程序中,系统会读取 GPIO0～3 的状态,然后确定引导方式。系统引导方式如表 10-1 所列。

表 10-1 系统引导方式表

GPIO0	GPIO1	GPIO2	GPIO3	说 明
0	1	0	0	来自于 Mcbsp0 的串行 EEPROM 引导方式(24 位地址)
0	0	1	0	USB 接口引导方式
0	1	0	1	EHPI(多元引导)方式
0	0	1	1	EHPI(非多元引导)方式
1	0	0	0	来自于外部 16 位异步内存的引导方式
1	1	0	0	来自于 Mcbsp0 的串行 EEPROM 引导方式(16 位地址)
1	1	1	0	并行 EMIF 引导方式(16 位异步内存)
1	0	1	1	来自 Mcbsp0 同步串行引导方式(16 位数据)
1	1	1	1	来自 Mcbsp0 同步串行引导方式(8 位数据)

本 DSP 板设计中,使用拨码开关来设置 GPIO3～GPIO0 的状态,自启动电路如图 10-11 所示。由于使用的是从外部 16 位 FLASH 启动的方式,所以设置 GPIO3～GPIO0 状态为 0111B,对应拨码开关 1～4 的状态为:ON、OFF、OFF、OFF。

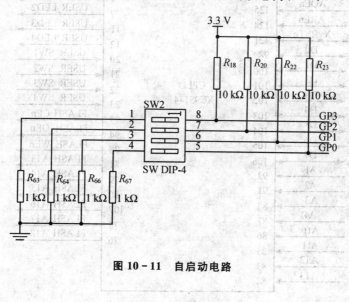

图 10-11 自启动电路

10.2 CPLD 电路模块设计

本节专门介绍上一节所设计 DSP 板的 CPLD 电路模块。

10.2.1 概 述

DSP 速度快,要求的译码速度也必须快。利用小规模逻辑器件译码的方式已不能满足 DSP 系统的要求。同时,DSP 系统中经常需要外部快速部件的配合,这些部件往往是专门的电路,可由 CPLD 来实现。CPLD 是 Complex Programmable Logic Device 的简称,是一种较 PLD 更为复杂的逻辑元件,其序严格、速度较快、可编程性好,非常适合于实现译码和专门电路。CPLD 增加了系统设计的灵活性,为使用者提供了更多的选择。

在本设计中,CPLD 芯片选用了 XILINX 公司的 XC95144XL,主要用于 DSP 复位逻辑控制、外部存储器 FLASH 高位地址扩展和系统外扩等。XC95144XL 输入输出引脚的定义如图 10-12 所示。

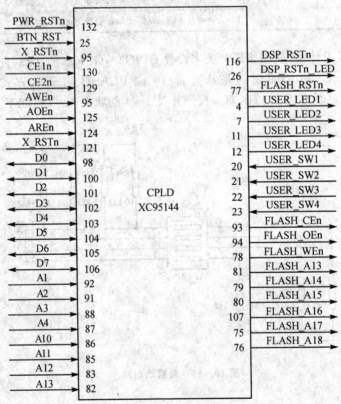

图 10-12　XC95144XL 输入输出引脚的定义

CPLD 代码使用 VHDL 语言编写,下面对其中的关键部分做简要说明。

10.2.2 复位逻辑

复位逻辑模块的输入信号为电源芯片复位信号 PWR_RSTn、按键复位信号 BTN_RST 和外部复位信号 X_RSTn,产生 VC5509A 芯片系统复位信号 DSP_RSTn 和 FLASH 芯片复位信号 FLASH_RSTn 以及复位指示灯信号 DSP_RSTn_LED。

代码如下:

```
SystemResetn   <= '0'    when    PWR_RSTn = '0' or X_RSTn = '0' or BTN_RST = '1'
                                 else '1';
DSP_RSTn       <= '0'    when    SystemResetn = '0'
                                 else '1';
DST_RST_LED    <= '0'    when    SystemResetn = '0'
                                 else '1';
FLASH_RSTn     <= '0'    when    SystemResetn = '0'
                                 else '1';
```

当 PWR_RSTn(低电平有效)、X_RSTn(低电平有效)、BTN_RST(高电平有效)有一个有效时,即产生有效的复位信号 DSP_RSTn(低电平有效)、FLASH_RSTn(低电平有效)、DSP_RSTn_LED(低电平有效)。DSP_RSTn、FLASH_RSTn、DSP_RSTn_LED 逻辑电平相同,只是引脚不同。

10.2.3 控制寄存器的地址生成

利用 XC95144XL 设计了两个控制寄存器,分别是用户寄存器和 FLASH 高位地址寄存器 FHA。两个控制寄存器与 VC5509A 通过 EMIF 接口,其地址分别为 0x400601、0x400602。

控制寄存器地址生成代码如下:

```
-- ==============================================================
-- Generic register address decode and register chip select generation
REGCEn        <= '0'       when    DSP_CE2n = '0' and DSP_ADDRH(13 downto 10) = "0011"
                                   else '1';
GENERATE_ADDR: process(DSP_ADDRL)
    begin
        case DSP_ADDRL(4 downto 1) is
            when "0001"  => ChipEnables <= "00000001"; -- USER REG    0x400601
            when "0010"  => ChipEnables <= "00000010"; -- FLASH REG   0x400602
            when others  => ChipEnables <= "00000000";
        end case;
    end process;
USER_REGCS        <= '1'    when ChipEnables(0) = '1' and REGCEn = '0'    else '0';   --
```

```
FLASH_REGCS <= '1'       when ChipEnables(1) = '1' and REGCEn = '0'      else '0';
```

当 DSP_CE2n(低电平有效)有效,并且 DSP 的地址总线 A13~A10 为 "0011"时,通用寄存器选择信号 REGCEn(低电平有效)有效。同时对 DSP 的地址总线 A4~A1 译码,结合信号 REGCEn 得到用户寄存器选择信号 USER_REGCS 和 FLASH 高位地址寄存器选择信号 FHA_REGCS。

10.2.4 用户寄存器

用户寄存器用于控制 LED 灯和读取拨码开关状态,长度为 8 位。高 4 位对应引脚 USER_SW4~USER_SW1,用于读取拨码开关状态;低 4 位对应引脚 USER_LED4~USER_LED1,用于控制 LED 灯。

代码如下:

```
-- ================================================================
-- USER regiter
-- bit7-4    SW     (R)
-- bit3-0    LED    (W)
process(SystemResetn,USER_REGCS,DSP_DQ,DSP_AWEn)
    begin
        if    SystemResetn = '0' then
            USER_REG(3 downto 0) <= "1010";
        elsif DSP_AWEnEVENT and DSP_AWEn = '1' then
            if (USER_REGCS = '1') then
                USER_REG(3 downto 0) <= DSP_DQ(3 downto 0);
            end if;
        end if;
    end process;
USER_REG(7 downto 4) <= USER_SW(4 downto 1);         -- read SW state
USER_LED(4 downto 1) <= not USER_REG(3 downto 0);    -- output LED state
```

当系统复位时,给用户寄存器的低 4 位赋值 "1010",作为复位初始状态;在 DSP 的 $\overline{AWE}$ 信号的上升沿,并且用户寄存器的片选信号 USER_REGCS(高电平有效)有效时,将数据总线上的 D3~D0 位赋值给用户寄存器 USER_REG 的低 4 位。与此同时,将拨码开关的状态状态读入,放在 USER_REG 的高 4 位;将用户寄存器的低 4 位取反后送给 LED 灯。

10.2.5 FLASH 高位地址寄存器

该模块用于生成 FLASH 的高位地址信号 A18~A13,代码如下:

```
-- ================================================================
-- FLASH high address
```

```
-- 5-0: FA18-FA13
FLASH_CEn       <= DSP_CE1n;
FLASH_WEn <= DSP_AWEn;
FLASH_OEn       <= DSP_AOEn;
process(SystemResetn, FHA_REGCS, DSP_DQ, DSP_AWEn)
    begin
        if    SystemResetn = '0' then
            FHA_REG (5 downto 0) <= "000000";
        elsif DSP_AWEnEVENT and DSP_AWEn = '1' then
            if    (FHA_REGCS = '1') then
                FHA_REG (5 downto 0) <= DSP_DQ(5 downto 0);
            end if;
        end if;
end process;
FLASH_ADDR(18 downto 13) <= FHA_REG (5 downto 0);
```

10.2.6 控制寄存器数据的输出

下列代码可将对应控制寄存器中的内容送出供 DSP 读取：

```
--===========================================================
Mux the read data from all the registers and output for reads
process(DSP_ADDRL,USER_REG,FLASH_REG)
    begin
        case    DSP_ADDRL(4 downto 1) is
            when "0001"     =>      MuxD <= USER_REG;
            when "0010"     =>      MuxD <= "00" & FLASH_REG;
            when others     =>      MuxD <= "ZZZZZZZZ";
        end case;
    end process;
    DSP_DQ <= MuxD    when    (REGCEn = '0')
                      and     (DSP_AREn = '0')
                      and     (DSP_AOEn = '0')
                else
                      "ZZZZZZZZ";
```

10.3 DSP 板测试程序

本节介绍前述 DSP 板的测试程序。

10.3.1 LED 灯和拨码开关测试程序

对于 LED 灯和拨码开关的操作是通过对 CPLD 上的用户寄存器 USER_REG

进行读/写来完成的。用户寄存器地址为 0x400601,各位的定义如表 10-2 所列。

表 10-2 用户寄存器位定义

7	6	5	4	3	2	1	0
SW4(W)	SW3(W)	SW2(W)	SW1(W)	LED4(R)	LED3(R)	LED2(R)	LED1(R)

LED 灯和拨码开关的测试程序如下:

```
for(i = 0; i < 8; i++)                //将 LED 灯依次点亮,再依次熄灭
{
    LedDisp(LEDcode[i]);
    Delay_ms(300);                    //延时 300ms
}
for(i = 0; i < 0x03; i++)             //让 LED 灯闪烁 3 次
{
    LedDisp(0x00);                    //全灭
    Delay_ms(300);
    LedDisp(0x0F);                    //全亮
    Delay_ms(300);
}
while(1)                              //循环读取拨码开关的键值,送显示
{
    readvalue = SwithRead();          //读取拨码开关的值
    LedDisp(readvalue);               //送 LED 灯显示
}
```

在测试程序中,定义了一个数组 LEDcode[8]={0x00,0x01,0x03,0x07, 0xFF,0x07,0x03,0x01}。在程序的开始将该数组中的数据依次送 LED 灯显示,让 LED 灯依次点亮,然后再依次熄灭。然后让 LED 灯闪烁 3 次,最后循环读取 SW1~SW4 的值送 LED1~LED4 显示。

注意:

➢ LedDisp(Uint16 code),用于将传递的参数传送到用户寄存器中。

➢ SwithRead(),用于读取拨码开关的数值,并作为函数的返回值。

➢ Delay_ms(300),延时 300ms 子程序。

10.3.2 GPIO 测试程序

GPIO0~GPIO3 与拨码开关相连,在系统复位时用于选择系统引导方式,当系统引导完毕后即可作为普通 GPIO 来使用。GPIO4、GPIO6、GPIO7 以及 XF 连接了 LED 灯,输出为 0 时点亮 LED 灯,输出为 1 时关闭 LED 灯。

GPIO 测试程序如下:

```
GPIO_RSET(IODIR,0xF0);                      //确定GP0-3为输入,GP4-7为输出
for(i = 0;i<0x03;i++)
{
    GPIO_RSET(IODATA,0x0f);                 //全亮
    CHIP_FSET(ST1_55,XF,0);                 //XF 也点亮
    Delay_ms(300);
    GPIO_RSET(IODATA,0xff);                 //全灭
    CHIP_FSET(ST1_55,XF,1);                 //XF 也熄灭
    Delay_ms(300);
}
while(1)
{
    readvalue = GPIO_RGET(IODATA) & 0x0F;   //读取 GP0-3 的值
    GPIO_RSET(IODATA,readvalue << 4);       //给 GP4、GP6、GP7 赋值
    CHIP_FSET(ST1_55,XF,(readvalue & 0x02) >> 1);   //将 GP1 的值赋给 XF
}
```

在测试程序中,先让 GPIO4、XF、GPIO6、GPIO7 闪烁 3 次,然后循环检测 GPIO0～GPIO3 的值,依次送 GPIO4、XF、GPIO6 和 GPIO7 显示。

注意:
➤ GPIO_RSET(IODATA,0x0f)设置 IODATA 寄存器为 0x0f。
➤ CHIP_FSET(ST1_55,XF,0)设置 ST1_55 寄存器的 XF 位为 0。

10.3.3 SDRAM 测试程序

SDRAM 占用两个空间:CE0 和 CE1,FLASH 与 SDRAM 复用 CE1 空间。当 CE1_1 寄存器中的 MTYPE 为 001b 时,表示 CE1 空间为 16 位异步存储器;当 MTYPE 为 011b 时,表示 CE1 空间为 16 位 SDRAM。

SDRAM 测试程序如下:

```
EMIF_config(&emiffig);                      //初始化 SDRAM
psrc = (Uint16 *)0x200000;                  //指向将要读写的地址
for(ii = 0;ii < 1000;ii++)                  //向对应地址中写入数据
{
    *psrc++ = ii;
}
psrc = (Uint16 *)0x200000;                  //重新指向将要读写的地址
for(ii = 0;ii < 1000;ii++)                  //向对应地址中写入数据
{
    if((*psrc) != (ii - 1))    error++;
    *psrc++;
}
```

```
    if(error == 0)
        printf("SDRAM test completed! No Error!");
while(1);
```

在测试程序中,首先配置好 EMIF,然后向 SDRAM 中写入 1000 个数据,接着将写入的数据读出,验证读出的数据是否正确,并对错误的数据个数进行计数。

10.3.4 FLASH 测试程序

FLASH 测试程序如下:

```
EMIF_config(&emiffig);                              //配置 EMIF
success = Flash_Erase_all();                        //需要大约 14s 才能擦除完毕
if(success == 1)
    printf("Flash erase successfully!! \n");
Flash_Write_init();                                 //向 flash 中写入数据,有换页操作
for(ii = 0;ii < 1000;ii ++)
{
    Flash_Write(0x202000 + ii,ii);
}
for(ii = 0;ii < 1000;ii ++)
{
    Flash_Write(0x204000 + ii,ii + 1);              //写入的数据与上面略有不同
}
Flash_Write_end();
for(ii = 0;ii < 1000;ii ++)                         //读取写入 flash 中的数据,并验证
{
    if(Flash_Read(0x202000 + ii) ! = (ii - 1))  error ++ ;
}
for(ii = 0;ii < 1000;ii ++)
{
    if(Flash_Read(0x204000 + ii) ! = ii)        error ++ ;
}
if(error == 0)
    printf("FLASH test completed! No Error!");
while(1);
```

在测试程序中,首先配置好 EMIF,然后擦除整片 FLASH。接着进行写操作,先在 0x402000 开始的地址写入 1000 个数据,然后在 0x404000 开始的地址写入 1000 个数据。最后读取两块数据,验证数据是否正确,并对错误的个数进行计数。

10.3.5 AIC23B 测试程序

板上共有 2 片 AIC23B。控制接口部分使用 I^2C 总线,2 个芯片的地址分别为

0x1A 和 0x1B;数字接口部分使用了 2 个 McBSP 接口:McBSP 和 McBSP1。

AIC23B 测试程序清单如下:

```
AIC23_Init();                                          //AIC23B 初始化
hMcbsp0 = MCBSP_open(MCBSP_PORT0,MCBSP_OPEN_RESET);    //打开 McBSP0
hMcbsp1 = MCBSP_open(MCBSP_PORT1,MCBSP_OPEN_RESET);    //打开 McBSP1
MCBSP_config(hMcbsp0,&McbspConfig);                    //配置 McBSP0
MCBSP_config(hMcbsp1,&McbspConfig);                    //配置 McBSP1
MCBSP_start(hMcbsp0,
MCBSP_RCV_START | MCBSP_XMIT_START ,                   //开启 McBSP0 发送和接收
0x3000);
MCBSP_start(hMcbsp1,
MCBSP_RCV_START | MCBSP_XMIT_START ,                   //开启 McBSP1 发送和接收
0x3000);
while(1)
{
    for(i = 0;i<LENGTH;i++)
    {
        while(! MCBSP_rrdy(hMcbsp0)){};        //判断是否有数据收到,若无,则等待
        aic23data = MCBSP_read32(hMcbsp0);     //接收数据
        aic0R[i] = (unsigned int) aic23data & 0xffff;//AIC23B0 的右声道数据
        aic0L[i] = (unsigned int) (aic23data>>16) & 0xffff;  //AIC23B1 的左声道
                                                             数据
        while(! MCBSP_xrdy(hMcbsp0)){};        //判断是否准备好发送,若无,则等待
        MCBSP_write32(hMcbsp0,aic23data);      //发送数据

        while(! MCBSP_rrdy(hMcbsp1)){};        //判断是否有数据收到,若无,则等待
        aic23data = MCBSP_read32(hMcbsp1);     //接收数据
        aic1R[i] = (unsigned int) aic23data & 0xffff;//AIC23B1 的右声道数据
        aic1L[i] = (unsigned int) (aic23data>>16) & 0xffff;   //AIC23B1 的左声
                                                              道数据
        while(! MCBSP_xrdy(hMcbsp1)){};   //判断是否准备好发送,若没有,则等待
        MCBSP_write32(hMcbsp1,aic23data);      //发送数据
    }
}
```

在测试程序中,首先对 AIC23B 进行初始化,配置启动 McBSP0 和 McBSP1,然后进入一个循环。在循环中,等待数据接收,待接收完毕后将其存入一个数组,再将接收到的数据发送出去。在测试中,为 4 个通道输入了不同的信号,可以通过示波器观察 4 个输出通道的信号;同时也可以通过 CCS 提供的 Graphic 工具,观察输入信号的波形。

10.4 综合设计实例1：自适应系统辨识

10.4.1 基于LMS算法的自适应滤波器

图10-13为基于LMS算法的自适应滤波器结构框图。其中，$x(n)$为滤波器的输入信号，$w_l(n)$为滤波器的权值系数，$d(n)$为滤波器的期望信号，$e(n)$为滤波器的估计误差信号。$l=0,1\cdots,L-1$，L为滤波器的阶数。

自适应滤波器的目的是，以迭代方式逐步调整滤波器系数$w_l(n)$，使误差信号$e(n)$的能量（或幅度）不断减少。

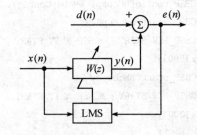

图10-13 基于LMS算法的自适应滤波器

定义滤波器输入信号向量为
$$\boldsymbol{x}(n) = [x(n), x(n-1), \cdots, x(n-L+1)]^{\mathrm{T}} \tag{10-1}$$

滤波器系数矢量为
$$\boldsymbol{w}(n) = [w_0(n), w_1(n), \cdots, w_{L-1}(n)]^{\mathrm{T}} \tag{10-2}$$

其中上标T表示矩阵转置运算符，则滤波器输出为
$$y(n) = \sum_{l=0}^{L-1} w_l(n) x(n-l) \tag{10-3a}$$

或
$$y(n) = \boldsymbol{w}^{\mathrm{T}}(n)\boldsymbol{x}(n) = \boldsymbol{x}^{\mathrm{T}}(n)\boldsymbol{w}(n) \tag{10-3b}$$

误差信号为
$$e(n) = d(n) - y(n) = d(n) - \boldsymbol{w}^{\mathrm{T}}(n)\boldsymbol{x}(n) \tag{10-4}$$

定义性能函数为
$$\xi = e^2(n) \tag{10-5}$$

可以得到滤波器系数更新公式（推导过程略）：
$$\boldsymbol{w}(n+1) = \boldsymbol{w}(n) + \mu e(n)\boldsymbol{x}(n) \tag{10-6}$$

其中，μ为收敛因子。

10.4.2 自适应系统辨识算法

自适应系统辨识原理示于图10-14，其中$G(z)$为待辨识的系统。白噪声信号发生器发出的辨识噪声$u(n)$一方面注入待辨识系统$G(z)$，一方面作为自适应滤波器的参考输入信号。

由图10-14可见
$$E(z) = [G(z) - W(z)]U(z) \tag{10-7}$$

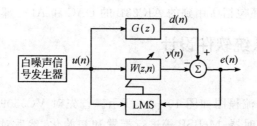

图 10-14 自适应系统辨识

其中 $E(z)$、$U(z)$ 分别为 $e(n)$ 和 $u(n)$ 的 z 变换。

算法收敛后,有 $E(z)=0$,故

$$[G(z) - W(z)]U(z) = 0 \qquad (10-8)$$

对于满足 $U(z) \neq 0$ 的 z 域点,有

$$G(z) = W(z) \qquad (10-9)$$

算法收敛后,可取自适应滤波器的系数 $w(n)$ 作为待辨识系统 $G(z)$ 的冲击响应 g。设辨识过程时间长度为 NT_s,则

$$g_l = w_l(N) \qquad l = 0,1,\cdots,L-1 \qquad (10-10)$$

10.4.3 辨识系统硬件设计

一个基于前述 VC5509A DSP 板的自适应辨识系统的硬件结构示于图 10-15。其中,白噪声信号 $u(n)$ 由 VC5509A 内部产生,经 AIC23B 的一路 DAC 输出,注入图中所示某未知电路模块;该未知电路模块的输出信号作为 AIC23B 的一路输入信号,经 ADC 得到 $d(n)$。同时,$u(n)$、$d(n)$ 分别作为自适应滤波器的参考输入信号和期望输入信号。自适应滤波器所涉及的计算由 VC5509A 完成。

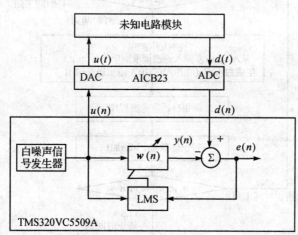

图 10-15 基于 VC5509A DSP 板的自适应辨识系统的硬件结构

该系统所得辨识结果为从信号 $u(n)$ 开始到 $d(n)$ 之间所包括的所有子系统,除

第10章 C55x 应用系统设计实例

了未知电路模块外,还包括所用到的 AIC23B 的 DAC 和 ADC 部分。

10.4.4 辨识系统软件设计

1. 主程序

辨识系统主程序流程图如图 10-16 所示。首先对 VC5509A 相关功能部件如 PLL、EMIF、中断、定时器、McBSP 等进行配置和初始化,然后对自适应辨识算法所涉及变量进行初始化,包括定时中断标志位 timer_flag 和辨识计数器 n_iden 清 0。然后启动定时器,开全局中断和定时器中断,进入辨识过程。

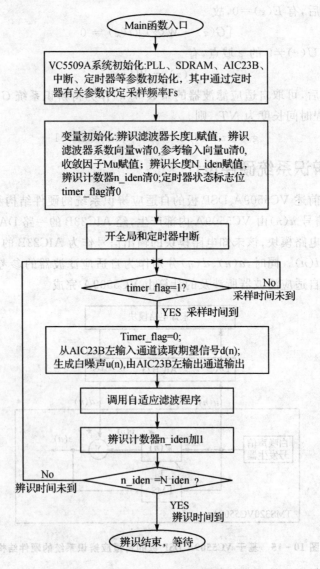

图 10-16 自适应辨识主程序流程图

采样时间 T_s 等于定时器 T0 的定时时间。主程序通过查询全局变量 timer_flag 是否等于 1 来判断一个新的采样时间是否到来。在定时器 T0 中断服务程序中将 timer_flag 置 1，在主程序中将其清 0。

每个采样时间进行一次自适应滤波，更新一次滤波器系数，辨识计数器 n_iden 加 1。当 n_iden＝N_iden 时，辨识过程结束。此时，自适应滤波器的系数可取为待辨识系统的冲击响应。

主程序相关代码如下：

```
#include "5509.h"                            //5509 片上资源声明
#include "util.h"
#include "math.h"
int n_iden,N_iden;                           //声明辨识计数器和辨识时间长度
int L;                                       //声明滤波器阶数
int timer_flag;                              //声明定时器状态标志位
float Fs,Ts;                                 //声明采样频率与采样时间
float Mu;                                    //声明收敛因子
float * w;                                   //声明自适应滤波器系数指针
float * x;                                   //声明自适应滤波器参考输入向量指针
float desizedSignal;                         //声明期望信号
float ErrorSignal;                           //声明误差信号
int whiteNoise;                              //声明白噪声信号
void PLL_Init();                             //声明锁相环配置函数
void wait(unsigned int cycles);              //声明延时函数
void SDRAM_Init();                           //声明存储器配置函数
void AIC23_Init();                           //声明 AIC23B 配置函数
void INTR_Init();                            //声明中断初始化函数
void TIMER_Init();                           //声明定时器初始化函数
void TIMER_Start();                          //声明定时器启动函数
void interrupt Timer();                      //声明定时器中断服务程序
void LMS_Filter();                           //声明自适应滤波程序
void main()
{
    int temp;
/*---------------------------------------------------------------*/
/*                    VC5509A 初始化                              */
/*---------------------------------------------------------------*/
    PLL_Init(144);                           //锁相环配置,CPU 时钟频率设置为 144MHz
    wait(30);                                //延时
    SDRAM_Init();                            //存储器配置
    INTR_Init();                             //中断初始化
    TIMER_Init();                            //定时器初始化
```

第10章 C55x应用系统设计实例

```
/*------------------------------------------------------------*/
/*                     变量初始化                              */
/*------------------------------------------------------------*/
    n_iden = 0;                        //辨识计数器清0
    N_iden = 8000;                     //辨识时间长度赋值
    L = 200;                           //滤波器阶数赋值
    Fs = 2000;                         //采样频率赋值
    Ts = 1/Ts;                         //计算采样时间
    timer_flag = 0;                    //定时器状态标志位初始化
    Mu = 0.01;                         //收敛因子赋值
    TIMER_Start();                     //启动定时器
    while(n_iden 1 <N_iden)
    {
       if(timer_flag == 1)
       {
         timer_flag = 0;
         whiteNoise = rand() - 0x4000;//生成白噪声信号,取值范围 - 16384 至 + 16383
         Write(pMCBSP0->dxr2, whiteNoise); //发送噪声数据到 AIC23B(0)左输出通道
         while (! ReadMask(pMCBSP0 -> spcr2, SPCR2_XRDY)); //是否准备好接收数据,
                                                             若无则等待
         temp = Read(pMCBSP0->ddr2);//通过 AIC23B(0)左输入通道引脚读取待辨识系统
                                      的输出信号
         desizedSignal = (float)temp/32768;//对输入信号进行类型转换及归一化得到期
                                             望信号
         LMS_Filter();//调用 LMS 自适应滤波程序
         n_iden = n_iden + 1;
       }
    }
    while(1){};//辨识完成,可取滤波器系数作为待辨识系统的冲击响应
}
```

2. 自适应滤波子程序

代码如下：

```
LMS_Filter()
{
    PC55XX_MCSP pMCBSP0 = (PC55XX_MCSP)C55XX_MSP0_ADDR;
    int i;
    float alpha;
/*------------------------构造当前时刻参考信号向量----------------*/
    for(i = L;i<0;i--)
    {
```

```c
        x[i] = x[i-1];
    }
    x[0] = (float)whiteNoise/32768;  //对白噪声信号进行类型转换及归一化得到参考信号
/* ------------------------进行滤波计算,得到输出信号 y ------------------*/
    float y = 0.0;   //滤波器输出信号
    for(i = 0;i<L;i++)
    {
        y = y + w[i]*x[i];//
    }
/* ------------------------计算误差信号,更新滤波器系数 ----------------*/
    ErrorSignal = desizedSignal - y;
    alpha = Mu * ErrorSignal;
    for(i = 0;i<L;i++)//更新的权值
    {
        w[i] = w[i] + alpha * x[i];
    }
}
```

3. 定时器中断服务程序

代码如下:

```c
void interrupt Timer()  //中断服务程序
{
    timer_flag = 1;
}
```

本例主要代码放在 main 函数中,定时器中断服务程序只是设置 timer_flag = 1,告知主程序新的采样时间到。

4. 其他程序

限于本书篇幅,其他程序模块不再赘述。

10.5 综合设计实例 2:数字式有源抗噪声耳罩

10.5.1 概　述

在工农业生产、交通、商业、军事等活动中,很多情况下人们会暴露在强噪声环境中。强噪声不但对人造成听觉损伤,还会造成心理伤害,干扰通信,影响正常操作导致危险事件的发生。对于这种情况,最有效的防护手段之一就是佩戴抗噪声耳罩。然而普通的(无源)耳罩采用隔声原理,要获得到高的隔声量必须采用又厚又重的材料,并且要求密封性好,使得无源耳罩十分笨重、透气性差,佩戴起来很不舒服。无源耳罩虽然对中高频噪声有较好的抑制作用,但对于低频噪声无能为力。

有源抗噪声耳罩(简称有源耳罩)的工作原理是:利用传声器监测待消除的噪声信号,由控制器进行处理后发出一个与原噪声信号幅度相同、相位相反的反噪声信号,使二者相互抵消,从而达到消除噪声的目的。有源耳罩具有低频抗噪效果好、重量轻、透气性好、不影响正常通信等优点。

目前市场上出现的有源耳罩主要是基于模拟电路。模拟有源耳罩具有体积小、成本低等特点,但是由于其控制参数固定,当使用者和工作环境改变时,性能会发生改变,变差甚至不稳定。因此,模拟式有源耳罩不利于进行工业化生产和推广应用。

由于实际问题中,待抵消的噪声特性几乎总是时变的,控制电路、电声器件、传声介质特性经常随时间变化,使用者个体条件也各不相同,因此,基于自适应信号处理理论、能够自动跟踪噪声和控制系统变化的数字式有源耳罩成为近年来的研究热点。

本节设计给出了一款基于 TMS320VC5509A 处理器的数字式有源耳罩设计方案。硬件上采用前述 TMS320VC5509A DSP 板,另外设计了模拟输入/输出电路。采用 FXLMS 算法编写了相应的软件部分。

10.5.2 系统工作原理和控制算法

1. 工作原理

图 10-17 给出了数字有源耳罩的结构示意图(为叙述简单,只画出了右耳部分)。系统(单耳)含有两个输入通道(参考噪声信号通道和误差噪声信号通道)和一个输出通道(反噪声信号通道),参考噪声信号通道包括参考传声器 M_1、前置放大器 1、抗混叠滤波器 1 和模数转换器 1,误差噪声信号通道包括误差传声器 M_2 和相应的放大、抗混叠滤波、模数转换等电路,反噪声信号通道由数模转换、平滑滤波器、功率放大器等电路部分和扬声器 Y 组成。控制器从参考噪声、误差噪声信号通道得到参考信号 $x(n)$ 和误差噪声信号 $e(n)$,根据一定的控制算法和 $e(n)$、$x(n)$ 的具体数值计算出反噪声信号 $y(n)$ 的数值,并进一步调整控制器系数。$y(n)$ 经反噪声信号通道送出,与原噪声进行叠加。这种处理每一个采样时间进行一次,控制器系数不断调整、优化,误差噪声的功率越来越小,从而达到消除原噪声的目的。

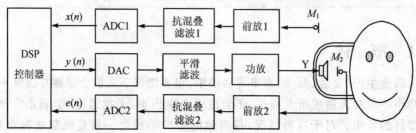

图 10-17 有源耳罩(单耳)示意图

2. 控制算法

(1) 前馈算法

如图 10-18 所示，其中 $P(z)$ 为初级通道，包括参考噪声信号通道的模数转换、抗混叠滤波、放大、传声器，从参考传声器 M_1 到误差传声器 M_2 的声通道，以及误差信号通道的传声器、放大、抗混叠滤波、模数转换等环节。$S(z)$ 为次级通道，包括反噪声输出通道的数模转换、平滑滤波、功率放大器、扬声器，从扬声器 Y 到误差传声器 M_2 的声通道，以及误差信号通道的传声器、放大、抗混叠滤波、模数转换等环节。$W(z)$ 为控制器，通常取有限冲击响应(FIR)结构。

滤波器系数更新公式：

$$w(n+1) = w(n) + \mu r(n) e(n) \quad (10-11)$$

$$r(n) = \hat{S}(z) x(n) \quad (10-12)$$

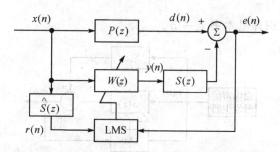

图 10-18　前馈算法

其中 $w(n)$ 为控制器滤波系数，μ 为收敛因子，$\hat{S}(z)$ 为 $S(z)$ 的估计。为简单起见，式 (10-12) 采用了混合表示法，$\hat{S}(z)x(n)$ 表示 $\hat{s}(n) * x(n)$，$\hat{s}(n)$ 为 $\hat{S}(z)$ 对应的冲击响应。

(2) 反馈算法

前馈算法中参考信号的获取比较困难。因为扬声器发出的反噪声不但向下游传播去抵消原噪声，还会向上游传播造成对参考信号的干扰。解决这个问题有多种方法，采用反馈算法是其中一种。

反馈算法如图 10-19 所示。它由前馈算法转换而来，与前馈算法不同之处在于，滤波器的参考信号由误差信号和滤波器输出的反噪声信号合成：

$$\hat{d}(n) = d(n) - [y'(z) - \hat{y}'(z)] = d(n) - [S(z) - \hat{S}(z)]y(n) \quad (10-13)$$

其中，$\hat{d}(n)$ 是对原噪声信号 $d(n)$ 的估计。由于 $\hat{d}(n)$ 滞后于 $d(n)$，因此该算法适用于控制可预测的周期性噪声。

(3) 次级通道辨识

次级通道辨识方法有多种，基于自适应滤波器的离线辨识方法示于图 10-20，其中 $S(z)$ 为待辨识的次级通道，$\hat{S}(z)$ 为控制滤波器。噪声信号发生器发出的辨识噪

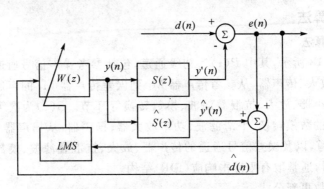

图 10-19 反馈算法

声 $u(n)$ 一方面注入次级通道,一方面作为自适应滤波器的参考输入信号。算法收敛后,$\hat{S}(z)=S(z)$。

自适应系统辨识详见本书上一节。

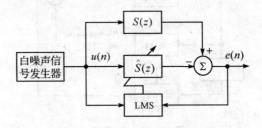

图 10-20 次级通道离线辨识方法

10.5.3 硬件设计

系统硬件电路由 VC5509A DSP 板、模拟输入电路、模拟输出电路、电源变换电路、驻极体传声器、扬声器等部分组成,如图 10-21 所示。该系统有 4 路传声器输入、2 路扬声器输出,能够满足对左右两耳同时进行噪声控制的要求。

1. 电源电路设计

系统由 7.2 V 锂电池供电。系统需要的电源共有 4 组,即数字电源 3.3 V、1.6 V,模拟电源 +5 V 和 -5 V 电压。为达到这种要求,首先用集成电源变换模块 μA7805C 把 7.2 V 的锂电池电压降到 5 V(见图 10-22),一方面提供给 DSP 板(由该板上的 TPS767D301 芯片产生 +3.3 V 和 1.6 V),一方面提供给模拟电话作为模拟电源使用。在模拟电源和数字电源之间用磁珠隔离,以遏制数字器件产生的噪声对模拟电路部分的污染。

2. 模拟电路

模拟电路由 6 个模块组成,左、右声道各有 3 个模块,每个声道有两路传声器输入和一路扬声器输出。以下只介绍一路传声器输入和一路扬声器输出。

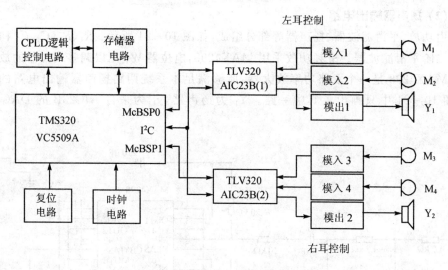

图 10-21　有源耳罩电路原理框图

(1) 传声器输入电路

由传声器、偏置、抗混叠滤波器、电压放大等部分组成,如图 10-23 所示。M_1 为驻极体传声器,R_1、R_2 组成的分压电路为其提供偏置电压。R_3、R_4、R_5、C_2、C_3 与运放组成抗混叠滤波器,截止频率为 1 kHz,通带内放大倍数为 10。R_7、R_8、R_9、W_2 与运放组成电压放大器,放大倍数可由 W_2 调整。R_6、W_1 为运放提供偏置电压。本电路模块中的两个运放选用 MAX4252,它是一个双运放。

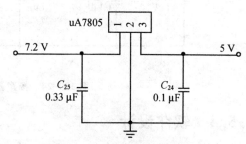

图 10-22　5 V 电源产生电路

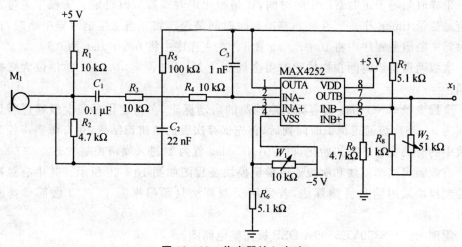

图 10-23　传声器输入电路

(2) 扬声器输出电路

由功放、平滑滤波器、扬声器等部分组成,如图 10 – 24 所示。R_1、R_2、C_2、C_3 构成无源二阶平滑滤波器。音频功放采用 MAX4298,电位器 W_1 用以调整放大器的放大量。MAX4298 是一个双路功率放大器,能够满足本系统两路扬声器输出电路的需要,图 10 – 24 中只画出了其中一路。Y_1 为扬声器,y_1 为来自 AIC23B 的 DAC 的输出。

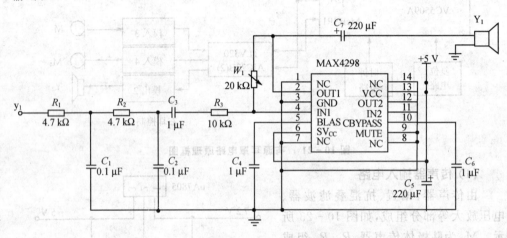

图 10 – 24 扬声器输出电路

10.5.4 软件设计

主流程图如图 10 – 25 所示。系统上电后,首先对 VC5509A 有关功能部件和有关变量进行初始化;然后,对次级通道进行辨识;获得次级通道辨识值后,再正式启动有源噪声控制模块。

采样时间等于定时器的定时时间,在初始化定时器参数时设定。主程序通过查询全局变量 timer_flag 是否为 1,判断定时时间是否已到。当发生定时器中断时,在定时器中断服务程序中将 timer_flag 置 1。在主程序中将 timer_flag 清 0。

次级通道辨识时间在初始化时由全局变量 N_iden 设定,N_iden 的单位为采样时间。

全局变量 ANC_flag 为有源噪声控制的启动标志,在初始化时和次级通道辨识期间为 0。当次级通道辨识时间到后,首先保存次级通道辨识结果,对有源噪声控制模块中的有关变量进行初始化,再将 ANC_flag 置为 1,进入噪声控制状态。

有源噪声控制模块和次级通道辨识模块流程图如图 10 – 26 所示。其中有源噪声控制模块采用的是前馈算法,若采用反馈算法只须根据图 10 – 19 做简单修改即可。

附图为 TMS320VC5509A DSP 板完整电路图。

第10章 C55x应用系统设计实例

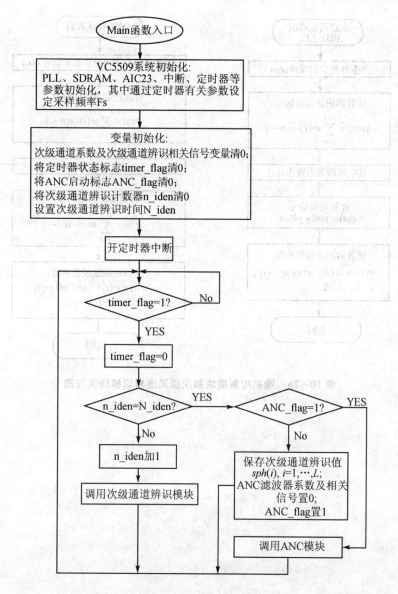

图 10-25 主流程图

第 10 章 C55x 应用系统设计实例

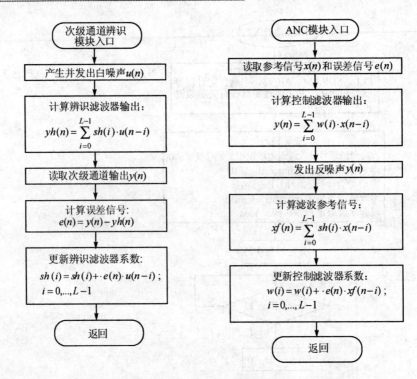

图 10-26 噪声控制模块和次级通道辨识模块流程图

第10章 C55x 应用系统设计实例

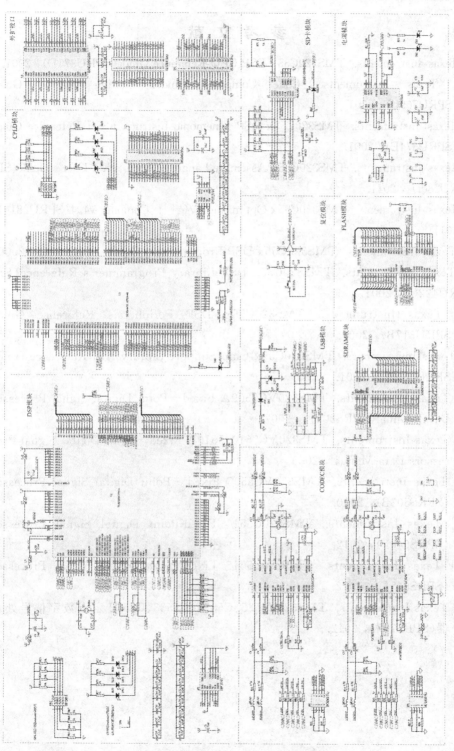

附图 TMS320VC5509A DSP 板完整电路图

参 考 文 献

[1] Texas Instruments. TMS320C55x DSP CPU Reference Guide(SPRU371D),2001.

[2] Texas Instruments. Code Composer Studio Getting Started Guide(SPRU509C),2001.

[3] Texas Instruments. TMS320C55x DSP Mnemonic Instruction Set Reference Guide(SPRU374E),2001.

[4] Texas Instruments. TMS320C55x Assembly Language Tools v4.4 User's Guide(SPRU280i),2011.

[5] Texas Instruments. TMS320C55x Optimizing C/C++ Compiler v4.4(SPRU281g),2011.

[6] Texas Instruments. TMS320C55x DSP Programmers Guide(SPRU376),2000.

[7] Texas Instruments. TMS320C55x DSP Library Programmer's Reference(SPRU422C),2001.

[8] Texas Instruments. TMS320C55x DSP Peripherals Reference Guide(SPRU317B),2001.

[9] Texas Instruments. TMS320C55x Chip Support Library API Reference Guide(SPRU433A),2001.

[10] Texas Instruments. TMS320VC5509A Fixed-Point Digital Signal Processor Data Manual(SPRS205J),2007.

[11] Texas Instruments. TMS320VC5510/5510A Fixed-Point Digital Signal Processors Data Manual,2005.

[12] Texas Instruments. TMS320VC5505 Fixed-Point Digital Signal Processor(SPRS503B),2010.

[13] Texas Instruments. TMS320C5514 Fixed-Point Digital Signal Processor(SPRS646F),2012.

[14] Texas Instruments. TMS320C5515 Fixed-Point Digital Signal Processor(SPRS645E),2012.

[15] Texas Instruments. TMS320C5535、C5534、C5533、C5532定点数字信号处理器(SPRS737),2012.